普通高等教育"十三五"规划教材

食品安全学
应用与实践

孙秀兰　主编

吴广枫　辛志宏　副主编

U0292080

化学工业出版社

·北京·

内 容 简 介

本书在介绍食品安全的基本知识和理论的同时，选取国内外典型食品安全事件进行案例编写，对有关案例内容和控制安全风险的注意事项也进行了详细阐述，使读者能够掌握食品安全领域的重要问题的来源及控制措施，并能够联系实际，关注我国食品安全管理与控制体系的建设。

本书可作为高等院校食品专业本科生的必修课教材，亦可作为食品生物技术等专业和辅修食品专业的学生指导教材或参考书。

图书在版编目（CIP）数据

食品安全学：应用与实践/孙秀兰主编 . —北京：化学工业出版社，2021.4（2025.2重印）

普通高等教育"十三五"规划教材

ISBN 978-7-122-38423-2

Ⅰ.①食…　Ⅱ.①孙…　Ⅲ.①食品安全-高等学校-教材　Ⅳ.①TS201.6

中国版本图书馆 CIP 数据核字（2021）第 018998 号

责任编辑：赵玉清　李建丽　　　　　　　文字编辑：孙高洁
责任校对：刘　颖　　　　　　　　　　　装帧设计：关　飞

出版发行：化学工业出版社（北京市东城区青年湖南街 13 号　邮政编码 100011）
印　　装：北京天宇星印刷厂
787mm×1092mm　1/16　印张18　字数 455 千字　2025 年 2 月北京第 1 版第 2 次印刷

购书咨询：010-64518888　　　　　　　售后服务：010-64518899
网　　址：http://www.cip.com.cn

定　　价：59.00 元　　　　　　　　　　　　　　　　版权所有　违者必究

前　言

　　民以食为天，食以安为先，食品安全与我们每个人的生活息息相关，稳定、充足和安全的食物供给是全面建设小康社会的应有之义。随着我国经济社会的快速发展，食品供应不足的问题已基本得到了解决，但食品安全问题频发，影响了我国农业和食品行业的健康发展。

　　食品安全学是一门集理论科学性与生产实践性于一体的综合性学科，课程安排中既要有理论教学夯实基础，又需要实例分析活学活用。针对上述需求，本教材注重理论联系实际，以食品加工过程和供应链为主线，从食品加工过程危害因素入手，开展食品生产加工过程中可能出现的危害的识别与控制，基于风险评估对新型危害和典型危害的科学分析与评价以及食品加工过程安全保障的标准与法规体系三个模块的教学。在介绍食品安全的基本知识和理论的同时，本书选取了国内外食品加工中典型食品安全事件进行案例编写，对案例内容和安全风险控制原理与实践进行了详细阐述，旨在使读者掌握食品安全领域的重要问题的来源及控制措施，并能够理论联系实际，关注我国食品安全管理与控制体系的建设。本书能较好地体现专业培养宗旨，调动学生的课堂参与度，强化学生的实践应用能力及创新能力，促进教学内容与教学方法的改革，提高教育教学质量，有助于培养出基础扎实、素质全面、实践能力强并具有一定实际问题解决能力的应用型、复合型高层次人才。

　　本书可作为高等院校食品专业本科生或研究生的必修或选修课教材，亦可作为食品生物技术等专业和辅修食品专业学生的指导教材或参考书。本书也可作为食品监管、食品工业等领域从业人员及研究人员的参考书。本书由江南大学、中国农业大学、西北农林科技大学、南京农业大学、青岛科技大学、内蒙古民族大学、国家食品安全风险评估中心、国家粮食和物资储备局科学研究院、中国农业科学院农产品加工研究所、北京市农林科学院等高校和科研院所的专家学者联合编写，他们从事学术研究多年，了解国外的最新研究进展，是教学、科研第一线的学术带头人及学术骨干。

　　本书分为九章，由江南大学孙秀兰主编，中国农业大学吴广枫、南京农业大学辛志宏副主编。参加编写的人员分工如下：第一章、第三章、第四章、第五章由孙秀兰编写，孙嘉笛、纪剑、王蒙、赵旭、钱海龙协助；第二章由杨保伟编写，江涛、孙树民、石超、史雅凝协助；第六章由吴广枫编写，郭亚辉协助；第七章、第八章由辛志宏编写，皮付伟、成向荣、娄在祥协助；第九章由邢福国编写，郭瑜、叶金协助。

　　由于本书涉及的领域很广，编者水平有限，书中难免有不足之处，敬请广大读者提出宝贵意见，以便再版时补充修正。

孙秀兰

2020-08-21 于无锡长广溪蠡湖畔

目 录

第三章　食品加工过程中生物毒素及危害控制　/ 80

第六章 食品生产过程的安全质量保障体系 / 196

第七章 食品安全性评价与风险分析 / 210

第八章　食品安全法律法规与标准　/ 232

第九章　食品安全溯源预警与区块链　/ 253

第一章
绪　论

主要内容

(1) 国内外重大食品安全事件解析
(2) 食品安全的定义及内涵
(3) 食品安全的影响因素
(4) 食品安全监管及形势分析

学习目标

重点掌握食品安全的定义和内涵，国内外食品安全形势及其突出问题。

本章思维导图

重大食品安全事件介绍

食品安全概况
- 1986年英国疯牛病事件
- 1988年上海甲肝事件

食品安全事件的危害
- 危害人类健康
- 经济上造成重大损失
- 引起贸易纠纷

食品安全的概念和安全食品的等级划分

食品安全的概念

安全食品的等级划分
- 常规食品
- 无公害食品
- 绿色食品
- 有机食品

结论

食品安全监管现状及形势分析

食品质量安全隐患的原因及分析
- 食用农产品产地环境污染状况
- 农业投入品对食用农产品安全的影响
- 过程控制技术薄弱对食品安全的影响
- 食品加工与消费模式的改变

食品加工新技术及加工过程中的安全隐患

食品安全面临的新挑战

食品安全展望

食品危害因素分析

食品危害的来源
- 生物性危害
- 化学性危害
- 物理性危害

食品危害的影响
- 影响食品的感官性状
- 造成急性食物中毒
- 引起机体的慢性危害

第一节　重大食品安全事件介绍

一、食品安全概况

食品安全关系着国计民生，食品安全和监管问题是各国政府长期重点关注的焦点问题。但尽管如此，世界范围内各种各样的食品安全事件屡见不鲜，如日本的 O157 大肠杆菌污染事件、英国的疯牛病事件、比利时的二噁英事件等。

1. 1986 年英国疯牛病事件

牛海绵状脑病（bovine spongiform encephalopathy，BSE）俗称疯牛病，1986 年在英国首次被发现。1996 年 3 月，英国政府宣布新型克雅氏病患者与疯牛病有关，整个英国乃至欧洲"谈牛色变"，短短几个月中，欧盟多个国家的牛肉销售量下降了 70%。2001 年，新一轮疯牛病相继在法国、德国、比利时、西班牙等国发生，欧盟各国的牛肉及其制品销售遭受重创，35 万工人失业，政府为此承受每年上百亿欧元的经济损失。疯牛病不仅影响了欧洲居民的食品安全和生活消费习惯，还制造了严重的公共卫生危机，在英国、法国、荷兰、西班牙和葡萄牙等国相继发现该病感染患者，并不断出现死亡病例，仅在英国就有 120 多人死于该病。由于该病发病潜伏期较长，有专家预测此后 10～30 年受此影响的死亡人数会成倍增长[1]。

疯牛病所表现出的脑组织病理特征主要有广泛海绵状空泡，可见的神经纤维网中有一定量的不规则卵形以及球状空洞，神经细胞则膨胀成为球状，细胞质逐渐变窄，胶质细胞逐步增长，神经元退行性变。除此之外，感染疯牛病之后的脑组织中，细胞因子的含量迅速增长，致使部分神经递质产生变化[2]。目前，该病以预防为主，针对该病传播的不同环节应采取不同的预防措施，主要包括屠杀患病动物和可疑患病动物，并对动物尸体进行妥善处理；对动物性饲料应严格处理，以防经口传播；血液和血液制品应实行严格的统一管理，限制或禁止在疫区居住过一定时间的人献血。为了控制该病，各国纷纷采取措施，禁止从发生疯牛病的国家进口牛动物种、牛源制品及反刍动物性饲料，切断疯牛病的传播途径。迄今为止，疯牛病研究虽已取得突破性进展，但还有不少问题亟待解决，应优先解决的问题是针对血液和脑脊液等组织中的感染因子找到一种特异性高、简便、非创伤性和有早期诊断意义的检测方法，同时要加强对疯牛病的有效治疗和防控方法的研究[3]。

2. 1988 年上海甲肝事件

甲型病毒性肝炎（以下简称"甲肝"）是由甲型肝炎病毒引起的，以肝实质细胞炎性损伤为主的与环境卫生和个人卫生水平有关的世界性传染病[1,4]。1988 年上海市甲型肝炎流行，患者 31 万例。这次甲型肝炎流行并非是甲肝病毒变异所致，而是食用了被甲肝病毒污染的毛蚶，并且污染发生在毛蚶产地，是由水源污染造成的。除此之外，1988 年之前也有过两次贝类引起的甲肝暴发流行。贝类富集甲肝病毒的能力较强，据报道甲肝病毒可在毛蚶体内富集，富集后甲肝病毒的浓度达到原来的 29 倍，且甲肝病毒可在其体内存活 3 个月之久。

甲肝暴发事件表明渔业和环境保护部门应加强贝类的饲养相关卫生管理。首先应加强毛蚶捕捞区域水体的卫生管理，以切断传播途径，改善水和食品的安全性和整体卫生[5]；采购货源应事先掌握当地疫情，把好卫生质量关，避免在运输、销售过程中受污染；卫生部门应制定毛蚶及其他贝类养殖场的卫生要求、卫生法规、贝类卫生标准及卫生管理措施；开展贝类水产品中甲肝病毒检测方法的研究；教育群众改变生食毛蚶的习惯，研究安全可口的毛蚶烹调方法及灭活甲肝病毒的消毒方法。

二、食品安全事件的危害

1. 危害人类健康

人类的生存与发展离不开食品，而食品安全问题危害公众的身体健康。食用不安全的食品会对食用者的组织器官产生急性、亚急性或慢性损害，有的还可导致基因突变，严重时危及生命。据世界卫生组织对全球食源性疾病负担的估算表明，2015 年全球范围内每年有多达 6 亿人次因食用受到污染的食品而生病，造成 42 万人死亡，其中包括 5 岁以下儿童 12.5 万人，占食源性疾病死亡的 30%。

2. 造成重大经济损失

随着国家经济的高速发展，食品产业成为拉动经济的重要力量，中国五百强企业中不乏食品企业，如 2008 年的三聚氰胺奶粉事件，人们无不为多年来精心打造的国家品牌民族企业感到惋惜。广大消费者对国产乳品失去信心，巨大的乳品消费市场被国外品牌所占领，也影响到我国食品出口。

3. 引起贸易纠纷

食品安全问题关系到人们的生命与健康，因此在国际贸易中备受各国关注。食品安全成为对外贸易的一道重要关口，食品安全问题会制约国家的出口、削弱产品的竞争力、影响对外贸易关系的发展。不管出于何种原因及理由，食品安全问题都会使出口方产生经济损失，为了维护自身的经济利益，出口方可能会进行贸易报复，最终引起贸易纠纷甚至贸易战。

第二节　食品安全的概念和安全食品的等级划分

一、食品安全的概念

食品，指各种供人食用或者饮用的成品和原料以及按照传统既是食品又是中药材的物品，但是不包括以治疗为目的的物品。［2018 年 12 月 29 日第十三届全国人民代表大会常务委员会第七次会议修订的《中华人民共和国食品安全法》（以下简称《食品安全法》）中"食品"的含义。］《食品工业基本术语》对食品的定义为：可供人类食用或饮用的物质，包括加工食品、半成品和未加工食品，不包括烟草或只作药品用的物质。

根据世界卫生组织的定义，食品安全（food safety）问题是"食物中有毒、有害物质对人体健康影响的公共卫生问题"；我国《食品安全法》规定，"食品安全"是指食品无毒、无害，符合应当有的营养要求，对人体健康不造成任何急性、亚急性或者慢性危害。安全食品（safety food）是指生产者所生产的产品符合消费者对食品安全的需要，并经权威部门认定，在合理食用方式和正常食用量的情况下不会对健康造成损害的食品。

二、安全食品的等级划分

目前，中国生产的广义的安全食品可包含四个层次，即常规食品、无公害食品、绿色食品和有机食品。其中，后三者为政府、消费者和生产者共同倡导的安全食品，属狭义范畴的安全食品[6]。

1. 常规食品

指在一般生态环境和生产条件下生产和加工的产品，经县级以上卫生防疫或质检部门检验，达到了国家食品卫生标准的食品，是目前最基本的安全食品。常规食品的管理和认证由国家质检系统和国家市场监督管理总局负责。

2. 无公害食品

指在良好的生态环境中，使用无公害技术进行生产，将有毒有害物质含量限制在安全允许的范围之内，符合通用卫生标准，经营部门认定并允许使用无公害标志的农产品及其加工产品的总称。

3. 绿色食品

指在生态环境符合国家规定标准的产地，生产过程中不使用任何有害化学合成物质，或在生产过程中限定使用允许的化学合成物质，按特定的生产操作规程生产、加工，产品质量及包装经检测符合特定标准的产品。绿色食品必须经专门机构认定，并许可使用绿色食品标志。它是一类无污染的、优质的营养类安全食品。

4. 有机食品

指按照有机农业生产标准，在生产中不采用基因工程获得的生物及其产物，不使用化学合成的农药、化肥、生长调节剂、饲料添加剂等物质，而采用一系列可持续发展的农业技术、生产、加工并经专门机构严格认证的一切农副产品。有机食品是最高等级的安全食品。

第三节　食品危害因素分析

一、食品危害的来源

食品危害大体可划分为物理性危害、生物性危害和化学性危害等三大类。

1. 生物性危害

指食品的生物性污染，是由微生物及其毒素、病毒、寄生虫及其虫卵等对食品污染造成的食品质量安全问题。其中，微生物引起的食源性疾病是影响我国食品安全的最主要因素[7]。微生物污染包括细菌性污染、病毒和真菌及其毒素的污染。

2. 化学性危害

指食品化学性污染，具体包括工业三废（包括废气、废水、废渣）污染、农兽药（化肥、杀虫剂、除草剂等）残留及包装材料等造成的污染[8]。

3. 物理性危害

食品加工过程中可能会带入产品内的异物，主要有以下几种：毛发、饰物、手表、修饰性的化妆物、竹木器具、硬塑料碎块、软食品加工塑料碎片、塑料线、棉线、橡皮筋、碎玻璃、昆虫、泥沙、涂料碎片、纸张碎片、虾须、碎贝壳、鱼鳍、金属异物等[9]。

二、食品危害的影响

食品污染造成的危害主要体现在以下三个方面。

1. 影响食品的感官性状

食品污染往往是一些微生物繁殖导致食品中的营养成分减少，从而导致食品色、香、味、形等感官性状的变化。例如，苹果长霉菌后，果肉的色、香、味、形发生不可逆的变化。

2. 造成急性食物中毒

食品被致病菌污染后，一方面致病菌在适宜的温度、水分、pH 和营养条件下大量繁殖，当人体摄入一定数量的活菌后造成食物中毒；另一方面有些污染菌在食品中繁殖并产生毒素，引起食物中毒。

3. 对机体产生慢性危害

如果长期摄入被少量有毒物质污染的食物，可对机体造成损伤，引起慢性中毒。污染物的种类和毒性不同，作用机制不同，因此，慢性中毒的症状表现也各不相同。例如，过量食用含添加剂或香料（精）的食物，短期内不易看出危害，但长期可引起呼吸系统疾病。

第四节　食品安全监管现状及形势分析

我国食品产业发展参差不齐，产业规范化、规模化、集约化程度不高，许多危害因素来自不科学的生产、加工、储运过程。实施食品安全关键技术对食品全产业链优质安全供给至关重要。

一、食品质量安全隐患的原因及分析

（一）食用农产品产地环境污染状况

农产品产地土壤环境状况、耕地是农业发展的基石，一旦耕地土壤受到污染，不仅修复成本高，而且修复周期长，甚至不可逆转[10]。由环境保护部和国土资源部联合组织开展的首次中国土壤污染状况调查，从 2005 年 4 月开始到 2013 年 12 月结束历时近 9 年，调查范围覆盖了大陆地区全部耕地，结果表明有近 1/5 的耕地生产出含污染物的农产品。2014 年 4 月 17 日发布的《全国土壤污染状况调查公报》显示，全国土壤总体状况不容乐观，部分地区土壤污染较重，耕地土壤环境质量堪忧，工矿企业废弃地土壤环境问题突出。全国土壤总的点位超标率为 16.1%，其中轻微（超标 1～2 倍）、轻度（超标 2～3 倍）、中度（超标 3～5 倍）和重度（超标 5 倍以上）污染点位比例分别为 11.2%、2.3%、1.5% 和 1.1%。全国耕地土壤的超标率为 19.4%，林地土壤点位超标率为 10.0%，草地土壤点位超标率为 10.4%，其中耕地土壤受轻微、轻度、中度和重度污染的点位比例分别为 13.7%、2.8%、1.8% 和 1.1%，主要污染物为镉、镍、铜、砷、汞、铅、滴滴涕和多环芳烃[11]。

（二）农业投入品对食用农产品安全的影响

1. 农药使用过度

联合国粮农组织提供的数据显示，全球农药市场的交易额正逐年增加，2005 年交易额达 322 亿美元，其中欧洲占到 91 亿美元，亚洲占到了 77 亿美元。而世界卫生组织也指出，中国目前已成为世界上最大的农药生产国，年销售量达 100 万吨，占全球总量的 30%～40%。来自国家统计局的数据也显示，我国的农药出口基本覆盖了全球农药市场，涉及全球 150 多个国家和地区。

2. 化肥使用过度

化肥的使用是现代农业生产中的重要组成部分[12]。化肥施用量的大幅增加在我国农业的迅速发展过程中起到了非常重要的作用，促进了我国粮食生产产量及单产的快速增长，但是不可避免地，也带来了严重的环境污染问题，以及生态环境被破坏和温室气体排放增加等负面影响[13]。其中，氮肥的大量施用会导致地表水富营养化、地下水硝酸盐富集和酸雨形成等[14]。

3. 食品添加剂使用不合理

食品添加剂主要有 3 种不合理使用情况：使用劣质的食品添加剂、滥用添加剂、使用非食品添加剂。其中对人体健康伤害最大的是使用非食品添加剂。目前在食品中使用的一些添加剂，并没有经过安全性评价，仅是实验室研究出的"毒理不明"的化学产品，三聚氰胺、"瘦肉精"、"染色馒头"就是很好的例子。表 1-1 展示了我国近几年滥用或违法使用食品添加剂的食品安全事件。

表 1-1　近几年我国滥用或违法使用食品添加剂的食品安全事件[15]

暴发时间	问题食品	地点	问题物质
2008 年 9 月、10 月	婴幼儿奶粉	河北	三聚氰胺
2009 年 2 月	猪肉	广州	瘦肉精
2011 年 3 月	猪肉	河南	瘦肉精
2011 年 4 月	生姜	湖北	硫黄
2011 年 4 月	馒头	上海	柠檬黄、甜蜜素和防腐剂
2013 年 5 月	生姜	山东	涕灭威
2015 年 6 月	生肉	全国范围内	化学药剂、过期肉
2016 年 7 月	辣椒红油	陕西	罂粟壳
2018 年 6 月	红糖馒头	浙江	甜蜜素

总之，农业投入品是农业生产的物质基础，农业投入品的滥用或者违规使用，可造成食品安全隐患。图 1-1 显示了 2010～2019 年水产品例行监测的合格率。此外，养殖业也存在药物滥用现象，畜牧和水产养殖环节存在滥用兽药、激素和生长调节剂等现象。根据国家市场监督管理总局的数据显示：检出孔雀石绿是水产品不合格的主要原因，占不合格比例达 66.67%；硝基呋喃代谢物的比例为 30.43%；检出氯霉素的比例为 4.35%。

（三）避免过程控制技术薄弱对食品安全影响的措施

1. 加强食品生产中的质量安全控制

① 监测与控制食品原料产地环境。产地环境污染直接或间接影响食品安全。产地环境污染主要是指大气污染、水体污染和土壤污染。对产地环境的监测和产地污染的防治，有助

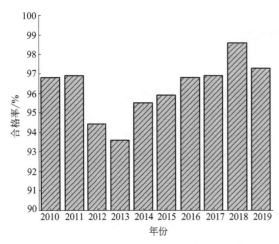

图 1-1　2010～2019 年水产品例行监测合格率[16]

于从源头上确保食品安全。

② 建立食品安全全过程中检测与控制技术体系。根据食品安全控制的要求，开展食品生产、加工、储运、包装等环节安全技术的研究，建立对食品安全进行全过程控制的技术体系。如"良好生产规范""良好卫生规范""危害分析关键点控制体系"等质量保证体系。

③ 研究开发可靠、快速的食品安全检测技术和相关仪器。目前，在食品安全检测技术方面急需解决适应生产特点的现场检测技术，在检测手段设置的技术措施中缺少完善有效的应对手段。因此，我们要根据当前食品安全的要求和特点，研究开发可靠的食品安全检测技术和产品，以保证食品安全检测工作的需要。

2. 有效监管食品链

现代食品供应体系日趋"四化"——工业化、规模化、复杂化、国际化，因此，要保证食品安全，有效的监管必不可少。由于在食品链的任何阶段都可能引入食品安全危害，必须对整个食品链进行充分的控制。

3. 建立食品安全信息溯源体系

要控制好食品生产过程，做好全程监督，就需要在国家层面上设置一个综合部门，通过食品安全信息中心，先要依法贯通整个食品链的信息流，掌握全国食品安全信息，对食品安全状况进行综合评价和综合监督，有针对性地组织各种专项食品安全评价工作，了解食品安全行政监督中的缺陷；还要通过对食品安全信息的分类、筛选、分析检评，利用沿着食品链建立的食品安全信息溯源体系，依法组织重大食品安全事故的查处工作。

（四）食品加工与消费模式的改变

1. 食品加工中的安全隐患

随着食品工业的发展，食品种类和制造技术日益丰富，新的物质（如食品添加剂、新资源食品、转基因食品、食品接触材料等）不断涌现，新的技术（冷加工、物性修饰、膜分离、微波技术、辐照技术、现代生物技术、浓缩、无菌冷灌装等）不断产生并被应用到食品生产中，改变了传统的食品生产加工方式，提升了食品工业的发展速度，但同时，也带来了诸多新的食品安全隐患。

① 食品加工过程中可能存在的安全隐患如表 1-2 所示[17]。

表 1-2　食品加工过程中可能存在的安全隐患

常规性食品安全隐患	生物性危害	致病性微生物、腐败菌、病毒、寄生虫、真菌毒素、植物毒素、动物毒素、海洋毒素等
	化学性危害	农药残留、兽药残留、环境污染物、食品过敏原等
	物理性危害	放射性物质、异物污染等
非常规性食品安全隐患		掺假、售假(假原料乳)；投毒；生产商的无知；食品新材料和新技术(转基因食品、辐照食品)的应用带来的风险

② 食品加工方式可能导致的安全隐患如表 1-3 所示[18]。

表 1-3 食品加工方式可能导致的安全隐患

加工方式	安全隐患
热处理（例如高温油炸）	丙烯酰胺、丙烯醛、杂环芳香胺、羟甲基糠醛和相关化合物、二噁英等含氯化合物、美拉德反应和羰基化终产物、多环芳烃
发酵（腌制）	氨基甲酸乙酯（麻醉剂）、生物胺、亚硝胺
贮藏	亚硝胺、辐照、苯
高静水压	化学物质和基质的影响、微生物作用、过敏可能性
酸碱处理	膳食加工诱导溶源性丙氨酸、膳食加工诱导 D-氨基酸、氯丙醇
新兴加工技术	脉冲电场、脉冲紫外线、超声波、微波和射频处理、欧姆加热-电阻热、红外加热

③ 食品包装中的安全隐患，如表 1-4 所示[18]。

表 1-4 食品包装中的安全隐患

包装类型	安全隐患
塑料制品（聚乙烯塑料、聚丙烯塑料、聚苯乙烯塑料、聚氯乙烯塑料、树脂类等）	单体（苯乙烯、氯乙烯等）、增塑剂（邻苯二甲酸酯类）、稳定剂（铅、钙、钡、镉、锌等的硬脂酸盐）等
搪瓷、陶瓷	釉料（氧化钛、氧化锌、氧化砷、硫化镉等）
金属	回收金属、有害金属溶出、铁锌迁移
玻璃	原料碱、铅、砷以及着色需要的氧化铜和重铬酸钾及硒等的溶出量
包装用纸	原料残留农药、社会回收纸、印刷、涂蜡、复合薄膜黏合剂

④ 食品贮存、流通中的安全隐患：贮存和运输的条件，例如温度不合要求产生有害物质、交叉污染等；批发零售类如过期食品、仿冒食品；农贸市场、流动摊贩售卖的食品质量难以保证。

2. 食品消费模式改变的影响

随着生活水平的提高，人们的消费模式正由"生存型消费"转变为"享受型消费"，大大提升了对部分农产品（糖类、油类、肉类、奶类等）的需求量，动物性食品消费比例增大。过去 20 年，中国淡水养殖产量增加了 5 倍，肉鸡产量增加了 4 倍，猪肉产量也增加了 1 倍以上。现在人均每年肉的消费量接近 50 公斤，奶制品消费量为 27 公斤，水产品消费量 20 公斤以上，食用植物油消费量 13 公斤以上[19]。由此可见，消费量的增加，促进了食品生产工业化的进一步加强，如果不及时保障食品安全，可导致食源性疾病的大规模暴发。

二、食品安全面临的新挑战

民以食为天，食以安为先。食品安全是目前全球关注的一大热点问题，随着经济增长和人口增加而日趋重要。近几年，随着农业一体化、食品贸易全球化、食品与饲料分布区域扩展、都市化节奏加快、生活方式的改变等现象的出现，食品安全事故不断发生。因而，要保障餐桌上的食品安全，就应当建立完善的可追溯食品安全保障体系。只有从"农田到餐桌"的每一个环节都安全，才能保证从农田到餐桌全过程食品安全[20]。

（一）食品加工新技术及加工过程中的安全隐患

目前我国食品安全形势总体稳定向好，但突出矛盾尚未根本解决。随着全球气候变暖、工业化程度加剧和社会发展水平提高，未来 5 年食品安全风险将日益凸显：生态环境恶化带来的食品安全累积性效应，使食品安全源头污染严重；新型病毒耐药性病原微生物的频发，使食品生物性污染隐患不断出现；食品原料和加工中未知潜在毒性及化学性危害的协同毒性，使识别食品加工危害工作尤为艰难；食品链各环节过程控制技术薄弱，电子商务等新的食品流通方式介入，使食品供应链安全国际化趋势等方面的新挑战日趋严峻。这些隐患必将成为全球食品安全突发事件的新趋势、新挑战。

需要强调的是，对食用禁食野生动物，须尽快明确处罚，并加入国家安全保障体系中。2019年新冠病毒疫情发生之后，公众的目光再次集中在野生动物身上，很多野生动物携带大量病毒、细菌、寄生虫等，有可能危及人类健康。滥食野生动物是一种陋习，不仅可能造成传染病暴发，还会极大地破坏生态环境平衡。新型病毒发生也对我们未来食品安全保障体系提出更高要求，今后体系化建设更应聚焦未知食品风险的防范。只有将未来食品的层层工序作为风险防控对象，建立一整套生产、制造、包装、储藏、运输食品的标准，才能保障未来食品的安全。目前对于未来食品加工过程中的隐患主要有以下几个方面。

1. 新的物质不断涌现

食品工业的发展和人民生活水平的提高，以及自然资源的充分利用和开发，促使新食品原料有开发变成一种世界食品原料的趋势。必须保障食品安全，新食品原料的开发无疑要遵守这条原则[21]，但是越来越多用于食品领域的新物质的出现，如新食品添加剂、新资源食品、转基因食品、食品接触材料等，无疑也增加了食品安全事件的发生概率。

2. 新的技术不断产生

随着科学技术的高速发展，很多新型的技术在食品生产过程中得到广泛使用。新型技术的应用不仅促进食品加工业的发展，丰富了产品的种类、口味、样式等，更延长了产品的保质期，提升了消费者的选择空间[22]。

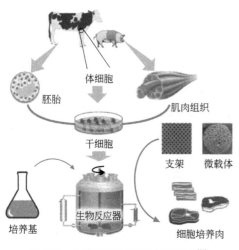

图1-2　人造肉的生物制造流程图[25]

人造肉作为未来食品之一，其安全性是人们关注的热点。人造肉的生物制造流程如图1-2所示。人造肉不是通过对某些食材的加工处理，使之形成与天然猪肉肉糜类似的质构和颜色，而是用动物肌肉干细胞培养、生产可食用的肉类。人造肉技术是肉类生产方式的一种变革性创新，是一种新的动物蛋白质生产技术。人造肉的出现，可以有效减少动物的屠宰，缓解肉类相关的道德和环境问题。但类似人造肉等未来食品的安全性却无法保证。目前，人造肉仍处于实验室阶段，未来要作为食品上市，还要经过规模化生产技术的突破、产品安全性等相关性能的评估，以及生产流通过程的监管等[23-24]。

以人造肉为例，未来食品原料的安全性主要需要注意以下几个方面。①肌肉细胞或其他细胞在培养繁殖过程中可能引起细胞遗传不稳定，导致产生癌细胞；②培育细胞时若无法达到完全无菌环境，可能会使细菌和真菌侵入细胞；③无论细胞培养肉还是植物性肉，未来食品的生产中，各种抗生素、激素和添加剂的使用仍是一大安全隐患。为了保证未来食品的安全性，可以从膳食暴露因素、营养因素、毒理学评价、致敏性因素和化学因素等方面来评价原料的安全性。

除此之外，食品 3D 打印、冷加工、膜分离和辐照技术等也逐渐用于食品领域，这些技术在一定程度上能够推进食品工业的发展，但是随之也会带来一些新型的食品安全隐患。

3. 新的生产加工方式不断出现

除了一些新型的食品加工技术，其他一些用于食品生产加工的新方式也不断出现，如无土栽培技术和单细胞微生物发酵等，它们改变了传统的食品生产加工方式，提升了食品工业的发展速度，但同时，也带来了诸多新的食品安全隐患。

无土栽培技术脱离了传统农业生产对自然条件和土壤的依附，使作物根系处于最适宜的环境条件下，从而发挥作物的生长潜力，为生产优质、洁净、无公害的蔬菜产品创造有利条件。但是，无土栽培植物生长所需的营养和水分完全依靠人为供给来满足（图 1-3）。如不注重各种必需元素的合理配施，植物生长不健康，产量、品质就受影响，食用这样的蔬菜对人体也无益处，甚至会产生重金属和硝酸盐含量超标的安全隐患[26]。微生物发酵是指利用微生物，在适宜的条件下，将原料经过特定的代谢途径转化为人类所需的产物的过程。微生物发酵生产水平主要取决于菌种本身的遗传特性和培养条件。其中微生物代谢产物之一的单细胞蛋白不仅供人们直接食用，还常作为食品添加剂，用以补充蛋白质、维生素或矿物质等和提高食品的某些物理性能，但是单细胞蛋白的核酸含量在 4%～18%，食用过多的核酸可能会引起痛风等疾病[27]。总之，在不断创新挖掘新的食品原料、技术和加工方式的过程中，要想实现对食品安全的有效监管，必须对整个食品链中所有组织及其相关组织实施全程监管。

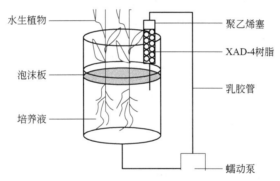

图 1-3　植物水培系统示意图[28]

（二）食品安全展望

食品安全关乎人民群众的健康和生命，是全社会关注的重大民生问题，一直以来，党和政府都以人为本，十分重视保障食品安全。

2019 年 5 月，《中共中央　国务院关于深化改革加强食品安全工作的意见》发布，提出到 2020 年，基于风险分析和供应链管理的食品安全监管体系初步建立，到 2035 年基本实现食品安全领域国家治理体系和治理能力现代化。要建立食品安全现代化治理体系，离不开"互联网＋"。在互联网和数字时代，食品行业与互联网的融合越来越紧密，为行业发展提供更多可能；同时，互联网本身作为一种基础技术，为食品安全治理提供了更多可能。中国互联网科技的快速发展以及应用场景的快速扩展，已超越现有的监管思路和经验范畴。无论是食品监管部门，还是食品生产经营者，均面临同样的挑战，即如何借助科技的力量、数据的力量，将食品行业发展好、管理好，并不断注入新的市场活力。结合 2020 年新冠疫情的暴发，全国多地响应国家号召，也先后印发 2020 年食品安全工作计划，遵循"四个最严"的要求，严把从农田到餐桌的每一道防线，着力提升食品安全管理水平。其中，严查野生动物非法交易，提升校园餐饮安全、婴幼儿配方乳粉质量，加大保健食品、网络食品整治力度，成为工作重点。

总之，食品行业是与人民群众生活息息相关的民生行业，"营养、健康、安全、方便"将是食品产业和科技未来发展的主导方向[29]。虽然食品安全总体稳定向好，但是面对新形势、新任务、新水平，我国食品安全突出矛盾尚未根本解决，在食品安全治理方面仍面临着不小的挑战。在今后的发展中，我们更应该在食品链各环节进行提升，例如深化食品安全监管体系协同机制、加强对农产品源头污染问题的重视、细化互联网外卖平台相关的法规、加强网络环境治理等；逐步完善食品安全控制保证体系，如良好操作规范（GMP）、卫生标准操作程序（SSOP）和危害性分析关键控制点技术（HACCP）等；科学应用食品安全风险分析，使未来由被动变成主动[30]。除了政府要加强对食品企业食品安全的监督检查以外，食品企业也应对其生产经营的食品质量负整体责任，消费者也要增强自我保护能力，共同营造和谐、安全、健康的食品安全大环境。

思考题

1. 作为一名食品工程师，如何保证食品安全？
2. 按污染物的性质，食品污染分为哪几类？
3. 食品风险等级包括哪些内容？
4. 解决食品安全问题的对策有哪些？
5. 简述我国食品安全现状和存在的主要问题。

参 考 文 献

［1］ Dontsenko I，Kerbo N，Pullmann J，et al. Preliminary report on an ongoing outbreak of hepatitis A in Estonia, 2011 ［J］. Eurosurveillance，2011，16（42）：1-4.

［2］ 白长海，张宝辉，赵明辉. 疯牛病的传染途径及防控措施［J］. 畜牧与饲料科学，2013，34（9）：109-110.

［3］ 高瑞萍，刘辉. 疯牛病病原体的研究及我国防控体系的建设［J］. 肉类研究，2010（7）：46-49.

［4］ 杨月，朱穗，韩一楠，等. 大连市 1990～ 2013 年甲型病毒性肝炎流行特征分析［J］. 微量元素与健康研究，2015，32（2）：48-49.

［5］ Jonas M M. Hepatitis A virus infection：progress made, more work to be done［J］. Jornal De Pediatria，2011，87（3）：185-186.

［6］ 钟耀广. 食品安全学［M］.3 版. 北京：化学工业出版社，2020.

［7］ 周游，王周平. 食品危害物及其检测方法研究进展［J］. 生物加工过程，2018，16（2）：24-30.

［8］ 李贸衡. 食品领域的化学性危害及防治［J］. 现代食品，2015（23）：5-7.

［9］ 顾绍平，陈凤明，张峰. 危害分析与关键控制点在中国食品企业应用现状和展望［J］. 中国食品卫生杂志，2019，31（5）：407-409.

［10］ 李太平. 我国农产品产地实施分级管理的思考［J］. 西北农林科技大学学报（社会科学版），2016，16（2）：68-73.

［11］ 陈能场，郑煜基，何晓峰，等. 全国土壤污染状况调查公报［J］. 中国环保产业，2014（5）：10-11.

［12］ 林源，马骥. 农户粮食生产中化肥施用的经济水平测算——以华北平原小麦种植户为例［J］. 农业技术经济，2013（1）：25-31.

［13］ 仇焕广，栾昊，李瑾，等. 风险规避对农户化肥过量施行为的影响［J］. 中国农村经济，2014（3）：85-96.

［14］ Zhu Z L，Chen D L. Nitrogen fertilizer use in China-Contributions to food production，impacts on the environment and best management strategies ［J］. Nutr. Cycl. Agroecosyst.，2002，63（2/3）：117-127.

［15］ 王嘉宁. 浅谈我国食品添加剂引发的食品安全问题及解决对策 ［J］. 食品安全导刊，2018（33）：32.

［16］ 中华人民共和国中央人民政府网 ［EB/OL］ http：//www. gov. cn/xinwen/index. htm，2019.

［17］ 郑娜娜，张楚，郑泉，等. 浅谈食品加工与流通中的安全隐患 ［J］. 农产品加工（学刊），2013（7）：63-65.

［18］ 刘朝辉. 食品加工中存在的污染危害及其安全检验 ［J］. 商品与质量·学术观察，2014（8）：290.

［19］ 中华人民共和国国家卫生和计划生育委员会. 中国食物与营养发展纲要（2014—2020 年）［J］. 营养学报，2014（3）：111-113.

［20］ 吴林海，尹世久，陈秀娟，等. 从农田到餐桌，如何保证"舌尖上的安全"——我国食品安全风险治理及形势分析 ［J］. 中国食品安全治理评论，2018（1）：3-10＋236-237.

［21］ 刘仁强. 我国食品安全监管面临的挑战及对策 ［J］. 现代食品，2016（23）：4-6.

［22］ 申慧婧，梁世圆. 中国食品安全监管面临的挑战及对策 ［J］. 食品安全导刊，2018（6）：19-20.

［23］ 周光宏，丁世杰，徐幸莲. 培养肉的研究进展与挑战 ［J］. 中国食品学报，2020，20（5）：1-11.

［24］ 王廷玮，周景文，赵鑫锐，等. 培养肉风险防范与安全管理规范 ［J］. 食品与发酵工业，2019，45（11）：254-258.

［25］ 张国强，赵鑫锐，李雪良，等. 动物细胞培养技术在人造肉研究中的应用 ［J］. 生物工程学报，2019，35（8）：1374-1381.

［26］ 朱惠芬. 蔬菜有机生态型无土栽培营养生理探究 ［J］. 现代园艺，2019（4）：31-32.

［27］ 何国庆. 食品发酵技术研究动态 ［J］. 食品安全质量检测学报，2017，8（12）：4507-4508.

［28］ 吴海露. 人工湿地中植物根系分泌物及其对脱氮过程的影响 ［D］. 上海：上海交通大学，2018.

［29］ 王硕，刘敬民. 基于功能纳米材料的食品安全分析新技术 ［J］. 中国食品学报，2018，18（6）：1-8.

［30］ 刘潇潇. 罗云波：我国食品安全治理面临挑战 需要多方面提升 ［J］. 现代食品，2017（1）：48.

第二章
食品加工过程中微生物污染来源及危害分析

主要内容

(1) 生物源危害物与食品安全关系解析
(2) 引起食源性疾病的细菌、病毒、原生动物和寄生虫
(3) 食源性耐药微生物的产生及机制
(4) 食品链中致病微生物污染典型案例分析

学习目标

重点掌握微生物污染食品的途径和特殊存活机制，掌握典型多发食源性致病菌、病毒及寄生虫等污染物的生物学特征和污染范围。

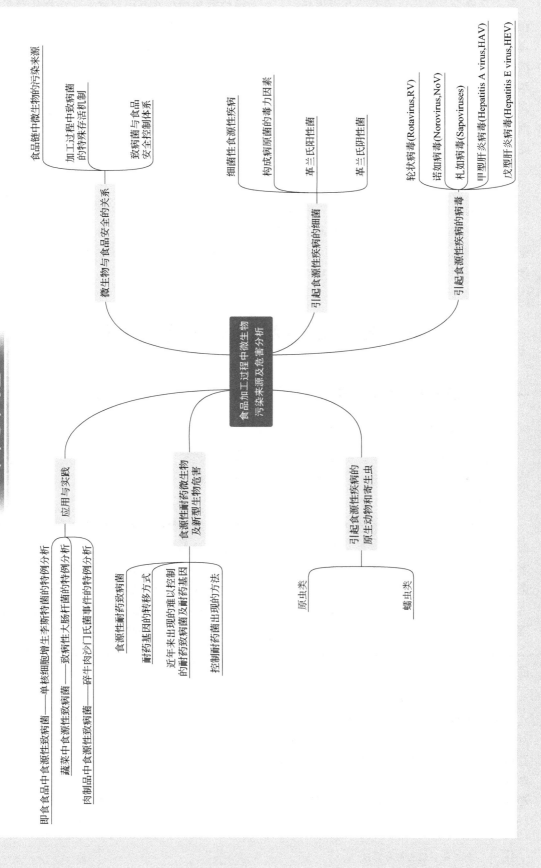

本章思维导图

食品加工过程中微生物污染来源及危害分析

微生物与食品安全的关系
- 食品链中微生物的污染来源
- 加工过程中致病菌的特殊存活机制
  - 致病菌与食品安全控制体系

引起食源性疾病的细菌
- 细菌性食源性疾病
  - 构成病原菌的毒力因素
  - 革兰氏阳性菌
  - 革兰氏阴性菌

引起食源性疾病的病毒
- 轮状病毒(Rotavirus,RV)
- 诺如病毒(Norovirus,NoV)
- 札如病毒(Sapoviruses)
- 甲型肝炎病毒(Hepatitis A virus,HAV)
- 戊型肝炎病毒(Hepatitis E virus,HEV)

应用与实践
- 即食食品中食源性致病菌——单核细胞增生李斯特菌的特例分析
- 蔬菜中食源性致病菌——致病性大肠杆菌的特例分析
- 肉制品中食源性致病菌——碎牛肉沙门氏菌事件的特例分析

食源性耐药微生物及新型生物危害
- 食源性耐药致病菌
- 耐药基因的转移方式
- 近年来出现的难以控制的耐药致病菌及耐药基因
- 控制耐药菌出现的方法

引起食源性疾病的原生动物和寄生虫
- 原虫类
- 蠕虫类

食品安全是当今世界性公共卫生热点，而食源性致病微生物是引起食源性疾病从而影响食品安全的首要原因。据 2015 年底世界卫生组织对全球食源性疾病负担进行的估算报告，每年有 6 亿人（几乎每 10 人中就有 1 人）因食用受污染的食品而患病，并有 42 万人死亡。国家食品安全风险评估中心在 2010～2011 年组织的中国食源性疾病负担研究显示，全国一年发生 2.09 亿人次食源性疾病。2006 年至 2017 年浙江省共报告食源性疾病暴发事件 898 起，累计发病 11519 例，其中细菌引起的食源性疾病的事件数和病例数最多，分别占查明原因总数的 70.85％及 82.79％[1]。2018 年，欧盟食品和饲料安全预警系统通报涉及 26 类食品风险，其中微生物污染排名第一，高达 936 例。

致病微生物引起疾病的能力即致病性或病原性（pathogencity），是指病原体感染或寄生使机体产生病理反应的特性或能力。致病微生物的致病性是对宿主而言的，有的仅对人有致病性，有的仅对某些动物有致病性，有的兼而有之。微生物的致病性取决于它侵入宿主的能力、在宿主体内繁殖的能力以及躲避宿主免疫系统攻击的能力。此外，侵入体内的微生物数量也是影响致病性的一个重要因素。致病微生物致病性的强弱程度称为毒力（virulence），毒力大小不同，病原微生物造成疾病的严重程度也不同。

第一节　微生物与食品安全的关系

一、食品链中微生物的污染来源

（一）微生物污染食品的途径

在食品加工生产过程中，引起食品微生物污染的途径很多，主要有土壤、空气、水、人及动物体、机械设备与管道、包装材料、食品原料及辅料等[2-4]。

1. 土壤

土壤是微生物的天然培养基。土壤中丰富的营养物质为微生物提供生长发育所需要的碳源、氮源、水分、矿质元素等。土壤中的微生物数量和种类与土壤中营养物质组成相关，如水分含量、无机元素成分等。土壤中微生物数量大、种类多，细菌、放线菌、霉菌、酵母菌、单细胞藻类和原生动物等都存在于不同的土壤中。其中细菌的数量最多、分布最广，所占比例高达 70％～80％。用于食品加工的植物性原料在生长、采收的过程中不可避免地会遭受来自土壤中微生物的污染，在原料表面发生一定量的附着。动物在饲养过程中，也会遭受土壤中微生物的污染，动物的体表及与外界相通的腔道均存在着大量的微生物。因此，食品加工的原料在投入生产之前可能已经被土壤微生物所污染。

2. 空气

加工车间空气中的微生物及灰尘可沉降在食品上，对食品造成污染，因此空气的洁净度对产品质量有很大影响。虽然空气无法为微生物的生长繁殖提供足够的水分、碳源、氮源等营养物质，但空气可以促进微生物寻找合适的生长环境。空气中的微生物主要为霉菌和放线菌的孢子、细菌的芽孢及酵母菌。空气中的微生物可能来自土壤、水、人及动植物的脱落物和呼吸道、消化道的排泄物，它们可随着灰尘、水滴的飞扬或沉降而污染食品。食品加工过程中，当有人讲话、咳嗽或打喷嚏时均可直接或间接污染食品，因此食品暴露在空气中被微生物污染是不可避免的。

3. 水

水既是许多食品的原料或配料成分，也是食品生产过程中清洗、冷却、冰冻不可缺少的。各种天然水源包括地表水和地下水，不仅是微生物的污染源，还是微生物污染食品的主要途径。自来水是天然水经净化消毒后而供日常生活所使用的水，在正常情况下含菌较少，但如果自来水管出现漏洞，管道由于压力不足暂时变成负压时，则会引起管道周围环境中的微生物渗漏进入管道，使自来水中的微生物数量增加。在生产中，即使使用符合卫生标准的水源，若使用方法不当也会导致微生物的污染范围扩大。畜禽屠宰厂的宰杀、去毛、去除内脏等工序中，畜禽皮毛和内脏中的微生物极易通过水流分散到生产车间，导致相互污染。当水体受到土壤和人畜排泄物的污染后，会使水体中肠道菌的数量增加，如大肠杆菌、粪链球菌、炭疽杆菌等。海水中含有如副溶血性弧菌等也可引起食源性疾病。

4. 人及动物体

加工车间工人的手和工作服携带的微生物是产品微生物二次污染的重要源头。工人直接接触产品的手和工作服如果不进行清洗和消毒，就会有大量的微生物附着而污染食品。蚊、蝇及蟑螂等昆虫也携带大量的微生物，实验证明，每只苍蝇带有数百万个细菌，80%的苍蝇肠道中带有痢疾杆菌。受感染的人或动物体内会存在不同数量的病原微生物，其中有些菌种是人畜共患病原微生物，如沙门氏菌、结核杆菌、布氏杆菌等，这些微生物可以通过直接接触或呼吸道和消化道污染食品。

5. 机械设备与管道

机械设备是食品的一大污染源，特别是与产品接触的、肉眼不可见的部分，如管道的弯头、阀门等。虽然食品加工设备本身不含微生物生长所需的营养物质，但在食品加工过程中，食品的汁液或颗粒往往残留于设备表面或运输管道内部，生产结束时如果清洗和灭菌不彻底，微生物会在上面生长繁殖。尤其黏稠性物料运输管道清洗难度较大，极易造成微生物污染。某些细菌可形成生物被膜对菌体产生保护作用，常规的清洗难以清除，在以后的使用过程中可通过与食品接触而造成微生物的繁殖与污染。

6. 包装材料

产品的包装是食品加工过程的最后一环，包装材料的种类和灭菌效果的好坏都会影响产品的安全程度。在包装材料中，最易发生微生物污染的是纸质包装材料，其次是各类软塑包装材料。包装材料的灭菌效果直接影响最终产品的质量，即使是无菌包装材料，在贮存、印刷等加工过程中也会重新被微生物污染。产品在运输和销售过程中，也可能造成微生物的后期污染，一些人为因素如划伤、挤压、剧烈碰撞等使包装材料破损造成微生物侵入、繁殖。

7. 食品原料及辅料

食品原料包括动物性原料和植物性原料，它们在生长过程中可能受到来自大气、水、土壤等环境中的微生物的污染。

（1）动物性原料

畜禽在屠宰前具有健全而完整的免疫系统，能有效预防和阻止微生物入侵或者免疫微生物带来的危害。但屠宰后的畜禽丧失了先天防御机能，畜禽机体为微生物的生长繁殖提供了丰富的营养物质，微生物侵入组织后迅速繁殖。屠宰过程卫生管理不当将造成微生物广泛污染。最初微生物污染是在使用非灭菌的刀具放血时将微生物引入血液中的，随着血液短暂的微弱循环而扩散至胴体的各部位。在屠宰、分割、加工、贮存和肉的配销过程中的每一个环节，微生物的污染都可能发生。

患病的畜禽其器官及组织内部可能有微生物存在，如病牛体内可能带有结核杆菌、口蹄疫病毒等。这些微生物能够冲破机体的防御系统，扩散至机体的其他部位，并且多为致病菌。动物皮肤发生刺伤、咬伤或化脓感染时，淋巴结会有细菌存在。其中部分细菌会被机体的防御系统吞噬或消除掉，而另一部分细菌可能存留下来导致机体病变。畜禽感染病原菌后有的呈现临床症状，但也有相当一部分为无症状带菌者，这部分畜禽在运输和圈养过程中，由于拥挤、疲劳、饥饿、惊恐等刺激，机体免疫力下降而呈现临床症状，并向外界扩散病原菌，造成畜禽相互感染。

当乳畜患乳腺炎时，乳房内会含有引起乳腺炎的病原菌，如无乳链球菌、化脓棒状杆菌、乳房链球菌和金黄色葡萄球菌等。患有结核或布氏杆菌病时，乳中可能有相应的病原菌存在。

近海和内陆水域中的鱼可能受到人或动物的排泄物污染，而带有病原菌如副溶血性弧菌，它们在鱼体上存在的数量不多，不会直接危害人类健康，但如贮藏不当，病原菌大量繁殖后可引起食源性疾病。在鱼上发现的病原菌还可能有沙门氏菌、志贺氏菌、霍乱弧菌、红斑丹毒丝菌和产气荚膜梭菌，它们的出现也是由环境污染引起的。

(2) 植物性原料

植物在生长过程中与自然环境广泛接触，其体表存在大量的微生物，所以从田间或者大棚获得的植物性原料一般都含有其原来生活环境中的微生物。粮食作物中常含有假单胞菌属、微球菌属、乳杆菌属和芽孢杆菌属等的细菌，还含有相当数量的霉菌孢子，主要涉及曲霉属、青霉属、交链孢霉属、镰孢霉属等，还有酵母菌。感染发病后的植物组织内部会存在大量的病原微生物，这些病原微生物在植物生长过程中通过根、茎、叶、花、果实等不同途径侵入组织内部。

果蔬汁是以新鲜水果为原料经加工制成的。因为果蔬原料本身带有微生物，而且在加工过程中还会再次感染，所以制成的果蔬汁中会存在大量微生物。因果汁的 pH 较低，糖分含量高，所以污染果汁的多为酵母菌。

(二) 食品链中常见的微生物种类

1. 细菌

污染食品的细菌可分为腐败型细菌和致病型细菌（表 2-1）[5]。其中假单胞菌属和乳杆菌属细菌多致食品腐败。如荧光假单胞菌（*Pseudomonas fluorescens*）在低温下可使肉、乳及乳制品腐败；生黑色腐败假单胞菌（*P. nigrifaciens*）能使动物性食品腐败，并在其上产生黑色素；菠萝软腐病假单胞菌（*P. ananas*）可使菠萝腐烂，被侵害的组织变黑并枯萎。乳杆菌属（*Lactobacillus*）细菌广泛分布于乳制品、肉制品、鱼制品、谷物及果蔬制品中，它们是人类和许多动物口腔、消化道和阴道的正常菌群。该属中的许多种可用于生产乳酸或发酵食品，污染食品后也可以引起食品变质，但不致病。

葡萄球菌属、芽孢杆菌属、梭菌属、埃希氏菌属、沙门氏菌属、弧菌属等属微生物，包含许多种致病菌。在引起食品腐败的同时，会引起食物中毒。如葡萄球菌属（*Staphylococcus*）中与食品关系最为密切的金黄色葡萄球菌（*S. aureus*），它可产生肠毒素等多种毒素及血浆凝固酶等代谢产物，存在于人和动物的化脓处、健康人和动物的体表、垃圾及人类的生活环境中，污染食品后可在其中生长繁殖，产生毒素。葡萄球菌肠毒素耐高温，加热到 100℃

不能将其破坏，人食入这些食品后可引起食物中毒。梭菌属（*Clostridium*）中的产气荚膜梭菌（*C. perfringens*）广泛存在于土壤、人和动物的肠道以及动物和人类的粪便中，会散发臭味。产气荚膜梭菌既能产生强烈的外毒素，又有多种侵袭性酶，并有荚膜，构成其强大的侵袭力，引起感染致病。肉毒梭菌（*C. botulinum*）在食品中繁殖可产生肉毒毒素，当人们食入含有该毒素的食品后，可发生食物中毒，早期表现为全身无力、头痛、头晕，继而出现眼睑下垂、视力模糊、瞳孔散大、吞咽困难等症状直至死亡。弧菌属（*Vibrio*）细菌广泛分布于淡水、海水和鱼、贝中，在海洋沿岸、浅海海水中，海鱼体表和肠道、浮游生物等中均有较高的检出率。海产动物死亡后，在低温或中温保藏时，该属细菌可在其中迅速生长繁殖，引起食品腐败变质。

表 2-1 常见的污染食品的细菌及其危害

细菌类型	菌属	危害
腐败型细菌	假单胞菌属	黑色腐败假单胞菌能使动物性食品腐败，并在其上产生黑色素。菠萝软腐病假单胞菌可使菠萝腐烂，使被侵害的组织变黑和枯萎
	乳杆菌属	该属中的许多种可用于生产乳酸或发酵食品，污染食品后也会导致食品变质，但不致病
致病型细菌	葡萄球菌属	金黄色葡萄球菌可产生肠毒素等多种毒素及血浆凝固酶等代谢产物，污染食品后可在其生长繁殖，产生毒素。葡萄球菌肠毒素耐高温，加热到100℃不能将其破坏，人食入被污染的食品后可引起食物中毒
	芽孢杆菌属	蜡样芽孢杆菌（*Bacillus cereus*）广泛分布于土壤、水、调味料、乳以及咸肉中，污染食品后可以引起食品腐败变质，并产生肠毒素、溶血素、呕吐毒素等引起人食物中毒的毒素
	梭菌属	产气荚膜梭菌既能产生强烈的外毒素，又有多种侵袭性酶，并有荚膜，构成其强大的侵袭力，引起感染致病。肉毒梭菌在食品中繁殖可产生肉毒毒素，当人们食入含有该毒素的食品后，可发生食物中毒
	埃希氏菌属	大肠杆菌（*Escherichia coli*）能发酵乳糖产酸产气，产生吲哚，是人和动物肠道正常菌群之一。绝大多数大肠杆菌在肠道内无致病性，极少部分可产生肠毒素等致病因子而引起食物中毒
	沙门氏菌属	沙门氏菌（*Salmonella*）广泛分布于自然界，常污染鱼、肉、禽、蛋、乳等食品。该菌可在消化道内增殖，引起急性胃肠炎和败血症等，是重要的食物中毒性细菌之一
	耶尔森氏菌属	小肠结肠炎耶尔森氏菌（*Yersinia enterocolitica*）为兼性厌氧菌，广泛分布于自然界，污染食品后可引起以肠胃炎为主的食物中毒
	弧菌属	该属菌污染食品后可引起食物中毒，发生腹痛、腹泻、呕吐等急性肠胃炎症状。包括副溶血性弧菌（*V. parahaemolyticus*）、霍乱弧菌（*V. cholerae*）等

2. 真菌

真菌是一种真核生物。最常见的真菌是蕈类，另外真菌也包括霉菌和酵母。蕈类多为大型真菌，包括香菇、金针菇、木耳、银耳等，它们既是一类重要的菌类蔬菜，又是食品和制药工业的重要资源。霉菌可用以生产工业原料（柠檬酸等）或者用于食品加工（酿造酱油等）过程，但也能引起生产原料和产品发霉变质。霉菌是丝状真菌，在温暖潮湿的地方容易生长。霉菌及毒素污染食品，不仅可使食品营养价值降低，还可造成人体健康危害。霉菌毒素对人和禽畜的毒性可表现在神经和内分泌紊乱、免疫抑制、肝肾损伤等方面。

不同种类的霉菌其生长繁殖的速度和产毒的能力是有差异的。霉菌毒素中毒性最强的有黄曲霉毒素、赭曲霉素、黄绿青霉素、红色青霉素及青霉酸等。目前已知有 5 种毒素可引起动物患癌，它们是黄曲霉毒素（B_1、G_1、M_1）、黄天精、环氯素、杂色曲霉素和展青霉素。其中黄曲霉毒素是毒性最大、对人类健康危害极为突出的一类霉菌毒素。黄曲霉毒素中黄曲霉毒素 B_1 毒性和致癌性最强，仅次于肉毒杆菌，是三氧化二砷（砒霜）的68倍。但霉菌产毒仅限于少数的产毒霉菌，而且产毒菌种中也只有一部分菌株产毒。主要的产毒霉菌有曲霉属和青霉属（表2-2）。

表2-2 常见的污染食品的真菌及毒素

菌　属	特　征	毒　素
曲霉属	颜色多样而较稳定,营养菌丝体无色或有明亮的颜色	黄曲霉毒素、杂色曲霉素和棕曲霉毒素等
青霉属	营养菌丝体呈无色、淡色或鲜明的颜色	黄绿青霉素、桔青霉素、圆弧偶氮酸、展青霉素、红青霉素、黄天精、环氯素和皱褶青霉素

曲霉属（*Aspergillus*）及其毒素：曲霉属霉菌的颜色多样而较稳定，营养菌丝体无色或有明亮的颜色，主要包括黄曲霉（*A. flavus*）、赭曲霉（*A. ochraceus*）、杂色曲霉（*A. versicolor*）、烟曲霉（*A. fumigatus*）、构巢曲霉（*A. nidulans*）和寄生曲霉（*A. parasilicus*）等，它们的代谢产物为黄曲霉毒素、杂色曲霉毒素和棕曲霉毒素等。

青霉属（*Penicillium*）及其毒素：青霉属霉菌的营养菌丝体呈无色、淡色或鲜明的颜色，主要包括岛青霉（*P. islandicum*）、桔青霉（*P. citrinum*）、展青霉（*P. patulum*）[也称荨麻青霉（*P. urlicae*）]、扩展青霉（*P. expansum*）、产紫青霉（*P. purpurogenum*）、圆弧青霉（*P. cyclopium*）、纯绿青霉（*P. viridicatum*）、斜卧青霉（*P. decumbens*）、皱褶青霉（*P. rugulosum*）等，它们的代谢产物为黄绿青霉素、桔青霉素、圆弧偶氮酸、展青霉素、红青霉素、黄天精、环氯素和皱褶青霉素等。

3. 病毒

病毒（virus）是一类非细胞形态的微生物，其大小、形态、化学成分、宿主范围以及对宿主的作用亦与细胞形态的微生物不同。病毒非常小，无细胞结构，大多用电子显微镜才能观察到。病毒的基本特征是其基本结构由核酸与蛋白质组成，只能在活细胞中增殖。食源性病毒是指以食物为载体导致人类患病的病毒，包括以粪-口途径传播的病毒，如脊髓灰质炎病毒、轮状病毒、冠状病毒、环状病毒和戊型肝炎病毒，以及以畜产品为载体传播的病毒，如禽流感病毒、朊病毒和口蹄疫病毒等。

朊病毒（prion）不含有任何核酸，不具有病毒的结构特点，只是一种可传播的具有致病能力的蛋白质，可引起各种动物疾病，是迄今所知的最小的病原。传染型的朊病毒病是由于同类相食而传播的，早年在新几内亚的高原地区，少数民族有种风俗习惯，在祭奠死者时要吃死者的肉体，使这种朊病毒得以传播。成为人类关注焦点的家畜朊病毒当数1996年春天在英国蔓延的疯牛病，它不但引起了英国一场空前的经济和政治动荡，而且波及了整个欧洲，加上法国克雅氏综合征（人类的一种朊病毒病）患者增多，人们很自然地与食用来自英国的进口牛肉相联系，因而引起了极大恐慌[6]。

冠状病毒（coronavirus，CoV）可侵害动物范围广泛，包括家畜家禽和宠物如马、牛、猪、狗、猫、鸟类等，主要感染上呼吸道和胃肠道。冠状病毒通过呼吸道分泌物排出体外，经口液、喷嚏、接触传染，并通过空气飞沫传播。该病毒对温度很敏感，在33℃时生长良好，但35℃就使之受到抑制，由于这个特性，多发于冬春季节。呼吸道感染引起类似感冒的发热、呼吸道炎症的症状，消化道感染导致呕吐、腹泻、脱水消瘦等症状。严重急性呼吸综合征病毒和中东呼吸综合征冠状病毒等对人具有高感染率和高死亡率[7]。

二、加工过程中致病菌的特殊存活机制

致病微生物由于个体微小，世代时间非常短，且在不良的环境下往往会改变自己的存活状态或形态，使自身具备更强的抗性并存活，包括形成芽孢，进入活的不可培养状态（viable but non-culturable，VBNC），形成生物被膜。同时，一些致病菌还能够感受到周围胁迫环境，并对胁迫迅速地做出应激响应而提升存活能力。因此致病微生物在食品加工、储藏、运输、销售以及烹调等各个环节，都有可能对食品造成污染，甚至产生毒素造成食物中毒。

（一）生物被膜

1. 概述

生物被膜是微生物表面分泌黏性胞外聚合物吸附于物质表面，并增殖而形成的具有一定结构的细胞群体（图 2-1）。它是细菌的另一种生活方式，是以多细胞形态组成的群落式结构，群落中细胞间相互协调交流。这种状态与自由运动游离状态可以相互转换，这是微生物对复杂环境长期适应的结果。通常地，游离态的细菌能够更好地移动传播，而生物被膜的形成使细菌菌体对环境压力的抵抗能力大大增强，其能够使细菌免受外界环境损失和机体免疫杀伤，这也为致病菌的有效控制增加了难度。

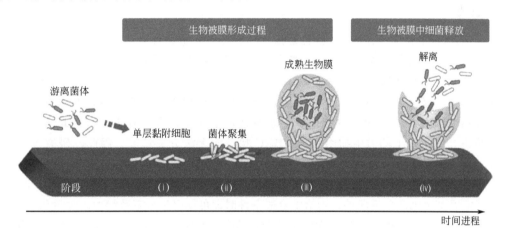

图 2-1　生物被膜形成过程[8]

2. 生物被膜与食品安全的关系

食品受食源性致病菌污染的途径很多，中国食源性疾病监测报告系统的调查结果显示，27%的污染来自于食品加工设备等造成的交叉污染，这被认为是最主要的污染途径。食品器械设备引起的交叉污染主要归因于器械设备表面存在的黏附菌体。已有研究表明，食源性致病菌可以黏附、生长于食品及加工器械表面，在菌体-菌体和菌体-接触面的相互作用下，可通过菌体增殖、分泌胞外基质而形成具有一定空间结构的细菌聚集体，该聚集体即为生物膜或生物被膜。食品加工器械表面（不锈钢、塑料等表面）存在的致病菌生物被膜对食品安全具有极大的威胁，尤其是现代食品加工机械化和自动化的快速发展，增加了加工器械与食品接触的面积和概率，同时也增加了微生物在器械表面形成生物被膜的机会，使食品受到污染的概率明显增大。目前已有诸多研究显示，多种食源性致病菌可在塑料、玻璃、不锈钢、木质和橡胶等材质表面形成生物被膜，这些材质的器具设备均可能在食品的屠宰、加工和消费

环节与食品频繁接触。目前已从多种食品生产线的接触面中检测到致病菌生物被膜的存在，从乳品、禽类、肉类和水产等加工过程及终产品中分离到的致病菌也均可在多种材质表面形成生物被膜，研究显示 50% 以上的禽源沙门氏菌菌株能够形成生物被膜。同时，研究已经证实：多起食源性食物中毒暴发事件是由食源性致病菌生物被膜引起。2011 年，在美国华盛顿州部分原料乳受单增李斯特菌的污染而导致产品被召回，据推测这次污染可能是由该菌的生物被膜引起的，同时亦有报道称被污染的灭菌乳中的耐热葡萄球菌和芽孢杆菌来自于该菌生物被膜自动分散后的菌体污染。

食品加工接触表面形成的生物被膜及从被膜中脱落分散的菌体对食品安全具有灾难性的影响，常规的清洗方法难以彻底清除，残留的生物被膜可发展成新的生物被膜，形成交叉污染的传播中心。相对于浮游菌体，生物被膜态的菌体对外源杀菌剂、清洁剂有更强的耐受性，生物被膜的胞外分泌物对杀菌剂有一定的阻碍作用，这使杀菌剂难以渗透到生物被膜内部；同时生物被膜为不同种属细菌的基因水平转移创造了绝佳的环境，细菌的毒力基因和耐药基因原件可能在不同种属间进行传播，研究表明生物被膜中质粒与菌体结合的速率远大于浮游菌体中质粒与菌体的结合速率；此外，加工器械表面生成的生物被膜对部分设备的热能传递也有负面影响，并且会加速腐蚀器械设备。

（二）微生物活的不可培养状态

1. 概述

细菌活的不可培养（VBNC）状态是指在一定环境胁迫条件下，一些不形成芽孢的细菌仅保留很低代谢活性但无法分裂，失去在培养基上形成菌落能力的状态。细菌的这一状态也可逆转而恢复生长形成菌落，称为复苏。对不可培养微生物的培养及其机制的研究一直是微生物领域的研究热点和难点。VBNC 状态是非芽孢形成菌抵御不良环境的生存机制，广泛存在于已培养和不可培养的微生物中，它是在特定条件下，微生物不可分离培养的一种状态。据报道，99% 以上的微生物因处于 VBNC 状态而无法分离培养。因此，研究 VBNC 状态形成及复苏的机制对于揭示不可培养微生物的存在机理具有重要意义。

在不良环境胁迫下细菌可进入 VBNC 状态，具体表现为细胞浓缩成球形，虽具代谢活性，但在常规培养基上无法分离获得，当给予合适条件时即可恢复生长繁殖能力。大量研究表明生存环境的改变可诱导微生物进入 VBNC 状态。1997 年有学者在 5℃ 低温下培养创伤弧菌（*V. vulnificus*）时发现，虽然细胞总量保持不变，但可培养细胞的数量下降至无法观察到的水平，表明创伤弧菌在低温胁迫下进入了 VBNC 状态。随后，溶藻弧菌（*V. alginolyticus*）被证明在低温条件下可进入 VBNC 状态，当温度升高、营养适当时该菌能恢复可培养状态。另外，除温度外，许多环境条件如水分、pH 值、渗透压、有害的化学物质等均能诱导细菌进入 VBNC 状态。在水生细菌中，细菌通过进入 VBNC 状态以应对不良环境的现象较为显著，如粪肠球菌在 2004 年被首次证明可以依附于浮游生物表面进入 VBNC 状态，同时，有研究表明部分粪肠球菌属菌株在海水和湖水中可以依附于桡足类浮游生物表面而在不良环境中长时间存活。

2. 细菌 VBNC 状态发生机制

目前，细菌 VBNC 状态的发生机制尚不明确，被广为研究探讨的主要有以下两种假说：一是从细胞内的氧化损伤致细胞衰弱的角度解释了微生物不可培养的原因，假说的核心内容为细胞衰退导致其不可培养，此假说与对 VBNC 状态的阐释有分歧；另一种假说认为，细菌的 VBNC 状态是类似于芽孢形成机制的一种应对不良环境的生存策略。面对微生物进入 VBNC 状态各异性，微生物生存策略的假说具有一定的适用性。有学者也认为细菌的 VBNC 状态是属于非芽孢形成菌抵御不良环境的一种应激状态，是一种智慧的生存机制（图 2-2）[9]。

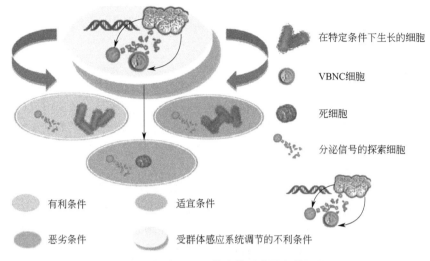

图 2-2　细胞 VBNC 状态的形成及复苏机制

（三）芽孢

1. 概述

食品中残存具有萌发能力的芽孢是影响产品货架期和威胁其安全水平的重要因素。芽孢由于广泛存在，不可避免会进入食品加工链中，同时因其具有极强的环境抗逆性，因此能够在食品杀菌过程中存活。产芽孢菌能在不良条件下形成具有特殊结构而表现出极强抗逆性的芽孢，不易被常规灭菌方法完全杀灭。近年来芽孢菌污染食品导致的中毒事件频繁发生，比如报道最多的是蜡样芽孢杆菌引起的食物中毒（居我国细菌性食物中毒第三位），该菌也是在谷物及谷物制品中最常被检出的病原菌之一。谷物种子经发芽而获得的鲜食产品营养丰富，颇受大众欢迎，近年来此类产品的生产逐渐规模化。然而该类食品中会同时存在微生物营养体和芽孢，种子发芽环境又为芽孢萌发生长提供了温床。适宜环境条件下芽孢萌发生长，易引起食源性疾病或导致食品腐败。因此，为了保证食品安全及人类饮食健康，必须对食品中残存的芽孢进行灭活。芽孢的结构示意图如图 2-3 所示。

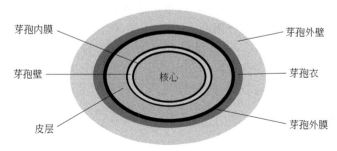

图 2-3　芽孢结构示意图

芽孢因具有特殊结构而表现出很强的抗逆性，因此杀灭细菌芽孢的方法和条件与杀灭细菌营养体不同，其杀灭机制亦随处理方法和芽孢类型而存在差异。总结前人的研究发现杀灭芽孢的机制主要有三种：

a. 在杀菌过程中诱导芽孢萌发生成营养细胞被杀灭；

b. 杀菌破坏芽孢结构致其死亡；

c. 杀菌抑制或阻碍了芽孢后续萌发而致其死亡。

2. 控制策略

（1）对芽孢结构的破坏

高压处理是食品中芽孢灭活的常用方法之一，有学者采用高压二氧化碳结合较低温度处理未诱导枯草芽孢杆菌芽孢，破坏了芽孢衣、皮层、萌发受体蛋白、核蛋白、内膜等芽孢结构，并且认为芽孢内膜破坏才是导致芽孢死亡的主要原因。采用高压协同强酸性电解质水（SAEW）的方法处理芽孢，会损伤芽孢结构、改变芽孢形态、加速 2,6-吡啶二羧酸释放，电镜结果表明经处理的芽孢形态、结构以及膜透性均发生了变化。低温等离子体处理后的芽孢 DNA 修复能力下降，并出现大量突变体，表明该处理方式是通过破坏芽孢 DNA 而杀灭芽孢。有研究者在分子生物学层面上研究了电解水对枯草芽孢杆菌黑色变种芽孢的杀灭机制，结果表明电解水处理后其脱氢酶活性降低，膜透性增加，电导率增加，并且引起胞内 K^+、蛋白质及 DNA 的泄漏，因此推断电解水处理破坏了芽孢细胞壁和内膜；形态学分析表明电解水破坏了芽孢的保护屏障，对核区造成损伤。次氯酸盐、二氧化氯和臭氧等强氧化物通过破坏芽孢内膜杀灭芽孢。H_2O_2 通过对芽孢核蛋白的损伤杀灭芽孢。杀菌导致芽孢结构被破坏，一方面使之不能正常行使生物学功能而死亡，另一方面受损的芽孢不能正常萌发而死亡[10]。

（2）对芽孢萌发的控制

休眠的芽孢一旦感知到适宜萌发的环境因子，会迅速萌发，并发生 2,6-吡啶二羧酸（DPA）释放、皮层水解，生成营养态细胞。在这个过程中芽孢抗性降低，易于被常规消毒剂杀灭，因而可采用较为温和的杀菌方式，节约能源，保持食物品质。因此，芽孢的杀灭首先应该考虑所采取的措施在杀菌过程中是否会诱导萌发。较高的压力处理（400～900MPa，>50℃）通过直接打开 CaDPA 蛋白通道，促使 CaDPA 释放，使芽孢萌发成营养细胞而被杀灭。液态碘灭活枯草芽孢杆菌芽孢和苏云金芽孢杆菌芽孢不是通过破坏其 DNA 和芽孢内膜，而是该处理使芽孢先萌发而后迅速溶解。紫外线促使苏云金芽孢杆菌芽孢蛋白质二级结构发生改变，影响最显著的是萌发剂受体蛋白，其次是 DPA 释放通道蛋白，对皮层水解酶影响较小；NaOH 处理损伤了芽孢萌发相关蛋白质，受损最严重的是皮层水解酶；而 HCl 处理会使萌发蛋白质钝化或受损，并且对萌发受体蛋白影响最大，同时影响芽孢皮层和内膜通透性，加速 DPA 释放。需要注意的是，对于只是被破坏了萌发相关蛋白质的芽孢，芽孢并没有真正的死亡，只是萌发过程被阻断[11]。

芽孢结构被破坏、DPA 释放、关键蛋白质变化、萌发与致死之间并不是直接的因果关系。不同消毒剂或消毒方法对芽孢的作用位点与作用途径也不尽相同，因而表现出不同的灭活机制，并且主要是通过对芽孢结构和萌发产生影响而杀灭芽孢。

（四）胁迫耐受

1. 概述

环境胁迫是指环境中任何会对微生物生长和生存产生不利影响的因素或者条件。对于微生物来说，最佳的生长条件（如理想的生长温度、氧气、pH 和溶质水平）只有在实验室研究时才能达到。因此，在食品中，尤其是在食品的生产、加工、储存和烹调过程中，细菌、病原体会在整个生命周期中抵抗各种压力。这些压力包括物理处理如热、压力、渗透压或冷冻，化学处理如酸、洗涤剂、盐或氧化剂，以及生物压力如细菌素。此外，食源性病原体在感染宿主过程中也会发生应激。其中一些在体内的压力类似于在食物中遇到的压力，如在胃和巨噬细胞中遇到的低 pH 值，肠道渗透压升高，以及相对较高的体温。然而，某些应激可能是宿主特有的，如肠道内胆盐的暴露，胃液中溶菌酶、胃蛋白酶等的分解作用（图 2-4）。

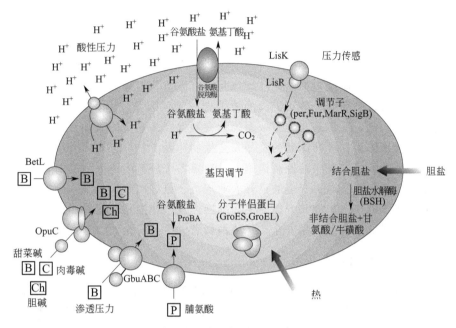

图 2-4　食源性致病菌应对环境应激分子机制

2. 胁迫耐受与食品安全的关系

细菌能够通过高度协调的细胞机制来适应不同的应激环境。当这种适应发生在非致死的环境条件下时，细菌会对之后所遇到的相同或不同的环境压力表现出更强的抵抗力，这种现象称为交叉保护，即预先暴露在有压力的环境中可能会影响细菌对其他压力的抵抗力。交叉保护或适应性反应的基础是预先暴露在某一特定压力的轻度（亚致死）水平下，可以增强菌体在随后暴露于这种压力的重度（正常致死）水平下的存活能力，保护菌体免受损伤[12]。

交叉保护在食品安全和食品加工技术优化中具有重要意义。随着食品栅栏技术的广泛应用，如果在加工储藏的过程中涉及较低或轻微的压力，就会引起食品中致病菌的多种应激反应，从而可能会降低后续处理的效果。例如，香肠发酵期间酸度的增加以及辅料中的盐的存在可能使该产品相关的致病菌（例如大肠杆菌）产生应激反应。这些细菌一旦适应发酵期间的酸和渗透应激，可能抵抗进一步的加热或冷冻等处理从而持续存在于产品加工储存期间。果汁的酸度也可能引起细菌酸适应性反应，这可能导致细菌对进一步巴氏杀菌的抵抗力更强。随着食品工业对微生物污染的控制越来越关注，各种新兴的微生物控制技术被用于提高食品质量和安全，包括辐射、微波、脉冲电场、低温等离子体、LED 辐照、植物精油抑菌和生物控制等。这些技术都有可能会影响食源性病原体对食品加工相关压力的适应，从而可能导致食品安全风险的显著增加。因此，越来越多的研究人员建议将环境应激对食源性致病菌耐受性影响纳入食品加工企业考虑食品安全性的范畴。

三、致病菌与食品安全控制体系

随着经济全球化以及食品国际贸易的迅速发展，食品安全的重要性越来越凸显。在人类食品种类丰富、生活质量提高的同时，由食品添加剂、微生物、重金属、农兽药等导致的食品安全问题越来越多。食品安全不但事关人类的健康和安全，还关系到国家和民族的生存和发展。重大食品安全事件往往可能会导致超越国界、遍及全球的健康、经济危机甚至政治危机。因此，食品安全问题越来越受到世界各国政府的重视。

联合国粮食及农业组织（FAO）、世界卫生组织（WHO）、政府间动物卫生技术组织（OIE）等国际组织都十分重视食品安全问题，制定了许多法规、指南以及标准，对食品生产、加工、储藏、运输及国际贸易提出了要求。食品安全控制体系的出现旨在降低疾病隐患，防范食源性疾病。该体系包括法律法规体系、官方监督管理体系、企业自控体系、官方认可的认证体系和来自来高校、科研机构的技术支持。我国作为世界食品生产和消费大国，高度重视食品安全问题，近年来实施了一系列旨在确保食品安全的行动计划，并初步建立了包括法规体系、管理体系、科技体系的食品安全控制体系。本部分主要介绍食品企业中常用的管理体系对食源性致病微生物的控制措施，其覆盖各个环节的一系列的对食品安全控制的措施、标准制度，包括控制源头安全的良好农业规范、更好控制市场准入制度的良好操作规范、ISO质量管理体系（ISO 22000）、卫生标准操作程序及控制所有过程中的危害分析与关键控制点，目的是保证市场上食品安全，保障消费者的生命安全[4]。

（一）致病菌与良好农业规范

良好农业规范（good agricultural practices，GAP）起源于欧洲，是1997年欧洲零售商农产品工作组（EUREP）在零售商的倡导下提出的，2001年EUREP秘书处首次将EUREP GAP标准对外公开发布。从广义上讲，GAP作为一种适用方法和体系，通过经济的、环境的和社会的可持续发展措施，来保障食品安全和食品质量。它是以危害预防（HACCP）、良好卫生规范、可持续发展农业和持续改良农场体系为基础，避免在农产品生产过程中受到外来物质的严重污染和危害。该标准主要涉及大田作物种植、水果和蔬菜种植、畜禽养殖、畜禽公路运输等农业产业等。

2003年4月国家认证认可监督管理委员会首次提出在中国食品链源头建立"良好农业规范"体系，并于2004年启动了China GAP标准的编写和制定工作，China GAP标准起草主要参照EUREP GAP标准的控制条款，并结合中国国情和法规要求编写而成。China GAP标准为系列标准，包括术语、农场基础控制点与符合性规范、作物基础控制点与符合性规范、大田作物控制点与符合性规范、水果和蔬菜控制点与符合性规范、畜禽基础控制点与符合性规范、牛羊控制点与符合性规范、奶牛控制点与符合性规范、生猪控制点与符合性规范、家禽控制点与符合性规范。

在China GAP中有许多条款针对致病微生物的控制。其中，在农场基础控制点与符合性规范中要求对食品的贮藏条件、检查以及垃圾清除进行规范，从而起到对食源性病原微生物的有效控制作用；作物基础控制点与符合性规范对于种子的处理、水的质量、植物保护产品的储存、在收获和农产品处理室的卫生风险分析、员工健康等做了规范，从而有效控制有害微生物；水果和蔬菜控制点与符合性规范中对于采收卫生，包装、容器、农产品卫生，采收后的清洗，员工健康等的规范，可以防止食源性病原微生物入侵到食品中；畜禽基础控制点与符合性规范主要在畜禽饲料饮水、畜禽健康、病死畜禽的处理等方面，起到控制微生物的作用；牛羊控制点与符合性规范从饲料及饲草、疾病防治、员工定期体检等方面控制食源性病原微生物；奶牛控制点与符合性规范对饲料、牛舍和设施、普医健康计划、挤奶、卫生等方面控制食源性病原微生物对牛奶的污染；生猪控制点与符合性规范，从厂址选择和设施工艺、饲料和水、死亡生猪处理等方面控制食源性病原微生物对人的侵害；家禽控制点与符合性规范要求从厂址的选择和设施工艺（饲养室通风和温度控制、光照、垫料）、家禽来源、家禽健康、卫生和虫害控制等方面控制病原微生物；畜禽公路运输控制点与符合性规范主要是从运输条件、清洁卫生等方面控制食源性病原微生物。

（二）致病菌与良好生产操作规范

良好生产操作规范（good manufacturing practices，GMP），是一种特别注重在生产过程中实施对产品质量与卫生安全的自主性管理制度，适用于制药、食品等行业的强制性标准。要求企业从原料、人员、设施设备、生产过程、包装、运输、质量控制等方面按国家有关法规达到质量要求，连成一套可操作的作业规范，帮助企业改善企业卫生环境，及时发现生产过程中存在的问题并加以改善。该套操作规范最早用于药品工业，1969年美国食品药品监督管理局（FDA）将GMP的观念引到食品生产的法规中，并制定食品良好生产工业通则，从此开创了食品GMP的新纪元。目前，GMP法规仍在不断完善，最新版本的GMP被称为现行良好操作规范（current good manufacturing practices，CGMP）。

GMP的宗旨是在食品制造、包装和贮藏等过程中，确保有关人员、建筑、设施和设备均能符合良好的生产条件，防止在不卫生的条件下，或在可能引起污染或品质变坏的条件中操作，以保证食品安全和质量稳定。其重点是确认食品生产过程中的安全性，防止异物、毒物、有害微生物污染食品；建立双重检验制度，防止出现人为的过失；建立标签管理制度，建立完善的生产记录、报告存档的管理制度。GMP确定的污染形式有尘粒污染和微生物污染两种。微生物污染是指因微生物产生、附着而给特定的环境带来的不良影响，是GMP工作的主要对象。

GMP的实施，为食品生产提供一套可遵循的组合标准；为卫生行政部门、食品卫生监督员提供监督检查的依据；为建立国际食品标准提供基础，便于食品的国际贸易；帮助食品生产经营人员认识食品生产的特殊性，为他们提供重要的教材，由此让他们产生积极的工作态度，激发他们对食品质量高度负责的精神，消除他们食品生产时的不良习惯；使食品生产企业对原料、辅料、包装材料的要求更为严格；有助于食品生产企业采用新技术新设备从而保证食品质量。

（三）致病菌与卫生标准操作程序

卫生标准操作程序（sanitation standard operation procedure，SSOP）是食品加工企业为了保证达到GMP所规定的要求，确保消除加工过程中不良的人为因素，使其加工的食品符合卫生要求而制定的指导食品生产整个过程中如何实施清洗、消毒和卫生保持的作业指导文件。

1995年2月颁布的《美国肉、禽产品HACCP法规》中第一次提出了要求建立一种书面的常规可行程序——卫生标准操作程序，确保生产出安全、无掺杂的食品。同年12月，FDA颁布的《美国水产品的HACCP法规》中进一步明确了SSOP必须包括的八个方面（a.与食品或食品表面接触的水的安全；b.与食品表面接触的卫生状况和清洁程度；c.防止发生交叉污染；d.手的清洗和消毒设施以及厕所设施的维护；e.避免食品被污染物污染；

f.有毒化学物质的适当保存、处理；g.职工健康状况的控制；h.防蝇灭鼠）及验证等相关程序，从而建立了 SSOP 的完整体系。此后，SSOP 一直作为 GMP 和 HACCP 的基础程序加以实施，成为完成 HACCP 体系的重要前提条件。

食品加工企业制定一个完整的 SSOP 首先要充分考虑微生物污染。例如与食品接触或与食品接触物表面接触用水（冰）来源与处理应符合有关规定，并要考虑非生产用水及污水处理的交叉污染问题。SSOP 还规定食品生产企业应制订体检计划，并设有体检档案，凡患有有碍食品卫生的疾病，例如病毒性肝炎、活动性肺结核、肠伤寒及其带菌者、细菌性痢疾及其带菌者、化脓性或渗出性脱屑皮肤病患者、手外伤未愈合者，均不得参加直接接触食品加工的工作，痊愈后经体检合格方可重新上岗。这些措施都可以有效地控制致病微生物污染。

（四）致病菌与危害分析与关键控制点

危害分析与关键控制点（hazard analysis critical control point，HACCP），是一个国际认可的科学高效、便捷合理而又专业性很强的食品安全管理体系。HACCP 是一种控制食品安全危害的预防性体系，但并非一个零风险系统，而是将食品安全危害的风险降到最低限度，是一个使食品供应链及生产过程免受生物、化学和物理性污染的使食品安全危害的风险降低到最小可接受水平的管理工具，是建立在科学基础上的一个关注预防、评估危害和确立控制系统的程序化体系，可以系统性地确定具体危害，并采取相应的控制措施，以确保食品安全。它是涉及从水中到餐桌、从养殖场到餐桌全过程的安全卫生预防系统，需要食品工厂从生产线到管理层各方面的配合。

HACCP 采用"过程"方法进行管理，提倡管理者的领导核心作用和全员参与，并要求对质量记录、文件和数据进行质量管理等。但是该体系对食品企业的管理目标，特别是卫生安全目标的要求更明确，管理内容也更具体。它强调食品企业要严格遵守食品和卫生法律法规，建立以 HACCP 计划、GMP 和 SSOP 为核心的三级食品安全管理体系。HACCP 的实施有七大原则：a.危害分析（hazard analysis，HA）；b.确定加工中的关键控制点（critical control point，CCP）；c.确定关键限值；d.建立 HACCP 监控程序；e.建立纠偏措施（corrective action，CA）；f.建立有效的纪录保持程序；g.建立验证程序。

HACCP 是决定产品安全性的基础，食品生产者利用 HACCP 控制产品的安全性比利用传统的最终产品检验法要更可靠，实施时也可作为谨慎防御的一部分。

（五）食品安全管理体系 ISO 22000

随着全球食品行业第三方认证制度的兴起，急需制定一项全球统一并整合现有的与食品安全相关的管理体系，既适用于食品链中的各类组织展开食品安全管理活动，又可用于审核与认证食品安全管理体系的国际标准。为解决上述迫切需求，国际标准化组织（International Organization for Standardization，ISO）于 2000 年成立了第 8 工作组，开始制定 ISO 22000 食品安全管理体系系列标准。

ISO 22000 定义了食品安全管理体系的要求，适用于从"农场到餐桌"这个食品链中的所有组织，进一步地确定了 HACCP 在食品安全管理体系中的作用。ISO 22000 将 HACCP 原理作为方法应用于整个体系；明确了危害分析作为安全食品实现策划的核心，并将国际食品法典委员会（CAC）所制定的预备步骤中的产品特性、预期用途、流程图、加工步骤和控制措施以及沟通作为危害分析及其更新的输入；同时将 HACCP 计划及其前提条件、前提方案动态均衡地结合。

第二节　引起食源性疾病的细菌

一、细菌性食源性疾病

（一）细菌性食源性疾病的定义

细菌及其毒素是食源性疾病最重要的致病因子。细菌性食源性疾病是指由于人体摄入了被致病菌或其毒素污染的食品后所出现的非传染性急性、亚急性疾病，主要分为细菌性肠道传染病和细菌性食物中毒。细菌性肠道传染病属于我国法定传染病，主要包括霍乱、痢疾、伤寒、副伤寒及由肠出血性大肠埃希菌 O157 引起的出血性肠炎等。细菌性食物中毒包括由各种致病菌引起的食物中毒，如变形杆菌食物中毒、葡萄球菌食物中毒等。

（二）由细菌引起的食源性疾病的分类

1. 按临床症状分

细菌性食源性疾病的临床症状分为胃肠型和神经型，以消化道症状为主。因此，根据临床表现可以将细菌性食源性疾病分为胃肠型和神经型两类。

（1）胃肠型

典型表现恶心、呕吐、发热、腹痛和腹泻等胃肠炎症状，上、中腹持续或阵发性绞痛。腹泻症状轻重不一，每日数次至数十次，多为黄色稀便、水样便、黏液或脓性便，肠出血性大肠埃希菌、志贺氏菌等可引起血性腹泻。吐泻严重者可出现口干、舌燥、眼眶下陷等脱水现象，或表现为血压下降、酸中毒，甚至休克、死亡。病程一般较短，一般 1～3 日可恢复，免疫力低下者也可能因多器官功能衰竭而死亡。

（2）神经型

起病突然，短者 2h，长者 8～10d 或更长，多为 12～36h。潜伏期越短，病情越重。以神经系统症状为主。早期恶心、呕吐、全身乏力、头痛、头晕等，继而出现视力减弱、视力模糊、瞳孔放大、眼肌麻痹等。中毒严重者因延髓麻痹出现吞咽困难、耳鸣、耳聋、呼吸困难、顽固性便秘或腹胀等。病程长短不一，通常 4～10d 可恢复，语言和吞咽障碍可先行消失，而眼肌麻痹则需要较长时间才能恢复。一般无后遗症。

最近人们意识到了慢性后遗症的严重性和人体应激反应的多变性。据估计，在食物中毒事件中有 2%～3% 会引发慢性后遗症，其中一些症状可能会持续几周甚至几个月，这些后遗症可能比原病症更严重，并导致长期的伤残甚至危及生命。因为人们很难将慢性后遗症与食源性疾病联系起来，所以不是总能得到证据证明微生物会引起慢性后遗症（表 2-3）。

表 2-3　食源性感染引发的慢性后遗症

疾病	相关病症
弯曲杆菌病	关节炎、心肌炎、胆囊炎、大肠炎、心内膜炎、结节性红斑、格林-巴利综合征、溶血性尿毒症候群、脑膜炎、胰腺炎、败血症
大肠杆菌（EPEC 和 EHEC 型）感染	红斑狼疮、心内膜炎、溶血性尿毒症候群、血清阴性关节炎

疾病	相关病症
李斯特菌病	脑膜炎、心内膜炎、骨髓炎、流产和死产
沙门氏菌病	主动脉炎、胆囊炎、大肠炎、心内膜炎、睾丸炎、脑膜炎、心肌炎、骨髓炎、胰腺炎、赖透氏症候群、类风湿性综合征、败血症、化脓性放线菌感染症、甲状腺炎
志贺氏菌病	结节性红斑、溶血性尿毒症候群、周围神经病、肺炎、赖透氏症候群、败血症、化脓性放线菌感染症、关节膜炎
耶尔森氏菌病	关节炎、胆道炎、结节性红斑、肝脾放线菌感染症、淋巴腺炎、肺炎、赖特综合征、败血症、脊椎炎、斯蒂尔氏病

2. 按发病机制分

根据发病机制可分为感染型、毒素型和混合型食源性疾病。不同中毒机制引起的食源性疾病其临床表现通常不同。

(1) 感染型

病原菌污染食品并在其中大量繁殖，随同食品进入机体后，直接作用于肠道，在肠道内继续生长繁殖，靠其侵袭力附着于肠黏膜或侵入黏膜及黏膜下层，引起肠黏膜的充血、白细胞浸润、水肿、渗出等炎性病理变化的细菌性食源性疾病，称为感染型细菌性食源性疾病。如沙门氏菌和链球菌引起的食源性疾病。

(2) 毒素型

大多数细菌能产生外毒素，尽管其分子量、结构和生物学性状不尽相同，但致病作用基本相似。由细菌产生的外毒素进入机体发挥作用引起的疾病，称为毒素型细菌性食源性疾病。外毒素刺激肠壁上皮细胞，激活其腺苷酸环化酶，在活性腺苷酸环化酶的催化作用下，使细胞质中的三磷酸腺苷脱去两分子磷酸，而成为环磷酸腺苷（cAMP）。cAMP 浓度升高可促进细胞质内蛋白质磷酸化过程并激活细胞有关酶系统，改变细胞分泌功能，使 Cl^- 的分泌亢进，并抑制肠壁上皮细胞对 Na^+ 和水的吸收，导致腹泻。如葡萄球菌毒素和肉毒梭状芽孢杆菌毒素等。

(3) 混合型

某些致病菌引起的食源性疾病是由于致病菌和其产生的毒素的协同作用，因此称为混合型食源性疾病。例如，副溶血性弧菌等病原菌进入肠道，除侵入黏膜引起肠黏膜的炎性反应外，还可产生肠毒素引起急性胃肠道症状。

（三）细菌性食源性疾病的特点及流行病学

1. 细菌性食源性疾病的特点

① 发病率高，在集体用餐单位呈暴发起病，发病者与食入同一种污染食物有明显关系；

② 潜伏期短，突然发病，临床表现以急性胃肠炎为主，肉毒中毒则以眼肌、咽肌瘫痪为主；

③ 病程较短、病死率较低、恢复快，多数在 2～3d 内自愈。

2. 细菌性食源性疾病的流行病学

(1) 高发季节

细菌性食源性疾病全年皆可发生，但绝大多数发生在气温较高的夏秋季节。这与细菌在较高温度下易于生长繁殖或产生毒素的生活习惯一致，也与机体在夏秋季节防御功能降低、易感性增强有关。

（2）原因食品

动物性食品是引起细菌性食源性疾病的主要食品，其中主要有肉、鱼、奶、蛋类及其制品。植物性食品如剩饭、糯米凉糕等曾引起葡萄球菌肠毒素中毒。豆制品、面类发酵食品也曾引起肉毒梭菌毒素中毒。

（3）引发因素

细菌污染食品后导致人类食源性疾病的发生，常见于食品生产、运输、贮存、销售及烹调过程中的各个环节，主要有以下三方面原因。

① 食品原料本身被致病菌污染。食品在生产、运输、贮存、销售及烹调过程中受到致病菌的污染，而食用前又未经过充分的高温处理或清洗，直接食用后出现机体反应。

② 致病菌大量繁殖。加工后的熟食品受到少量致病菌污染，但由于在适宜条件下，如在适宜温度、适宜 pH 及充足的水分和营养条件下存放时间较长，从而使致病菌大量繁殖或产生毒素，而食用前又未经加热处理，或加热不彻底，食用后导致疾病。

③交叉污染。熟食品受到生熟交叉污染或食品从业人员中带菌者的污染，以致食用后中毒。

二、构成病原菌的毒力因素

食物传播性细菌的致病性可分为侵袭力和毒素两方面，有的致病菌以侵袭为主，有的则以毒素为主。

（一）细菌的侵袭力

侵袭力是指细菌突破机体的防御机能，在体内定居、繁殖及扩散、蔓延的能力，主要包括三个方面：①黏附入侵作用；②扩散繁殖能力；③对宿主防御系统的抵抗能力。构成侵袭力的主要物质有细菌的酶、荚膜及其他表面结构物质。细菌侵袭力也与机体抵抗力有密切关系，当机体抵抗力弱时，有些常在菌或平时非致病菌也有侵袭力。因此，这部分细菌也称为机会致病菌或条件致病菌，也就是说条件致病菌的致病能力与机体的免疫力强弱直接相关[13]。

1. 细菌胞外酶

细菌胞外酶本身无毒性，但在细菌感染的过程中发挥一定作用。常见的有以下几种。

（1）血浆凝固酶

血浆凝固酶（coagulase）是多数致病性金黄色葡萄球菌能产生的凝固酶，能使含有肝素等抗凝剂的人或兔血浆发生凝固的酶类物质，具有保护病原菌不被吞噬或免受抗体免疫等的作用，也是鉴别葡萄球菌有无致病性的重要手段。

（2）溶血酶

溶血酶（plasmin）能够破坏宿主细胞壁，使细胞被破坏或能够使细菌进入细胞壁，发挥致病作用。如单核细胞增生李斯特菌产生的溶血素就是重要的致病因子。

（3）胶原蛋白水解酶

胶原蛋白水解酶（collagenase）简称胶原酶，是一种蛋白分解酶，主要水解结缔组织中胶原蛋白成分，促进细菌在组织中扩散。如产气荚膜杆菌可产生胶原酶，在气性坏疽中起致病作用。

此外，大多数引起人类感染的链球菌能产生链激酶。其作用是能激活溶纤维蛋白酶原或胞浆素原（plasminogen）成为溶纤维蛋白酶或溶血酶（plasmin），而使纤维蛋白凝块溶解。

许多细菌有神经氨酸酶，是一种黏液酶，能分解细胞表面的黏蛋白，使之易于感染。A 族链球菌产生的脱氧核糖核酸酶，能分解脓液中的 DNA，因此，该菌感染的脓液，稀薄而不黏稠。透明质酸酶（hyaluronidase）可溶解机体结缔组织中的透明质酸，使结缔组织疏松，通透性增加。如化脓性链球菌的透明质酸酶，可使细菌在组织中扩散，从而易造成全身性感染。磷脂酶可以通过破坏细胞膜的磷脂双分子层使宿主细胞裂解，细胞内容物外溢，为菌体的生长提供丰富的营养物质。

2. 细菌表面结构物质

（1）荚膜和微荚膜

荚膜（capsule）是位于细胞壁表面的一层松散的黏液物质，荚膜的成分因不同菌种而异，主要是由葡萄糖与葡萄糖醛酸组成的聚合物，也有含多肽与脂质的。细菌的荚膜具有抵抗吞噬及体液中杀菌物质的作用。肺炎球菌、A 族和 C 族乙型溶血性链球菌、炭疽杆菌、鼠疫杆菌、肺炎杆菌及流行性感冒杆菌的荚膜是很重要的毒力因素。此外有些细菌表面有其他表面物质或类似荚膜物质，如链球菌的微荚膜（透明质酸荚膜）；某些革兰氏阴性杆菌细胞壁外的酸性糖包膜，如沙门氏杆菌的 Vi 抗原和数种大肠杆菌的 K 抗原等。

（2）菌毛等黏附因子

菌毛多见于革兰氏阴性菌，有些革兰氏阳性菌也有此结构。菌毛的主要功能是黏附作用，能使细菌紧密黏附到各种固体物质表面，形成致密的生物膜。在霍乱弧菌、致病性大肠杆菌、志贺氏杆菌、淋球菌等中，均发现菌株菌毛的黏附力和致病力间有良好的相关性。菌毛的黏附作用具有组织特异性，如志贺氏菌黏附于结肠黏膜，产毒性大肠杆菌黏附于小肠黏膜。宿主易感细胞表面有相应受体，革兰氏阴性菌的受体是糖类，如沙门氏菌、志贺氏菌等的受体为 D-甘露糖。革兰氏阳性菌的黏附因子是菌体表面的突出物，如 A 型链球菌的膜磷壁酸。

（二）细菌的毒素

1. 外毒素

外毒素（exotoxin）是细菌毒素的一种。是某些细菌在生长繁殖过程中，分泌到菌体外的一种对机体有害的毒性物质。按其对细胞的亲和性及作用方式不同，可分为细胞毒素、神经毒素及肠毒素三大类。许多革兰氏阳性菌及部分革兰氏阴性菌都能产生外毒素，其主要成分是蛋白质。外毒素不耐热、不稳定、抗原性强，易被破坏。但毒性作用强，小剂量即可使易感机体死亡，也可选择性地作用于某些组织器官，引起特殊病变。外毒素也用于制造抗毒素及类毒素，用于疾病治疗及预防。

外毒素主要具有以下三个特征。①均为蛋白质。大多数外毒素蛋白由 A、B 两个亚单位组成。A 亚单位是毒素的毒性部分，决定毒素的致病作用。B 亚单位无致病作用，是介导外毒素分子与宿主细胞结合的部分，具有对靶细胞的亲和性。②具有选择性。外毒素对组织器官具有选择作用，通过与特定靶组织器官的受体结合，直接或进入细胞后引起特征性的病变。③理化特性。绝大多数外毒素不耐热，对化学物质也不稳定。

细菌外毒素的主要毒性作用主要有：①引起食物中毒。肉毒杆菌外毒素、金黄色葡萄球菌肠毒素、蜡样芽孢杆菌肠毒素和呕吐毒素等，它们所导致的疾病不是经过传染，而是由食用了含有毒素的食品所引起的中毒。②作用于全身。作用于全身的外毒素有白喉毒素、链球菌的红疹毒素等。③作用于局部。霍乱弧菌毒素、大肠杆菌产生的 Vero 毒素主要作用于小肠上皮细胞，引起呕吐和腹泻，造成失水、酸中毒和休克。

2. 内毒素

内毒素是革兰氏阴性菌如伤寒杆菌、结核杆菌、痢疾杆菌等的菌体中存在的毒性物质的总称。是多种革兰氏阴性菌的细胞壁外层结构成分，其化学成分是磷脂多糖-蛋白质复合物，其毒性成分主要为类脂质 A。内毒素只有当细菌死亡溶解或用人工方法破坏菌细胞后才释放出来，所以叫做内毒素。内毒素不是蛋白质，因此非常耐热。在 100℃ 的高温下加热 1h 也不会被破坏，只有在 160℃ 的温度下加热 2～4h，或用强碱、强酸或强氧化剂加热煮沸 30min 才能破坏它的生物活性。脂多糖是其主要结构成分，由三部分组成，最外层是 O 特异性多糖即 O 抗原，是由几个单糖组成的许多个同样重复单位的二糖连接而成，与细菌的侵袭力和血清学特异性有关；中间层是核心多糖，这种多糖同种之间是相同的；内层是脂类 A，主要起毒性作用，无种属特异性。内毒素生物学效应包括发热、休克、糖和蛋白质代谢紊乱、抗吞噬细胞、激活补体等。

细菌外毒素与内毒素的区别见表 2-4。

表 2-4　细菌外毒素与内毒素的区别

区别要点	外毒素	内毒素
产生菌	多数为革兰氏阳性菌	多数为革兰氏阴性菌，少数为革兰氏阳性菌（如苏云金芽孢杆菌）
存在部位	多数由活菌分泌，少数菌裂解后释放	细胞壁组分，菌裂解后释放
化学组成	蛋白质	脂多糖
毒性强度	强	较弱
免疫抗原性	强，刺激宿主产生抗毒素	较弱
稳定性	60℃ 30min 即可被破坏	160℃ 2～4h 被破坏

三、革兰氏阳性菌

（一）金黄色葡萄球菌

金黄色葡萄球菌（*Staphylococcus aureus*）是一种广泛存在的食源性致病微生物。该菌能产生多种毒素和酶，细菌的致病性和毒力与这些毒素和酶有关。近年来，金黄色葡萄球菌引发的食物中毒报道层出不穷，由金黄色葡萄球菌引起的食物中毒约占食源性微生物食物中毒事件的 25%，是当今世界三大食源性致病菌之一[14]。

1. 形态及生长要求

典型金黄色葡萄球菌为球形，直径为 0.8～1μm，致病性葡萄球菌一般比非致病性葡萄球菌小。细菌繁殖时，呈多个平面不规则分裂、堆积，显微镜下观察呈葡萄串状；在培养基中，常呈双球或短链排列。金黄色葡萄球菌无芽孢、鞭毛，大多数无荚膜。

金黄色葡萄球菌可在普通培养基上生长良好，需氧或兼性厌氧，20% CO_2 环境有利于毒素的产生。最适生长温度为 37℃，最适生长 pH 为 7.4。平板上菌落厚、有光泽、圆形凸起，直径 1～2mm。高度耐盐，可在 10%～15% NaCl 肉汤中生长。

2. 生化特性

可分解葡萄糖、麦芽糖、乳糖、蔗糖，产酸不产气。不产生靛基质，甲基红反应阳性，乙酰甲基甲醇试验（V-P）反应弱阳性。大多数菌株可分解精氨酸，水解尿素，还原硝酸盐，液化明胶。可以凝固牛乳，有时会被陈化，可产生氨和少量硫化氢。

3. 抵抗力

在无芽孢细菌中，葡萄球菌抵抗力最强。耐热性较高，在 70℃、1h 或 80℃、30min 下不会被杀死。可在干燥脓汁中存活数月。在 5％苯酚、0.1％升汞水中 10～15min 死亡。对某些染料极为敏感，尤其是甲紫，其（1∶100000）～（1∶200000）浓度即可抑制葡萄球菌生长。1∶20000 洗必泰、消毒净、苯扎溴铵，1∶10000 度米芬在 5s 内就可将其杀死。对青霉素、金霉素和红霉素高度敏感，对链霉素中等敏感。近年来因广泛使用抗生素，耐药菌株逐渐增多，其中金黄色葡萄球菌对青霉素 G 的耐药菌株就高达 90％以上，但这些耐药菌株对庆大霉素和先锋霉素是比较敏感的。

此外，本菌对磺胺类药物中等毒敏感。对黄连、黄芩、紫花地丁、白头翁、金银花、连翘等中草药也较敏感。对 NaCl 有较强抵抗力，故常用高浓度食盐培养基分离本菌。

4. 致病机制

金黄色葡萄球菌可引起化脓性感染、肺炎、伪膜性肠炎、心包炎等局部感染，以及败血症、脓毒血症等全身感染。金黄色葡萄球菌主要通过产生毒素和侵袭性酶类致病，这些致病因子包括溶血素、杀白细胞素、肠毒素、血浆凝固酶、脱氧核糖核酸酶以及酚可溶性调控蛋白等。

溶血素是一种外毒素，在金黄色葡萄球菌的定植和致病中起到非常重要的作用[15]，能损伤红细胞、血小板，破坏溶酶体引起局部缺血和坏死。金黄色葡萄球菌产生 6 种双组分杀白细胞毒素，它们导致免疫细胞裂解，从而破坏宿主的主动免疫和被动免疫[16]。金黄色葡萄球菌肠毒素是指在特定条件下由金黄色葡萄球菌所产生的一类结构相似、毒力相似，但抗原性各不相同的胞外单链小分子蛋白质，属于外毒素。肠毒素作用于胃肠黏膜引起充血、水肿甚至糜烂等炎症变化及水与电解质代谢紊乱，出现腹泻，同时刺激迷走神经的内脏分支而引起反射性呕吐。血浆凝固酶是一种可使已加入枸橼酸钠或肝素的人血浆或兔血浆发生凝固的酶类物质，当金黄色葡萄球菌侵入人体时，该酶使血液或血浆中的纤维蛋白沉积于菌体表面或凝固，阻碍吞噬细胞的吞噬。菌体产生的脱氧核糖核酸酶能耐受高温，可用来作为鉴定金黄色葡萄球菌的依据也可间接推断葡萄球菌是否具有致病性。酚可溶性调控蛋白是一类具有 α 螺旋结构的两亲性多肽家族，对酚可溶性调控蛋白的研究，已成为近些年来研究金黄色葡萄球菌逃逸人体免疫细胞和造成严重感染的热点[17]。

5. 临床表现

金黄色葡萄球菌食物中毒潜伏期较短，一般 2～4h，最短 1h，最长可达 6h。主要症状为恶心，大量分泌唾液，剧烈且频繁地呕吐（特征性症状，一定发生），上腹部剧烈疼痛和腹泻，在呕吐物和粪便中常带血。呕吐物初为食物，继而为水样物，少数可吐出胆汁、黏液和血。腹泻为稀便或水样便。症状较重者有头昏、头痛、发冷、肌肉痛和心跳减弱等现象，体温一般正常或有低热。病情严重时，剧烈频繁的呕吐和腹泻可导致肌肉痉挛，并因严重失水而发生虚脱。儿童对肠毒素比成人敏感，故发病率高，病情较重；体质虚弱的老年人和慢性病患者病情相对严重。病程一般较短，1～2d 内即可恢复，预后一般良好。金黄色葡萄球菌食物中毒的死亡率一般为 0，发病率约为 30％。

6. 引起中毒的食品及污染途径

（1）引起中毒的食品

主要有奶类、肉类、蛋类、鱼类及其制品等动物性食品。此外，凉糕、凉粉、剩米饭、米酒等也可引起中毒。国内以奶及奶制品的冷饮和奶油糕点等引起的中毒最常见。近年来，有熟鸡、熟鸭制品污染引起的中毒增多。

（2）污染途径

本菌广泛分布于空气、土壤、水和餐具中，其主要污染源是人和动物。多数葡萄球菌食物中毒是由患局部化脓性皮肤病、急性上呼吸道感染（如鼻窦炎、化脓性肺炎、口腔疾病等）的食品从业人员，在生产加工过程中污染了加工后的食品所致；或食用了患乳腺炎的奶牛的乳汁所致。一般健康人的咽喉、鼻腔、皮肤、手指甲、肠道内带菌率为 20%～30%。据报道，屠宰后鸡体表带菌率为 43.3%，鸭体表带菌率为 66.6%。

7. 预防措施

（1）防止金黄色葡萄球菌污染食物

应避免带菌人群对各种食物的污染，生产加工人员手部消毒，定期进行健康检查。患有局部化脓感染（如疖疮、手指化脓等）、上呼吸道感染（如鼻窦炎、化脓性肺炎、口腔疾病等）的人员要暂时停止其工作或更换岗位。

避免葡萄球菌对乳类食品的污染，要定期检查奶牛的乳房，不能挤用患化脓性乳腺炎奶牛的牛奶。健康奶牛的奶挤出后，要迅速冷却至 10℃ 以下，抑制细菌繁殖和产生肠毒素，防止金黄色葡萄球菌对生奶的污染。

对肉制品加工厂，患局部化脓感染的禽畜尸体应除去病变部位，经高温或其他适当方式处理后进行加工生产。

（2）防止肠毒素的形成

食物应冷藏或置于阴凉通风的地方，放置时间不应超过 6h，尤其在气温较高的夏秋季节。食物食用前亦应彻底加热。不吃剩饭剩菜。食品贮存或食用前的保藏应在 5℃ 以下，避免存放于 14～45℃ 的温度条件下。

（二）单核细胞增生李斯特菌

单核细胞增生李斯特菌（*Listeria monocytogenes*）是一种革兰氏阳性胞内致病菌，属于李斯特菌属（*Listeria*）。单核细胞增生李斯特菌对人与动物均有致病能力，人类的李斯特菌病大多与单核细胞增生李斯特菌相关，致死率可达 20% 以上。

1. 形态及生长要求

单核细胞增生李斯特菌大小为 $(0.4～0.5)\mu m \times (0.5～2.0)\mu m$。革兰氏染色阳性，老龄培养物呈阴性。形态与培养时间有关，37℃ 培养 3～6h，菌体主要呈杆状，随后则以球形为主；3～5d 的培养物形成 6～20μm 的丝状。不产生芽孢。室温（20～25℃）时可形成 4 根鞭毛但在 37℃ 时无鞭毛。

单核细胞增生李斯特菌营养要求不高，为需氧和兼性厌氧菌，生长温度为 3～45℃，最适生长温度为 30～37℃，生长 pH 值范围 4.5～9.6，最适 pH 值为 7.0～8.0，20% CO_2 环境下有助于提高其动力。在普通营养琼脂平板上 37℃ 培养数天菌落直径 2mm，初期光滑、扁平、透明，后期蓝灰色。在血琼脂平板上 35℃ 培养 18～24h 形成直径 1～2mm、圆形、灰白色、光滑而又狭窄的 β-溶血环的菌落。在亚碲酸钾琼脂上 37℃ 培养 24h 后形成圆形、隆起、湿润、直径 0.6mm 的黑色菌落。在麦康凯琼脂上不生长。肉汤培养物呈均匀浑浊、有颗粒状沉淀、不形成菌环和菌膜。

2. 生化特性

单核细胞增生李斯特菌能发酵多种糖类，于 37℃ 24h 可迅速发酵葡萄糖、麦芽糖、果糖、海藻糖、水杨苷，产酸不产气。在 3～10d 内可发酵乳糖、蔗糖、阿拉伯糖、半乳糖、山梨醇和甘油，产酸。不液化明胶，不还原硝酸盐，接触酶、MR 试验和 V-P 试验均为阳性，不产生靛基质和硫化氢。

3. 抵抗力

单核细胞增生李斯特菌对碱和盐耐受性较强，在 pH 9.6 的 10％食盐溶液中能生存，4℃条件下于 20％食盐溶液中可以存活 8 周。耐低温，可在冷藏条件下（4℃）生存和繁殖；不耐热，55℃ 30min 或 60～70℃ 10～20min 可被杀死。对一般消毒药抵抗力不强，3％苯酚、75％乙醇及其他常用消毒药的一般浓度均能将其杀死。对氨苄西林、先锋霉素、氯霉素、红霉素等敏感。

4. 致病机制

与单核细胞增生李斯特菌相关的毒力因子主要有溶血素、磷脂酶、转录调控因子、内化素等。李斯特菌溶血素是一种多功能毒性粒子，由 hly 基因编码，在宿主寄生物的反应中比吞噬泡破裂的过程中具有重要的作用。磷脂酰肌醇磷脂 C（PI-PLC）和磷脂酰胆碱磷脂酶 C（PC-PLC）分别由 $plcA$ 和 $plcB$ 基因编码，其中 PI-PLC 对单核细胞增生李斯特菌毒力的贡献较小，主要与 PC-PLC 起协同作用，PC-PLC 的活性为单核细胞增生李斯特菌在人类上皮细胞中初级吞噬体食物溶解和为其在细胞间的扩散所必需。转录调控因子（PrfA）由 $prfA$ 基因编码，PrfA 是至今鉴定出的李斯特菌唯一的毒力调节蛋白，在感染宿主细胞的过程中对许多毒力因子的等位表达起到了关键调控因子的作用。内化素（internalins）位于细菌的 LIP-2 毒力岛，其主要参与细菌的黏附与侵袭。位于菌体表面的内化素 A（InlA）、内化素 B（InlB）为单核细胞增生李斯特菌所特有的毒力因子，可介导细菌侵入细胞内化至吞噬小体，是建立感染的前提。

随着分子生物学技术的持续发展，新的毒力因子如 virR、sortae、auto、mprF 等不断被发现。单核细胞增生李斯特菌毒力因子之间层层调控，使其能在各种环境中表现致病力[18]。

5. 临床表现

单核细胞增生李斯特菌食物中毒可分为侵袭型和腹泻型两种类型。

（1）侵袭型

患者的潜伏期为 2～6 周。患者开始常有胃肠炎症状，最明显的表现是败血症、脑膜炎、脑脊膜炎，有时有心内膜炎。可导致孕妇流产、死胎等。对于幸存的婴儿则因脑膜炎而智力缺陷。少数轻症患者仅有流感样表现。病死率高达 20％～50％。

（2）腹泻型

患者的潜伏期一般为 8～24h。主要表现为恶心、腹痛、腹泻、发热等胃肠道症状。孕妇、新生儿、免疫系统有缺陷的人易发病，病死率高达 20％～70％。除老幼体弱者，患者一般恢复很快，累及脑干的患者出现神经症状者预后较差。

6. 引起中毒的食品及污染途径

（1）引起中毒的食品

主要是乳与乳制品、新鲜和冷冻的肉类及其制品、海产品、蔬菜和水果。其中尤以乳制品中的软干酪、冰淇淋最为多见。

（2）污染途径

本菌可通过人和动物粪便、土壤、污染的水源和人类带菌者直接和间接污染食品，还可通过胎盘和产道感染新生儿。胎儿或婴儿的感染多数是来自母体中的细菌或带菌的乳制品。本菌对消毒乳的污染率为 21%，主要来自粪便和青贮饲料；对鲜肉和即食肉制品（香肠）的污染率高达 30%，主要是来自屠宰过程中的肉尸；冰糕、雪糕中该菌的检出率为 4.35%。在销售过程中，食品从业人员的触碰也可对食品造成污染。

7. 预防措施

（1）食品企业控制措施

作为食品生产加工企业，要加强食品卫生工作，必须将该菌作为可能发生的危害来考虑。可实施建立消除病菌的后处理步骤、增加生产工序中单核细胞增生李斯特菌检测次数等措施，并把这些措施列入已成文的程序如 HACCP 中，从而把单核细胞增生李斯特菌的污染降到最低。

（2）个人控制措施

避免饮用生牛奶（未经低温消毒处理）或生牛奶制成的食品；孕妇和免疫力低下的人应避免食用软奶酪；不购买无卫生许可的熟食和冷饮等食品；彻底煮熟生肉，如牛肉、猪肉、家禽肉；生吃的蔬菜及水果要彻底清洗；冷藏的食物食用前应彻底加热；冰箱要经常清洁，避免在冰箱内长时间存放食物（不宜超过 1 周）；生、熟食品分开存放，熟的食品要加以遮盖；处理生、熟食物的用具要分开，在处理完未煮熟食物后，要将手、刀和砧板洗净；切勿触碰流产动物的尸体。

（三）蜡样芽孢杆菌

蜡样芽孢杆菌（*Bacillus cereus*）又称仙人掌杆菌，是一种革兰氏阳性菌，β 溶血性，兼性需氧性的杆状细菌。经常在土壤和食物中被发现。有些菌株会引起食物中毒，例如"炒饭综合征（fried rice syndrome）"；另外一些菌株则对其他动物有益。

1. 形态及生长要求

本菌大小为 $(1.0\sim1.3)\mu m \times (3.0\sim5.0)\mu m$，两端较平整，多数呈链状排列，有周鞭毛，能运动，不形成荚膜。可形成芽孢，芽孢不突出菌体，位于菌体的中央或稍偏一端。

本菌为兼性需氧菌，对营养要求不高，生长温度为 $25\sim37℃$，最适生长温度为 $32℃$。在普通琼脂上生成直径为 $3\sim10mm$、乳白色、不透明、表面粗糙似毛玻璃样或融蜡状、边缘常呈扩散状菌落。在甘露醇卵黄多黏菌素琼脂平板上，菌落为红色（表示不发酵甘露醇），环绕粉红色的晕（表示产卵磷脂酶）。在血琼脂上生长迅速，呈草绿色溶血。在普通肉汤中呈均等大浑浊状生长，常形成菌膜或菌环，摇振易乳化。

2. 生化特性

本菌分解葡萄糖、麦芽糖、淀粉、蔗糖、蕈糖、水杨苷，产酸，不分解乳糖、甘露醇、鼠李糖、木糖、阿拉伯糖、肌醇和侧金盏花醇；靛基质、V-P、氰化钾、枸橼酸盐及卵磷脂酶试验均为阳性，能液化明胶；MR、H_2S、尿素酶试验均为阴性。

3. 抵抗力

本菌繁殖体不耐热，其芽孢需经 $100℃$ 30min 杀死，干热 $120℃$ 1h 杀死。本菌在 pH 值 $6\sim11$ 内生长，但 pH 5 以下则可抑制其生长繁殖。

4. 致病机制

蜡状芽孢杆菌主要由呕吐毒素引起呕吐，引起腹泻可能涉及多种肠毒素。呕吐毒素是一种非核糖体合成的十二肽热稳定性强的环状蛋白，蜡样芽孢杆菌污染的食物可产生人类致命的呕吐毒素，进食 0.5～5h 后，食品中的毒素就引起恶心并呕吐的症状。在胃中，呕吐毒素会干扰 5-HT3（血清素）神经感受器的信号传入以致胃衰竭；此外，目前至少已经发现 5 种蜡状芽孢杆菌肠毒素包括 2 个三元毒素即溶血素 BL（Hbl）和非溶血性的肠毒素 Nhe，3 个单一基因的产物即细胞毒素 K（CytK）、肠毒素 T（bceT）和肠毒素 Ⅱ（HlyⅡ）。①Hbl 是蜡状芽孢杆菌导致腹泻和眼内炎的主要毒力因子，Hbl 毒株具有溶血性、细胞毒性，具有导致皮肤坏死及血管通透的活力。②Nhe 毒素由分子质量分别为 45kDa、39kDa 和 105kDa 的 3 种蛋白组成。其中 105kDa 蛋白是一种金属蛋白，具有分解明胶和胶原的活力。③具有细胞毒性的 CytK 是从导致坏死性肠炎的菌株中分离的，可以在磷脂双分子层中形成孔，该孔具有微弱的离子选择性，对人类肠道 Caco-2 上皮细胞具有毒性。④bceT 是一个 2.9kb 的 DNA，其产物为 41kDa 的肠毒素 T，并认为其有细胞毒性，属于肠毒素蛋白。⑤肠毒素 Ⅱ 对多种哺乳动物的红细胞有着不同程度的裂解毒性[19]。

5. 临床表现

蜡样芽孢杆菌食物中毒的表现因其产生的毒素不同而分为呕吐型和腹泻型两种。

（1）呕吐型

潜伏期一般 1～5h。主要表现为恶心、呕吐、腹痛，腹泻少见，体温正常。此外，也有患者出现头昏、口干、四肢无力、寒战、结膜充血等症状。病程一般为 8～10h。国内报道的蜡样芽孢杆菌中毒多为呕吐型。

（2）腹泻型

腹泻型食物中毒较少见，潜伏期较长，一般在进食后 6～15h 发生，临床表现主要是水样腹泻和腹痛，很少伴有呕吐症状。大多数在腹泻数次后症状逐渐减轻，1d 左右好转。严重者可引起电解质紊乱、出血性腹泻。

6. 引起中毒的食品及污染途径

（1）引起中毒的食品

蜡样芽孢杆菌极易在大米饭中繁殖，其次是小米饭、高粱米饭。此外，蜡样芽孢杆菌污染的乳及乳制品、畜禽肉类制品、马铃薯、豆芽、甜点心、调味汁、沙拉、米粉等也可引起食物中毒。

（2）污染途径

蜡样芽孢杆菌在自然界分布广泛，常存在于土壤、灰尘、空气和腐草中。食品加工、运输、贮藏、销售过程中，该菌通过灰尘、土壤、苍蝇、昆虫、不洁的用具与容器污染食品，导致食物中毒发生。本菌可从多种市售食品中检出，肉及肉制品带菌率 13％～26％、乳与乳制品 23％～77％、饼干 12％、生米 68％～91％、米饭 10％、炒饭 24％、豆腐 54％、蔬菜和水果 51％。

7. 预防措施

食品中如果被蜡样芽孢杆菌污染较多，在室温下极易繁殖产生肠毒素。通过高温杀菌或适当的冷藏可以控制蜡样芽孢杆菌的增殖。肉类、乳类、剩饭等熟食品只能在低温（10℃以下）短时间存放，在食用前加热煮沸，一般 100℃ 20min 即可将蜡样芽孢杆菌的芽孢杀死。

（四）肉毒梭菌

肉毒梭菌（*Clostridium botulinum*）是一种生长在缺氧环境下的细菌，在罐头食品及密封腌渍食物中具有极强的生存能力，是毒性最强的细菌之一。肉毒梭菌是一种致命病菌，有 A～G 七个亚型，每个亚型都可产生一种剧毒的大分子外毒素，即肉毒毒素（botulinum toxin）。该种毒素是目前已知的最剧毒物，可抑制胆碱能神经末梢释放乙酰胆碱，导致肌肉松弛型麻痹。

1. 形态及生长要求

肉毒梭菌为革兰氏阳性杆菌，大小为 $(0.9～1.2)\mu m×(4.0～6.0)\mu m$，多单链，偶见呈双链或短链，两端钝圆。周生有 4～8 根鞭毛，能运动，无荚膜。芽孢为椭圆形，A 型与 B 型芽孢大于菌体，位于菌体近端，使菌体呈匙形或网球拍状；C 型及另外 4 型菌的芽孢一般不超过菌体宽度，运动力弱。

本菌为严格厌氧菌，对营养要求不高，在普通琼脂上生长良好，最适生长温度为 28～37℃，pH 6～8，产毒的最适 pH 值为 7.8～8.2。20～25℃ A 型和 B 型肉毒梭菌形成大于菌体、位于菌体次末端的芽孢，当 pH 低于 4.5 或高于 9.0 时，或当环境温度低于 15℃ 或高于 55℃ 时，肉毒梭菌芽孢不能繁殖，也不产生毒素。在普通琼脂上形成灰白色、半透明、边缘不整齐、呈绒毛状、向外扩散的菌落，直径为 3～5mm；在血清琼脂上培养 48～72h，形成中央隆起、边缘不整齐、灰白色、表面粗糙的绒球状菌落，培养 4 天可达 5～10mm，在血清琼脂上的菌落周围有溶血区。在肉渣肉汤中呈均匀浑浊生长。其中肉渣可被 A、B 和 F 型菌消化溶解为烂泥状，发黑且产生腐败恶臭味，从第 3 天起菌体下沉，肉汤变清。在肉渣和半固体培养基中可产生大量气体。于 pH 值 4.7 以下的酸性食品、低水分和含 8%～10% NaCl 的食品中不生长和不产毒。

2. 生化特性

肉毒梭菌生长特性不规律，一般能分解葡萄糖、麦芽糖、果糖，产酸产气。对明胶、凝固蛋白均有分解作用，并引起液化。靛基质阴性，H_2S 阳性，但因型、株不同而有差异。

3. 抵抗力

肉毒梭菌抵抗力一般，所有菌株在 45℃ 以上都受到抑制，80℃ 加热 20～30min 或 100℃ 加热 10min 即可杀死。

其芽孢抵抗力很强，其中 A、B 型菌的芽孢抗热最强，于 180℃ 干热 5～15min，或 121℃ 高压蒸汽 20～30min，或 100℃ 5～6h 才能将其杀死；F 型菌的芽孢 100℃ 10min 即可杀死；E 型菌的芽孢 100℃ 仅需 1min 即被杀死。对紫外线、乙醇和酚类化合物不敏感，甚至对辐射照射也有一定抵抗力。此外，芽孢对氯水、次氯酸盐也非常敏感。

4. 致病机制

肉毒梭菌致病性主要是其产生的肉毒毒素引起的。肉毒梭菌在厌氧环境生长过程中会产生一种化学本质为蛋白质的肉毒梭菌毒素，分子质量约 150kDa。肉毒梭菌的 7 个亚型中引起人类中毒的 A、B 和 E 型肉毒杆菌毒素的毒性极强，以 A 型肉毒杆菌产生的毒素毒性最强。据估算，1 g 毒素能杀死 4000000 只小白鼠，一个人的致死量大概 $1\mu g$。虽然毒性强，但易受热分解而被灭活。只要煮沸 1min 或 75℃ 加热 5～10min，毒素即能被完全破坏。

肉毒毒素不是活细菌释放的，而是先在细菌细胞内产生无毒的前体毒素，细菌死亡自溶后游离出来。前体毒素及肉毒毒素对胃酸和胃中消化酶的破坏具有极强的抵抗性，经肠道中的胰蛋白酶激活前体毒素，变成有毒性的肉毒毒素后被吸收。肉毒毒素通过淋巴和血液循环到达运动神经突触和胆碱能神经末梢，与神经细胞受体不可逆结合，干扰和阻断神经肌肉接头释放乙酰胆碱，使肌肉发生延迟性瘫痪，轻者眼睑下垂，重症呼吸肌麻痹[4]。

5. 临床表现

肉毒毒素对人和动物均有高度致病力，不分年龄和性别，但人类肉毒中毒主要由 A、B、E 和 F 型毒素引起，根据中毒途径和对象不同，临床上有食源性肉毒中毒（food-borne botulism）、婴儿肉毒中毒（infant botulism）和伤口肉毒中毒（wound botulism）三种主要形式。

食源性肉毒中毒的临床表现与其他食物中毒不同，胃肠道症状很少见，体温正常，主要为神经末梢麻痹。潜伏期从 2h 到 10d 以上，一般为 12～48h。临床典型症状包括视力模糊、复视、眼睑下垂等眼麻痹症状，以及张口、伸舌、吞咽困难等肌肉麻痹症状，后期出现膈肌麻痹、肌肉松弛，直至呼吸困难死亡。病死率为 30％～70％，多发生在中毒后的 4～8d。国内由于广泛采用多价抗肉毒毒素血清治疗本病，病死率已降至 10％ 以下。患者经治疗可于 4～10d 恢复，一般无后遗症。

6. 引起中毒的食品及污染途径

(1) 引起中毒的食品

各国人民因饮食习惯、膳食组成和食品制作工艺的不同而致病食品有差别。在我国大多由发酵的豆或面制品所致；亦可见于罐头食品、乳制品、真空包装食品和冷冻食品等。在日本，90％ 以上的肉毒中毒是由家庭自制鱼类罐头或其他鱼类制品引起；在美国，72％ 的肉毒中毒是由家庭自制的罐头（蔬菜、水果）、乳制品、肉制品（肝酱、鹿肉干）引起；欧洲各国多见于腊肠、火腿和保藏的肉类。

(2) 污染途径

肉毒梭菌为一种腐生性细菌，存在于土壤、江河湖海的淤泥沉积物、霉干草、尘土和动物粪便中，其中土壤为重要污染源。带菌土壤可直接或间接污染食品，包括粮食、蔬菜、水果、肉、鱼等，使食品可能带有肉毒梭菌或其芽孢。

7. 预防措施

肉毒中毒的预防措施包括：①防止肉毒梭菌污染食品。制作食品的原料应新鲜，彻底洗净并灭菌，食品制作、烹调、加工所需器具、器材等应洗净后灭菌。②对食品进行灭菌，防止肉毒梭菌生长繁殖。罐头、罐装食品等真空食品，必须严格执行《罐头食品生产卫生规范》（GB 8950—2016），罐装后要彻底灭菌，对有肉毒梭菌增殖危险性的食品，应严格遵守低温保存和运输规定，如鱼、肉、火腿、腊肠等，须在 10℃ 以下，通风阴凉处保存，避免加工后再污染，在贮藏过程中有产气膨胀罐头时，不能食用；进食前充分加热，加热 80℃、30min 或 100℃、10～20min 可破坏毒素。因此，对可疑食品彻底加热是预防肉毒中毒的可靠措施；注意保持婴儿及其所用物品的清洁，建议 12 个月以内的婴儿不要食用罐装蜂蜜食品。另外有针对性地进行宣传教育，改变家庭食品传统的制备方法及饮食习惯，也是杜绝肉毒中毒的有效措施。

四、革兰氏阴性菌

（一）沙门氏菌

1. 形态及生长要求

沙门氏菌属（*Salmonella*）根据抗原构造分类，至今已发现有 2600 多种血清型菌株，分为 6 个亚属。沙门氏菌为革兰氏阴性菌短杆菌，大小为 (0.6～0.9)μm×(1.0～3.0)μm，无荚膜和芽孢，除鸡白痢和鸡伤寒沙门氏菌外，均有周鞭毛。

沙门氏菌属为兼性厌氧菌，在中等温度、中性 pH、低盐和高水分活度条件下生长最佳。10～42℃内均能生长，最适生长温度为 37℃，生长最适 pH 值 7.2～7.4。在普通培养基中生长良好，培养 18～24h 后形成中等大小、圆形、表面光滑、无色半透明、边缘整齐的菌落。

2. 生化特性

沙门氏菌属细菌不同种或型的生化特性较一致。其一般特性是：发酵葡萄糖、麦芽糖、甘露醇和山梨醇，产酸产气；不发酵乳糖、蔗糖和侧金盏花醇；靛基质、V-P、尿素酶、苯丙氨酸脱氨酶试验阴性，通常能产生 H_2S 和利用枸橼酸盐。

3. 抵抗力

沙门氏菌对热、消毒剂及外界环境的抵抗力不强。在水中可生存 2～3 周，在粪便中存活 1～2 个月，在牛乳及肉类中存活数月，在冷冻、脱水、烘烤食品中存活时间更长，在冻肉中可存活 6 个月左右；盐浓度 9% 以上可致死；pH 值 9.0 以上和 pH 值 4.5 以下可抑制其生长，亚硝酸盐在较低 pH 下也能有效抑制其生长；水经氯处理可将其杀灭；60℃下 20～30min 即被杀死，100℃立即致死。对胆盐和煌绿等染料有抵抗力，可用作制备沙门氏菌的选择培养基。当水煮或油炸大块鱼、肉、香肠等时，在食品内部温度达不到足以杀死细菌和破坏毒素的情况下，就会有活菌残留或毒素存在。

4. 致病机制

沙门氏菌血清类型有许多，几乎所有的类型都会污染食物引发疾病，但引起食源性疾病的沙门氏菌属以鼠伤寒沙门氏菌和肠炎沙门氏菌最为常见。沙门氏菌进入小肠时可通过黏附肠上皮细胞穿过肠黏膜层，从而感染宿主。鼠伤寒沙门氏菌利用菌体表面的菌毛和鞭毛共同作用黏附和入侵宿主细胞。沙门氏菌黏附在肠上皮细胞后会诱导肠黏膜形成褶皱，并且形成囊泡将菌体包裹在里面，同时，肠上皮启动促分泌应答，将含有沙门氏菌的囊泡从黏膜下层移至肠腔。沙门氏菌通过抑制宿主抗菌物质的运输（如自由基），修改宿主细胞骨架的组成，影响囊泡运输，维持其在囊泡中的完整性，这样就保证沙门氏菌可以在囊泡内部生存、繁殖。当侵入肠上皮细胞后，沙门氏菌将全面激活外分泌功能，启动反馈调节效应蛋白的表达。这些效应蛋白通过 T3SS-1 转运参与宿主细胞的信号通路，引起宿主细胞骨架的重排，菌体入侵宿主细胞，诱导炎症反应。鼠伤寒沙门氏菌穿过肠上皮细胞被吞噬细胞吞噬，由于大量毒力因子的协调作用，确保菌体在吞噬细胞中生存。菌体随吞噬细胞迁移，从肠系膜淋巴结进入，最终全身扩散，入侵肝脏、脾脏等不同器官或组织，从而引起各种临床症状[20]。沙门氏菌属各菌株均具有较强毒性的内毒素，被人体吞噬细胞吞噬并杀灭的沙门氏菌会裂解并释放内毒素，并且随吞噬细胞到达人体各个组织器官[21]，从而引发沙门氏菌败血症，导致发热、黏膜出血、白细胞先减少后增多、血小板减少等症状，最终休克死亡。

5. 临床表现

主要表现为急性肠胃炎。潜伏期一般 6～12h，长者 24h。表现为头痛、恶心、面色苍白、出冷汗，继而出现呕吐、腹泻、体温升高，并有水样便，有时带脓血黏液，重者出现寒战、抽搐、昏迷等。病程一般 3～7d，一般预后良好，病死率低于 1%。

6. 引起感染的食品及污染途径

（1）引起感染的食品

沙门氏菌常存在于动物中，如家畜中的猪、牛、羊、马，家禽中的鸡、鸭、鹅，还有犬、猫、鸟、鼠类等，特别是禽类和猪中较常见。豆制品和糕点引起沙门氏菌食物中毒较少发生。

（2）污染途径

沙门氏菌污染肉类有两种途径。一是内源性污染，是指畜禽在宰杀前已感染沙门氏菌。二是外源性污染，是指畜禽在屠宰、加工、运输、贮藏、销售的各环节被带沙门氏菌的粪便、容器、污水等污染。尤其是熟肉制品常受生肉中沙门氏菌的交叉污染。

蛋类及其制品，尤其是鸭、鹅等水禽及其蛋类带菌率比鸡高。除原发和继发感染使卵巢、卵黄、全身带菌外，禽蛋在经泄殖腔排出时，蛋壳表面可在肛门内被沙门氏菌污染，沙门氏菌通过蛋壳气孔侵入蛋内。

即使健康奶牛挤的乳亦可受到带菌奶牛的粪便或其他污染物的污染，故鲜乳及其制品未彻底消毒也可引起食源性疾病。

水产品例如淡水鱼、虾等会被污染。最近报道，从进口冷冻带鱼中检出沙门氏菌。此外，带菌人的手、鼠类、苍蝇、蟑螂等也可成为污染源。

7. 预防措施

要防止沙门氏菌对食品的污染，首先应加强对食品生产企业的卫生监督，特别是加强肉联厂宰前和宰后的卫生检验。动物性食品一定要做好防止动物生前感染、宰后污染和食品熟后的重复污染等 3 项工作。

沙门氏菌的最适生长温度为 37℃，但在室温 20℃左右的情况下就能大量繁殖。故低温保藏食品对控制沙门氏菌在食品中繁殖是一项重要措施。要求一切生产经营熟肉制品、冷荤凉菜、奶类制品、水产熟食品、蛋类制品及冷冻食品的加工企业、副食品商店、集体食堂、食品销售网点等都应配置冷藏设备，用于低温贮藏肉类食品。此外，加工后的熟肉制品应尽快食用，保存时间应缩短到 6h 以内。适当浓度的食盐可抑制沙门氏菌的繁殖。畜禽肉、鱼等可加 8%～10% 的食盐保存，以控制沙门氏菌的繁殖。

（二）空肠弯曲杆菌

1. 形态及生长要求

空肠弯曲杆菌（*Campylobacter jejuni*）属螺旋菌科，是弯曲菌属中对人类感染最为严重的致病菌。空肠弯曲杆菌为细长、螺旋状弯曲菌，大小一般在 $(0.2～0.5)\mu m \times (0.5～5.0)\mu m$，具有一个或多个螺旋状，可长达 $8\mu m$。当两个菌体形成短链时呈现"S"形或海鸥形。在陈旧培养物中，菌体常变成圆球状。无芽孢，无荚膜，革兰氏阴性菌。借一端或两端的端生单鞭毛而呈特征性的螺旋状运动。

空肠弯曲杆菌为微需氧菌，在含 10%～20% CO_2 气体环境中生长良好，最适生长温度为 42～43℃，最适 pH 值为 7.0。对营养要求高，普通琼脂上生长不良。常用的分离培养基有 Skirrow 氏培养基和改良 Camp-BAP 培养基。在分离培养基上培养 48h 后形成两种菌落特征：一种不溶血、灰白色、扁平、湿润、有光泽、有扩散趋势、形似水滴样菌落；另一种不溶血、孤立、稍隆起、有光泽、大小为 1～2mm。

2. 生化特性

空肠弯曲杆菌生化反应不活泼，不利用糖类，MR、V-P 试验阴性；在含 3.5% 氯化钠培养基中不生长；产生 H_2S，硝酸盐还原阳性，过氧化氢酶阳性，氧化酶阴性，能在含 1% 甘氨酸中生长，对萘啶酸敏感，在氯代三苯基四氮唑（TTC）$400\mu g/mL$ 中生长呈红色菌落，能水解马尿酸。

3. 抵抗力

空肠弯曲杆菌抵抗力不强。对冷热敏感，58℃ 5min 可被杀死；培养物放置冰箱中很快死亡，于−18℃下细胞数量大幅度减少或消失。干燥环境中仅存活 3h。

4. 致病机制

空肠弯曲杆菌的致病性与其产生的内毒素和外毒素密切相关。近年来的遗传学和生物化学研究表明，更多的空肠弯曲杆菌只合成缺乏 O 抗原的 LPS，即脂寡糖（LOS）。空肠弯曲杆菌脂多糖能够和血液中的内毒素蛋白结合而形成脂多糖蛋白复合物，此复合物能够和许多免疫细胞、血小板成纤维细胞和血管内皮细胞等效应细胞相互作用，以致机体细胞分泌肿瘤坏死因子（TNF）、血小板活化因子（PAF）、内皮素 21（ET21）等细胞因子。研究人员认为这些细胞因子在内毒素对机体的损伤中，引起相应病理变化；空肠弯曲杆菌能够产出包含霍乱样肠毒素（也称为细胞应激性毒素）和几种细胞毒素在内的许多类毒素。有研究表明，目前报道最多的外毒素是一种弯曲菌属普遍能够产生的毒素——细胞致死性膨胀毒素（CDT）。CDT 可以直接破坏记忆细胞 DNA，阻止细胞的有丝分裂，阻断靶细胞 CD2 的去磷酸化，致使细胞出现肿胀、崩解，最后死亡。在对人致病方面，CDT 诱使细胞产生的 IL-8 因子引起肠道炎症反应[12]。

5. 临床表现

潜伏期一般为 3～5d。主要表现为突发腹痛、腹泻，水样便或黏液便至血便，发烧 38～40℃，头痛等，有时还会引起并发症。大约有 1/3 的患者在患空肠弯曲杆菌肠炎后 1～3 周内出现急性感染性多发性神经炎症状，即格林巴利综合征（GBS），使患者具有后遗症。

6. 引起中毒的食品及污染途径

（1）引起中毒的食品
引起中毒的食品主要是生的或未煮熟的家禽肉、家畜肉、原料牛乳、蛋、海产品。

（2）污染途径
空肠弯曲杆菌广泛存在于畜禽及其他动物的粪便中，牛乳、河水和无症状人群的粪便也能分离到该菌。鸡肠道内容物阳性检出率 39%～83%，鸡肉阳性检出率 29.7%；猪肠道内容物阳性检出率 61%，鲜肉阳性检出率约 12%，猪肉香肠阳性检出率 4.2%。此外，牛粪中的阳性检出率为 22%，成为原料乳的主要污染源，其污染程度与挤乳操作有关。显而易见，食品被空肠弯曲杆菌污染的重要污染源是动物粪便，其次是本菌的健康携带者。

7. 预防措施

空肠弯曲杆菌导致的食物中毒最重要的传染源是动物粪便，因此防止动物排泄物污染水、食物至关重要。食品生产加工企业应制定严格的卫生制度以保证食品不受或少受空肠弯曲杆菌的污染。具体措施有：生产加工人员应持有健康证上岗，如患有肠道传染病，应立即调离岗位；处理食物前后和如厕后都要洗手，可进行消毒；生产加工设备，如刀、砧板、碎肉机等必须保持清洁，使用后应彻底清洗和适当消毒；生产原料必须存放在适当的温度条件下。作为个人，要做到饭前便后洗手，隔夜的食物食用前要彻底加热，生、熟食品要分开存放，熟的食品要加以遮盖，等。

（三）大肠杆菌

1. 形态及生长要求

大肠杆菌（*Escherichia coli*）也称大肠埃希氏菌，是人类和动物肠道正常菌群的主要成员。

每克粪便中约含 10^9 个大肠杆菌。大肠杆菌为革兰氏阴性杆菌，大小为（1.1～1.5）μm×（2.0～6.0）μm，多数菌株周身有鞭毛，能运动，且周身还有菌毛，无芽孢。大肠杆菌为兼性厌氧菌，对营养要求不高，在 10～50℃内均能生长，最适生长温度为 37℃，最适 pH 值为 7.2～7.4。在普通琼脂上形成圆形、凸起、光滑、圆润、半透明的或接近无色的中等大光滑型菌落，但也可形成干燥、表面粗糙、边缘不整齐、较大的粗糙型菌落。

2. 生化特性

大肠杆菌的菌型复杂、数量多，大多数菌株生化特性比较一致，但不典型菌株的生化特性不规则。一般菌株的生化特性为：发酵葡萄糖、乳糖、麦芽糖、甘露醇，产酸产气；各菌株对蔗糖、卫矛醇、水杨苷发酵结果不一；赖氨酸脱羧酶试验阳性，苯丙氨酸脱羧酶试验阴性；H_2S、明胶液化、尿素酶、氰化钾试验阴性。大肠杆菌的 IMViC 试验结果是靛基质（I）和甲基红（MR）试验阴性，伏-普（V-P）和枸橼酸盐（C）利用试验阴性。利用 IMViC 试验可快速鉴别大肠杆菌与产气肠杆菌。

3. 抵抗力

大肠杆菌于 60℃ 30min 或者煮沸数分钟可被杀死。在自然界生存能力较强，于室温下可存活数周，于土壤和水中可存活数月，于冷藏的粪便中可存活更久。对氯气敏感，于 0.5～1mg/L 氯含量的水中很快死亡。

4. 致病机制

目前已知的致病性大肠杆菌有 5 种类型：

（1）肠道致病性大肠埃希氏菌

肠道致病性大肠埃希氏菌（enteropathogenic E. coli，EPEC）为引起婴幼儿、儿童腹泻或胃肠炎的主要病原菌，不产生肠毒素。

（2）肠道毒素性大肠埃希氏菌

肠道毒素性大肠埃希氏菌（enterotoxigenic E. coli，ETEC）为引起婴幼儿、旅游者腹泻的常见病原菌，能产生两种引起强烈腹泻的肠毒素。一种是耐热性肠毒素（ST），经 100℃ 20min 不被破坏，经 30min 才被破坏；121℃ 30min 失去毒性。另一种是不耐热肠毒素（LT），经 60℃ 30min 即被破坏。其产生肠毒素的性能由质粒控制，质粒的传递可使不产毒的菌株获得产毒能力。

（3）肠道侵袭性大肠埃希氏菌

肠道侵袭性大肠埃希氏菌（enteroinvasive E. coli，EIEC）通常为引起新生儿和 2 岁以内婴幼儿腹泻的病原菌，所致疾病类似细菌性痢疾。较少见，不产肠毒素。

（4）肠道出血性大肠埃希氏菌

肠道出血性大肠埃希氏菌（enterohemorrhagic E. coli，EHEC）为引起儿童出血性结肠炎的主要病原菌。有特定的 50 多个血清型，主要是 O157：H7 等。能产生 Vero 细胞出血毒素，毒力最强，可破坏人体红细胞、血小板和肾脏组织，并引起肠出血。据报道，感染剂量为 10CFU/g 的 E. coli O157：H7 即可引起中毒。

（5）肠道黏附性大肠埃希氏菌

肠道黏附性大肠埃希氏菌（enteroadherent E. coli，EAEC）又称肠道凝集性大肠埃希氏菌（enteroaggregative E. coli，EAggEC），是引起婴幼儿持续性腹泻的病原菌。主要致病机制是该菌对肠细胞的黏附作用，其毒力因子有认为是菌毛与 ST 样毒素。

5. 临床表现

致病性大肠杆菌食物中毒的症状可分为以下两个类型。

（1）毒素型中毒

肠产毒性大肠杆菌通过产生毒素而引起人急性胃肠炎。潜伏期最短为 4h，一般为 10～24h。多见于婴幼儿和旅游者。主要症状为食欲缺乏、腹泻和呕吐，粪便呈水样，伴有黏液，但无脓血，体温 38～40℃，少数患者有腹绞痛，甚至有很剧烈的疼痛。也可呈严重的霍乱样症状。腹泻常为自限性，一般 2～3d 即愈。营养不良者症状持续可达数周，也可反复发作。小儿常出现抽搐、昏睡、脱水，甚至循环衰竭。

（2）感染型中毒

肠侵袭性大肠杆菌和肠致病性大肠杆菌不产生外毒素，通过侵袭、黏附等而致病。侵袭性大肠杆菌死亡后产生内毒素，导致的症状与痢疾有些相似，主要表现为腹泻、里急后重、腹痛，发热 38～40℃，可持续 3～4d，有些患者出现呕吐，大便为伴有黏液脓血的黄色水样便。病程为 7～10d，预后一般良好。侵袭性大肠杆菌导致的症状表现主要为水样腹泻和腹痛。

大肠杆菌引起的肠道外感染症状视具体感染部位而定，与其他原因引起的该部位感染症状相似。

6. 引起中毒的食品及污染途径

（1）引起中毒的食品

常见引起中毒的食品有肉类、蛋及蛋制品、水产品、豆制品、蔬菜等，特别是熟肉类及凉拌菜是导致致病性大肠杆菌食物中毒的常见食品。

（2）污染途径

健康人肠道致病性大肠杆菌的带菌率为 2％～8％，高的达 44％。成人患肠炎或婴儿发生腹泻时，致病性大肠杆菌的带菌率可达 29％～52％。大肠杆菌经常随粪便排出体外，污染周围土壤、水源及食物。受污染的水源、土壤及带菌者接触食品和食品容器后即可使食品受到污染。加工卫生条件差、员工不注意个人卫生也可使食品很容易受到污染。

7. 预防措施

控制由大肠杆菌污染而导致的食物中毒的发生，关键是要做好粪便管理，防止动物粪便污染食品。卫生部门要定期对水源水质和消毒效果进行检查。分散式给水要选好水源，饮用水必须消毒处理。食品及食品原料的生产加工者及经营者，要从加工、运输、保存及出售各个环节来保证食品的安全，避免肉和内脏被粪便、污水、容器污染；生熟原料和产品分开放置，防止交叉污染；从业人员持健康证上岗，一旦发病应及时调离岗位，彻底进行环境消毒；低温储存食品原料、半成品和成品；加强对产品的出厂检验，防止被污染的食品流入市场；肉类食品尽量低温保存，冰箱内生熟食品分开摆放，防止污染；肉类及其制品、禽蛋等要彻底煮熟后食用；剩菜食用前应充分加热。

（四）副溶血性弧菌

1. 形态及生长要求

副溶血性弧菌（*Vibrio parahemolyticus*）为革兰氏阴性菌，呈弧状、棒状、杆状或丝状等多种形态。一般菌体两极浓染，中间稍淡，甚至无色，大小约为 $0.6\mu m \times 1.0\mu m$，有时呈丝状，其长度达 $15\mu m$。在不同培养基上生长的细菌，其形态差异很大。

副溶血性弧菌为需氧或兼性厌氧菌，但在厌氧下生长非常缓慢，对营养要求不高。最适生长温度30～37℃，最适pH值7.4～8.0，但pH值9.5时仍能生长，pH值低于6.0时停止生长。具有嗜盐特性，在含氯化钠2%～4%的基质中生长最佳，当含盐量低于0.5%或高于8%时即停止繁殖。在固体培养基上形成圆形、隆起、稍浑浊、表面光滑、湿润的菌落；但继续传代后出现粗糙型菌落。

2. 生化特性

本菌能发酵葡萄糖产酸产气，发酵麦芽糖、甘露醇、蕈糖、淀粉、甘油和阿拉伯糖产酸不产气；不发酵乳糖、蔗糖、卫矛醇等。靛基质、MR、动力试验阳性，V-P、尿素酶试验阴性。赖氨酸及鸟氨酸脱羧酶阳性，精氨酸双水解酶阴性。

3. 抵抗力

副溶血性弧菌耐热能力较差，65℃ 5min即可被杀死。但对低温有一定的耐受性，冻干存放于-80℃，三个月后的存活率仍可高达83%。对常用消毒剂抵抗力弱。对酸敏感，于普通食醋中3min即丧失繁殖能力。在淡水中存活不超过2d，但在海水中能存活47d。

4. 致病机制

副溶血性弧菌对机体造成损伤的过程分为宿主体内的定植、产生侵袭力代谢产毒和破坏组织脏器，该菌在机体内的定植和生长是其造成机体损伤的重要前提。副溶血性弧菌在侵染宿主细胞的初始阶段通过与宿主细胞接触，随后释放有毒因子，其中黏附因子是一种细菌蛋白质，当菌体成功黏附于机体组织后，侵袭破坏宿主细胞，摄取营养物质，从而进一步生长繁殖。当大量的副溶血性弧菌存在于机体内会出现呕吐、腹泻等典型食物中毒症状。溶血毒素是副溶血性弧菌产生的一类次级代谢产物，在该菌生长的中后期产生并积累，具有溶血活性、细胞毒性及肠毒性等多重生物毒性，能够引起机体组织细胞的破裂及脏器损伤。除溶血毒素外，多种胞外酶在副溶血性弧菌的致病过程中也发挥着重要作用，致病性胞外酶主要包括胶原蛋白酶、酪蛋白酶、磷脂酶、核糖核苷酸裂解酶、脲酶和淀粉酶。

5. 临床表现

副溶血性弧菌食物中毒的潜伏期为2～40h，多为14～20h。起病急，常由剧烈腹痛开始，伴有腹泻、呕吐、失水、畏寒及发热等症状的发生。腹痛多呈阵发性绞痛，常位于上腹部、脐周或回盲部。腹泻较常见，开始为黄水样便或黄稀便，以后转为脓血便、黏液血便或脓黏液便。部分病人开始即为脓血便或黏液血便。每日腹泻3～10次不等，但较少有里急后重。因为便中带脓血和黏液，所以易被误诊为细菌性痢疾。半数病人有呕吐症状，但没有葡萄球菌食物中毒时那样剧烈。

由于吐泻，患者常有失水现象，重度失水者可伴声哑和肌痉挛。一些病人血压下降、面色苍白或发绀以致意识不清。患者的发热一般不如痢疾严重，但失水则较菌痢多见。本病病程1～6d不等，预后一般良好，少数病人由于休克昏迷而死亡。近年来，国内报道的副溶血性弧菌食物中毒临床表现不一，除典型症状外，还有胃肠炎型、菌痢型、中毒性休克型和少见的慢性肠炎型。

6. 引起中毒的食品及污染途径

（1）引起中毒的食品

引起中毒的食品主要是海产食品，其中以墨鱼、带鱼、黄花鱼、虾、蟹、贝、海蜇最为多见。其次为盐渍食品，如咸菜、腌制肉类食品等。

（2）污染途径

食品中副溶血性弧菌的来源主要是3个方面。一是海水及海底沉淀物中副溶血性弧菌极易污染海域附近塘、河、井水，致使海产品中副溶血性弧菌带菌率较高。二是带菌者对食品的污染，沿海地区的饮食从业人员、健康人群及渔民的副溶血性弧菌带菌率为11.7%左右，有肠道病史者带菌率可达31.6%～88.8%。三是生熟交叉污染，食物容器、砧板、切菜刀等处理食物的工具生熟不分时，生食物中的副溶血性弧菌可通过上述器具污染食品或凉拌菜。

7. 预防措施

预防副溶血性弧菌食物中毒的发生并不困难，但由于某些食品尤其是海产品多有凉拌、生食或稍加热即食用的习惯，因此使副溶血性弧菌引起的食物中毒难以控制。为防止该菌食物中毒的发生，要注意：动物性食品应煮熟后再食用，不吃生的和未彻底煮熟的鱼、蟹、贝壳类等海产品；避免生熟食品操作时交叉感染，防止用具对食品的污染；生吃海蜇等凉拌菜时，必须充分洗净，应在切好后加入食醋浸泡10min，或在100℃沸水中漂烫几分钟，先加醋拌浸，放置10～30min后，再加其他调料拌食；梭子蟹、蝤蛑、海蜇等水产品宜用饱和盐水浸渍保藏，并可加醋调味杀菌，食用前用冷开水反复冲洗干净；储藏的各种食物，隔餐剩饭菜应充分加热。

第三节　引起食源性疾病的病毒

食源性病毒是引起人类疾病和死亡的主要病因之一，也是5岁以下儿童疾病负担的主要原因。典型的食源性病毒包括轮状病毒、诺如病毒、札如病毒、甲型肝炎病毒和戊型肝炎病毒。食源性病毒主要通过粪-口途径传播，如摄入被病毒污染的食品或水，也可以通过人-人接触传播。食源性病毒一般具有较低的感染剂量和较高的病毒排泄量。下面针对上述几种典型的食源性病毒进行介绍。

一、轮状病毒

轮状病毒（rotavirus，RV）是导致全球婴幼儿病毒性腹泻的主要病原菌，无论在发达国家还是发展中国家，婴幼儿轮状病毒感染都十分普遍，造成严重的疾病负担，是全球范围内重要的公共卫生问题。

（一）病原学

轮状病毒属于呼肠孤病毒科（Reoviridae），轮状病毒属，于1973年由Bishop等在电镜下观察急性腹泻儿童十二指肠超薄切片时首次发现，因形似车轮而得名[21]。

轮状病毒是一种双链RNA（dsRNA）病毒，电镜下病毒粒子呈现20面体结构，无包膜。轮状病毒分为3层结构（外层衣壳、内层衣壳、核心蛋白），内层衣壳包含病毒基因组，由11个双链RNA片段组成，分别编码病毒的6个结构蛋白和5个非结构蛋白。结构蛋白分别为VP1、VP2、VP3、VP4、VP6和VP7，组成了轮状病毒衣壳的三层结构，即由VP4与VP7组成病毒外层衣壳，VP6形成病毒的内层衣壳，核心蛋白则是VP1、VP2、VP3。轮状病毒的主要抗原特性是由病毒衣壳蛋白决定的。根据VP6衣壳蛋白在抗原特性上的差异，可将其划分为A、B、C、D、E、F、G共七个组，可用特异的血清进行鉴别。其中A、B和C组轮状病毒可以感染人类。A组轮状病毒是引起全球范围内婴幼儿腹泻最主要的病原菌。根据 A 组轮状病毒 VP6 抗原性的差异，又可将 A 组轮状病毒分为两个亚组，分别为 I 和 II。轮状病毒外层衣壳蛋白 VP7（即糖蛋白或 G 蛋白）和 VP4（即蛋白酶裂解蛋白或 P 蛋白）都可以诱导中和抗体，确定病毒的特异性血清型，并构成轮状病毒二元分类（G 型和 P 型）的基础[22]。VP7 用来决定不同的 G 血清型，VP4 用来决定不同的 P 血清型。目前已经确定了 14 种 G 血清型和 8 种 P 血清型。全球常见流行的血清型有 G1～G4、G9、P[4]、P[8]，而我国主要血清型分别是 G1、G2、G3、G9、P[4] 和 P[8][23-25]。

（二）流行病学

感染轮状病毒的腹泻患者与无症状病毒携带者是轮状病毒主要的传染源。急性期患者粪便中含有大量病毒颗粒，可持续排毒 4～8 天。3 岁以下的婴幼儿是轮状病毒的易感人群。轮状病毒主要通过粪-口途径和人-人密切接触传播。少量的病毒粒子就可以引起宿主感染发病。受到污染的食品和水源是轮状病毒传播的重要媒介。在温带地区，轮状病毒引起的急性胃肠炎有明显的季节性，发病高峰主要集中在秋冬季节，但是在热带地区和一些发展中国家，季节性不明显。在我国，轮状病毒引起的急性胃肠炎主要集中在秋冬两季[26]。

轮状病毒引起的急性胃肠炎临床症状差别较大，其中 6～24 月龄婴幼儿症状最严重，而较大儿童或成年人多为轻型或亚临床症状，老年人群中有发生重症的感染者。典型的临床症状为水样性腹泻，伴有不同程度的恶心、呕吐、腹痛、腹胀，有时引起全身症状，如脱水、电解质紊乱，严重者甚至导致死亡。

对于轮状病毒的预防控制，世界卫生组织推荐预防轮状病毒感染的最佳方法是接种相关的疫苗。

（三）检测方法

轮状病毒检测方法主要有病原学、免疫学以及基因检测技术三大方面。其中，免疫学技术发展较为成熟，1985 年被世界卫生组织推荐用于轮状病毒检测[27]。免疫学技术主要依据抗原抗体反应进行病毒检测，大部分免疫学技术的检测对象是病人粪便等标本中的轮状病毒抗原。其中，酶联免疫吸附试验（ELISA）方法由于操作简便、价格低廉、灵敏度和特异度高、无放射性污染、无需特殊仪器、设备等诸多优点，被广泛用于临床检测。

轮状病毒经典病原学检测方法主要包括电镜技术和分离培养技术。其中，电镜技术可以直接观察到病毒的形态，具有较高的特异性。但是由于电镜设备昂贵，灵敏度较低，在应用中受到很大限制。

PCR 技术是目前常规的检测技术，具有快速、灵敏度高和特异性强等特点，且不需要复杂昂贵的仪器设备。目前除了常规的 RT-PCR 外，逆转录巢式和半巢式 PCR 以及实时荧光定量 PCR 都已用于轮状病毒的检测。

二、诺如病毒

诺如病毒（norovirus，NoV）是引起人类急性胃肠炎的主要病原体之一，可感染所有年龄阶段的人群，造成严重的疾病负担[28]。2014 年 Ahmed 等发表的一篇系统综述和 Meta 分析，结果发现 1/5 的急性胃肠炎病例由诺如病毒感染引起[29]。目前，我国将诺如病毒列入丙类传染病中"其他感染性腹泻病（除霍乱、细菌性和阿米巴性痢疾、伤寒和副伤寒以外的感染性腹泻病）"进行报告管理[30]。

（一）病原学

诺如病毒属于杯状病毒科，诺如病毒属，于 1972 年由 Kapikian 等在观察美国诺瓦克镇一所小学在 1968 年收集的急性胃肠炎疫情的患者粪便中发现了一种直径约 27nm 的病毒颗粒，将其命名为诺瓦克病毒（Norwalk virus）。此后，世界各地陆续从急性胃肠炎患者粪便中分离出多种形态与之相似但抗原性略有不同的病毒颗粒，统称为诺瓦克样病毒。2002 年 8 月，第 8 届国际病毒命名委员会统一将诺瓦克样病毒命名为诺如病毒，并成为杯状病毒科的一个独立属——诺如病毒属[30]。

诺如病毒为单股、正链、无包膜 RNA 病毒，病毒粒子为二十面体结构，直径约 27～40nm。病毒基因组全长约 7.5～7.7kb，包含 3 个开放式阅读框（open reading frames，ORFs），其中 ORF1 编码一个多聚蛋白，裂解后形成 7 个非结构蛋白，包括 RNA 依赖的 RNA 聚合酶、NTPase 等，ORF2 编码病毒的主要结构蛋白（VP1）——衣壳蛋白，ORF3 编码次要结构蛋白（VP2）。病毒的衣壳蛋白是病毒识别宿主受体，感染人类的始发部位。衣壳蛋白可分为两个主要区域，分别为壳区（shell domain，S 区）和突出区（protruding domain，P 区）。S 区由衣壳蛋白的前 225 个氨基酸组成，形成病毒内壳，围绕病毒 RNA。P 区由剩余的氨基酸组成，可进一步分为两个亚区，P1 区和 P2 区。P2 区高度变异，包含潜在的抗原中和位点[31]。

根据诺如病毒基因组特征及系统进化分析，诺如病毒至少被分为 6 个基因群（genogroup，G I～G VI），其中 G I 和 G II 是引起人类急性胃肠炎的两个主要基因群。G I 和 G II 基因群可进一步分为 9 个和 22 个基因型，除了 G II.11、G II.18 和 G II.19 基因型外，其他基因型均可感染人。G IV 基因群分为两个基因型，其中 G IV.1 感染人，G IV.2 感染猫和狗。G III、G V 和 G VI 分别感染牛、鼠和狗。

诺如病毒变异速度快，每隔 2～3 年即可出现引起全球流行的新变异株。1995 年至今，已有 6 个 G II.4 基因型变异株与全球急性胃肠炎流行相关[30]。

（二）流行病学

诺如病毒急性胃肠炎患者与无症状病毒携带者是诺如病毒主要的传染源。诺如病毒主要通过患者的粪便排出，也可通过呕吐物排出，排毒高峰在发病后 2～5 天，可持续约 2～3 周。诺如病毒主要通过粪-口途径传播，包括人-人密切接触、经食物和经水传播，或接触被排泄物污染的环境而传播。食源性传播是通过食用被诺如病毒污染的食物进行传播，污染环节可出现在感染诺如病毒的食品加工者在备餐和供餐中污染食物，也可出现在食物生产、运输和分发过程中被含有诺如病毒的人类排泄物所污染。牡蛎等贝类海产品和生食的蔬果类是引起诺如病毒暴发的常见食品。经水传播可由桶装水、市政供水、井水等其他饮用水源被污染所致。诺如病毒具有明显的季节性，根据 2013 年发表的系统综述，全球 52.7% 的病例和 41.2% 的暴发发生在冬季（北半球是 12 月至次年 2 月，南半球是 6～8 月）。诺如病毒可感染各个年龄阶段的人群，但是儿童、老年人和免疫力低下者更易感[30]。

诺如病毒潜伏期通常在 12～48h，临床症状主要是腹泻和呕吐，其次为恶心、腹痛、头痛、发热、畏寒和肌肉酸痛等。诺如病毒感染主要表现为自限性疾病，但少数病例会发展成重症，甚至死亡。

目前，尚无针对诺如病毒的特异抗病毒药物和疫苗。诺如病毒的预防控制主要采用非药物性预防措施，包括病例管理、手卫生、环境消毒、食品和水安全管理、风险评估和健康教育。

（三）检测方法

诺如病毒的主要检测方法包括电镜法或免疫电镜法、免疫学检测方法和基因检测方法。目前，PCR 或实时荧光定量 PCR 方法由于灵敏度高、特异性强、操作简便快速，已经成为诺如病毒检测的主要方法。国际标准化组织（the International Organization for Standardization，ISO）2016 年推出了食品中甲肝病毒和诺如病毒实时荧光 RT-PCR 检测方法即食物链微生物学——使用实时 RT-PCR 测定甲型肝炎病毒和诺如病毒的水平方法（ISO/FDIS 15216-1），我国食品安全国家标准也于 2016 颁布了食品中诺如病毒检验的标准方法（GB 4789.42—2016），该方法同样是采用实时荧光 RT-PCR 检测食品中的诺如病毒。

三、札如病毒

札如病毒（sapoviruses，SV）感染可引起散发和偶尔暴发的急性胃肠炎。尽管所有年龄组人群都受到影响，但是 5 岁以下儿童的疾病负担最高。札如病毒感染与诺如病毒感染有许多相似之处，常见的临床症状包括呕吐和腹泻，通常在 1 周内痊愈[32]。随着分子诊断技术的不断进步，在过去的 10 年里，人们越来越认识到认识、检测札如病毒对儿童健康的重要性。

（一）病原学

札如病毒属于杯状病毒科，札如病毒属。1976 年，Madeley 等在英国首次用电子显微镜从人类腹泻粪便样本中检测到札如病毒颗粒[33]。然而，该病毒属的原型菌株却来自 1982 年日本札幌地区的另一次急性胃肠炎暴发事件中分离到的病毒株（Hu/SaV/Sapporo/1982/JPN），这株病毒被广泛地用于札如病毒的病毒学和遗传特征研究。札如病毒最早被称为"典型的人类杯状病毒"或者"札幌样病毒"，2002 年，国际病毒命名委员会统一将札幌样病毒命名为札如病毒，并成为杯状病毒科的一个独立属——札如病毒属[34]。

札如病毒为单股、正链、无包膜 RNA 病毒，病毒粒子为二十面体结构，直径约 30～38nm。病毒基因组全长约 7.1～7.7kb，包含 2 个开放式阅读框，其中 ORF1 编码一个多聚蛋白，包含非结构蛋白和主要结构蛋白（VP1）——衣壳蛋白。预测 ORF2 是编码一个小的结构蛋白（VP2）[35]。

根据札如病毒衣壳蛋白的完整基因序列及系统进化分析，札如病毒被分成 19 个基因群[36]，其中人类札如病毒包含 4 个基因群（GⅠ、GⅡ、GⅣ和 GⅤ），基因群 GⅠ、GⅡ和 GⅤ可进一步分成 7 个、8 个和 2 个基因型（GⅠ.1～GⅠ.7，GⅡ.1～GⅡ.8，以及 GⅤ.1 和 GⅤ.2），而基因群 GⅣ只有一个基因型（GⅣ.1）[37]。GⅠ.1 和 GⅠ.2 是目前我国主要流行的基因型[38]。

（二）流行病学

札如病毒引起的急性胃肠炎潜伏期范围从小于 1 天到 4 天不等[39]。主要临床症状包括腹泻和呕吐，还有一些症状，如恶心、胃/腹部痉挛、寒战、头痛、肌痛或其他身体不适，也经常伴随发生。札如病毒引起的急性胃肠炎通常是自限性的，病人一般在几天内痊愈。然而，临床症状的严重程度和病程取决于个体状况，札如病毒感染有时也会导致住院治疗。一般情况下，札如病毒感染引起的死亡率很低。札如病毒也存在无症状感染者，这些无症状感染者与有急性胃肠炎症状的札如病毒感染者一样，都可以从粪便中排出大量的病毒颗粒。札如病毒急性胃肠炎患者与无症状病毒携带者是札如病毒主要的传染源。在临床腹泻粪便样本中，札如病毒的含量一般在 $1.32\times10^5\sim1.05\times10^{11}$ 基因拷贝/g（粪便样本）之间[39]。

札如病毒在世界范围内广泛存在，在儿童急性胃肠炎粪便的检出率一般在 3.0％～17.0％之间[32]，5 岁以下儿童是札如病毒的易感人群[32]。与诺如病毒相似，在温带地区，札如病毒一般在秋冬季引起散发病例。有资料显示，札如病毒可以引起 1.3％～8.0％的急性胃肠炎暴发[21]。由食物引起的札如病毒暴发也有报道，规模最大的一次是 2010 年日本报道的由受到污染的盒饭引起的札如病毒急性胃肠炎暴发[39]。在急性胃肠炎散发或者暴发病例中，有时可以同时检测到札如病毒和其他肠道病毒（如诺如病毒、轮状病毒等）混合感染的情况。

（三）检测方法

札如病毒的主要检测方法包括电镜法或免疫电镜法、免疫学检测方法（如 ELISA）和基因检测方法（如 PCR）。基因检测方法比电镜法和免疫学检测方法具有更高的灵敏度。有研究表明，酶联免疫吸附试验（ELISA）方法与 PCR 方法都具有 100％的特异性，但是 ELISA 方法的灵敏度只能达到单重 PCR 的 60％和巢式 PCR 的 25％[40]。由于食品中病毒含量较低，同时食品的组成成分复杂，因此，PCR 或者实时荧光定量 PCR 方法是检测食品中札如病毒的主要方法。

四、甲型肝炎病毒

甲型病毒性肝炎（hepatitis A）简称甲肝，是由甲型肝炎病毒（hepatitis A virus，HAV）引起的一种肠道传染病，以肝实质细胞炎性损伤为主，传染性强，发病率高，容易发生食物型和水型的暴发与流行，是全球普遍存在的公共卫生问题，也是我国法定的乙类传染病之一。

（一）病原学

甲型肝炎病毒（简称甲肝病毒）属于微小核糖核酸病毒科嗜肝病毒属，1973 年由 Feinstone 等人首先发现[41]。病毒直径约为 27nm，无囊膜，呈 20 面体结构，衣壳表面有 HAV 特异性抗原（HAVAg）。

甲肝病毒为单股、正链 RNA 病毒，基因组全长约为 7.47kb，仅编码一个开放式阅读框，被翻译成多聚蛋白。随后，多聚蛋白被病毒编码的蛋白酶切割，产生 8 种病毒蛋白，包括 VP0、VP3、VP1、VP2A、VP2B、VP2C、VP3AB、VP3Cpro 和 RNA 依赖的 RNA 聚合酶。病毒颗粒由 VP0、VP1、VP2A 和 VP3 三种蛋白质组成。

甲肝病毒在抗原性上高度保守，仅存在单一的血清型。目前已经鉴定出甲肝病毒 7 种基因型，其中有 4 种基因型（Ⅰ、Ⅱ、Ⅲ和Ⅶ）是来源于人类。基因型Ⅰ和Ⅲ是人类最常见的基因型。基因型Ⅰ可进一步分为ⅠA 和ⅠB 两种亚型。ⅠA 和ⅠB 是南美洲、北美洲、欧洲、中国和日本主要流行的基因型[42]。

（二）流行病学

甲肝病毒主要通过粪-口途径传播，传染源多为甲肝病人和甲肝病毒无症状携带者。病毒的潜伏期一般为 15～45 天，典型的临床症状为发热、全身乏力、食欲不振、厌油、恶心、呕吐、黄疸等。甲肝病毒引起的肝炎通常是自限性的。

甲肝病毒主要传播方式有三种：①水传播。含有甲肝病毒的粪便污染地下水、河水或湖水等饮用水源可造成大范围的甲肝流行。另外，自来水、游泳池用水等生活用水被污染也可引起甲肝暴发。甲肝病毒经水传播是卫生条件差地区甲肝流行的主要原因。②食物传播。有三种可能性：a. 处于甲肝潜伏期或无症状病毒携带者的食品加工人员在加工食品时造成食品污染。b. 水产品的污染可引起甲肝流行。一些双壳软体动物生活在被甲肝病毒污染的水环境中，人们食用它们后可造成大规模的甲肝流行。c. 蔬菜、水果等农产品在种植或清洗时受污染。③人-人之间密切接触传播。幼儿园、学校、工厂、医院和家庭中，人与人之间的密切接触也可造成甲肝传播。

接种甲肝疫苗对于甲肝病毒的预防控制具有重要作用。

（三）检测方法

甲肝病毒的主要检测方法包括电镜法或免疫电镜法、细胞培养法、免疫学检测方法和基因检测方法。

电镜法比较直观，可观察到病毒外观形态，但其操作复杂，对人员与仪器要求高，且灵敏度低。因此，电镜法现在一般不用于常规检测。

细胞培养法的优点是可间接检测样品中感染性病毒，并可对病毒感染性滴度进行定量。但是，甲肝病毒一般不引起宿主细胞病变，生长缓慢，周期长，最佳产毒培养时间需 3～4 周，病毒产量不高。因此，细胞培养法主要用于科研实验中甲肝病毒复制的研究以及疫苗生产中感染性滴度的定量。

免疫学检测方法例如酶联免疫吸附试验，特异性高，但是与基因检测方法相比，灵敏度较低，不适于食品和水中甲肝病毒的检测。

基因检测方法例如 PCR 或实时荧光定量 PCR，由于灵敏度高、特异性强、操作简便快速，已经成为食品和水中甲肝病毒检测的主要方法。2016 年，ISO 推出了食品中甲肝病毒和诺如病毒实时荧光 RT-PCR 检测方法（ISO/FDIS 15216-1）。

五、戊型肝炎病毒

戊型肝炎是由戊型肝炎病毒（hepatitis E virus，HEV，简称戊肝病毒）引起的一种病毒性肝炎，是一种常见的急性病毒性肝炎。戊肝病毒在我国流行普遍，以散发病例为主，是一个重要的公共卫生问题。

（一）病原学

戊肝病毒属于戊型肝炎病毒科戊型肝炎病毒属，1983 年有学者首次报道戊肝病毒为在电镜下呈正二十面体、直径 27～34nm、无包膜的球形颗粒[43]。

戊肝病毒为单股、正链 RNA 病毒，基因组全长约为 7.2kb，包含 3 个开放式阅读框 ORF1、ORF2 和 ORF3。ORF1 主要编码与病毒 RNA 复制、转录相关的非结构蛋白。ORF2 编码病毒的主要结构蛋白，构成病毒衣壳蛋白，衣壳表面聚集了病毒的中和表位。ORF3 编码一种小分子磷蛋白，研究显示该蛋白能够与宿主细胞的多种蛋白质分子结合，可能与病毒复制和组装有关[44]。

根据戊肝病毒全基因组序列和系统进化分析，戊肝病毒共有 8 个基因型（HEV Ⅰ～HEV Ⅷ），已确认感染人的基因型主要有 4 个，即 HEV Ⅰ、HEV Ⅱ、HEV Ⅲ 和 HEV Ⅳ。

不同基因型的戊肝病毒宿主范围有一定差异：HEV Ⅰ 和 HEV Ⅱ 只感染人；HEV Ⅲ 和 HEV Ⅳ 既感染人，也感染动物，主要储存宿主是猪[45]。

（二）流行病学

戊型肝炎的传播途径主要是粪-口传播，常见方式是通过污染水源和食物传播。戊型肝炎患者及病毒隐性感染者是戊肝病毒的主要传染源。戊肝病毒的主要传播途径有经水传播、经食物传播、日常接触传播、垂直传播和经血液传播。人对戊肝病毒普遍易感，年龄分布集中，常在 20～59 岁之间，一般青壮年人以临床感染症状为主，儿童以亚临床和隐性感染居多。临床症状是以黄疸为主的急性病毒性肝炎，半数有发热现象，伴有乏力、恶心、呕吐、肝区痛等症状。通常情况下，戊型肝炎是一种自限性疾病，病程持续几天到几周，一般为 4～6 周[46]。

戊型肝炎在世界范围内广泛流行。戊肝病毒Ⅰ型和Ⅱ型主要在一些公共卫生状况较差的发展中国家流行，以水源性暴发为主，主要感染青壮年，15～35 岁年龄段发病率最高，病死率一般为 1%～2%，孕妇病死率可高达 25%。发达国家的戊型肝炎病例主要由戊肝病毒Ⅲ型和Ⅳ型引起，以散发病例为主，全年均有发生，患者多为 40～70 岁的中老年人。我国是戊型肝炎的主要流行区之一。1986～1988 年新疆南部发生了水源性戊型肝炎大流行，由基因Ⅰ型戊肝病毒引起。随着我国社会经济发展，饮用水及环境卫生状况改善，戊型肝炎大流行得到有效控制，近年来临床戊型肝炎均为散发病例，主要由基因Ⅳ型戊肝病毒引起，流行特征与发达国家相同[47]。

戊肝病毒的预防控制措施主要包括改善卫生条件，养成良好的卫生习惯，避免食用未煮熟的肉类及肉类制品[46]。

（三）检测方法

戊肝病毒检测方法主要包括电镜法或免疫电镜法、免疫学检测方法和基因检测方法。

1. 电镜法

检测比较直观，可观察到病毒外观形态，但其操作复杂，对人员与仪器要求高，且灵敏度低。因此，电镜法现在一般不用于常规检测。

2. 免疫学检测方法

例如酶联免疫吸附试验，特异性高，是临床检测中常用的方法。

3. 基因检测方法

如 PCR 或实时荧光定量 PCR，灵敏度高、特异性强，已经成为食品和水中戊肝病毒检测的主要方法。

第四节　引起食源性疾病的原生动物和寄生虫

食源性寄生虫病是指因生食或半生食含有感染期寄生虫的食物而感染的寄生虫病。近年我国的寄生虫调查数据显示，各种食源性寄生虫病的感染率有所下降，但我国的寄生虫感染人数仍然众多，尤其是隐形感染人数攀升，预计全国有 3859 万人被重点寄生虫感染。在局部地区由于生活习惯不同，食源性寄生虫病仍然呈区域性分布，并且有农村向城镇转移的趋势，造成较多的公共卫生事件的发生[48]。

由于对食源性寄生虫病的了解有限，以及对流行病学采集分析较为困难，寄生虫通过餐桌感染使得流行范围逐步扩大，同时因为寄生虫独特的生活史和致病机制，多数食源性寄生虫病不能及时地确诊和治疗，经常成为难病、怪病而无从下手。目前食源性寄生虫的诊断方法主要是以病原学、血清学和免疫学检查为主，但是病原学往往需要采集到病原体，免疫学需要排除寄生虫间的交叉反应等问题，通过一种方法难以进行准确的确诊。我国食品安全法规定食品中不能含有致病性的微生物和寄生虫，规定了旋毛虫、猪囊尾蚴和住肉孢子虫是肉制品检疫的必检虫种。目前食品中检查寄生虫的方法主要是肉眼观察、肌肉压片镜检和消化法，漏检率高、耗时，迫切需要专业人员研究出更为敏感特异的检测技术。

WHO/TDR 要求重点防治的 7 类热带病中，除麻风病、结核病外，其余 5 类都是寄生虫病。我国常见的主要食源性寄生虫有五大类型：水源性寄生虫、肉源性寄生虫、鱼源性寄生虫、螺源性寄生虫、植物源性寄生虫。

通过了解食源性寄生虫病原体及传播途径，在日常生产生活中应当结合现代宣传手段，普及食源性寄生虫病的防治知识，加强屠宰管理以及对犬猫的控制力度；正确处理人和动物的粪便，防止农家肥中残留的虫卵污染水源或食物，阻断粪-口传播途径；在食品加工过程中，注意清洗食物及器皿，同时防止生熟食品的交叉污染；加强管理及检测，养殖业中减少动物对粪便的接触，对感染的动物及时处理，及时对肉制品进行检测；对餐饮从业人员严加管理定期检查、提倡良好的卫生饮食习惯，加强餐饮业卫生管理[49-50]。

一、原虫类

1. 溶组织内阿米巴

溶组织内阿米巴（Entamoeba histolytica）可在人和动物间自然传播，作为阿米巴痢疾和阿米巴肠炎的病原体，主要寄生于结肠，并且可侵犯其他器官，是一种重要的人畜共患原虫病[51]。溶组织内阿米巴呈世界性分布，主要流行于热带及亚热带等卫生条件差的发展中国家和地区，目前全球仍有 5000 万人感染溶组织内阿米巴病，在我国也仍是一个重要的公共卫生及食品安全问题[52]。

其主要分为滋养体、囊前期、包囊、囊后期四个阶段，粪便中常见滋养体和包囊，组织中仅为滋养体[53]。滋养体是主要活动和增殖阶段，也是致病最为严重的阶段，直径为 12～60μm，粪便中平均直径为 30μm。包囊为静止阶段，呈圆球形，直径为 10～20μm。粪便中可以排出的阿米巴包囊的人和动物可称为感染源，常见家畜及实验动物均可感染，对于从事食品加工的工作人员感染阿米巴原虫传播病原的危险性更大。包囊通过消化器官，在小肠和和消化酶的作用下，形成囊后期，含有 4 核的滋养体脱囊分裂形成 8 个单核的滋养体。滋养体在结肠上端以内容物为食，通过二分裂的形式增殖并且继续下行，随着环境改变虫体被刺激排出未消化的食物，体形改变变成囊前期并分泌囊壁成囊，经过两次有丝分裂形成四个核包囊，并且大量随粪便排出（见图 2-5）。

包囊在适当温度下可生活数周并且具有感染能力，但在干燥高温条件下可将其杀死，因为滋养体可被胃酸杀死，所以不具有传播作用。在一定条件下滋养体侵入肠黏膜产生原发病灶，也可进入肠壁血管，传播至其他器官[54]（见图 2-5）。人体感染主要是通过不卫生的用餐习惯以及粪-口传播途径。溶组织内阿米巴主要可引起阿米巴性结肠炎和一些相关并发症。临床症状为阿米巴痢疾，常伴有腹痛、腹泻、黏液血便等，并且持续时间较长。通过病原学粪便检查、人工培养、血清学诊断及核酸检测等方式可以进行确诊。

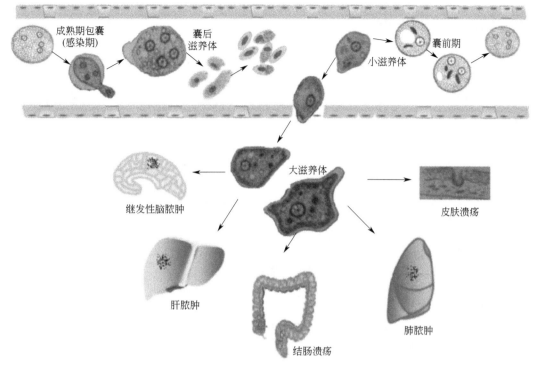

图 2-5 溶组织内阿米巴生活史及致病情况示意图

2. 刚地弓形虫

刚地弓形虫（*Toxoplasma gondii*）通常称弓形虫，是广泛寄生于人和动物的有核细胞内的原虫。呈世界性分布，人和动物均可感染，特别是与人接触密切的家畜及伴侣动物。人因食入感染性卵囊污染的食物或水源而感染。病猫排出的卵囊及其污染的土壤、牧草、饲料、水源等是重要的传染来源，严重威胁着人类的健康，孕妇感染弓形虫可导致胎儿的畸形甚至死亡，致使孕妇流产[55]。

弓形虫具有速殖子、包囊、裂殖体、配子体和卵囊五个形态阶段（见图 2-6）。速殖子呈香蕉形，一端较尖，一端钝圆，较扁平弯曲，大小（4～7）$\mu m \times$（2～4）μm。主要发现于急性病例，在有核细胞内可见正在繁殖的虫体。包囊呈圆形或椭圆形，具有一层虫体分泌的囊壁，直径为 5～100μm，内含虫体多达数百个。裂殖体在终末宿主猫的肠绒毛上皮细胞内，成熟呈新月状裂殖子，数目以 10～15 个居多。配子体在猫的肠道细胞内进行有性繁殖，有雌、雄配子体。卵囊随猫粪便排到外界，呈圆形或椭圆形，有双层囊壁，平均为 12$\mu m \times$10μm。

猫及猫科动物是弓形虫的终宿主兼中间宿主，弓形虫对组织无特异性亲嗜性，可寄生在除红细胞外的几乎所有有核细胞中。弓形虫可进行有性和无性生殖，有性生殖只能在猫小肠绒毛上皮细胞内，而无性生殖既可在小肠上皮细胞也可在其他器官内进行。通过病原学检查、血清学试验等均可进行诊断。患病者多为无症状隐性感染，临床上分为先天性感染和后天性感染。在孕妇妊娠 13 周后，随着妊娠时间的延长，虫体经胎盘可引起流产或婴儿畸形等症状[56]。后天性感染常伴有发热、疲倦、肌肉不适等症状，偶尔出现斑疹和丘疹，入侵其他器官也会出现相应症状如脑炎、心肌炎。猫作为伴侣动物出现在更多的家庭中，应该加强宣传弓形虫的知识，重视人与猫的卫生，孕妇应该及时检测并且注意对肉类的摄食。

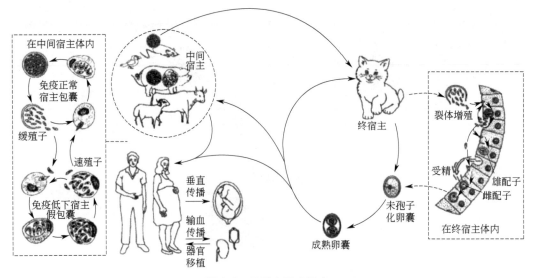

图 2-6　弓形虫的生活史

3. 隐孢子虫

隐孢子虫（*Cryptosporidium*）是一种重要的机会性致病原虫，广泛存在于脊椎动物体内。隐孢子虫病是一种呈世界性分布的重要人畜共患病，感染人和哺乳动物的微小隐孢子虫（*Cryptosporidium parvum*）能够引起哺乳动物的严重腹泻和人的严重疾病，并且是艾滋病怀疑指标之一[57]。

隐孢子虫具有滋养体、裂殖体、配子体、合子和卵囊 5 个发育阶段。卵囊污染土壤、水源等，导致市场销售的水生贝类生物及蔬菜均可成为传播媒介。经口食入卵囊后，子孢子在小肠内逸出，侵入肠黏膜上皮细胞，发育为滋养体后进行无性繁殖，形成 8 个裂殖子的 Ⅰ 型裂殖体，裂殖子释放后继续侵入其他肠上皮细胞，经滋养体再发育成为成熟的 4 个裂殖子的 Ⅱ 型裂殖体，分化成雌、雄配子体，经有性生殖形成卵囊（见图 2-7）。卵囊呈圆形或椭圆形，大小为 $5.0\mu m \times 4.4\mu m$，卵壁光滑。薄壁卵囊可在肠道内直接孵出，导致宿主重复感染，厚壁卵囊经粪便排出后再继续感染人和其他哺乳动物。

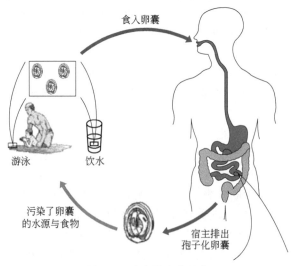

图 2-7　隐孢子虫生活史

隐孢子虫卵囊污染水源是感染的主要因素，并且卵囊抵抗力较强，可在水和土壤中存活数月，国内外多次暴发的病例均与水源污染有关，尤其是饮水、农业生产及食品加工水源[58]。感染隐孢子虫多表现为自限性腹泻，主要发生于婴幼儿及免疫力低下者，也可表现为慢性间歇性腹泻。各种动物和人尤其是新生或幼龄的，对隐孢子虫具有高度易感性[59]。免疫功能低下者，虫体会迅速繁殖，使病情恶化进而导致死亡。艾滋病患者被隐孢子虫感染会导致慢性自限性腹泻，病死率达50%。

二、蠕虫类

1. 异尖线虫

异尖线虫（Anisakis）是一类成虫寄生于鲸、海豚、海豹等海栖哺乳动物消化道，幼虫寄生于海栖鱼类的线虫。由于中间宿主为海洋鱼类，分布遍及全球，全世界已有多个国家报道了感染异尖线虫的病例。人主要是因为食入了含有异尖线虫幼虫的海鱼或海产品而感染人体异尖线虫病，但人不是异尖线虫的最适宿主，所以幼虫寄生于消化道各部位或引起移行症，引起人剧烈腹痛和过敏症[60]。由于人们生活习惯及品质的提高，海鲜和生鱼片出现在更多的饭桌上，增加了传播异尖线虫的风险，严重威胁着人们的身体健康。大多数患者集中在习惯生食或半生食海鲜的地区，2017年青岛崂山区疾病预防控制中心对市面销售的海产品进行食源性寄生虫检测，在抽检的22种海鱼中，21种均检出异尖线虫。

异尖线虫成虫虫体稍短粗，头部较细，长约65mm，体白略显黄色；幼虫为长纺锤形，无色微透明，长约12.5～30mm，两端均较细。成虫寄生于海生哺乳动物胃内，成熟后产卵；幼虫寄生在海鱼体内。人们生食或半生食带幼虫的海鱼及海产品后感染，通常在6h内就会出现感染症状。幼虫主要钻入胃部或小肠黏膜形成肉芽肿，但不能发育成熟，轻者胃部不适，重者发病急骤，伴有恶心呕吐，出血糜烂等病症，目前尚无治疗药物，只能通过手术将虫体取出[61-62]。在食品加工中异尖线虫对温度的抵抗性极弱，一般在−20℃仅存活3h，70℃就能将其直接杀死。

2. 广州管圆线虫

广州管圆线虫（Angiostrongylus cantonensis）主要寄生于啮齿类动物尤其是鼠类的肺部血管。人因进食了含有广州管圆线虫幼虫的生或半生的螺肉而感染，生吃被幼虫污染的食物和使用被幼虫污染的水源也可被感染，侵犯中枢神经系统引起脑膜炎[63]。主要流行于东南亚地区，在我国主要流行于广东、浙江一带。

广州管圆线虫成虫细长，呈线状，体表光滑具有横纹，头顶中央有一小圆口，缺口囊，食道为棍棒状。雄虫长11～26mm，雌虫长17～45mm。成虫寄生于终末宿主褐家鼠及家鼠肺动脉内，雌虫在肺动脉内产卵，卵随血液进入肺毛细血管，孵出第1期幼虫，幼虫进入肺泡沿呼吸道至咽喉处再被吞入消化道，最终随粪便排出。幼虫被中间宿主吞入后在组织内经二次蜕皮发育成第3期幼虫，即为感染性幼虫。感染性幼虫到达中间宿主小肠，穿过肠壁，经血液循环，到达心肺，多数沿颈动脉到达脑部，经二次蜕皮发育为第4期幼虫（见图2-8）。据新闻报道的2006年9月北京福寿螺事件，消费者因食用福寿螺制作的凉拌螺肉，出现严重症状，被诊断为脑膜炎，后被确诊为广州管圆线虫引起的脑膜炎，此次事件总共收到临床诊断广州管圆线虫病例160例，住院100人。在我国发现的中间宿主为福寿螺、中国圆田螺、短梨巴蜗牛等，转续宿主有蟾蜍、蛙、淡水虾、蟹等。人通常为自限性感染，潜伏期为 20～47 天，主要侵犯中枢神经系统，导致头疼、痉挛、呕吐、面瘫等，在脑和脊髓内移行可造成组织损伤及死亡后引起的炎症反应[64]。

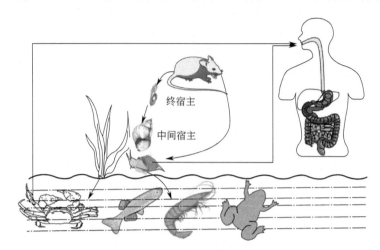

终宿主

中间宿主

图 2-8　广州管圆线虫生活史

3. 华支睾吸虫

华支睾吸虫（*Clonorchis sinensis*）成虫寄生于人体的肝胆管内，可引起华支睾吸虫病（*clonorchiasis*），又称肝吸虫病[65]。通常感染人体后寄生于胆管内，并且是 1 类致癌物。主要分布在东南亚地区，在我国主要分布在东南和东北等省份，与饮食习惯有关，但不同地区感染率不一[66]。

华支睾吸虫虫体呈扁平状，前端稍尖，似葵花子，薄而透明，大小 10～25mm，口吸盘略大。虫卵较小，淡黄褐色，内含毛蚴，上端有卵盖。是典型的复殖吸虫，包括成虫、虫卵、毛蚴、胞蚴、雷蚴、尾蚴、囊蚴及后尾蚴等阶段。

淡水螺作为华支睾吸虫的第一中间宿主，鱼虾是第二中间宿主。虫卵随胆汁进入消化道后随粪便排出体外，落入水中则会被淡水螺吞食。毛蚴进入螺内发育为胞蚴、雷蚴和尾蚴。尾蚴进入第二宿主形成囊蚴，被人和犬摄入发育为幼虫，到达胆管发育为成虫（见图 2-9）。人不是华支睾吸虫的唯一宿主。该病主要引起患者的肝脏受损，轻症者会出现腹胀腹泻等症状，重症者会产生胆管炎、胆囊炎等症状，严重时会导致死亡[67]。目前研究表明，华支睾吸虫感染可引起胆管上皮细胞增生而导致癌变。预防措施有日常生活中应注意食品卫生习惯；在食品加工过程中，90℃的水可以马上杀死囊蚴；不生食淡水鱼虾和各种淡水螺；合理处理粪便，防止粪便进入水源。

4. 旋毛虫

旋毛虫（*Trichinella*）是一类寄生细胞内的寄生性线虫，人类因生食或半生食含有旋毛虫的肉类而发病，广泛发现于包括人、各种家畜在内的哺乳动物，其中伪旋毛虫（*T. pseudospiralis*）可以感染鸟类[68]。旋毛虫呈世界性分布，流行范围较广，在我国多个省份均有报道，尤其是具有生食猪肉习惯的省份。2009 年我国云南兰坪白族普米族自治县一建筑工地曾发生不明原因群体病，21 人中 9 人出现明显症状，其中一人经抢救无效死亡，后经专家确诊为旋毛虫病感染。同样在 2017 年 9 月柬埔寨磅通省因食用未煮熟的野猪肉暴发旋毛虫病疫情，共报告 33 例，其中死亡病例 8 例。

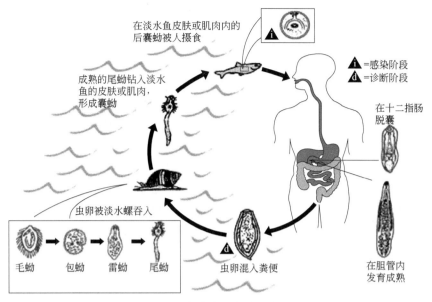

图 2-9　华支睾吸虫生活史

旋毛虫成虫细小，雄虫长 1.1～1.6mm、雌虫长 3～4mm。幼虫寄生于横纹肌内长约 0.1mm，被包裹在梭形包囊内。成虫幼虫寄生于同一宿主内，成虫寄生于小肠，幼虫寄生于横纹肌细胞内。多种哺乳动物均可作为本旋毛虫的宿主。

当含有旋毛虫的肉类被摄食后，在宿主胃液的消化下，幼虫从包囊内逸出至十二指肠，侵入黏膜内，48h 内经四次蜕皮发育为成虫（见图 2-10）。成熟后即可交配产生幼虫，可产约 1500 条幼虫。轻度感染者中半数无明显症状。在旋毛虫侵入宿主初期，由于对肠壁的侵

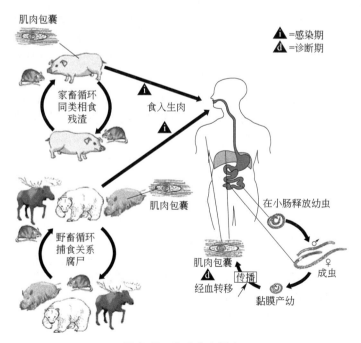

图 2-10　旋毛虫生活史

犯主要引起十二指肠炎和空肠炎，患者会有明显的恶心、呕吐、腹泻等症状。随着新生幼虫移行至横纹肌内，造成机械性损害，局部有炎症反应，并产生水肿发热等症状。幼虫大量侵入横纹肌会出现全身肌肉酸疼和咀嚼吞咽障碍，严重感染者会因心肌炎、毒血症引起的感染危及生命。随着虫体的生长发育，寄生部位的肌细胞会逐渐包围虫体形成包囊，症状会逐步减轻，但仍会伴随着肌肉疼痛。动物等通常会因摄食含有包囊的腐肉、老鼠等而感染，导致动物肉类及其加工品含有幼虫包囊。在屠宰检疫期间主要在旋检室通过压片镜检或集样消化法进行检验，发现后应限制出场[69-70]。针对旋毛虫的传播，应加强猪的饲养管理，消灭养殖场内的老鼠防止传播，不生食未煮熟的猪肉及其肉制品。

5. 细粒棘球绦虫

细粒棘球绦虫（*Echinococcus granulosus*）成虫主要寄生于犬科动物的小肠内，幼虫主要寄生于人和多种食草类动物体内。分布地域较为广泛，遍布世界各地，是重要的公共卫生和食品安全问题[71]。因为羊的感染率最高并且与牧羊犬接触较多，虫卵可以循环感染，所以在我国西北部农牧地区较为多见。

细粒棘球绦虫成虫很小，一般为2～7mm，主要由头节、成节、孕节和幼节组成。头部有顶突和吸盘。幼虫即棘球蚴是圆形囊体，因宿主和部位不同而大小不一，主要有囊壁、囊液和内含物。成虫在终末宿主体内主要寄生于小肠内，通过吸盘和小钩固定。孕节和虫卵随粪便排出，污染周围环境。虫卵被食草动物摄入后在肠内孵化出六钩蚴，通过血液和淋巴散至全身各处，发育程度、数量大小因寄生部位不同而不同，致病方式主要以其对寄生部位的刺激和局部病变为主，也会产生荨麻疹等过敏症状[72]。

6. 猪带绦虫/猪囊尾蚴

猪带绦虫（*Taenia solium*）可寄生人体，人既是终末宿主也是中间宿主，可分别引起猪带绦虫病和猪囊尾蚴（*Cysticercus cellulosae*）病。在世界各地均有分布，以发展中国家和地区较为多见，在我国大多数地区均有流行[73]。

猪带绦虫成虫呈乳白色带状，全长一般2～4m，头节具有顶突和四个吸盘，具有小钩，颈部较短，末端孕节一般为长方形，具有雌雄生殖器官，具有大量虫卵。虫卵呈圆形，卵壳较薄含有一层胚膜，内含球形六钩蚴。猪囊尾蚴约黄豆粒大小，半透明囊状，内部充满囊液，具有内翻头节，头节上含有顶突和吸盘。

猪囊尾蚴成虫寄生于人的小肠中，孕节节片或虫卵排出体外，被猪吞食后再消化液的作用下卵壳中释放出六钩蚴，钻入肠壁经血液和淋巴循环到肌肉或结缔组织中发育成为猪囊尾蚴。人在食入含有猪囊尾蚴的猪肉后，囊尾蚴在胆汁的刺激下伸出头节，通过吸盘吸附在肠黏膜上并不断生长出节片，孕节节片和虫卵可随粪便不断排出。

早期六钩蚴在体内移行会引起部分组织的损伤，感染症状会由于寄生的部位和数量不同而有差异，较为严重的会寄生于脑部引起占位性病变和神经症状，严重的会导致死亡[74]（见图2-11）。

在预防控制方面，应加强肉品的屠宰检验和处理制度，严格管理食品加工环节，进行严格的宰前检疫。并且在肉品卫生检验中，根据囊尾蚴的寄生部位进行鉴定，镜检其头节等结构，在肌肉中可发现肉眼可见的白色透明囊泡，内部充满液体，显微镜可检查头节。屠宰检疫过程中发现后应限制出场，将整个胴体做无害化处理[74]。在日常生活中应养成良好的卫生饮食习惯，生、熟肉制品的砧板要进行区别，不食用生猪肉和未熟透的肉类制品。

7. 姜片吸虫

姜片吸虫（*Fasciolopsis buski*）是肠道最大的寄生吸虫，人感染通常是因生食水生植物

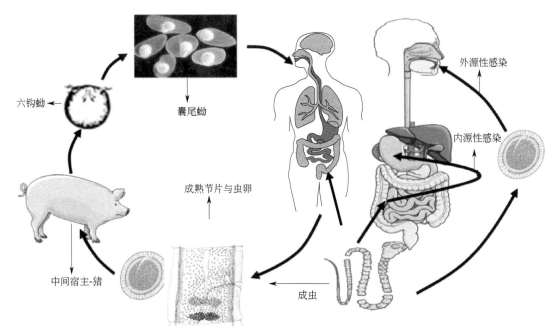

图 2-11　猪囊尾蚴的生活史

菱白、菱角等所致。虫体呈椭圆形，较扁平，长约 20～85mm，宽 8～20mm。卵呈椭圆形、淡黄色，卵壳较薄，有不明显卵盖。内含 1 个卵细胞和较多卵黄细胞。终末宿主主要是人和猪，中间宿主较多，主要为尖口圆扁螺、半球多脉扁螺等。成虫主要寄生在小肠，严重者可扩散到胃部，高达数千条。受精卵会随粪便排出到达水中[75]，经过 3～7 周发育成熟孵出毛蚴，侵入扁卷螺中完成胞蚴、母雷蚴、子雷蚴与尾蚴的发育。成熟后从螺体中逸出寄生于水生植物，形成囊蚴，被终宿主摄入并在消化液和胆汁的作用下脱囊发育成成虫。

由于姜片吸虫的吸盘发达，常会导致被吸附的黏膜坏死脱落发生炎症甚至形成溃疡[76]。数量较多时会导致腹痛、腹泻等症状。预防姜片吸虫的方法主要为不生食或半生食螺类，同时防止在食品加工过程中被螺类划伤。

第五节　食源性耐药微生物及新型生物危害

细菌的耐药性（resistance）是指在常规治疗剂量下，细菌对药物的敏感性下降甚至消失，导致药物对耐药菌的疗效降低或彻底失效的性质。

细菌的耐药性早已成为现代社会严重的公共卫生问题。超级细菌（superbug）的出现使得细菌耐药性成为现代社会公共卫生问题的焦点。超级细菌泛指对许多抗菌药物都耐药的细菌[77]。

一、食源性耐药致病菌

（一）耐药菌的出现

耐药性根据其发生原因可分为天然耐药性（intrinsic resistance）和获得耐药性（acquired resistance)。

许多病原体在自然界中天然就存在着耐药性，并与敏感菌株共同存在。随着抗生素的大量长期应用，敏感菌株不断被消灭，而耐药菌株则大量繁殖，在人或动物被耐药菌株感染后则会表现出对抗菌药物的不敏感，导致抗菌药物的疗效降低或彻底失去。天然耐药细菌的耐药基因存在于细菌的染色质中，并随着细菌的繁殖代代相传。天然耐药细菌分布也较为广泛，例如：链球菌对氨基糖苷类天然耐药，肠道革兰氏阴性杆菌对青霉素天然耐药，铜绿假单胞菌对多数抗生素均不敏感。

从遗传学的角度看，耐药菌株可能丢失耐药基因从而恢复对抗菌药物敏感性。但是，在抗生素的选择压力和诱导作用下，此种可能性几乎为零。因此，重视抗菌药物的合理使用，对延长抗菌药物的使用寿命具有重要意义。

（二）致病菌耐药性的产生及其机制

1. 产生灭活酶

产生灭活抗菌药物的灭活酶是细菌耐药性产生的最重要和最常见的机制。灭活酶通过破坏抗菌药物的结构，使得抗菌药物在到达作用靶点之前即被酶破坏而失去抗菌作用。

灭活酶包括水解酶和合成酶两种，基因存在于染色质或质粒上。

（1）水解酶

目前发现的水解酶均为水解 β-内酰胺类抗生素，因此该类酶统称为 β-内酰胺酶（β-lactamase）。水解青霉素的酶统称为青霉素酶，水解头孢菌素的酶则统称为头孢菌素酶。水解酶破坏 β-内酰胺类抗生素的具有与靶点结合的 N 环内酰胺键，导致抗生素的结构被破坏而丧失抗菌作用。

（2）合成酶

合成酶又称钝化酶，可催化某些基因结合到抗生素的—OH 或—NH$_2$ 上，使抗生素失活，如乙酰化酶、腺苷化酶和磷酸化酶、酯酶。对氯霉素耐药的革兰氏阳性和革兰氏阴性杆菌能产生钝化酶（乙酰转移酶），使氯霉素转变为乙酰氧化氯霉素，成为无活性分子。

2. 药物靶点改变或被保护

抗菌药物的作用靶点是细菌生长繁殖中重要的结构和组成，是抗菌药物发挥抗菌作用的关键。

（1）药物靶点改变

细菌药物靶点的改变可以表现为药物靶点数量和结构的改变。

① 药物靶点数量的改变。细菌高表达药物靶点，使得原抗菌药物剂量或浓度不足以完全与药物靶点结合，表现为抗菌药物存在时仍有足够量的靶蛋白可以维持细菌的生长繁殖。

② 药物靶点结构的改变。细菌靶蛋白的结构发生突变或产生新的靶蛋白，发生突变的靶蛋白与抗菌药物的亲和力低，抗菌药物与其结合能力降低导致抗菌作用降低，如对林可霉素和红霉素耐药的细菌核糖体 50S 亚基 23S rRNA 的特定位点核苷酸甲基化导致靶点与药物的结合力降低而耐药。新的靶蛋白可替代/补充原被抗菌药物抑制的功能，而且该靶蛋白与抗菌药物的亲和力低，抗生素不能与其结合，因此细菌仍可正常生长繁殖，导致抗菌药物的作用完全丧失。如耐甲氧西林金黄色葡萄球菌获得并表达敏感的金黄色葡萄球菌所没有的青霉素结合蛋白 2a（PBP2a），由于几乎现有的抗菌药物与 PBP2a 亲和力低，PBP2a 可替代/补充原被 β-内酰胺类抗生素抑制的 PBP2 的转移酶活性，与未被抗生素抑制的 PBP2 的转肽

酶一起继续维持细菌的生长繁殖。

（2）产生保护药物靶点的蛋白质

这是新近在耐氟喹诺酮类药物的革兰氏阴性菌中发现的，这些细菌表达 Qnr 蛋白，Qnr 蛋白通过阻挡氟喹诺酮类与拓扑异构酶Ⅱ和酶Ⅳ结合从而产生抵御药物的作用，使细菌表现出耐药性。

3. 药物积聚减少

药物积聚减少包括药物进入减少和外排增加，其原因为细菌外膜通透性降低和主动外排系统（active efflux system）的增强。

（1）细菌外膜通透性改变或细胞壁增厚

原敏感细菌可通过改变通道蛋白（porin）的数量和结构甚至不再表达通道蛋白来降低细菌的膜通透性而获得耐药性。

（2）影响主动外排系统

细菌均存在天然的外排系统（又称外排泵），外排系统将有害物质排出菌体。将高浓度的化学物质排出菌体需消耗能量，因此又称主动流出系统。

不同的细菌存在不同的主动流出系统。该系统由三个蛋白质组成，即转运子（transporter）、附加蛋白（accessory protein）和外膜通道蛋白（outer membrane channel protein）。

4. 其他

（1）改变代谢途径

对磺胺类耐药的细菌可自行摄取外源性叶酸，或产生 PABA 增多。

（2）牵制机制

β-内酰胺酶与青霉素类、头孢菌素类等牢固结合，使其停留在胞浆外间隙，因而不能进入靶位。

（3）形成细菌生物被膜

细菌生物被膜（bacterial biofilm）是多细菌在生长过程中附着于固体表面而形成的特殊膜状结构，可阻止抗生素进入生物被膜内的细菌，从而导致耐药性的产生。

二、耐药基因的转移方式

当前细菌遗传与变异的理论认为，细菌的进化需要不断产生遗传型变异。变异的根本原因是基因突变，但对每一个细菌细胞来讲突变发生的概率是很小的，难以迅速产生适应环境需要的变异。而细菌之间 DNA 转移与重组导致的变异则可以在短期内产生不同基因型个体，以适应环境条件，接受自然界的选择，这是形成细菌遗传多样性的重要原因。细菌耐药基因转移的主要方式有水平转移和垂直转移两种。

（一）水平转移

水平基因转移（horizontal gene transfer，HGT），又称横向基因转移（lateral gene transfer，LGT），是获得外源耐药基因的重要方式，它是指在亲缘关系或远或近的生物有机体间进行的遗传信息转移。

1. 微生物的可移动遗传元件

可移动遗传元件（mobile genetic elements，MGE）是耐药基因交换和转移的遗传物质载体，主要包括质粒（plasmid）、整合子（integron，In）、插入序列（insertion sequence，IS）、转座子（transposons，Tn）等，在水平基因转移中起到了举足轻重的作用。

（1）质粒

质粒是独立存在于染色体外的双链环状（或线性）DNA 分子，其大小在几千碱基对到几百万碱基对不等，它能够在细菌体外进行独立复制和繁殖，并可以使细菌个体具有特定的耐药表型和基因型。

（2）整合子

整合子是通过位点特异性重组整合外源基因并确保其正确表达的重组系统，在整合酶的作用下，可以捕获耐药基因等外源基因来增强细菌自身适应环境的能力。整合子是介导抗生素耐药性、毒力以及致病性产生和扩散的移动元件，病原体中耐药性整合子的存在可能导致细菌感染性疾病临床治疗的失败和治疗费用的增加[78]。目前发现的整合子有两种类型：一类是定位于细菌染色体上的"超级整合子"，因其可变区包含上百个基因盒而得名；另一类是可移动的整合子，一般定位在转座子、接合型质粒、基因岛等可移动 DNA 元件上，伴随这些元件的移动而发生水平转移，主要参与耐药基因的传播[79]。

（3）插入序列和转座子

插入序列和转座子都属于游离的 DNA 片段，它们能够将自己以及相关的抗性基因随机移动到单个菌体内新的位置，这些可移动元件均可以与质粒、整合子联合作用，也具有携带耐药基因在细菌间转移的作用[80]。

2. 水平基因转移的方式与机制

水平基因转移中研究较为透彻的 3 种方式是转化、转导和接合（见图 2-12）。

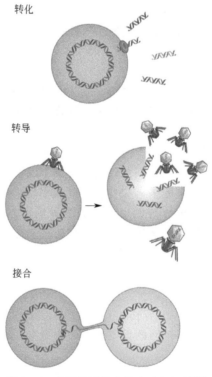

图 2-12　水平基因转移的方式与机制[86]

（1）转化

转化（transformation）是供体菌裂解游离的 DNA 片段被受体菌直接摄取，从而使受体菌获得新的性状。自然转化需要具备的几个重要条件有：胞外 DNA 持久稳定的释放，处于感受态的受体细胞，易位的染色体 DNA 稳定整合到细菌染色组的能力以及易位质粒 DNA 整合或重新环化到受体菌自我复制质粒的能力。在天然转化体系中，外源游离的 DNA 只有能被处于感受态的受体菌摄取，因为感受态的细菌表面的受体能够吸附 DNA 片段，但是感受态只能维持几分钟至 3 个小时，并且，处于悬浮状态的细菌需要在较高浓度的 Ca^{2+} 环境下才能够进入感受态[81]。环境介质中存在着大量的分解 DNA 的酶，即使供体菌裂解死亡后释放出大量的 DNA 片段，也会在 DNA 酶的作用下快速降解，无法保证受体菌接收到足够量的 DNA 片段。此外，暂时进入到受体菌细胞质中的 DNA 必须要整合到宿主的基因组上并稳定地向子代遗传。对于重组，进入的外源 DNA 片段必须包括长度大小在 25～200bp 范围内的与受体菌基因组高度相似的序列[82]。

（2）转导

转导（transduction）是以温和噬菌体为载体，将供体菌的一段 DNA 转移到受体菌内，使受体菌获得新的性状。转导相比较转化而言，可以转移更大的 DNA 片段，由于包装在噬菌体的头部受到保护，不易被 DNA 酶分解，所以转导比转化效率高。转导可分为普遍性转导和局限性转导，前者是指以噬菌体为载体，将供体菌的一段 DNA 转移到受体菌内，使受体菌获得新的性状，转移的 DNA 可以是供体菌染色体上的任何部分，而不同染色体片段中各个标记基因转导频率大致相同的转导。局限性转导指被转导的基因共价地与噬菌体 DNA 连接，与噬菌体 DNA 一起进行复制、包装以及被导入受体细胞中。普遍性转导包装的可能全部是宿主菌的基因，局限性转导颗粒携带特定的染色体片段并将固定的个别基因导入受体。转导在革兰氏阳性菌和革兰氏阴性菌中都可以发生，但是具有严格的宿主特异性，即耐药基因的转导只能发生在同种细菌内并且通常仅能转移对一种抗生素的抗性[83]。

（3）接合

接合（conjugation）是指细菌通过菌毛相互连接沟通，将遗传物质（主要是质粒 DNA）从供体菌转移到受体菌的方式。能通过接合的方式转移的质粒称为接合性质粒，主要包括 F 质粒和 R 质粒等。接合性质粒可以携带耐药基因跨越种属屏障在不同细菌的遗传物质间互相穿梭，水平基因转移的概率提高了将近 100 倍[84]。因此，它是环境中水平基因转移中最常见、最有效的方式。所有的革兰氏阴性细菌的接合转移系统都有精细组装过的菌毛结构，当与受体细胞接触发生接合转移时，它们之间会形成接合的小孔通道，供体菌编码的功能蛋白会通过这个小孔而输送到受体菌中。接合菌毛对接合过程的发生和完成都起到重要的作用，而在革兰氏阳性细菌的接合过程中则不需要接合菌毛的参与[85]。

（二）垂直转移

天然耐药细菌的耐药基因存在于细菌的染色质，该基因通过细菌的繁殖传给下一代细菌，即垂直基因转移（vertical gene transfer，VGT）。

三、近年来出现的难以控制的耐药致病菌及耐药基因

（一）多重耐药菌

多重耐药性（multiple drug resistance，MDR）指细菌同时对多种作用机制不同或结构

完全各异的抗菌药物具有耐药性。某一种微生物对三类（如氨基糖苷类、红霉素、β-内酰胺类）或三类以上抗菌药物同时耐药的病原菌称为多重耐药菌（multiple resistant bacteria）。由于大部分抗生素对超级细菌不起作用，超级细菌对人类健康已造成极大的危害。主要介绍以下三种。

1. 耐甲氧西林金黄色葡萄球菌

耐甲氧西林金黄色葡萄球菌（MRSA）是临床最常见的病原菌之一，可引起一系列的化脓性感染、食物中毒及中毒性休克综合征等，化脓性感染从小的皮肤感染病变如疖、痈到严重的感染如组织坏死、坏死性肺炎、骨髓炎和心内膜炎等。MRSA 释放的毒素可引起全身非特异性炎症反应，并导致难以控制的败血症，严重者造成多器官功能障碍甚至死亡。

2. 耐万古霉素肠球菌

耐万古霉素肠球菌（VRE）于二十世纪八十年代末第一次被分离，并迅速蔓延至整个美国、欧洲及其他地区，成为全球多数国家医院内感染的主要病原菌之一[87]。VRE 耐药谱广，感染多发生于危重疾病或合并多系统疾病患者，感染后药物控制难度大，且耐药基因可通过质粒转移给其他革兰氏阳性菌，患者病死率高，给医院内感染的控制及预防多重耐药菌株的产生带来极大挑战。

3. 产超广谱 β-内酰胺酶肠杆菌科细菌

产超广谱 β-内酰胺酶肠杆菌科细菌（ESBL）感染已成为感染治疗的重大问题，一方面，产 ESBL 肠杆菌科细菌流行率高且广泛存在于医疗环境和自然环境中，当机体抵抗力下降时，这些细菌就会侵入机体引起感染；另一方面，治疗这类细菌感染的药物十分有限，碳青霉烯类药物虽然对其治疗效果确切，但长期使用碳青霉烯类药物所导致的碳青霉烯类耐药性正日益严重。

（二）耐药基因

1. 多黏菌素耐药基因 mcr-1

2016 年，从中国的患者、食物和动物中分离出的大肠杆菌和肺炎克雷伯氏菌中报告了第一个 mcr-1 基因。mcr-1 是一种"流动的抗黏菌素"基因，通过添加磷酸乙醇胺来修饰革兰氏阴性细菌中脂多糖的脂质 A 部分，从而降低与黏菌素的结合亲和力。

2. 碳青霉烯类耐药基因 blaNDM-1

blaNDM-1 基因可指导合成 NDM-1 酶，能水解几乎所有的 β-内酰胺类抗生素，包括目前最有效力的碳青霉烯类（carbapenems）。随着细菌耐药性的日趋严重，碳青霉烯类抗菌药物已被视为治疗革兰氏阴性菌感染的最后一道防线。碳青霉烯类抗菌药物耐药机制多样，其中最重要的为产碳青霉烯酶。2008 年，一种新型的碳青霉烯酶——新德里金属-β-内酰胺酶被首次分离自瑞士印度籍患者大肠埃希菌和肺炎克雷伯菌中。随后，NDM-1 在英国、澳大利亚、印度、巴基斯坦和俄罗斯等国家被陆续检出[88]。blaNDM-1 在鲍曼不动杆菌中被发现。blaNDM-1 基因编码区 CA 含量（57%）比周围 DNA 序列（62%～65%）的低，表明其是外源转移获得的新 DNA 片段 blaNDM-1 基因编码 269 个氨基酸的推测蛋白质，分子质量 27.5kDa，成熟肽的理论等电点 6.9，具有信号肽[89]。大多数携带 blaNDM-1 的质粒可以很容易地传给肠杆菌科菌株[90]。

四、控制耐药菌出现的方法

（一）减少抗生素使用

抗生素的使用与细菌耐药性的产生直接相关，除了某些细菌具有天然抗药性外，几乎所有病菌的耐药性都是在抗生素使用过程中出现的。不合理使用和广泛、过度地使用抗生素是造成耐药问题趋于严重的重要因素。因此医务工作者应尽量缩短患者用药疗程，严格掌握抗菌药物的局部应用、预防应用和联合用药对象，避免滥用。

（二）加强预防与控制感染

加强协作对控制细菌耐药性，保证食品安全至关重要。"从农场到餐桌"的食品供应链涉及多个环节，保证食品安全需要多学科、多部门间的合作。应建立食源性细菌耐药性和抗生素使用的国家监控系统；应持续开展耐药性监测、生物学研究、危险性分析等相关工作；加强疫苗接种预防感染性疾病，有助于降低疾病的发生与传播；对耐药菌感染的患者应予隔离，防止耐药菌的交叉感染。

（三）抗生素药物使用与耐药性的监测

抗生素药物使用应加强药政管理，具体措施如下。

1. 加强细菌耐药性的检测

建立细菌耐药监测网，掌握本地区、本单位重要致病菌和抗菌药物的耐药性变迁资料。

2. 制定抗菌药物凭处方供应规定

细菌耐药性产生后，在停用有关药物一段时期后细菌对药物的敏感性有可能逐步恢复。建立抗生素药物使用和耐药细菌的主动监测系统有助于为相关的政策决定提供科学依据。世界多个国家与地区已建立全国监测网，如加拿大的 CIPARS、欧洲的 EARSS、丹麦的 DNAMAP 及美国的 NARMS 等这些监测系统在细菌采样方法设计、细菌分离、药物敏感试验、药物种类与标准及结果报道等方面都相同或近似，有利于国际间的比较。中国也建立了 MOHNARIN 和国家动物源细菌耐药性监控中心。

（四）破坏耐药基因

随着细菌基因组研究的进展，学者们发现通过破坏耐药基因可使细菌恢复对抗菌药物的敏感性。耐药性抑制剂和治疗性噬菌体制剂的研究和应用也是控制耐药性的有效手段。

（五）研发新的抗菌物质

食品安全科研工作应立足建立符合我国国情的食品安全科技支撑创新体系。根据细菌耐药性的机制及其与抗菌药物结构的关系，寻找和研制具有抗菌活性尤其对耐药菌有活性的新型抗菌药物；同时针对耐药菌产生的钝化酶，寻找有效的酶抑制剂。对不同类别抗生素的联合使用是治疗多重耐药菌感染的重要选择（如治疗 ESKAPE 病原菌及结核杆菌感染），但是联合用药更应注意药物的不良反应。无论如何，细菌耐药性进化传播的历史已清楚地显示了唯有谨慎合理地选用抗生素方可延缓耐药性的发生与危害。同时应该强调的是，研发新抗生素需要极大的科学和财力投入，全球主要的抗生素医药工业界逐渐减少了对新抗生素的研发，这要求政府机构从策略上包括在药品监管等方面支持抗生素的研发。

第六节　应用与实践

一、即食食品中食源性致病菌——单核细胞增生李斯特菌的特例分析

李斯特菌是最致命的食源性病原体之一，主要以食物为传染媒介，具有很高的致死率，能够导致 20%～30% 的感染者死亡。同时，李斯特菌导致的食源性疾病又是很难发现的，患者被感染后可能很长一段时间才会出现症状。

（一）案例回顾

2011 年 7 月 31 日至 10 月 27 日，美国疾病预防控制中心（centers for disease control and prevention，CDCP）网站上陆续报道了一起由单核细胞增生李斯特菌引起的食源性疾病暴发事件。共报告病例 147 例，死亡 33 例，这是 1986 年以来美国最严重的一起食源性疾病暴发事件[91]。此次疾病暴发共涉及美国 28 个州。

相关数据显示病例年龄分布为 1～96 岁，中位数为 77 岁，大多数患者超过 60 岁或者免疫功能低下，58% 的病例是女性，145 例可调查到的病例中 143 例（99%）均为住院病例。死亡人群中，年龄为 48～96 岁，中位年龄为 81 岁。患病人群中有 3 例为新生儿，4 例为孕妇，其中 1 例流产。

（二）影响与危害

该事件具有波及范围广、死亡率高的特点，以及食源性疾病调查本身具有耗时长、存在较多不确定性等特征，导致 33 人死亡，因此受到媒体和公众的广泛关注[92]。

（三）污染来源及超标原因分析

由地方、州、联邦公共卫生和监管机构进行的合作调查表明，疫情暴发的源头是某农场生产的哈密瓜。在 144 名已知饮食信息的患者中，有 134 人（93%）报告在发病前一个月吃了哈密瓜。患者声称曾食用该农场生产的哈密瓜。对病人食用的哈密瓜的来源追踪表明，它们来自科罗拉多州某农场。这些哈密瓜从 2011 年 7 月 29 日至 9 月 10 日至少往 24 个州外运，可能还会进一步配送。科罗拉多州公共卫生和环境部门从杂货店和病人家中收集的哈密瓜样本中分离出单核增生李斯特菌。科罗拉多州官员分析检测后确定这些哈密瓜来自延森农场。FDA 从位于科罗拉多州农场包装设备和哈密瓜样本中分离出单核增生李斯特菌暴发亚型。

FDA 已经确定了以下因素最有可能导致此次李斯特菌污染事件[4]。

1. 生长环境

农业环境中存在的单核增生李斯特菌和被单核增生李斯特菌侵入的哈密瓜可能是病原体进入包装设施的原因。

2. 包装设备和冷藏

一辆用来将哈密瓜运往养牛场的卡车停在包装设施附近，可能会对设施造成污染；设施设计允许在设备附近的包装设施层和通往分级站的员工通道上汇聚水，可能导致污染；包装设备不容易清洗和消毒；用于哈密瓜包装的清洗和干燥设备以前用于另一种原始农产品的采后处理；在冷藏前，没有预先冷却步骤来去除哈密瓜的田间热量。

（四）加工中的控制措施

针对单增李斯特菌在食品加工过程中可能出现污染的环节如原材料、加工、运输及消费等提出相应的控制技术方法，以降低居民患单增李斯特菌病的风险[92-93]。

1. 结合单增李斯特菌生长特性进行防治

单增李斯特菌在冷藏环境中仍能生存繁殖，用冰箱冷藏食品并不能抑制该菌繁殖，因此，用冰箱保存的食品有效时间不宜超过 1 周，食用时应重新加热。本菌对热耐受力较强，一般巴氏消毒法不易将其杀灭，故牛奶应煮沸后饮用。单增李斯特菌对酸较敏感，pH6.0以下即不能生长，在预防中可对这一特性加以运用。单增李斯特菌对氯化钠耐受力很强，对盐腌食品应加以注意。乳酸菌可抑制单增李斯特菌生长而不影响食品的感官性状，尤以干酪乳杆菌作用最为显著。有试验表明促肠活动素和乳酸链球菌素（nisin）对单增李斯特菌的生长均有抑制，故可在包装或食品加工中添加适量抑菌物质。

2. 控制运输、销售、食用时的单增李斯特菌

在原材料运输到销售场所的过程中，最好使用冷链运输以保证单增李斯特菌不再生长。在销售过程中，不同种类的原材料应分别放置，尽量于 4℃冰柜中冷藏，因为此温度下单增李斯特菌的生长极为缓慢。销售场所的卫生要保证，食具严格消毒，生熟器皿应分开，做好防蝇、蚊、蟑螂等工作。在制作即食凉拌菜前，要保证刀、筷、砧板等所接触的器具已经过严格消毒。工作人员应穿戴工作服，并时常清洁工作台，应勤洗手和更换手套等。购买即食凉拌菜后，应尽量一次吃完，否则应丢弃或及时密封并放入冰箱冷藏。产期孕妇、婴幼儿、老年人及免疫力低下人群应避免食用。

3. 开展防治知识普及活动

对于食品监管者、企业的生产操作者及消费者来说，都应进行一定的培训，以降低患食源性疾病的风险。对于食品监管者，应了解生产加工过程中的关键控制点及产品检测的采样方案、检测方法并能对结果做出解释。对于企业操作人员，应该了解单增李斯特菌的性质与生存环境，以便对产品进行适当的危害分析；同时在生产、包装及运输过程中，应了解降低单增李斯特菌的控制措施，以减少过程中的污染。对于消费者尤其是易感人群，应对单增李斯特菌病有一定的了解，并知道哪些是高危食品。应对正确的家庭卫生操作方式进行普及。

（五）案例带给我们的启示

新鲜水果和蔬菜生产者应采用良好的农业和管理措施，建议以未经加工或最低限度加工原料的形式销售给消费者。FDA 在对于这一特殊疾病暴发的调查结果中强调了食品行业在包装设施和种植领域采用良好的农业和管理实践的重要性[94]。

实施清洁消毒程序并验证清洁消毒程序的有效性。定期评估包装设施中使用的工艺和设备，以确保它们不会对新鲜农产品造成污染。FDA 特别建议企业：评估生产设施和设备设计，以确保表面足够清洁，并消除单核增生李斯特菌和其他病原体的引入、生长和传播的机会。评估和减少包装设施中引入单核增生李斯特菌和其他病原体的机会。

二、蔬菜中食源性致病菌——致病性大肠杆菌的特例分析

大肠杆菌（*Escherichia coli*）是一种在人和温血动物肠道内常见的细菌。大多数大肠杆菌菌株不会致病，然而有一些菌株，例如肠出血性大肠杆菌（enterohemorthagic *Escherichia coli*,

EHEC）可通过污染食物感染人类，引起食源性疾病，临床以胃肠道症状多见，可出现血性腹泻，重者可发展成严重威胁生命的溶血性尿毒综合征（HUS）。

（一）案例回顾

2011 年 5 月 8 日至 7 月 26 日，德国发生了一起由 EHEC O104:H4 感染引起的暴发疫情，HUS 和血性腹泻（EHEC 感染）发病率明显增加。据德国国家级公共卫生部门罗伯特·科赫研究所（Robert Koch Institute，RKI）统计，截至 7 月 25 日，德国国内共报告暴发病例 4321 例，包括 EHEC 感染病例 3469 例和 HUS 病例 852 例，死亡 50 例，其中 EHEC 感染死亡 18 例，HUS 感染死亡 32 例。据欧洲欧盟疾控中心（European Centre for Disease Prevention and Control，ECDC）统计，截至 7 月 22 日，德国以外的其他 12 个欧盟国家也报告 EHEC 感染病例 76 例，HUS 病例 49 例（死亡 1 例）；美国、加拿大等国也受牵连，报告 EHEC 感染病例 3 例，HUS 病例 4 例（死亡 1 例）。报告病例数和事件严重程度表明，此次疫情是世界范围内规模最大的 HUS、EHEC 感染暴发事件[95]。

RKI 与汉堡有关部门对在汉堡大学附属医学中心（Hamburg University Medical Centre，HUMC）就诊的两组共 141 例病例的临床信息进行了分析和前瞻性随访观察。病例主要症状包括血性腹泻（124/136，91%）、腹痛（117/131，89%）、恶心（33/97，34%）、呕吐（29/111，26%）等。RKI 截至 2011 年 6 月 28 日报告的 3602 例暴发疫情相关病例（HUS 病例 838 例，EHEC 感染病例 2764 例）进行了描述性流行病学分析，德国 16 个州均报告了 HUS 病例，主要集中在北部包括汉堡在内的 5 个州，发病率约为 1.8/10 万～10.5/10 万常住人口，其他各国报告的大多数病例都曾到访德国北部地区。在 HUS 病例中，女性占 68%，高于 2001～2010 年的监测结果（56%）；成年人（17 岁以上）约占 89%；年龄中位数为 43 岁（0～91 岁），仅有 1% 为 5 岁以下儿童；死亡 30 例（病死率为 3.6%），死亡病例年龄中位数为 74 岁（24～91 岁）。EHEC 感染病例中，女性占 59%，年龄中位数为 47 岁（0～99 岁）；死亡 17 例（病死率为 0.6%），死亡病例年龄中位数为 83 岁（38～89 岁）。

（二）影响与危害

2011 年 5 月 27 日，德国汉堡医学实验室从西班牙黄瓜中分离出 EHEC，德国政府当即宣布西班牙黄瓜为本次感染暴发来源，发出禁止生食的警示并同时宣布停止进口和出售西班牙黄瓜，欧洲许多国家也采取了同样的措施。自德国呼吁民众不要食用生鲜小黄瓜、番茄、生菜与豆芽菜后，欧洲许多民众都停止食用蔬菜水果。欧盟国家农民声称他们每周损失61100 万美元，成熟的蔬菜在田野或商店中腐烂而无人购买。同日，欧盟主管农业事务专门委员丘洛斯宣布欧盟将提高补偿金至 30600 万美元（相当于 21000 万欧元）。5 月 31 日，进一步的实验室检验确认从西班牙黄瓜分离出来的 EHEC 为非 O104 型，即非暴发型别，随即解除预警，但该措施已导致西班牙农业出口损失高达上亿欧元。

（三）污染来源及超标原因分析

德国展开的溯源调查根据初步的流行性病学分析发现，德国下萨克森的一家芽苗生产公司与国内 41 起聚集病例相关，最有可能是污染了 EHEC O104:H4 芽苗菜的来源[3]。经过 EHEC 小组对该公司的水样、员工和种子的深入调查，并未发现员工与食物污染的直接联系，对水样和种子的实验室检验也呈阴性。随后，EHEC 小组从该公司出发，回溯芽苗菜种子在此次疫情暴发时段内的全部来源和去向，具体到生产链、运输链的每一环节。纵向收集产品信息、特征性数据（如名称、批号、收发日期等），横向比较原料接收与产出的总量，并调查缺失部分。最终将 EHEC O104:H4 的可疑来源范围缩小至该公司提供的 5 种芽苗种子：葫芦巴豆、2 种扁豆、赤豆及萝卜。由于仅有葫芦巴豆种子为德国和法国聚集病例中共同的可疑食物，故将检测目标锁定为该公司售出的葫芦巴豆种子。通过获得该葫芦巴豆种子的销售批号，确认有 75kg 属于 2009 年 11 月 24 日德国一进口商从埃及一种子出口商购进的同批种子（批号 48088），2009 年至 2011 年，德国公司又接受了从埃及同一出口商购进的批号为 8266 的 75kg 种子。德国、法国和欧盟其他国家的调查结果共同显示，从埃及进口的批号 48088 的种子极有可能是本次疫情传播的来源。

（四）加工中的控制措施

1. 防止食源性致病菌污染

在食品的生产、加工、运输等供销链上，每一个环节都有可能被致病菌污染，虽然很难做到完全杜绝，但是积极措施的实施也十分必要。例如，应重点关注肉类、蛋类、奶类和海产品等易成为致病菌寄生体的食品，加强各个环节的卫生管理。另外，家畜的粪便也应严格按照规定处理，防止水体、草场等被污染。

2. 控制食源性致病菌繁殖

杀灭食源性致病菌的有效方法之一是破坏最适温度。大多数情况下，温度在 5～46℃ 时，适于食源性致病菌的生长和繁殖。对于大多数常见的食源性致病菌，对食品进行冷藏能有效控制其中的微生物生长繁殖，广泛适用于市场上许多食品的保鲜和贮存，可行性较高。但是，个别特例如单增李斯特菌，低温下仍可以繁殖。

3. 养成良好的卫生习惯

在消费者中普及食品安全健康教育，增强其主观能动性和社会责任感。减少生食、生饮，对于经常暴露在空气中的仪器和皮肤应该常用肥皂或酒精清洗；在家庭饮食环境里，改良不健康的烹饪、贮存方式，矫正不良的饮食习惯，多对食品流通大的场所如冰箱等消毒，将生食和原料煮透以达到最大程度杀灭食源性致病菌的效果。

4. 避免交叉污染

发现被污染的食品，确定污染源之后，应该根据其被污染的实际情况尽快采取最有效的处理措施——覆盖式消毒或直接销毁，防止污染范围扩大、污染程度加剧。对于食源性致病菌中毒的患者，应及时诊断并治疗，控制疾病的进一步传播。

（五）案例带来的启示

德国肠出血性大肠杆菌感染事故暴发突然，前期缺乏对病原菌的实验室检测信息，中后期也难以做到证据完备。在保证及时、快速的前提下，样品采集数量难以做到大量、完整，但其各部门协调合作，有序高效地展开工作的解决方法值得相关科学管理部门借鉴和学习。

1. 加强国内外各机构组织协作

2011 年德国肠出血性大肠杆菌疫情暴发持续时间长、波及范围广、调查部门涉及医疗机构、各级卫生部门、各级实验室、联邦食品安全部门等。德国政府第一时间聚集各方资源，同时与欧盟各国和美国疾病预防控制中心等机构协同收集病例，多方积极合作促成了本次调查的有序进行。

2. 信息公开透明

德国政府在解决此次疫情暴发情况的过程中，及时在网站更新疫情信息，发布公告，引导公众采取健康保护措施和预防措施。此外，和欧盟与 WHO 信息互换，使得 WHO 能快速评估公告卫生风险，告知疫情范围之外的群体，对当时的人口、贸易出入境进行指导和限制，最大程度地平息公众的恐慌，将由此带来的损失降到最低。

3. 实施疫情监测

德国从 2001 年起实施防止感染保护法案，详细规定了从实验室、医疗部门到地方及州卫生部门，再到 RKI 的各级信息流动传递过程中的时间限制。这一法案监督着相关负责人的工作时间在 24h 之内，卫生部门必须要收到当地实验室和医疗部门的病例报告。地方卫生部门须使用电子化设备记录接收已核实的病例信息，在第二周的第三个工作日前将符合 RKI 规定的监测病例标准的人员信息通过匿名方式报送到州卫生部门，经州卫生部门对信息再次核实无误之后，在接下来的一周内报送到 RKI。

4. 加强症状监测工作

在疫情暴发初期，需要几天甚至长达 16 天才能将信息从基层部门上报到国家级机构，严重降低了政府评估疫情的高效性。因此，德国政府采用信息集中交换，加快了报送速度。同时，德国对肠出血性大肠杆菌 O104:H4 感染肠炎有明确的定义和症状标准，加强了对重症病例的有效监测。

三、肉制品中食源性致病菌——碎牛肉沙门氏菌事件的特例分析

（一）案例回顾

2018 年 8 月 5 日～2019 年 3 月 22 日，美国疾病预防控制中心（Center for Disease Control and Prevention，CDC）网站上陆续报道了一起由沙门氏菌引起的食源性疾病暴发事件。美国某肉类生产商生产的部分批次牛肉产品怀疑被沙门氏菌污染，问题产品被包装成不同品牌出售。从 2018 年 8 月 5 日出现首例报告病例至 2019 年 2 月 8 日共报告病例 403 例，死亡 0 例。此次疾病暴发共涉及美国 30 个州。

相关数据显示病例年龄分布在不到 1 岁到 99 岁不等，平均年龄为 42 岁，49% 的病例是男性。在有可用信息的 340 人中，有 117 人（34%）为住院病例，没有死亡病例的报道。

事件暴发后，CDC、几个州的公共卫生和监管相关部门以及美国农业部食品安全检验局（FSIS）启动联合调查，调查人员向部分病患询问他们生病前一周所吃的食物和其他接触情况。在 277 名受访者中，可提供进食史信息的 237 人（86%）报告在家吃过碎牛肉，这一比例显著高于一项针对健康人群的调查结果，在该调查中，40% 的受访者表示在接受采访之前一周在家吃了碎牛肉。此外，几名无关联的患者在此事件中食用了碎牛肉，或在同一家连锁杂货店购买了绞碎牛肉，这表明受污染的食品在这些地点供应或出售。流行病学、实验室和追溯证据表明，由某肉类生产商生产的碎牛肉很可能是此次疫情的来源。

亚利桑那州和内华达州的官员从病患家中收集了打开和未打开的碎牛肉包装，还从零售场所收集了未开封的碎牛肉包装，在绞碎的牛肉中鉴定出沙门氏菌。全基因组测序（WGS）结果显示，在绞碎的牛肉中发现的沙门氏菌与病人样本中的沙门氏菌有密切的遗传关系，产品追溯信息也显示这些碎牛肉来自于该生产商。WGS 分析未从 398 名患者和 5 个食物样本中的 403 株沙门氏菌中分离出预期的抗生素。CDC 的国家抗生素耐药性监测系统（NARMS）实验室使

用标准抗生素敏感性试验对 17 种暴发菌进行了检测，证实了这些结果。

（二）影响与危害

此次牛肉污染沙门氏菌事件波及美国 30 个州的连锁零售店和当地商店在内的 100 多家零售店，波及范围较广，持续时间较长。2018 年 10 月 4 日，FSIS 发表的一篇新闻稿声明，因为事发公司生产的碎牛肉可能被沙门氏菌污染，并可能与一起多州沙门氏菌食源性疾病暴发有关，该公司宣布召回大约 650 万磅❶可能被沙门氏菌污染的牛肉产品。2018 年 12 月 4 日，FSIS 发布"一级召回令"，该公司宣布召回额外的 520 万磅牛肉产品，两次共计召回约 1200 万磅牛肉产品。此次事件中 FSIS 发布的"一级召回令"，在评级上为最高等级，这起事故对公众健康的影响定性为"高危害"。《今日美国》指出，这是美国历史上规模最大的一起"沙门氏菌牛肉召回事件"，也是 2008 年来全美最严重的一起生牛肉召回事件。上一次美国大规模地召回牛肉是在 2008 年，当时因为疯牛病肆虐，位于加州的某公司紧急召回 1430 万磅生牛肉（约 6486.4 吨）。由于召回工作和随后诉讼所产生的费用，该公司最终破产。随后，美国民众针对该公司提起诉讼。

（三）污染来源及超标原因分析

此次碎牛肉沙门氏菌事件的污染食品为冷藏包装的碎牛肉，在美国餐饮业通常被用来制成圆饼状或圆球状从而烹饪牛肉汉堡肉馅等美食，其污染来源主要有以下几种可能：①肉牛在饲养、屠宰过程中感染沙门氏菌；②牛肉加工、包装、运输过程中卫生条件不达标导致沙门氏菌污染；③牛肉在零售店保存条件不达标导致沙门氏菌污染；④牛肉烹饪过程中未彻底煮熟牛肉至其内部温度为约 70℃导致沙门氏菌继续繁殖。

沙门氏菌是肠杆菌科常见的一种主要病原菌，广泛分布于自然界，可通过食品等途径感染，占微生物性食源性疾病的首位[96]。研究表明，沙门氏菌在体外环境中的生存能力较强，肉类等食物被沙门氏菌污染的机会很多，烹调后的熟食也可再次受到带菌容器、烹调工具等的污染，也可由食品从业人员带菌而直接或间接通过食品链感染人类[97]。

近年来随着人们消费水平的提高，与沙门氏菌病暴发关联较大的动物性食品的消费量也在不断增长，增加了沙门氏菌病发生的概率。其次，集约化养殖、集中化的食品加工，为沙门氏菌的富集与传播创造了有利的条件。同时，人类食物链环节的增多和饮食方式的多元化，增添了沙门氏菌暴发的不确定因素，为研究沙门氏菌病的流行病学带来难度。而且，食品生产工艺日新月异，新原料和新设备的采用，使得食品污染的途径日趋复杂化，为防控沙门氏菌造成巨大障碍。最后，沙门氏菌耐药性菌株的大量流行与耐药性的不断增强[98]，使得彻底治愈沙门氏菌病难度增大，将更易导致带菌者人数的增加与接触传染的概率增大。

（四）加工中的控制措施

根据危险性评估，沙门氏菌是三种最严重的牛肉源性致病菌之一，肉牛在从饲养到屠宰、加工、运输、储藏至餐桌的过程中环节众多，需要在每个环节进行质量把控，防止沙门氏菌污染[99]。主要可以从以下几个方面进行控制。

1. 加强屠宰检疫

肉牛感染沙门氏菌是影响肉品安全的源头，活牛的胃肠道容易携带沙门氏菌，然后由粪

---

❶　1 磅 =453.59237 克。

便排出，污染牛群和饲养环境，导致沙门氏菌病的传染。牛感染沙门氏菌后常常表现出三种类型，即败血症型、胃肠炎型以及生殖系统炎症型，且不同生理阶段的牛会表现出不同的发病情况，这就使屠宰检疫环节显得尤为重要。应该严格按照有关法规及程序把好屠宰检验关，宰前检验时不让病牛、死牛进入屠宰车间，宰后检验时对检出的病牛严格按照有关规定处理。加强对私宰场点的查处力度，从各方面保障肉品安全。如发现国家规定的检疫需要上报的传染病应及时上报。

2. 控制加工车间温度

在去骨、分割、包装过程中，温度对肉制品的影响十分明显。温度过高会使得微生物大量繁殖，缩短产品保质期，温度过低会改变肉品的微观结构，影响牛肉的口感。沙门氏菌在36～38℃条件下最适宜生长和大量繁殖，因此，低温是抑制微生物繁殖的有效措施，应严格控制各加工车间温度，其中分割间温度控制在7～12℃，排酸间温度控制在0～4℃，结冻间温度控制在-28℃，包装间温度控制在10℃，肉品冷却的中心温度控制在7℃[100]。

3. 重视去骨、修割环节微生物控制

切碎的牛肉是一种广泛使用的商品，通常包括各种辅料和次原材料，可在屠宰肉牛的初级加工厂生产。其中，去骨、修割环节是最易产生微生物污染的环节，因为胴体和外来物质接触机会最多，例如用于修整与分割的刀具、分割锯工作台、各种容器和各种角落容易携带大量沙门氏菌，如果前期未消毒干净，会造成沙门氏菌污染或交叉污染，因此应经常对各类屠宰工具、台案、机器、通道、排水沟、地面、墙沟等进行彻底消毒杀菌，并由相关人员定时检查，杜绝卫生死角。常用酒精、次氯酸钠、磷酸三钠、电解水等强氧化性杀菌剂进行喷淋或冲洗，研究表明，次氯酸钠可通过直接作用于细胞壁和干扰细胞代谢中的生物合成改变来杀死细菌，磷酸三钠可破坏细胞膜并去除脂肪膜，导致细菌细胞内液体泄漏，最终导致细菌死亡。电解水中含有的有效氯成分，可以增加细胞膜渗透性，导致细胞内容物分子泄漏和一些关键酶的失活[101]。同时应注意，使用的化学清洗剂应符合食品卫生标准，以防将化学污染带入肉品中，导致细菌交叉污染。

肉牛屠宰加工环节烦琐，容易出现较多的安全问题，规范可能造成安全隐患的每个环节，才能保证牛肉卫生合格进而消除安全隐患，让人们吃得放心和安心。

（五）案例带来的启示

1. 重视产业链的食品安全问题

该事件反映出美国食品工业系统存在的缺陷，沙门氏菌是威胁人类健康的重要食源性致病菌之一，会引起畜禽肉类感染，同时肉类在加工过程中若操作不当又会引发沙门氏菌交叉污染，从而对人类健康造成危害。美国是世界牛肉生产大国，其肉牛业发展经历了多种转变，近年来已从口蹄疫、疯牛病等疾病暴发的教训中吸取一定经验，建立了肉牛的一整套疾病防御和检测系统，在肉牛品种、饲养技术、产品质量、生产体系等方面均处于世界领先水平。其中肉牛跨州必须有健康证明，各个州下设兽医部门，不仅负责疫苗注射和定期疾病排查，还必须实时汇总外来肉牛健康工作[102]。但此次事件暴露出其中仍然存在的弊端，肉牛养殖趋于规模化、集约化和机械化，容易导致监管机构的管制力度不足，食品行业秩序不能得到及时有效的更新，食品安全问题很难妥善解决。因此，肉牛制成的各种牛肉制品在生产、加工、运输、销售产业链中存在的安全问题需要更加引起政府和生产者的重视。

我国可以多建立以国家投入重大疾病检测中心实验室，以各省（自治区、直辖市）或区

域划分的联合实验室，以保证检测结果的权威性，完善动物传染病卫生监督体系，缩短送样检验时间，为控制和扑灭传染性疾病争取时间。

2. 加快肉制品的技术研究

随着贸易全球化和"一带一路"背景下牛肉贸易国逐步开放，我国肉牛业将面临越来越开放的市场。我国应加快农业食品类技术研究和科技创新，在肉牛产业方面更加注重肉牛品种选育，提高养殖生产技术，从选育种牛工作源头开始层层筛选，提高肉牛养殖技术水平，细化生产分工，不断完善肉牛制品的生产体系，增强疫病防控技术水平，加强食品质量安全管理制度，以期提高我国肉牛产业的国际竞争力[103]。

3. 加大对违法行为的处罚力度

现行的与食品生产、加工、销售有关的法律法规的法律责任与经济发展不适应，处罚力度不大，不能对违法人起到相应惩戒作用。对于涉及食品安全的一般责任应当加大处罚，同时给予相应刑事责任，以保护居民正常的生产、生活和学习环境，保护正常市场行为，促进食品企业朝着国际化、规范化、科学化的良性轨道，健康、有序、稳定地发展。

4. 增强消费者的食品安全意识

预防食源性疾病同样需要消费者增强食品安全意识，消费者在日常生活中需要用肥皂和水清洗接触过生牛肉的手和物品，包括工作台面、器具、盘子和砧板等[104]。消费者不要吃生牛肉或未煮熟的碎牛肉。需将绞碎的牛肉汉堡和肉饼等混合物加热到约70℃的内部温度。可使用外部食品温度计，以确保肉类已达到安全的内部温度，不能仅凭肉眼判断肉是否煮熟。对于牛肉汉堡包，可将温度计插入肉饼的一边，直到肉饼的中间。在餐厅点餐时，消费者可以要求将绞碎的牛肉汉堡和混合物加热到约70℃以达到杀灭沙门氏菌的目的，同时餐厅应严格执行餐厅留样等制度，使暴发的食源性疾病有源可溯。

思考题

1. 食品链中微生物的污染途径有哪些？如何减少微生物对食品的污染？
2. 食品微生物的特殊存活状态有哪些？这些特殊存活状态的发生机制是什么？
3. 目前食品企业中常用的食源性致病微生物的控制体系有哪些？
4. 常引起食源性疾病的革兰氏阳性菌和革兰氏阴性菌分别有哪些？它们引起的食源性疾病属于哪种类型？
5. 典型的食源性病毒有哪些？食源性寄生虫有哪些？
6. 食源性耐药微生物是如何出现的？我们要如何减少耐药菌的出现？

参 考 文 献

[1] 孟雯. 研究表明：食源性疾病依然是我国最大的食品安全问题 [J]. 食品安全导刊, 2013, (09): 16.
[2] 孙爱洁. 微生物对食品安全造成的危害及控制措施 [J]. 现代食品, 2018 (14): 50-52.
[3] 胡春林. 液态食品生产过程微生物控制方法的浅析 [J]. 食品工业, 2017, 38 (7): 245-248.
[4] 丁晓雯. 食品安全学 [M]. 北京：中国农业大学出版社, 2011.
[5] 李利军, 马英辉, 卢美欢. 微生物及其毒素在乳制品加工中的污染与控制 [J]. 陕西农业科学, 2016 (5): 72-75.
[6] 常慧萍, 孙小玲. 朊病毒及其致病机理的研究与进展 [J]. 濮阳职业技术学院学报, 2006 (4): 11-12.
[7] 谢春芳, 于瑞嵩, 董世娟, 等. 冠状病毒感染调控细胞凋亡机制研究进展 [J]. 微生物学通报, 2020, 47 (2): 594-605.

［8］ Silva L N，Zimmer K R，Macedo A J，et al. Plant natural products targeting bacterial virulence factors ［J］. Chemical Reviews，2016，166（16）：9162-9236.

［9］ 张硕，丁林贤，苏晓梅. 微生物 VBNC 状态形成及复苏机制 ［J］. 微生物学报，2018，58（8）：1331-1339.

［10］ 饶雷. 高压二氧化碳结合温度对枯草芽孢杆菌芽孢的杀灭效果与机制 ［D］. 北京：中国农业大学，2017.

［11］ Checinska A，Paszczynski A，Burbank M. *Bacillus* and other spore-forming genera：variations in responses and mechanisms for survival ［J］. Annual Review of Food Science & Technology，2015，6（1）：351-369.

［12］ Abee T，Wouters J A. Microbial stress response in minimal processing ［J］. International Journal of Food Microbiology，1999，50（1/2）：65-91.

［13］ 郭伟，张杰，李颖. 细菌的致病性 ［J］. 中国医疗前沿，2008（4）：8-11.

［14］ 张从超. 生牛乳中金黄色葡萄球菌的快速检测及耐药性研究 ［D］. 济南：齐鲁工业大学，2017.

［15］ 徐晓群，王欢，吕火烊. 金黄色葡萄球菌溶血素的研究进展 ［J］. 中国微生态学杂志，2017（6）：720-724.

［16］ Torres V J. The bicomponent pore-forming leucocidins of *Staphylococcus aureus* ［J］. Microbiology & Molecular Biology Reviews Mmbr，2014，78（2）：199-230.

［17］ 王辉，郑玉玲，江华，等. 利用丙氨酸突变探究 PSMα4 结构与功能的关系 ［J］. 军事医学，2018，42（7）：528-532.

［18］ 于丰宇. 食品中单核细胞增生李斯特氏菌的毒力研究 ［D］. 重庆：西南大学，2011.

［19］ 何文艳，裘娟萍，赵春田. 蜡状芽孢杆菌毒株的致病机理及检测方法 ［J］. 科技通报，2012（1）：86-90.

［20］ 田琦. 丁香酚和茶多酚对空肠弯曲菌抑菌机理研究 ［D］. 天津：天津科技大学，2014.

［21］ Bishop R，Davidson G P，Holmes I H，et al. Virus particles in epithelial cells of duodenal mucosa from children with acute non-bacterial gastroenteritis ［J］. Lancet，1973，302（7841）：1281-1283.

［22］ Parashar U D，Bresee J S，et al. Rotavirus ［J］. Emerging Infectious Diseases，1998，4（4）：561-570.

［23］ Hoshino Y，Kapikian A Z. Rotavirus serotypes classification and importance in epidemiology，immunity，and vaccine development ［J］. Journal of Health Population & Nutrition，2000，18（1）：5-14.

［24］ Lou J T，Xu X J，Wu Y D，et al. Epidemiology and burden of rotavirus infection among children in Hangzhou，China ［J］. Journal of Clinical Virology，2010，50（1）：84-87.

［25］ 耿启彬，赖圣杰，余建兴，等. 中国 26 省（直辖市、自治区）2011—2014 年 5 岁以下儿童腹泻病例轮状病毒流行特征分析 ［J］. 疾病监测，2016，31（6）：463-470.

［26］ Crawford S E，Ramani S，Tate J E，et al. Rotavirus infection ［J］. Nature Reviews Disease Primers，2017，3，17084.

［27］ Weitkamp J H，Kallewaard N，Kusuhara K，et al. Generation of recombinant human monoclonal antibodies to rotavirus from single antigen-specific B cells selected with fluorescent virus-like particles ［J］. Journal of Immunological Methods，2003，275（1）：223-237.

［28］ Robilotti E，Deresinski S，Pinsky B A. Norovirus ［J］. Clinical Microbiology Reviews，2015，28（1）：134-164.

［29］ Ahmed S M，Hall A J，Robinson A E，et al. Global prevalence of norovirus in cases of gastroenteritis：a systematic review and meta-analysis ［J］. Lancet Infectious Diseases，2014，14（8）：725-730.

［30］ 廖巧红，刘娜，段招军，等. 诺如病毒感染暴发调查和预防控制技术指南 ［J］. 中国病毒病杂志，2015（6）：7-16.

［31］ Prasad B V，Hardy M E，Dokland T，et al. X-ray crystallographic structure of the norwalk virus capsid ［J］. Science，1999，286（5438）：287-290.

［32］ Becker-dreps S，Bucardo F，Vinje J. Sapovirus：an important cause of acute gastroenteritis in children ［J］. Lancet Child & Adolescent Health，2019，3（11）：758-759.

［33］ Madeley C R，Cosgrove B P. Caliciviruses in man ［J］. Lancet，1976，307（7952）：199-200.

［34］ Mayo M A. A summary of taxonomic changes recently approved by ICTV ［J］. Archives of Virology，2002，147（8）：1655-1656.

［35］ Chang K O，Sosnovtsev S S，Belliot G，et al. Reverse genetics system for porcine enteric calicivirus，a prototype sapovirus in the caliciviridae ［J］. Journal of Virology，2005，79（3）：1409-1416.

［36］ Yinda C K，Conceicao-Neto N，Zeller M，et al. Novel highly divergent sapoviruses detected by metagenomics analysis in straw-colored fruit bats in Cameroon ［J］. Emerging Microbes & Infections，2017，6：7.

［37］ Oka T，Iritani N，Yamamoto S P，et al. Broadly reactive real-time reverse transcription-polymerase chain reaction assay for the detection of human sapovirus genotypes [J]. Journal of Medical Virology, 2019, 91 (3): 370-377.

[38] Xue L, Cai W, Zhang L, et al. Prevalence and genetic diversity of human sapovirus associated with sporadic acute gastroenteritis in South China from 2013 to 2017 [J]. Journal of Medical Virology, 2019, 91 (10): 1759-1764.

[39] Kobayashi S, Fujiwara N, Yasui Y, et al. A foodborne outbreak of sapovirus linked to catered box lunches in Japan [J]. Archives of Virology, 2012, 157 (10): 1995-1997.

[40] Hansman G S, Guntapong R, Pongsuwanna Y, et al. Development of an antigen ELISA to detect sapovirus in clinical stool specimens [J]. Archives of Virology, 2006, 151 (3): 551-561.

[41] Feinstone S M, Kapikian A Z, Purceli R H. Hepatitis A: detection by immune electron microscopy of a viruslike antigen associated with acute illness [J]. Science (New York, NY), 1973, 182 (4116): 1026-1028.

[42] Robertson B H, Jansen R W, Khanna B, et al. Genetic relatedness of hepatitis A virus strains recovered from different geographical regions [J]. Journal of General Virology, 1992, 73: 1365-1377.

[43] Hoofnagle J H, Nelson K E, Purcell R H. Current concepts hepatitis E [J]. New England Journal of Medicine, 2012, 367 (13): 1237-1244.

[44] Ahmad I, Holla R P, JAMEEL S, et al. Molecular virology of hepatitis E virus [J]. Virus Research, 2011, 161 (1): 47-58.

[45] Meng X J. Hepatitis E virus: Animal reservoirs and zoonotic risk [J]. Veterinary Microbiology, 2010, 140 (3/4): 256-265.

[46] Arrais G J A D A, Cristina K K, Benatti M D G B, et al. Hepatitis E: a literature review [J]. Journal of Clinical and Translational Hepatology, 2017, 5 (4): 376-383.

[47] 张印法, 李军. 戊型肝炎病毒的食源性传播 [J]. 中国食品卫生杂志, 2015, 27 (1): 89-92.

[48] 刘明远, 刘全, 方维焕, 等. 我国的食源性寄生虫病及其相关研究进展 [J]. 中国兽医学报, 2014, 34 (7): 1205-1224.

[49] 黄艳, 余新炳. 食源性寄生虫病流行趋势、研究与发展方向 [J]. 中国寄生虫学与寄生虫杂志, 2015, 33 (6): 436-442.

[50] 柳增善. 食品病原微生物学 [M]. 北京: 化学工业出版社, 2015: 28.

[51] Cui Z, LI J, Chen Y, et al. Molecular epidemiology, evolution, and phylogeny of *Entamoeba* spp. [J]. Infection Genetics & Evolution Journal of Molecular Epidemiology & Evolutionary Genetics in Infectious Diseases, 2019, 75: 104018.

[52] Zhang Q, Liu K, Wang C, et al. Molecular characterization of *Entamoeba* spp. in wild Taihangshan macaques (macaca mulatta tcheliensis) in China [J]. Acta Parasitologica, 2019, 64 (2): 228-231.

[53] Quispe-Rodriguez G H, Wankewicz A A, Luis M G J, et al. *Entamoeba histolytica* identified by stool microscopy from children with acute diarrhoea in Peru is not E. histolytica [J]. Tropical Doctor, 2020, 50 (1): 19-22.

[54] Khomkhum N, Leetachewa S, Pawestri A R, et al. Host-antibody inductivity of virulent *Entamoeba histolytica* and non-virulent *Entamoeba moshkovskii* in a mouse model [J]. Parasites & Vectors, 2019, 12 (1): 101.

[55] Roiko M S, LafaverS K, Leland D, et al. Toxoplasma gondii-positive human sera recognise intracellular tachyzoites and bradyzoites with diverse patterns of immunoreactivity [J]. International Journal for Parasitology, 2017, 48 (3/4): 225-232.

[56] Arefkhah N, Pourabbas B, Asgari Q, et al. Molecular genotyping and serological evaluation of *Toxoplasma gondii* in mothers and their spontaneous aborted fetuses in Southwest of Iran [J]. Comparative Immunology Microbiology and Infectious Diseases, 2019, 66: 101342.

[57] Han M, Xiao S, An W, et al. Co-infection risk assessment of *Giardia* and *Cryptosporidium* with HIV considering synergistic effects and age sensitivity using disability-adjusted life years [J]. Water Research, 2020, 175: 115698.

[58] Chique C, Hynds P D, Andrade L, et al. *Cryptosporidium* spp. in groundwater supplies intended for human consumption-A descriptive review of global prevalence, risk factors and knowledge gaps [J]. Water Research, 2020, 176: 115726.

[59] Xu N, Liu H, Jiang Y, et al. First report of *Cryptosporidium viatorum* and *Cryptosporidium occultus* in humans in China, and of the unique novel C. *viatorum* subtype XVaA3h [J]. Bmc Infectious Diseases, 2020, 20 (1): 16.

[60] Song H, Jung B K, Cho J, et al. Molecular identification of *Anisakis* larvae extracted by gastrointestinal endoscopy from health check-up patients in Korea [J]. Korean Journal of Parasitology, 2019, 57 (2): 207-211.

[61] Mladineo I, Trumbic Z, Hrabar J, et al. Efficiency of target larvicides is conditioned by ABC-mediated transport in the zoonotic nematode *Anisakis* pegreffii [J]. Antimicrobial Agents and Chemotherapy, 2018, 62 (9): 916-918.

[62] Hrabar J, Trumbić Z, Bočina I. Interplay between proinflammatory cytokines, miRNA, and tissue lesions in Anisakis-infected Sprague-Dawley rats [J]. Plos Neglected Tropical Diseases, 2019, 13 (5): 7397.

[63] Lam H Y P, Chen T T-W, Chen C-C, et al. *Angiostrongylus cantonensis* activates inflammasomes in meningoencephalitic BALB/c mice [J]. Parasitology international, 2020, 77: 102119.

[64] Shi X, Xiao M, Xie Z, et al. *Angiostrongylus cantonensis* Galectin-1 interacts with Annexin A2 to impair the viability of macrophages via activating JNK pathway [J]. Parasites & Vectors, 2020, 13 (1): 1-15.

[65] Na B K, Pak J H, Hong S J. *Clonorchis sinensis* and clonorchiasis [J]. Acta Tropica, 2020, 203: 105309.

[66] Li X, Yang Y, Qin S, et al. The impact of *Clonorchis sinensis* infection on immune response in mice with type II collagen-induced arthritis [J]. Bmc Immunology, 2020, 21 (1) 7-16.

[67] Pak J H, Lee J-Y, Jeon B Y, et al. Cytokine production in cholangiocarcinoma cells in response to *Clonorchis sinensis* excretory-secretory products and their putative protein components [J]. The Korean Journal of Parasitology, 2019, 57 (4): 379-387.

[68] Klun I, Cosic N, Cirovic D, et al. *Trichinella* spp. in wild mesocarnivores in an endemic setting [J]. Acta Veterinaria Hungarica, 2019, 67 (1): 34-39.

[69] Bilska-Zając E, Różycki M, Antolak E, et al. Occurrence of *Trichinella* spp. in rats on pig farms [J]. Annals of Agricultural & Environmental Medicine Aaem, 2018, 25 (4): 698-700.

[70] Gnjatovic M, Gruden-Movsesijan A, Miladinovic-Tasic N, et al. A competitive enzyme-linked immunosorbent assay for rapid detection of antibodies against *Trichinella spiralis* and *T. britovi*-one test for humans and swine [J]. Journal of Helminthology, 2019, 93 (1): 33-41.

[71] Muqaddas H, Mehmood N, Arshad M. Genetic variability and diversity of *Echinococcus granulosus* sensu lato in human isolates of Pakistan based on cox1 mt-DNA sequences (366bp) [J]. Acta tropica, 2020, 207: 105470.

[72] Zarrabi Ahrabi S, Madani R, Shemshadi B, et al. Genetic Affinity of *Echinococcus granulosus* protoscolex in human and sheep in East Azerbaijan, Iran [J]. Archives of Razi Institute, 2020, 75 (1): 47-54.

[73] Braae U C, Hung N M, Satrija F, et al. Porcine cysticercosis (*Taenia solium* and *Taenia asiatica*): mapping occurrence and areas potentially at risk in East and Southeast Asia [J]. Parasites & Vectors, 2018, 11 (1).

[74] Braae U C, Gabriël S, Trevisan C, et al. Stepwise approach for the control and eventual elimination of *Taenia solium* as a public health problem [J]. Bmc Infectious Diseases, 2019, 19 (1) 182-188.

[75] Chen M X, Hu W, LI J, et al. Identification and characterization of microRNAs in the zoonotic fluke *Fasciolopsis buski* [J]. Parasitology Research, 2016, 115 (6): 2433-2438.

[76] Devendra, Kumar, Biswal, et al. De novo genome and transcriptome analyses provide insights into the biology of the trematode human parasite *Fasciolopsis buski* [J]. Plos One, 2018, 13 (10): 334456.

[77] Kaushik M, Kumar S, Kapoor R K, et al. Integrons in Enterobacteriaceae: diversity, distribution and epidemiology [J]. International journal of antimicrobial agents, 2018, 51 (2): 167-176.

[78] Chen D Q, Jiang Y T, Feng D H, et al. Integron mediated bacterial resistance and virulence on clinical pathogens [J]. Microbial pathogenesis, 2018, 114, 453-457.

[79] Rowe-Magnus D A, Guérout A M, Mazel D. Super-integrons [J]. Research in microbiology, 1999, 150 (9/10): 641-651.

[80] Siguier P, Gourbeyre E, Varani A, et al. Everyman's guide to bacterial insertion sequences [J]. Microbiology spectrum, 2015, 3 (2): 30.

[81] Sumio M, Akiko S, Akiko M. Transformation of colonial *Escherichia coli* on solid media [J]. Fems Microbiology Letters, 2004 (1): 61-64.

[82] Thomas C M, Nielsen K M. Mechanisms of, and barriers to, horizontal gene transfer between bacteria. Nat Rev Microbiol, 2005, 3 (9): 711-721.

[83] Mccarthy A J, Anette L, Witney A A, et al. Extensive horizontal gene transfer during *Staphylococcus aureus* cocolonization in vivo [J]. Genome Biology & Evolution, 2014, 6 (10): 2697-2708.

[84] Grohmann E, Günther Muth, Espinosa M. Conjugative plasmid transfer in gram-positive bacteria [J]. Microbiology and Molecular Biology Reviews, 2003, 67 (2): 277-301.

［85］　Harrison E，Brockhurst M A. Plasmid-mediated horizontal gene transfer is a coevolutionary process ［J］. Trends Microbiol，2012，20（6）：262-267.

［86］　Soucy S M，Huang J，Gogarten J P. Horizontal gene transfer：building the web of life ［J］. Nat Rev Genet，2015，16（8）：472-482.

［87］　房咪，郑珩，顾觉奋." 超级细菌" NDM-1 的发现及研究进展 ［J］. 国外医药（抗生素分册），2011（6）：15-20.

［88］　李巍，艾芙琪，马逸珉，等. 携带碳青霉烯类耐药雷极普罗威登斯菌耐药机制研究 ［J］. 检验医学，2019，34（1）：75-78.

［89］　曹慧玲，徐嘉嘉. 新德里金属-β-内酰胺酶（NDM-1）耐药基因流行病学研究进展 ［C］//中华医学会第七次全国中青年检验医学学术会议论文汇编，2012.

［90］　张盼，沈振华，张燕华，等.8 株产 NDM-1 肠杆菌科细菌的耐药特点和流行性分析 ［J］. 检验医学，2018，33（7）：616-621.

［91］　Dalton C B，Austin C C，Sobel J，et al. An outbreak of gastroenteritis and fever due to *Listeria monocytogenes* in milk ［J］. N Engl J Med，1997，336（2）：100-105.

［92］　陈思，钟凯，郭丽霞，等. 美国哈密瓜遭李斯特菌污染事件风险交流案例分析 ［J］. 中国健康教育，2015（4）：421-424.

［93］　郑丽敏. 即食凉拌菜中单增李斯特菌的风险评估与管理 ［D］. 上海：上海理工大学，2012.

［94］　Andreoletti O. Scientific opinion on the risk posed by pathogens in food of non-animal origin. Part 2 （*Salmonella* in melons）［J］. EFSA Journal，2014，12（10）：3831-3908.

［95］　汤初美，朱龙佼，郭顺堂，等. 食源性致病菌安全事故处置与警示——以 "2011 年德国肠出血性大肠杆菌感染暴发疫情" 为例 ［J］. 生物技术通报，2018，34（8）：210-220.

［96］　朱奇，陆斌兴，覃有泉，等. 沙门氏菌生物学研究进展 ［J］. 疾病监测与控制杂志，2015（7）：474-478.

［97］　付秀影，黄露. 一起鼠伤寒沙门氏菌食物中毒的流行病学调查 ［J］. 首都公共卫生，2016，10（2）：86-89.

［98］　Yang B，Cui Y，Shi C，et al. Counts，serotypes，and antimicrobial resistance of *Salmonella* isolates on retail raw poultry in the people's republic of China ［J］. Journal of food protection，2014，77（6）：894-902.

［99］　Rhoades J R，Duffy G，Koutsoumanis K. Prevalence and concentration of verocytotoxigenic *Escherichia coli*，*Salmonella enterica* and *Listeria monocytogenes* in the beef production chain：a review ［J］. Food Microbiology，2009，26（4）：357-376.

［100］　刘璇，任秋斌，李海鹏，等. 浅谈我国肉牛屠宰加工过程中存在的安全问题及解决办法 ［J］. 肉类工业，2011（6）：8-10.

［101］　Zeng X，Tang W，Ye G，et al. Studies on disinfection mechanism of electrolyzed oxidizing water on *E. coli* and *Staphylococcus aureus* ［J］. Journal of Food ence，2010，75（5）：M253-M260.

［102］　韩振，杨春. 美国肉牛产业发展及对我国的启示 ［J］. 中国畜牧杂志，2018，54（6）：143-147.

［103］　包利民，吕向东，李亮科. 美国肉牛产业发展及竞争力分析 ［J］. 世界农业，2019，481（5）：80-83.

［104］　王杨. 肉牛沙门氏菌病的流行病学、临床症状、剖检变化及防控措施 ［J］. 养殖技术顾问，2020（2）：61-62.

第三章
食品加工过程中生物毒素及危害控制

主要内容

了解生物毒素的种类、来源以及产毒情况，结合产毒条件提出合适的危害控制方法。

学习目标

本章将从以下 6 个方面对食品加工过程中生物毒素及危害控制进行综合阐述：

（1）生物毒素的概述；

（2）真菌毒素危害、污染途径及控制；

（3）藻类毒素危害与控制；

（4）海洋毒素危害与控制；

（5）动植物中天然有毒物质；

（6）应用与实践。

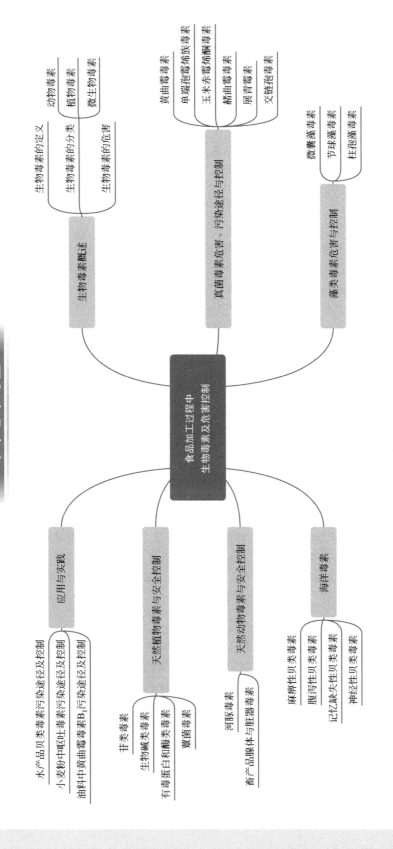

本章思维导图

食品加工过程中生物毒素及危害控制

生物毒素概述
- 生物毒素的定义
  - 动物毒素
  - 植物毒素
  - 微生物毒素
- 生物毒素的分类
- 生物毒素的危害

真菌毒素危害、污染途径与控制
- 黄曲霉毒素
- 单端孢霉烯族毒素
- 玉米赤霉烯酮毒素
- 赭曲霉毒素
- 展青霉素
- 交链孢霉素

藻类毒素危害与控制
- 微囊藻毒素
- 节球藻毒素
- 柱孢藻毒素

应用与实践
- 水产品中贝类毒素污染途径及控制
- 小麦粉中呕吐毒素污染途径及控制
- 油料中黄曲霉毒素B₁污染途径及控制

天然植物毒素与安全控制
- 苷类毒素
- 生物碱类毒素
- 有毒蛋白和酶类毒素
- 蕈菌毒素

天然动物毒素与安全控制
- 河豚毒素
- 畜产品腺体与脏器毒素

海洋毒素
- 麻痹性贝类毒素
- 腹泻性贝类毒素
- 记忆缺失性贝类毒素
- 神经性贝类毒素

第一节　生物毒素概述

一、生物毒素的定义

生物毒素亦称天然毒素，是指生物来源不可自复制的有毒化学物质，包括各种动物、植物、微生物产生的对其他生物物种有毒害作用的化学物质。

自有生物界以来，生物毒素就已经存在，人类对生物毒素的研究和利用也已有久远历史，但只是在近些年，才急速发展成为一个新的重要交叉学科，即毒素学（toxinology），并形成了生命科学中十分活跃的新领域，其研究发展对于农业、畜牧、医学、药物学、环境、灾害防治等多个领域亦有重要意义。

生源多样性是生物毒素多样性的基础特征，有毒生物物种遍及大部分生物门类，如细菌、真菌、植物、昆虫、爬行动物、两栖动物以及许多种属的海洋生物都可以产生或蓄积某些特定种类的生物毒素，其数量难以具体统计，构成了生物毒素的丰富资源基础。生物毒素展现了令人惊异的化学结构多样性，已知结构的生物毒素达数千种，它们的化学结构包括了由简单的小分子化合物到复杂结构的有机化合物和蛋白质大分子等几乎所有类型，并且许多是尚不存在于合成化学中的有重要意义的新化学结构类型。

二、生物毒素的分类

生物毒素是来源于生物，不可复制且对其他生物物种有毒害作用的化学物质，具有多样性和复杂性的特点，依据来源可分为动物毒素、植物毒素、微生物毒素。

1. 动物毒素

动物毒素主要成分是多聚肽、酶和胺类等。如：①蜂毒，蜜蜂的毒腺能够分泌蜂毒，其成分有蜂毒肽、神经毒素——蜂毒明肽，使人产生过敏反应。②蛇毒，毒蛇的头部毒腺能够分泌毒液，大部分属于酶类，含有10多种酶类，如精氨酸酯酶、胶原蛋白酶等。此外，还包括一些化学性毒性物质，如神经毒素、出血毒素、膜毒素和响尾蛇胺等，达到一定的浓度，可以致人死亡。③蝎毒，存在于蝎尾部毒腺内，是一类具有多种生物活性的蛋白质或多肽的混合物。蝎毒主要由两部分组成，蛋白质和非蛋白质部分，非蛋白质部分主要包括甜菜碱、棕榈酸等化学成分。

2. 植物毒素

植物毒素是由植物产生的能引起人和动物疾病的有毒物质。植物毒素的产生主要源于植物在系统发育过程中的自我保护和防御机制，即植物抵抗生物或非生物胁迫反应而产生的代谢物，是对某些化学元素的富集机制，以及植物在数亿年的遗传分化中，在各种环境的影响和遗传物质发生改变的双重作用下形成的生物多样化。

植物毒素主要成分有萜类化合物、酚类化合物、生物碱以及多肽和蛋白质等，如吗啡、蓖麻毒素等。

3. 微生物毒素

微生物毒素是微生物在生长繁殖过程中产生的次级代谢产物，包括真菌毒素和细菌毒素两大类。真菌毒素一般为环系有机化合物，分子量大小不同，作用各异，已知的约有300种能产毒素的真菌。已知的真菌毒素达 200 多种，如黄曲霉毒素、杂色曲霉毒素等。细菌毒素是病原性细菌产生的次级代谢产物，一般为双组分蛋白毒素、脂多糖内毒素，现有 200 多种，如肉毒毒素、霍乱毒素、肠毒素等。

此外，还有海洋生物毒素，是由海洋生物分泌的一类结构奇特、具高活性的特殊代谢成分，可特异地作用于离子通道或分子受体的亚型，可改变细胞膜的通透性，引起神经肌肉信号传导故障，导致麻痹性中毒。海洋生物毒素多达 1000 多种，据化学结构可分为多肽类毒素、生物碱类毒素、聚醚类毒素，如芋螺毒素（conotoxin，CTX）、海葵毒素（anthoplerin toxin，AP）、微囊藻毒素（microcystin）属多肽类毒素；石房蛤毒素（saxitoxin，STX）、河豚毒素（tetrodotoxin，TTX）、鞘丝藻毒素（lyngbyatoxin A）属于生物碱类毒素，含有胺型氮基团和复杂的碳骨架环系结构；西加毒素（ciguatoxin，CTX）、虾夷扇贝毒素（pectenotoxins，PTX）、原多甲藻酸毒素（azaspiracid，AZA）属聚醚类毒素。

三、生物毒素的危害

各种生物毒素以多种方式参与生命系统与过程，发挥不同的重要作用。生物毒素常以高特异性选择作用于特定靶位分子，例如具有重要意义的生命酶系、细胞膜、受体、离子通道、核糖体蛋白等，产生各类不同的致死或毒害效应。生物毒素中存在多类高强毒性的神经毒素、心脏毒素、细胞毒素以及致癌物质。此外，生物毒素还会对农业、水产、畜牧业等造成巨大的经济损失和环境危害，如黄曲霉毒素、赭曲霉毒素存在于污染的谷类、玉米、花生等中，可诱发肝癌、胃癌、食道癌等。

生物毒素过量为"毒"，适量为"药"，因其含有小分子化合物，又有结构复杂的有机化合物，具有多样性，故成为丰富的天然药物资源，亦在疾病病因和建立新的靶位药物方面发挥着巨大的作用。

第二节　真菌毒素危害、污染途径与控制

一、黄曲霉毒素

1. 黄曲霉毒素的发现

20 世纪 60 年代，英格兰南部及东部地区 10 万只火鸡死亡引起恐慌。经过研究调查发现该病的发病原因与发病农场动物饮食中发霉的花生粕有关[1]。进一步调查发现这些从巴西进口的原材料被一种真菌污染，之后从花生饼粉中分离出黄曲霉[2]。1961 年研究结果证实黄曲霉中产生的一种荧光物质造成火鸡的死亡，并将其命名为黄曲霉毒素（aflatoxin，AFT）[3]。同一年在荷兰，AFT 被提纯为独立的结晶形式[4]，并于同年分离成 B 和 G 两个组成部分[5]。

2. 黄曲霉毒素的污染情况

自然界中产生黄曲霉的真菌普遍存在，尤其是玉米、花生、大米、小麦、大麦、棉籽、大豆和干果等多种作物中，高温高湿条件下，可大量繁殖并产生 AFB_1，进而导致作物污染变质，其中以花生和玉米污染最为严重。此外，粮食及副产品在加工、运输和储存不当时，也存在 AFB_1 污染的风险。

AFB$_1$ 污染情况普查结果显示，世界范围内，在热带与亚热带地区，如南非、中东、中亚及东欧部分国家和地区，食品中黄曲霉毒素的检出率比较高，且污染在各种坚果，特别是花生和核桃中较为常见，大豆、稻谷、玉米、调味品、牛奶、奶制品、食用油等制品中也经常发现黄曲霉毒素。2018 年，Alex 等对坎帕拉地区玉米粉进行抽样调查，结果显示来自超市和散户的玉米粉中 AFB$_1$ 超标率为 20% 和 45%，最高污染浓度为 88.6μg/kg 和 268μg/kg，严重高于东非最高限量标准[6]。2019 年，Wielogorska 等对索马里抽取的 140 份主食样本进行霉菌毒素检测，其中玉米的 AFT$_1$ 最高含量为 908μg/kg[7]。此外，AFT 对饲料的污染也十分普遍，经济损失严重[6-7]。2008 年，在新加坡举行的霉菌毒素污染调查会议报告显示，在亚洲各国选取的饲料样品中，25% 被 AFB$_1$ 污染，平均浓度为 21μg/kg。2018 年，Akinmusire 等对尼日利亚收集的鸡饲料及原料进行霉菌毒素污染监测，其中 83% 可检出 AFB$_1$，且平均浓度为 74μg/kg，最高达 760μg/kg[8]。

我国各地区均有 AFB$_1$ 污染，其中华中、华南、华北产毒株多，产毒量也大，东北、西北地区较少。2010 年，马皎洁等对我国 12 个省份采集的粮食作物进行真菌污染检测，结果显示，玉米和花生受 AFs 污染较重，检出率为 53.02% 和 40.41%，有 5.58% 和 1.71% 超出国家限量标准（20μg/kg）[9]。2016 年，有研究者报道山东省主要家禽饲料中霉菌毒素污染严重，其中 AFB$_1$ 检出率为 51.31%，平均含量为 35.66μg/kg，有 12.63% 超出国家限定标准[10]。2017 年，周芬等对安徽 391 份猪饲料中 AFB$_1$ 含量进行检测，结果显示检出率为 99.5%，超标率为 6.1%，其中最高检出量为 38.9μg/kg[11]。

由此可知，AFB$_1$ 在不同国家和地区，不同粮食作物和饲料中均存在污染，严重影响着人类健康，对养殖业和经济的发展造成了阻碍。

3. 黄曲霉毒素的种类、结构及理化特性

黄曲霉毒素主要是由曲霉属中的黄曲霉（Aspergillus flavus）、寄生曲霉（A. parasiticus）等在谷物生产和收割后期所产生的一组次生代谢产物[12]。黄曲霉毒素在紫外线照射下能发出强烈的特殊荧光的物质，低浓度的纯毒素易被紫外线破坏。目前实验室已经分离出的黄曲霉毒素有 B$_1$、B$_2$、G$_1$、G$_2$、B$_{2a}$、G$_{2a}$、M$_1$、M$_2$、P$_1$ 等十几种，均为一类结构相似的化合物，其基本结构都有二呋喃环（毒性结构）和氧杂萘邻酮（香豆素，与致癌有关）[13]。而黄曲霉毒素 B$_1$（AFB$_1$）是含量最多和毒性最强的毒素，被国际癌症研究机构列为Ⅰ级致癌剂[14]。

AFB$_1$ 的分子量为 312.27，其分子式为 C$_{17}$H$_{12}$O$_6$，含有一个二呋喃环和一个氧杂萘邻酮，结构如图 3-1 所示。熔点为 220～280℃，温度过高时会发生裂解[15]。AFB$_1$ 在中性、酸性溶液中很稳定；在 pH 1～3 的强酸性溶液中稍有分解；在 pH 9～10 的强碱性溶液中，能迅速分解产生钠盐，荧光也随之消失，但此反应是可逆的[16]。AFB$_1$ 无色无味，可溶解在多种有机溶剂中，如甲醇、氯仿等极性较强的溶剂等，难溶于水[17]。食物中的 AFB$_1$ 呈稳定状态，不易分解。

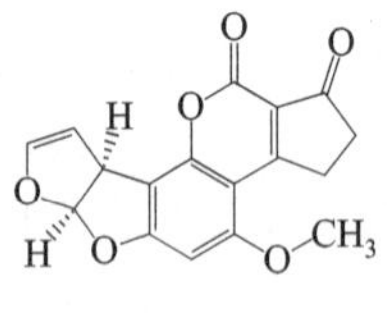

**图 3-1 黄曲霉毒素
B$_1$ 的结构式**

CAS No.：1162-65-8

4. 黄曲霉毒素的产毒菌及产毒条件

并非所有黄曲霉菌株都能产生毒素。黄曲霉菌群在察氏培养基上菌落生长较快，最初呈现黄色，然后逐渐变成黄绿色。老后颜色变暗，分生孢子呈疏松放射状。分生孢子头成球形、辐射形或柱形，幼时通常为光滑或接近光滑形，成熟时，呈球形或近于球形，分生孢子无色。产黄曲霉毒素的真菌能够侵染多种农作物并在其中生长，其产毒的温度范围是 12～

42℃，33℃是霉菌最适宜的产毒温度，最适宜的生长水活度 aw 值为 $0.93\sim0.98$ [18-19]。收获期前农作物中黄曲霉毒素的污染主要由于农作物生长后期出现病虫危害、土壤贫瘠、早霜、倒伏及高温、潮湿多雨等对作物不利条件，作物的生长胁迫可以提高产 AFT 真菌的田间感染率和 AFT 的生长量。粮食收获后贮藏不当如贮藏温度高、湿度大、通风透气条件不良也会导致产生 AFT [20]。

5. 黄曲霉毒素 AFB₁ 的毒性、毒性机制及代谢

AFT 具有极强的毒性和致癌性，它对人类和动物健康的危害已引起各国科研工作者的广泛关注。各种 AFT 毒性顺序是 $AFB_1 > AFM_1 > AFG_1 > AFB_2 > AFM_2 > AFG_2$，其中 AFB_1 的毒性最强[21-22]。根据大鼠经口实验结果，AFB_1 的动物半数致死量较低，并可同时诱发多种癌症，其致癌性是苯并芘的 4000 倍，是砒霜的 68 倍，于 1993 年被世界卫生组织（WHO）的癌症研究机构 IARC 划定为 1 类致癌物。

流行病学调查显示，AFB_1 中毒可分为急性和慢性两种。短期摄入 AFB_1 量较大，可导致急性中毒，会迅速造成肝细胞变性、坏死、出血及胆管增生。表现为高热、食欲不振、运动困难和排泄障碍，以及肝脾肿大、肝出血、脂肪浸润、实质细胞坏死及胆管增生等急性中毒性肝病症状，并伴随水肿、腹水及抽搐等症状，甚至死亡[23-24]。急性中毒在动物中较为常见，人类中毒仅在发展中国家偶有发生，如 2004 年在肯尼亚因误食 AFB_1 污染的玉米制品引发的急性中毒，诱发 317 人肝脏衰竭，125 人死亡[25]。长期低剂量暴露 AFB_1，可导致慢性中毒，肝脏出现慢性损伤，机体生长缓慢、体重减轻、肝功能降低，出现肝硬化，早期症状表现为食欲不佳、体重减轻，后期出现黄疸，贫血，实质器官及胃肠道损伤，免疫、生殖及泌尿系统功能抑制，甚至诱发癌症，且幼龄的人和动物较敏感[26-27]。

AFB_1 进入机体后本身的毒性和致癌性较弱，其毒性作用由 Ⅰ 相代谢酶细胞色素 CYP_{450}（P_{450}）酶系介导产生[26,28]。肝脏是 AFB_1 代谢的主要部位，AFB_1 进入肝脏后经 CYP_{450} 酶系活化，经烷基化或羟基化作用生成 AFP_1、AFM_1 或 AFQ_1，三者毒性较小，可随尿液直接排出或与葡萄糖醛酸转移酶结合经粪便排出[26,29]；其余可在 CYP_1A_2 和 CYP_3A 等的环氧化作用下转化为 AFB_1-exo-8,9-环氧化物（AFBO）和 AFB_1-endo-8,9-环氧化物，后者无毒性作用，可经尿液排出[26]，AFBO 是介导 AFB_1 引发肝脏毒性的主要高活性亲电子物质，可与细胞内大分子物质相互结合，对机体造成毒害作用[30]。肝脏对 AF-BO 具有一定的解毒能力，其中最主要的方式是 Ⅱ 相代谢酶谷胱甘肽转移酶（GST）介导的催化作用。GST 可促进 AFBO 与还原型谷胱甘肽（GSH）的结合，形成水溶性代谢物，最后以无毒的 AFB-硫醇尿酸（AFB_1-NAC）形式经尿液排出体外。然而，肝脏对 AFBO 的解毒能力有限，当摄入过量 AFB_1 时，则导致大量 AFBO 蓄积，进而引起肝脏甚至整个机体的损伤。蓄积的 AFBO 可与血清白蛋白的赖氨酸基团共价结合，形成 AFB_1-白蛋白加合物残留在血液，主要以 AFB_1-Lys 形式存在，对蛋白质结构和功能具有毒性作用[25]；AFBO 也可与 DNA 分子共价结合形成 AFB_1-DNA 加合物，又被称为 AFB_1-N^7-Gua 加合物，是 AFB_1 诱导肝癌发生的突变点[31]。AFB_1-N^7-Gua 可经 DNA 自身修复较快清除，若修复失败且定位于 DNA 高活性转录区，则可转化为性质更稳定且具有 DNA 毒害的 AFB_1-甲酰胺加合物（AFB_1-FAPY）最终引起凋亡或癌变等细胞活动[32]。综上，AFB_1 活化是其引发肝脏毒性的主要病理机制，促进 AFB_1 转化为 AFP_1、AFM_1 或 AFQ_1 等低毒产物，或促进 AFBO 与 GSH 的结合是降低 AFB_1 毒性的关键途径（图 3-2）。

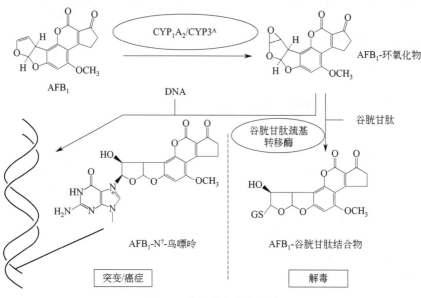

图 3-2　黄曲霉毒素的代谢

6. 黄曲霉毒素的限量标准

因黄曲霉毒素的稳定性、毒性、致癌性、致突变性、致畸性极强，各国对黄曲霉毒素在动物饲料以及食品中的残留限量均有规定。欧盟规定所有饲料原料中黄曲霉毒素 B_1 的含量不得超过 $20\mu g/kg$；美国对用于饲喂未成年动物以及奶用动物的玉米、花生制品以及其他饲料组分中黄曲霉毒素总量（黄曲霉毒素 B_1、B_2、G_1、G_2）的执行限量为 $20\mu g/kg$；加拿大 CFIA 规定所有饲料黄曲霉毒素（黄曲霉毒素 B_1、B_2、G_1、G_2）法定最高允许限量为 $20\mu g/kg$；我国饲料卫生现行标准中，规定玉米、饼粕类等饲料原料中黄曲霉毒素 B_1 不得高于 $50\mu g/kg$，生长育肥猪、肉禽等饲料中黄曲霉毒素 B_1 低于 $20\mu g/kg$，仔猪和雏禽等饲料中的不超过 $10\mu g/kg$[33]。与欧盟、美国和加拿大相比较，我国对黄曲霉毒素的限量要求相对较宽，且目前我国仅对黄曲霉毒素 B_1 有限量规定，对黄曲霉毒素 B_2、G_1、G_2 并没有限量要求。

对于食品，我国在食品中真菌毒素限量 GB 2761—2005 中，对黄曲霉毒素 B_1、M_1 在花生、玉米、大米、植物油、豆类、发酵食品以及乳制品中的限量作出明确规定。美国在 FDA "遵守政策指南（compliance policy guide）" 中对黄曲霉毒素在动物饲料、食品、牛奶、花生及其制品、坚果（包括巴西坚果、阿月浑子果仁）中的限量作出规定。欧盟在委员会条例（EC）No 629/2008、委员会条例（EC）No 1881/2006 中，对黄曲霉毒素在花生、谷类、坚果等食品中的限量作出明确规定。日本在肯定列表制度中规定，食品中黄曲霉毒素的限量是 $10\mu g/kg$。

7. 黄曲霉毒素的生物合成

目前已明确 AFT 的化学结构及其生物合成途径。黄曲霉毒素 B_1 和 G_1 的化学结构均含有二氢二呋喃环，黄曲霉毒素 B_2 和 G_2 的化学结构均含有四氢二呋喃环。合成黄曲霉毒素 B_1 和 G_1 的前体均为 *O*-甲基杂色曲霉素（OMST），而合成黄曲霉毒素 B_2 和 G_2 的前体均为二氢-*O*-甲基杂色曲霉素（DHOMST）。杂色曲菌素 B 是合成 *O*-甲基杂色曲霉素与二氢-*O*-甲基杂色曲霉素的共同前体。黄曲霉毒素生物合成的初级阶段类似于脂肪酸的生物合成。

合成 AFT 受 24 个结构基因和一个调节基因控制，至少发生 18 个酶促反应，由乙酰 CoA 作为起始单位，丙二酸单酰 CoA 作为延长单位，在聚酮化合物合成酶（PKSA）催化下形成 AFT 的聚酮骨架[34]。

研究表明，AFT 的生物合成途径至少涉及 30 个相关基因，整个合成过程涉及 27 步酶促反应，15 种生物合成过程中产生的中间产物，其中多个酶基因已被克隆出来，例如 *aflR*、*nor-1*、*ver-1*、*ord-1*、*ord-2* 和 *omt-A* 等，都存在于黄曲霉和寄生曲霉中[35-37]。

AFT 的产生及积累量与黄曲霉菌丝的生长发育密切相关。Chanda 等发现黄曲霉菌在产毒液体培养基中培养 30h 后即可检测到 AFT，在黄曲霉菌生长对数期即 30～48h，AFT 的积累量急剧增加，而在 48h 之后 AFT 的积累量增加速度平缓[38]。此外，AFT 在黄曲霉菌丝体内的合成速率和积累量受相关酶的控制。Chanda 等通过分析 AFT 生物合成早期、中期和后期关键酶（Nor-1、Ver-1 和 OmtA）的转录及表达量，结果表明，在黄曲霉菌生长对数期 24～36h 内这三个酶开始转录和翻译，且在 48h 达到最高峰[38]。Hong 和 Linz 等在研究 AFT 的亚细胞组织中发现 AFT 生物合成中期和晚期的酶在细胞质中合成后被运输到液泡和囊泡中，参与 AFT 合成，即 AFT 的合成是在膜结合细胞器内完成的，并借助于细胞器运输到细胞外[39]。

8. 黄曲霉毒素的防控措施

因为黄曲霉毒素是一种次级代谢产物，其产生量受环境影响十分严重，所以田间的预防措施也不能完全避免黄曲霉毒素的污染。我们需要通过防霉、防毒、脱毒来保证食品与饲料的安全。首先需通过控制霉菌生长、产毒过程中所必需的相关条件来进行防霉，具体做法如下。降低食品（原料）中的水分，控制合适的空气相对湿度，减少食品（原料）表面环境的氧浓度，降低食品贮藏温度，采用防霉剂等手段。在防霉的基础上采取积极主动的预防措施，防止产毒真菌直接污染食品和饲料。通过隔离和消灭产毒真菌源区，尽量减少产毒真菌及其毒素污染无毒食品，造成二次污染。同时要防止粮食、油料等原料不被真菌污染，把好粮食、油料的入库质量关，如入库粮食不仅要做水分、杂质、带虫量以及一些品质指标的检测，而且应做粮油的带菌量、菌相及真菌毒素含量的检测。

在防霉和防毒已经错过或者没有起到效果，粮食已经被霉菌污染的情况下，需要通过各种方法去除毒素分子。由于黄曲霉毒素对热不敏感，100℃ 20h 下黄曲霉毒素都不会被破坏，巴氏消毒也不能去除毒素的污染。目前脱毒方法主要有物理脱毒法、化学脱毒法和生物脱毒法。

（1）物理脱毒法

物理脱毒法是指根据物理性质差异分离污染与未污染粮食及农产品或利用物理方法去除产生的 AFB_1 的方法，主要有密度筛选、溶剂萃取、热力灭活和吸附剂降解等方法。密度筛选是根据污染籽实和未污染籽实的密度差异，采用浮选方式将两者分开的方法。该方法可显著降低 AFB_1 的污染浓度，但仅适用于颗粒状籽实。溶剂萃取法是利用混合有机溶剂将农产品及饲料中污染的 AFB_1 萃取出来的方法，该方法去除 AFB_1 效率较高，且基本不破坏受污染产品的营养成分，但处理费用高昂。热力灭活法是将被污染产品经高温高压短期处理去除 AFB_1 的方法，主要应用于食品工业，尤其是干果、谷类及谷物产品污染。该方法对不同霉菌毒素去除效率差异很大，对 AFB_1 去除效果较差，且会破坏污染产品的营养物质。吸附剂降解法是将具有吸附功效的物质与被污染产品混合去除 AFB_1 的方法，是目前最常用去除饲料霉菌污染的手段。常用多孔性吸附剂有活性炭和蒙脱石[40]。通过物理脱毒法去除 AFB_1 污染的方法均有一定效果，但也均存在一定的弊端。密度筛选、溶剂萃取和热力灭活法由于费用较高、破坏营养成分及应用范围窄等缺点，使其实际推广存在局限性。吸附剂降解法可有效去除饲料中污染的 AFB_1 并被临床广泛应用,但仍缺乏关于其安全性评价的研究,且生产技术尚不成熟。

(2) 化学脱毒法

由于 AFB 对碱不稳定,可用碱炼法降低黄曲霉毒素的含量。NaOH 溶液能迅速水解 AFB,反应生成邻位香豆素钠盐,这种钠盐能溶于水,可用水洗去除。用 1%NaOH 水溶液处理含有 AFB 的花生饼 1d,可使毒素由 84.9pg/kg 降至 27.61pg/kg。盖云霞研究发现弱碱高温处理能有效去除原料中的黄曲霉毒素,花生粕经过 121℃、pH10 处理 60min 后,黄曲霉毒素的降解率高达 84.5%。氨能够同 AFB_1 发生脱羟基作用,因此可用氨处理法脱除黄曲霉毒素。将霉菌污染的饲料加氨后用塑料薄膜密封,导致 AFB_1 的内酯环发生裂解,从而达到脱毒目的。有研究者采用氨气熏蒸法降解花生及其制品中的黄曲霉毒素,当采用 7% 氨气熏蒸含水量 25% 的花生,在 40℃下处理 48h 时,AFB_1 的降解率为 83.5%。臭氧熏蒸法是基于物理和化学氧化双重作用的脱毒方法。有学者将污染了 AFB_1 的谷物放入熏蒸柜中,循环通入臭氧,熏蒸 9h,结果显示 AFB_1 去除率可达 90% 以上;同一粮种,低水分粮食的去毒效果比高水分粮食好;AFB_1 在臭氧处理的最初 1~2h 时去除速度最快,毒素含量可下降 80% 以上。臭氧处理法是一种具有实际应用前景的粮食黄曲霉毒素脱毒方法。

(3) 生物脱毒法

生物脱毒法主要是利用微生物产生的代谢产物、微生物自身组分或分泌的胞外酶破坏 AFB_1 毒性结构,是微生物转化为无毒物质的过程。根据去毒原理不同,生物脱毒法可主要分为微生物抑制法、吸附法和降解法三个方面。

微生物抑制法是指向污染产品中加入可与霉菌竞争性生长或抑制霉菌生长的微生物,从而降低 AFB_1 产生和积累,常用微生物菌种有乳酸菌、酿酒酵母、芽孢杆菌等[41-42]。微生物吸附法是指直接摄入或向污染产品中添加可与 AFB_1 形成复合体的微生物,使 AFB_1 更易随粪便排出,进而减少胃肠道对 AFB_1 吸收,常用微生物主要为乳酸菌[43-44] 和酵母菌[45-46] 等益生菌。微生物或代谢产物降解法是利用某些微生物自身或发酵过程中产生的代谢产物降解 AFB_1 使其转换为低毒或无毒物质的过程,如菌体、菌体粗蛋白提取物、胞外酶、菌体培养液等,具有此能力的微生物种类繁多,但可实际应用的很少[47]。微生物脱毒法去除 AFB_1 污染的方法成本低、安全性高、降解效果好,但其更适合去除液体食品或饲料中的 AFB_1。此外,目前关于微生物脱毒法的研究多是利用益生菌去除液体体系中的 AFB_1,仅停留在实验室研究阶段,技术还不成熟,且存在脱毒机理及有效成分不清楚的缺点,无法应用到生产实际中。

二、单端孢霉烯族毒素

1. 单端孢霉烯族毒素的发现

脱氧雪腐镰刀菌烯醇(deoxynivalenol,DON)最早于 1970 年在日本香川县的一次赤霉病大麦中毒的病毒中发现。1972 年,日本的 Morooka 等首次从赤霉病大麦中分离出 DON,同年,Yoshizawa 等阐明了这种新的真菌毒素的结构,并将其命名为 4-deoxynivalenol。1973 年 Vesonder 等在美国从被镰刀菌污染的玉米中分离出了同样的化学物质,因为该种物质可以引起猪产生呕吐症状,故命名为呕吐毒素。

20 世纪中期,在美国有人用发霉的玉米喂养动物,部分动物表现出中毒症状。在威斯康星州,从发霉的有毒玉米中分离到许多真菌,三线镰刀菌是发霉玉米中最常见真菌之一,其提取物毒性是最大的。1968 年，有研究者通过培养三线镰刀菌菌株 T-2，用乙酸乙酯首次分离提取、结晶得到 T-2 毒素。

2. 单端孢霉烯族毒素的污染状况

单端孢霉烯族毒素及其衍生物的污染是一个全球关注的食品安全问题，该类毒素主要污染小麦、玉米、大麦、黑麦、燕麦等，其中以 DON 和 T-2 毒素的污染最为严重。2004～2011 年间，来自全球的 17316 份样品的调查表明，相较于 ZEN、AF、FB 和 OTA，DON的污染最为严重，污染率为 55%[48]。此外，单端孢霉烯族毒素的联合污染，如 DON 及其衍生物的共存也多有报道。

就国内情况而言，DON 和 T-2 毒素的污染在谷物或饲料中普遍存在，部分地区污染形势严峻。调查显示，中国饲料和原料霉菌毒素污染超标的比例为 60%～70%，其中 DON 的超标比例接近 70%。2012 年，我国霉菌毒素监测报告显示，DON 在玉米、玉米干全酒糟（DDGS）、玉米蛋白粉、小麦、麸皮、饼粕类饲料、牛饲料精料中的阳性检出率分别为88%、100%、100%、89%、82%、83%、100%[48]。2013～2015 年间，国内动物饲料原料及饲料污染调查表明，T-2 毒素的检出率为 24.8%～77.5%[49]。2017 年，山东北部地区玉米青贮饲料中的 T-2 毒素检出率高达 100%，最高含量为 3.95μg/kg[50]。此外，四川阿坝地区、河南黄河以南和以北地区的谷物或饲料样品中 T-2 毒素的检出率分别为 11.64% 和44.32%～100%[51-52]。

3. 单端孢霉烯族毒素的种类、结构及理化特性

单端孢霉烯族毒素为无色结晶，属于非挥发性物质，结构稳定，受环境因素（光照和温度）影响较难降解，只有在强酸或强碱的情况下才可失去活性。单端孢霉烯族毒素基本化学结构是倍半萜烯，因其在 C12、C13 位上形成环氧基，故又称 12,13-环氧单端孢霉烯族化合物。根据 C3、C4、C7、C8、C15 取代基的不同，形成四类化合物（图 3-3）。其中，A 型结构中羟基较少，极性较小。

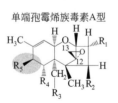

单端孢霉烯族毒素A型

毒素种类	分子量	R₁	R₂	R₃	R₄	R₅
T-2	466	OH	OAc	OAc	H	OCOCH₂CH(CH₃)₂
HT-2	424	OH	OH	OAc	H	OCOCH₂CH(CH₃)₂
MAS	324	OH	OH	OAc	H	H
DAS	366	OH	OAc	OAc	H	H
STO	282	OH	OH	OH	H	H
......						

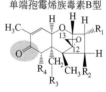

单端孢霉烯族毒素B型

毒素种类	分子量	R₁	R₂	R₃	R₄
DON	294	OH	H	OH	OH
3-乙酰基-DON	338	OAc	H	OH	OH
15-乙酰基-DON	338	OH	H	OAc	OH
NIV	312	OH	OH	OH	OH
FUS-X	354	OH	OAc	OH	OH
......					

图 3-3　A 型和 B 型单端孢霉烯族毒素的化学结构

第一类化合物中的酯基水解后生成具有 1～5 个羟基的单端孢霉烯族化合物的母体，为A 型。这类化合物最多，文献报道有 20 多个，其中大多数为多种镰刀菌的代谢产物，代表化合物为 T-2 毒素、HT-2 毒素、蛇形菌素（diacetoxyscirpenol，DAS）、单乙酰氧基镰草镰刀菌烯醇（monoacetoxyscirpenol，MAS）等。

第二类化合物以 C8 位上含羰基取代为特征，为 B 型。这类化合物几乎都是镰刀菌代谢物，包括 DON 及其 3-乙酰基衍生物或 15-乙酰基衍生物、雪腐镰刀菌烯醇（nivalenol，NIV）、镰孢菌烯酮-X（fusarenon-X, FUS-X）[48]。

第三类化合物在 C7、C8 位上含有第三个环氧基，为 C 型。这类化合物由单端孢霉菌产生，仅有为数甚少的几个化合物。

第四类是大环疣孢漆斑菌属二乳酮衍生物，D 型。这类化合物大约有 12 种是已知的，这些代谢物均从漆斑菌、疣孢漆斑菌、黑葡萄穗霉等中分离得到。

DON 分子式为 $C_{15}H_{20}O_6$，分子量为 296.3，白色针状结晶，熔点为 151～153℃，易溶于水和极性有机溶剂（乙醇、甲醇、乙酸乙酯、乙腈），且在有机溶剂中较为稳定，在乙腈中可长时间储存。DON 热稳定性高，烘焙温度 210℃，油煎温度 140℃或者煮沸，只能破坏 50％的 DON。部分研究表明，食品加工过程中，DON 易发生转化。目前，关于其加工过程稳定性的研究，尚未取得一致的研究结论。其衍生物归纳见图 3-4。

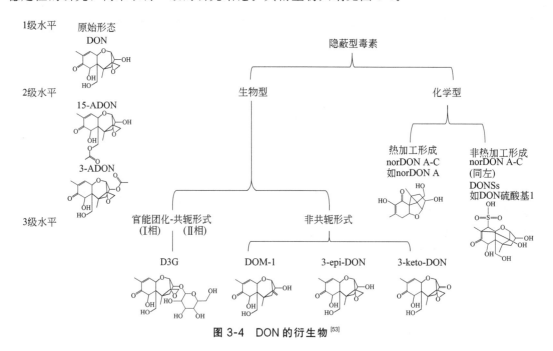

图 3-4　DON 的衍生物 [53]

T-2 毒素分子式为 $C_{24}H_3O_9$，分子量为 466.51，化学名为 4,15-二乙酰氧基-8-(异戊酰氧基)-12,13-环氧单端孢霉-9-烯-3-醇，氧环和双键为其活性部位。T-2 毒素为白色针状结晶，不溶于水，易溶于极性强的有机溶剂，性质稳定，尤其在室温条件下十分稳定，放置 6～7 年、紫外线照射或加热至 100～120℃ 1h，毒性不减。碱处理可使其酯基被水解为相应的醇，四氢锂铝或硼氢化钠可使环氧基还原成醇，要使双键还原可用接触氢化。由于 T-2 毒素难以降解，普通的烹饪方式不会降低它的毒性，因此对人类和动物的健康构成严重威胁[53]。

4. 单端孢霉烯族毒素的产毒菌及产毒条件

单端孢霉烯族化合物是由雪腐镰刀菌、禾谷镰刀菌、梨孢镰刀菌、拟枝孢镰刀菌等多种镰刀菌及木霉菌产生的一类生物活性和化学结构非常相似的毒素，是引起人畜中毒最常见的一类镰刀菌毒素。其中 DON 主要由禾谷镰刀菌和黄色镰刀菌产生，由于谷物在田间易受到禾谷镰刀菌等真菌的侵染，引发赤霉病和玉米穗腐病的产生，在适宜的温度和湿度等条件下，繁殖产毒，时常导致谷物受 DON 的污染。T-2 毒素是由镰刀菌属，包括三线镰刀菌、禾谷镰刀菌、雪腐镰刀菌、粉红镰刀菌、拟枝孢镰刀菌和梨孢镰刀菌产生的 A 类单端孢霉烯族毒素，也是毒性最强的一种。T-2 毒素在 $-2\sim35℃$ 之间都可以产生，产量会随着环境湿度的升高而增加。

5. 单端孢霉烯族毒素的毒性、毒性机制及代谢

单端孢霉烯族毒素对动物和人体具有广泛而强烈的毒性效应，不仅可以引起呕吐、拒食、体重减轻、免疫系统和造血系统损害，还具有很强的皮肤毒性和细胞毒性。该类毒素作用的主要靶器官是肝脏和肾脏，且大都属于组织刺激因子和致炎物质，因而可直接损伤消化道黏膜。人体中毒的临床表现主要体现在消化系统和神经系统，如恶心、呕吐、头痛、头晕、腹泻等。流行病学调查表明，食管癌、IgA 肾病、大骨节病、克山病等可能与 DON、NIV、T-2 毒素等毒素有关[54]。

单端孢霉烯族毒素通过摄食、吸入或皮肤接触等途径进入机体，引起中毒。毒性的反应强弱与动物种属差异、染毒途径等有关，一般而言，新生动物较成年动物敏感，雄性动物较雌性动物敏感。小鼠腹腔注射 DON 的 LD_{50} 为 $49\sim70mg/kg$ BW，经口 DON 的 LD_{50} 为 $46\sim78mg/kg$ BW[55-56]。啮齿类动物经口 T-2 毒素，急性中毒 LD_{50} 为 $5\sim10mg/kg$ BW。此外，DON 具有致畸性和胚胎毒性，T-2 毒素具有致畸性和弱致癌性，不具致突变性[54]。1998 年，在国际癌症研究机构公布的评价报告中，DON 被列为 3 类致癌物。

DON 对人体多种系统存在毒性作用，对于无特异性作用的靶器官，可引起急性毒性、胃肠毒性、肝毒性、免疫毒性、发育毒性、生殖毒性、神经毒性、核糖体毒性等。DON 的毒性作用与氧化应激、线粒体凋亡、内质网应激、核糖体应激、脂质过氧化和 MAPK 信号通路有关。DON 及其衍生物的毒理学终点含细胞毒性、肠道毒性、免疫毒性、神经毒性、肾毒性和生殖毒性等，部分衍生物的毒理学数据仍然缺失，Guo 等[57] 对 DON 及其衍生物毒性进行了系统总结（图 3-5）。在动物和人类中，DON 引起厌食、食物摄入减少和呕吐，这些反应由中枢和外周神经系统调节。此外，营养吸收减少和食物摄入减少与肠道因素，如激素和促炎细胞因子有关[58]。

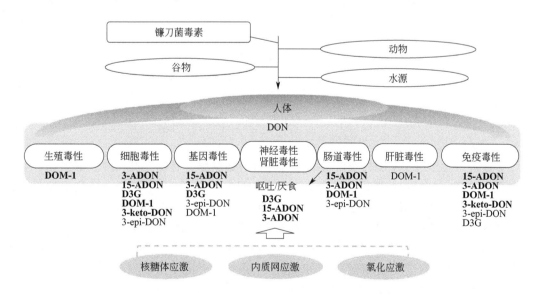

图 3-5　DON 及其衍生物的毒性[57]

字体加粗表示该毒素存在毒性，正常字体表示该毒素没有毒性或者几乎没有毒性通过Ⅰ相代谢和Ⅱ相代谢途径，DON转化为其隐蔽型形式（图3-6）。DON在人体中的半衰期为2～4h，代谢迅速，8h后就检测不到DON和它的代谢物。DON主要在胃肠道被吸收，经血液循环进入肝脏代谢后经肾脏随尿液排出，造成各器官的广泛损伤[59]。在被动物或人类吸收之前，相当一部分DON及其衍生物可以被微生物转化，肝脏是主要的Ⅱ期转化部位，产生的亲水性物质主要通过尿液排出。DON在哺乳动物体内的葡萄糖醛酸化是主要的Ⅱ相代谢途径，其降解产物为DON-3-葡萄糖醛酸共轭物和DON-15-葡萄糖醛酸共轭物。在消化过程中，一些DON衍生化形式可以转化为游离DON，这可能增加人类和动物的风险。

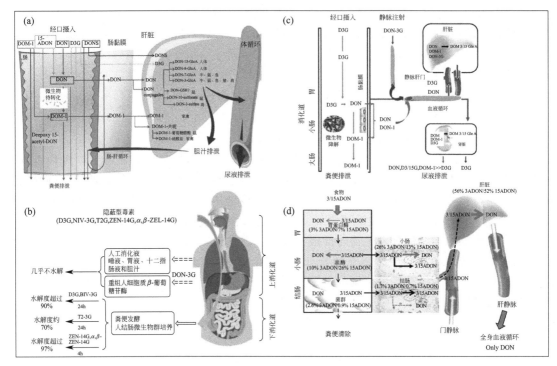

图3-6 DON及其衍生物的体内和体外的代谢

（a）DON及其衍生物在人类和动物体内的代谢[53]；

（b）DON衍生物的体外代谢研究[60]；

（c）D3G在猪体内的代谢[60]；

（d）3-ADON和15-ADON在人体中的脱乙酰化[61]

T-2毒素主要作用于细胞分裂旺盛的组织器官，如胸腺、骨髓、肝、脾、淋巴结、生殖腺及胃肠黏膜等，抑制这些器官的细胞蛋白质和DNA合成。T-2毒素具有免疫毒性、肝脏毒性、肠道毒性、生殖毒性、发育毒性、胚胎毒性、遗传毒性、神经毒性等，其分子作用机制包括核糖体毒性机制、内质网应激、线粒体应激等。动物在短期内摄入高剂量的T-2毒素会引起急性毒性效应，症状包括呕吐、腹泻、皮肤刺激、瘙痒、皮疹、水泡、出血、呼吸困难，甚至死亡。同时，T-2毒素对动物和人的多个系统具有毒性作用。

T-2毒素的主要代谢方式包括水解、羟基化、脱环氧和结合四种方式，所产生的代谢产物毒性均低于T-2毒素原型所产生的毒性效应。T-2毒素在体内半衰期很短，在啮齿动物、鸡、牛、猪体内，T-2毒素被吸收后很快被代谢为多种产物。Ⅰ相代谢产物为：异戊基侧链3'碳的羟化产物、酰基水解产物、环氧键打开的脱环氧产物。进入体内的T-2毒素及其Ⅰ相代谢产物很快与葡萄糖醛酸结合生成糖苷类化合物。在不同生物体，T-2 毒素代谢产物有所不同[62]。

6. 单端孢霉烯族毒素的限量标准

2001 年，联合国粮农组织/世界卫生组织联合食品添加剂专家委员会（JECFA）首次提出 DON 的暂定每日最大耐受摄入量（provisional maximum tolerable dail≥intake，PMTDI）为 1μg/kg BW；2010 年 JECFA 维持 DON 的 PMTDI 值为 1μg/kg BW（含 3-乙酰基衍生物和 15-乙酰基衍生物）。国际食品法典委员会 CAC、欧盟、美国、中国等对食品中 DON 的限量标准见表 3-1。其中，CAC 和欧盟对谷物等制品中的 DON 的限定值高于我国的限定值，但对于特殊敏感人群，例如婴幼儿，CAC 和欧盟均对其谷类辅助食品做出限量规定，而国内目前尚无此项限定。

表 3-1　不同国家和组织对食品中 DON 毒素的限量标准

国家和组织	食品	限量标准/(μg/kg)
中国	玉米、玉米面（渣、片）、大麦、小麦、麦片、小麦粉	1000
欧盟	除硬质小麦、燕麦、玉米外的未经加工谷物	1250
	未经加工的硬质小麦和燕麦、湿磨法处理的玉米	1750
	直接食用谷物加工食品（除婴幼儿谷物食品）、大于 500μm 的玉米粉及其他不直接供人食用的粒径大于 500μm 的玉米研磨制品	750
	粒径小于等于 500μm 的玉米粉及其他不直接供人食用的粒径小于等于 500μm 的玉米研磨制品	1250
美国	供人食用的最终小麦产品，如面粉、麸皮和胚芽	1000
CAC	小麦、玉米、大麦	2000
	以小麦、玉米、大麦为原料制成的面粉、粗粉或麦片	1000
	婴幼儿谷物食品	200

目前，我国尚未制定谷物等食品中 T-2 毒素的限量标准，但规定猪配合饲料、禽配合饲料中的 T-2 毒素不得超过 1mg/kg，欧盟要求加强对饲料中 T-2 毒素和 HT-2 毒素的危害信息收集、研究和检测方法开发。此外，欧盟制定了谷物食品中 T-2 毒素和 HT-2 毒素的限量标准，见表 3-2。

表 3-2　欧盟对食品中 T-2 毒素和 HT-2 毒素的限量标准

分类	食品种类	限量标准/(μg/kg)
谷物制品（直接食用）	婴幼儿食用的含有谷物食品	15
	面包、糕点、饼干、谷物零食、意大利面	25
	早餐谷物（含谷物片）	75
	其他谷物制品	50
	燕麦麸和干燕麦	200
	谷物麸皮（燕麦麸除外）、燕麦加工产品（不含燕麦麸和干燕麦）和玉米制品	100
谷物（直接食用）	玉米	100
	燕麦	200
	其他谷物	50
未经加工谷物	燕麦（带壳）	1000
	大麦和玉米	200
	小麦、黑麦和其他谷物	100

7. 单端孢霉烯族毒素的生物合成

单端孢霉烯族毒素的合成途径经由不同种类的镰孢菌，但具有类似的特征，其完整合成途径见图 3-7。在生物体内，法尼基焦磷酸经催化反应形成反式法尼基焦磷酸，而后，反式法尼基焦磷酸经单端孢霉二烯合酶催化，形成单端孢霉二烯[63-64]。单端孢霉二烯为单端孢霉烯族毒素的合成的前体，该前体经一系列酶的催化作用，通过异构体、环化、加氧等反应，最终生成多种毒素，如 DON、T-2 毒素等[63,65]。

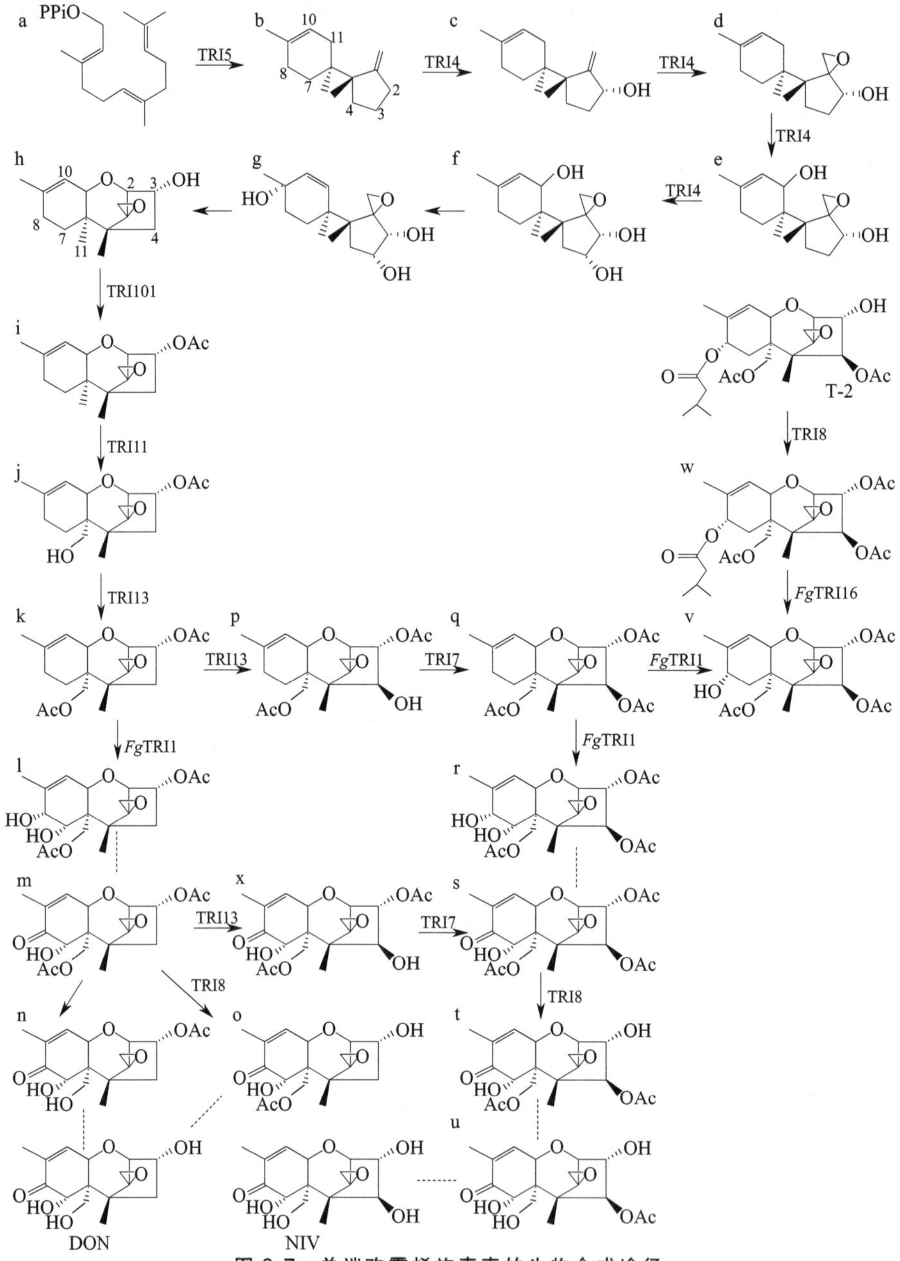

图 3-7　单端孢霉烯族毒素的生物合成途径

虚线箭头表示涉及该反应的基因未知

a：法尼基焦磷酸；b：单端孢霉二烯；c：2-羟基单端孢霉烯；d：12,13-环氧-9,10-单端孢霉烯-2 醇；
e：异单端孢霉烯二醇；f：异单端孢霉烯三醇；g：单端孢霉烯三醇；h：异单端孢霉菌醇；i：异单端孢霉素；
j：15-脱乙酰丽赤壳菌素；k：丽赤壳菌素；l：7,8-二羟基丽赤壳菌素；m：3,15-二乙酰脱氧雪腐镰刀菌烯醇；
n：3-乙酰 DON；o：15-乙酰基 DON；p：3,15-二乙酰镰草镰刀菌烯醇；q：3,4,15-三乙酰镰草镰刀菌烯醇；
r：7,8-二羟基-3,4,15-三乙酰镰草镰刀菌烯醇；s：3,4,15-三乙酰雪腐镰刀菌烯醇；
t：4,15-二乙酰雪腐镰刀菌烯醇；u：4-乙酰雪腐镰刀菌烯醇；v：3-乙酰新茄病镰刀菌烯醇；
w：3-乙酰 T-2 毒素；x：3,15-二乙酰雪腐镰刀菌烯醇

8. 单端孢霉烯族毒素的防控措施

单端孢霉烯族毒素的防控研究包含产前防控和产后防控，具体脱毒方法主要包括物理脱毒法、化学脱毒法和生物脱毒法，此外一些新兴的脱毒方法，如 RNA 干扰法等正在引起学者的关注。

以 DON 为例，DON 的污染从产前到加工过程中呈现动态变化，其防控措施主要分为：①在收获前抑制 DON 的产生或污染；②从受污染的食品和饲料中降解或去除 DON；③通过减少胃肠道吸收降低 DON 的生物利用度。具体而言，物理脱毒法主要采用漂洗研磨、热处理、辐射处理及添加霉菌毒素吸附剂等减少粮食和饲料在贮藏期的 DON 含量；化学法多采用一些强酸、强碱等化学试剂处理及臭氧氧化等方法来达到降低 DON 含量的目的。现有的物理和化学方法虽能达到清除 DON 的效果，但都存在一定的弊端，如：漂洗碾磨对 DON 本身没有破坏作用；霉菌毒素吸附剂可能会吸附饲料中微量营养元素，造成饲料中营养物质流失。物理和化学方法所涉及的过程难以控制，需要额外的仪器，或需要更高的成本，甚至可能会留下潜在的有害物质，而生物降解法则由于反应条件温和、环保、高特异性等更受青睐。细菌、真菌、酶等均对 DON 有降解效果，DON 的生物降解机制及主要降解产物见图 3-8。

图 3-8　DON 的生物降解机制及主要降解产物 [57]

三、玉米赤霉烯酮毒素

1. 玉米赤霉烯酮毒素的发现

1962 年 Stob 等[66] 对被霉菌污染的玉米进行研究，发现其主要被禾谷镰刀菌污染，并从镰刀菌培养液中分离出具有雌性激素作用的玉米赤霉烯酮。1966 年 Urry 等[67] 用经典化学、核磁共振和质谱技术确定了玉米赤霉烯酮的化学结构并正式确定其化学名称为 6-(10-羟基-6-氧基-1-碳烯基)-β-雷锁酸-μ-内酯，随后研究者将此结构的毒素命名为 F-2 毒素，现又称为 ZEN。

2. 玉米赤霉烯酮毒素的污染现状

镰刀菌具有较强的适应性，在多种气候条件下都适合生长，导致 ZEN 的污染趋于全球化，其中热带和亚热带地区污染尤为严重。玉米赤霉烯酮主要污染玉米、大麦、高粱、大米和小米等，大豆及其制品中也可以被检测到，其中以玉米的检出率和含量最高[68]。根据2019年百奥明世界真菌毒素调查显示，中东地区、亚洲、北美洲、欧洲、非洲、南美洲的ZEN样品检出率分别为76%、72%、60%、58%、50%、39%。

我国受ZEN污染的地区主要集中在气候温和且湿度较高的华南和江南等地区，韩小敏等[69] 对我国安徽、北京、河南、吉林、山东五省（市）158份小麦粉样品进行ZEN含量检测，调查发现有24%样品中ZEN的含量超过了我国规定的真菌毒素ZEN的最高检出限量的要求，其中吉林省的污染最为严重。周建川等[70] 对2016年饲料及饲料原料中ZEN污染情况进行调查，发现ZEN检出率均在70%以上，其中玉米副产品污染最为严重，检出率达到95.45%。同时研究还发现，玉米等常规原料霉菌毒素污染情况具有一定的气候相关性，在高温高湿季节玉米赤霉菌毒素的污染情况更为严重。此外，近年来有研究者对市售食用植物油[71] 和玉米面[72] 进行毒素含量检测，综合结果显示ZEN检出率较高。随着食物链的传递，动物采食ZEN污染饲粮后，在肝脏、乳房、子宫及肌肉等组织器官中也均有ZEN及其代谢产物的残留[73]，甚至在牛奶、鸡蛋及肉等畜产品中也检测到了ZEN及其代谢物的存在[74-75]，不但给畜牧养殖业造成巨大经济损失，还威胁着人类的健康。

3. 玉米赤霉烯酮的种类、结构及理化特性

玉米赤霉烯酮可以经过代谢转变为α-玉米赤霉烯醇（α-zearalenol，α-ZOL）、β-玉米赤霉烯醇（β-zearalenol，β-ZOL）、玉米赤霉酮（zearalanone，ZAN）、α-玉米赤霉醇（α-zearalanol，α-ZAL）和β-玉米赤霉醇（β-zearalanol，β-ZAL）等几种衍生物。ZEN及其衍生物与动物内源性雌激素β-雌二醇有类似的化学结构，故可以与动物细胞内β-雌二醇的受体结合而表现出毒性。研究表明，ZEN及其衍生物与鼠子宫胞浆的β-雌二醇受体的亲和力依次是α-ZAL>α-ZOL>β-ZAL>ZEN>β-ZOL，与雌激素受体的亲和力越强，则雌激素活性就越大，毒性也就越大[76]。在植物体内，ZEN主要代谢产生α-ZOL。在动物及人体内，除了可以代谢产生α-ZOL外，ZEN还可代谢产生β-ZOL、α-ZOL和β-ZOL又可以相互转化并进一步代谢产生α-玉米赤霉醇（α-ZAL）及β-玉米赤霉醇（β-ZAL），而α-ZAL、β-ZAL以及玉米赤霉醇（ZAN）又可相互转化[77]。

ZEN最早从发霉玉米中分离得到，是一种2,4-二羟基苯甲酸内酯，化学式为$C_{18}H_{22}O_6$，分子量为318.36，化学结构式如图3-9所示。

纯ZEN是一种白色晶体，熔点为161～163℃，沸点为510.12℃，具有较强的耐热性，热稳定高达150℃，只有在高温或碱性条件下才能观察到降解现象。ZEN不溶于水、二硫化碳和四氧化碳，溶于碱性水溶液、乙醚、苯、氯仿、二氯甲烷、乙酸乙酯和醇类，微溶于石油醚，其甲醇溶液在紫外线下呈明亮的绿蓝色荧光。紫外线光谱最大吸收为236nm、274nm和316nm[78]。

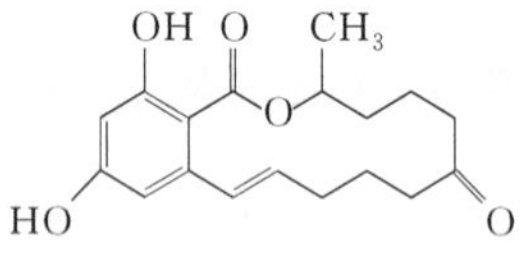

图3-9 玉米赤霉烯酮的化学结构式

4. 玉米赤霉烯酮毒素的产毒菌和产毒条件

ZEN产毒菌主要是镰刀菌属（*Fusarium*）的菌侏，如禾谷镰刀菌（*F. graminearum*）和三线镰刀菌（*F. tricinctum*）、黄色镰孢（*F. culmorum*）、木贼镰孢（*F. equiseti*）、半裸镰孢（*F. sernitectum*）、茄病镰孢（*F. solani*）等菌种。植物体内普遍存在ZEN，特定的温

度（24～32℃）、湿度（40%）、机械损伤、虫害以及错误的储存方式都会滋生镰刀菌并产毒。在我国大部分地区，雨量充足，湿度较大，各种谷物在生长、收获、加工、运输和贮藏过程中均能受到霉菌的污染[79]。

5. 玉米赤霉烯酮毒素的毒性、毒性机制及代谢

ZEN 是一种雌性激素类似物，通过与雌激素受体结合激活雌激素敏感基因转录，从而产生拟雌性效应。ZEN 被国际癌症研究机构 IARC 分类为第 3 组致癌物质，其毒性仅次于黄曲霉毒素，给人和动物的健康带来很大的危害。其毒性主要表现为生殖毒性、免疫毒性、肝肾毒性、细胞毒性和致癌性等[80-81]，可引发动物产生雌激素亢进症，妊娠期的动物食用 ZEN 可引起流产、死胎或畸胎，此外，人食用被 ZEN 污染的食物也可引起中枢神经系统中毒，产生头痛、恶心、神经抑郁等症状[82]。Denli 等[83] 研究长期饲喂 ZEN 的断奶幼鼠的毒性剂量反应，ZEN 浓度为 1.8mg/kg 时，长期喂养会增加断奶雌性大鼠的体重和子宫质量。Abassi 等[84] 研究表明，ZEN 能够增强结肠癌细胞系 HCT116 细胞增殖，加快细胞迁移。

ZEN 主要表现为生殖发育毒性，其产生生殖毒性作用的机制为：ZEN 透过细胞膜进入细胞，与胞浆中雌激素受体（ER）结合；ER 的构型发生改变，形成的二聚复合物转移至胞核中，与 DNA 模板结合，调节靶基因转录和蛋白质合成[85]。ZEN 还能与 β-雌二醇竞争性结合胞浆 ER，继而调节基因转录和蛋白质合成，从而影响细胞分裂和生长。ZEN 除了可以抑制蛋白质和 DNA 的合成以外，还可以通过影响垂体和性腺功能[86]，促使机体内分泌失调。ZEN 对肠道免疫功能的作用机制尚不清楚。有科学家认为，ZEN 的毒性不全是类雌激素作用所致，ZEN 引起的氧化损伤可能是重要的介质。一种可能的机制是 ZEN 对淋巴细胞和巨噬细胞的直接作用，因为这些细胞中存在雌激素受体[87]。研究表明，ZEN 可以促进浆细胞和抗体的生成，低剂量的 ZEN（8μg/kg BW）长期处理 B 细胞，造成 B 细胞中 CD21表达降低，增加 B1 细胞亚群的比例，促进淋巴细胞白细胞介素-2 和干扰素-γ 的表达[88]。热休克蛋白 70 能减轻氧化应激造成的细胞损伤，而 ZEN 能显著增加此蛋白在肠道的分布和表达[79]。这些研究结果表明，ZEN 作为外来刺激对机体的免疫功能在分子水平产生了不同程度的影响。

ZEN 在动物机体内可转化为 α-ZOL、β-ZOL、α-ZAL 和 β-ZAL，Mukherjee 等[89] 总结了 ZEN 及其代谢物的种类和分子结构。ZEN 主要的代谢途径之一是在肝脏进行，由 3α-羟类固醇脱氢酶或 3β-羟类固醇脱氢酶催化产生 α-ZOL 或 β-ZOL，部分 α-ZOL 和 β-ZOL 可被进一步还原为 α-ZAL 和 β-ZAL[90]；另外，ZEN 及其代谢产物能在尿苷二磷酸葡萄糖醛酸转移酶（UDPGT）的催化下与葡萄糖醛酸相结合，产生的共轭化合物大部分进入胆汁中，并进一步通过肠黏膜细胞被吸收和代谢，最终进入肝脏和通过门静脉血液循环至身体各器官组织[91]。以上两种方式为 ZEN 的主要代谢方式。研究显示，ZEN 及其代谢产物在体内外试验均能竞争性结合 ER 发挥类雌激素作用[92]。不同物种 ZEN 排泄方式也不同，大部分通过粪便排出，少数随尿、乳汁和胆汁排出。

6. 玉米赤霉烯酮毒素的限量标准

由于污染程度高，全球高度重视对谷物及制品中玉米赤霉烯酮的控制，目前大部分国家已经制定了法律法规以限制谷物、食品和饲料中的 ZEN 含量，包括少数亚洲国家，如韩国、泰国、中国[93]。欧盟法律规定，未加工谷类、加工谷类和加工谷类食品的最大允许 ZEN 限值应为 100～300μg/kg、75μg/kg 和 50μg/kg（EFSA 2011）。另外，欧盟精制玉米油中玉米

赤霉烯酮限量要求为 $400\mu g/kg$。我国 GB 2761—2017 中规定了小麦、小麦粉、玉米、玉米面（渣、片）限量为 $60\mu g/kg$，玉米油产品未涉及相应规定。比较我国与欧盟在玉米赤霉烯酮限量要求上的差异，发现欧盟限量标准除小麦、玉米作出规定外，还包含了其他谷物，并且区分了原粮和成品粮。另外对于婴幼儿这一特殊敏感人群，欧盟制定了更加严格的限量要求（$20\mu g/kg$）。

7. 玉米赤霉烯酮毒素的生物合成

Kim 等[94] 提出玉米赤霉烯酮生物合成途径是由 FgPKS4 启动的，FgPKS4 是一种还原性聚酮合成酶，它可以催化一个乙酰辅酶 A 和五个丙二酰辅酶 A 单元的缩合，生成六酮类化合物。PKS4 的三个还原结构域在不同的合成周期中有不同程度的重排：6 号酮未还原，1 号和 3 号酮经酮酰基合成酶（KS）处理生成羟基，5 号酮经酮酰基还原酶（KR）和脱水酶（DH）处理生成烯醇基，而 2 号和 4 号酮则经酮酰基还原酶、脱水酶和烯醇还原酶（ER）完全还原成烷基。然后，形成的六酮体被传递到非还原性的 FgPKS13 上，用作进一步延伸聚酮链的起始单元。FgPKS13 完成了三次迭代，将链扩展了三个额外的酮单元，得到了一个非酮单元。然后，非酮类化合物进行两轮分子内环化反应，形成芳香环和具有内酯键的大环内酯结构。形成的玉米赤霉烯醇最终转化为玉米赤霉烯酮是由异戊醇氧化酶 ZEB1 催化的，ZEB1 将大环内酯结合的羟基转化为酮。

8. 玉米赤霉烯酮毒素的防控措施

ZEN 分布广泛且污染严重，对种植、饲料、养殖行业危害大，预防和降低 ZEN 污染带来的危害需要多种手段并用，综合治理。预防并降低 ZEN 污染的方法主要有：作物培育、收获后存储管理、物理清除和使用脱毒剂。

作物培育主要指基于植物-镰刀菌相互作用原理进行田间的谷物植物新品种选育，选育具有抗镰刀菌感染和昆虫的品种对于植物的 ZEN 抗性至关重要。然而，植物的 ZEN 抗性特征受到环境限制，同时也受到遗传能力的局限，这极大地困扰了育种工作[95]。

作物收获后的储存管理对于减少 ZEN 危害也至关重要，因为收获的谷物与整株植物相比缺乏防御能力。储存前谷物干燥和储存环境中保持低水分对于控制真菌和真菌毒素的水平至关重要，研究显示环境湿度低于 10%，谷物水活度小于 0.7 可以有效地抑制镰刀菌腐败和 ZEN 的产生[96]。其次，控制存储过程中的虫蚁污染也可减少 ZEN 的滋生。

物理清除主要有清洁、去皮和研磨成粉三种方法。首先，通过加强谷物的存储和管理很多时候并不能有效预防和消除 ZEN 污染，因此需要在谷物的存储和加工过程中对 ZEN 进行消除。清除外来垃圾和灰尘，以及人工或利用分拣装置来挑选出劣质原料可以有效防止 ZEN 污染。其次，谷物原料的外皮比内部更容易被污染，因此去皮可以有效降低谷物 ZEN 的污染。研究显示去皮后的玉米和大麦较未去皮的可以降低 50% 以上的霉菌毒素污染率[97]。同理，将谷物原料研磨成粉可以将谷物分解成更小的颗粒，以减少表皮的污染，但研磨过程只能将现有的霉菌毒素重新分配到不同的部分，而不能消除[98]。但是，以上几种方法都有其局限性：清洁和去皮过程会造成一定的原料损失，这在生产中需要考虑；研磨成粉过程中，精细研磨的原料能有效降低 ZEN 污染，但有时候普通研磨还会产生高于原材料的霉菌毒素污染。此外，高温失活、放射处理，以及化学处理（臭氧处理、双氧水和碳酸钠浸等）也能较高效去除 ZEN，但是因为这些方法对饲料原料营养价值、动物和人类消费者健康危害较大，除氨和臭氧处理法外，目前多数此类方法已被禁止用于饲料和食品原料。

因为以上方法的局限性，霉菌毒素脱毒剂广泛应用于饲料生产中。目前广泛使用的 ZEN 脱毒剂主要分为物理吸附剂、生物降解材料及其复合产品。物理吸附剂主要通过物理结合 ZEN 阻止 ZEN 在动物胃肠道中的吸收，分为无机和有机两种。用于 ZEN 的无机吸附剂的主要实例包括水合钠钙铝硅酸盐、活性涂层、蒙脱石黏土以及黏土类如高岭石等；而有机吸附剂则主要是酵母细胞壁，其主要作用成分是 β-D-葡聚糖，除了吸附霉菌毒素效果，该多糖类吸附剂还能调节动物免疫活动和结合胃肠道细菌病原体，促进动物健康。除了有机和无机吸附的方法，近年来利用微生物或酶制剂对霉菌毒素进行生物降解得到无毒或低毒的代谢产物的方法也得到越来越多的关注。生物降解所用的微生物材料通常从天然原料分离得到，如作物组织、土壤和动物体内微生物。Molnar 等[99] 利用 MCF 细胞体外试验发现，解毒毛孢酵母具有独特的"吞食"性质，能在 24h 降解 1mg/kg ZEN 为无雌激素作用物质。Altalhi 等[100] 研究发现，恶臭假单胞菌能够有效将 ZEN 降解，转化成低毒或无毒物质。钟凤等研究发现，重组后的过氧化物酶 A4-Prx 具有 ZEN 降解能力，降解率达到 63%，并且可以将 ZEN 转化为无毒产物。除了微生物降解，很多植物提取物也被报道具有良好的 ZEN 解毒效果。植物提取物一般不直接和 ZEN 结合，而是通过改善动物机体免疫或代谢功能而加快了 ZEN 从体内的排除或降低与靶器官的结合。Salem 等[101] 研究发现藏红花素能显著缓解 ZEN 引起的小鼠肝脏和肾脏氧化应激，Salah-Abbès 等[102] 报道萝卜提取物能有效缓解 ZEN 对小鼠的生殖毒性和氧化应激，Boeira 等[103] 也报道番茄红素对高剂量 ZEN 处理引起的瑞士小鼠血液、生殖和病理损害有良好的保护作用。

由此可知，物理吸附剂仍是目前应用最为广泛的脱毒方式，而微生物和植物提取物解毒是未来霉菌毒素解毒的趋势。目前微生物饲料脱毒剂研究仍处于起步阶段，且其科研成本较高，研发周期较长，其广泛应用之前仍需要更多研究和突破；而植物提取物因其来源广泛、容易获取等优点，渐渐成为脱毒剂研究热点。总的来说，脱毒方法要强化多方法联合应用，同时要对脱毒物质成分和降解产物进行毒理学验证，确保能有效降解霉菌毒素并保证其对动物和人类的身体安全。

四、赭曲霉毒素

1. 赭曲霉毒素的发现

赭曲霉毒素是常见的天然毒素之一，它是由赭曲霉（Aspergillus ochraceus）和硫色曲霉（Aspergillus sulphureus）产生的代谢产物，共有 4 种类型，其中赭曲霉毒素 A（ochratoxin A，OTA）的毒性最大。OTA 具有肾毒性、神经毒性和免疫抑制等作用，大剂量使用会引起肝脏、肾脏病变，因此它被国际癌症研究组织列为 2B 类致癌物质[104]。

分析表明 OTA 由 7-羧基-5-氯-8-羟基-3,4-二氢-R-甲基异香豆素（Oa）和 L-β-苯丙氨酸通过肽键连接而成，分子式：$C_{20}H_{18}ClNO_6$，分子量 403。赭曲霉毒素的结构稳定，耐酸性较高，并且耐高温性较好，存在于一些常见的农产品中，如葡萄、咖啡、可可、谷物等，可通过畜禽食用被赭曲霉污染的饲料转移至动物类食品[105]。因此，在现代食品产业蓬勃发展的时代，为保证食品的安全性，对赭曲霉的控制以及对相关毒素的降解的研究是今后的主要方向。

2. 赭曲霉毒素的污染状况

产生赭曲霉毒素 A 的霉菌广泛分布于自然界，导致赭曲霉毒素 A 广泛分布于各种食品和饲料中。在寒带和温带地区如欧洲和北美洲，赭曲霉毒素 A 主要来源于青霉属的疣孢青霉；在热带地区，该毒素主要来源于赭曲霉。近年来发现，水果及果汁中的赭曲霉毒素 A 主要由炭黑曲霉和黑曲霉产生。动物食用了含有赭曲霉毒素 A 的饲料，其内脏、组织及血液中会含有大量的赭曲霉毒素 A[106]。

赭曲霉毒素 A 是赭曲霉毒素（ochratoxins）家族中最重要的毒素，由多种曲霉菌（赭曲霉）和青霉菌（疣孢青霉）产生，这些霉菌也产生桔霉素和草酸。赭曲霉毒素普遍存在于燕麦、大麦、小麦和玉米等农作物上，这些霉菌具有产生高达 10mg/kg 赭曲霉毒素 A 的能力。这样高水平的赭曲霉毒素是很少见的，即使毒素水平很低的情况下，如 0.2mg/kg，就可对养猪生产造成危害性影响。

有研究者对 57 种中药材通过高效液相荧光检测器法进行赭霉毒素检测，结果表明 30 种中药材检测出赭霉毒素，黄芪中含赭霉毒素最高。曾云龙等报道人参、姜黄、姜中含有 OTA。曾云龙等通过近红外荧光传感法对 8 种中药材中 OTA 进行检测，结果表明连翘、甘草、葛根、莲子、麦芽中均检测出 OTA，其中麦芽和甘草 OTA 含量最高[104]。

3. 赭曲霉毒素的毒性及毒性机制

（1）赭曲霉毒素的毒性

赭曲霉毒素主要作用于肾脏，因此也是一种肾毒素。赭曲霉毒素可分为 A 和 B 两种类型，A 的毒性较大。

在 4℃ 的条件下赭曲霉即可产生具有毒害作用浓度的赭曲霉毒素。动物摄入 1mg/kg 体重剂量的赭曲霉毒素 A 可在 5～6 天内死亡。常见的病变特征是肾小管上皮损伤和肠道淋巴腺体坏死。若饲料中含有 1mg/kg 日粮浓度赭曲霉毒素，则 3 个月可引起动物烦渴、尿频、生长迟缓和对饲料营养利用率降低的症状；若饲料中毒素含量低至 200μg/kg 的日粮，数周内可检测到动物肾损伤。其他的临床症状还有腹泻、厌食和脱水。有时临床症状不明显，而在赭曲霉毒素流行的地区，动物在屠宰时唯一可观察到的病变是肾苍白、坚硬[106]。

（2）赭曲霉毒素的毒性机制

赭曲霉毒素 A 对动物和人类的毒性主要有肾脏毒、肝毒、致畸、致癌、致突变和免疫抑制作用。赭曲霉毒素 A 进入体内后在肝微粒体混合功能氧化酶的作用下，转化为 4-羟基赭曲霉毒素 A 和 8-羟基赭曲霍毒素 A，其中以 4-羟基赭曲霉毒素 A 为主[106]。

赭曲霉毒素的毒性强弱顺序是：OTA＞OTC＞OTB。这在很大程度上取决于分子中第八位羟基的电离常数大小。OTB 和 OTC 在被污染饲料中的含量一般较低，对大多数动物的毒性较 OTA 小，因此，饲料检测时可以不考虑，主要分析 OTA 含量。有研究者用色氨酸、缬氨酸、赖氨酸等氨基酸取代 OTA 分子中的苯丙氨酸，获得了一系列 OTA 类似物，其中酪氨酸、缬氨酸、苏氨酸和丙氨酸取代类似物的毒性最强，甲硫氨酸、色氨酸和谷氨酸取代类似物次之，谷氨酰胺和脯氨酸取代类似物的毒性最低。据报道，自然界也存在 OTA 的苏氨酸、羟脯氨酸和赖氨酸取代类似物[106]。

目前对 OTA 的中毒机理研究得较多，据报道，OTA 可抑制肾脏近曲小管上皮细胞的阴离子运输系统，使尿中丙氨酸氨基肽酶（alanine aminopeptidase）和亮氨酸氨基肽酶（leuine aminopeptidase）浓度明显升高。现已证明，OTA 可抑制肾脏 PEPCK 的活性，进而抑制肾脏葡萄糖生成，然而对 OTA 的抑制方式尚无定论。OTA 还是苯丙氨酸-tRNA 合成酶的竞争性抑制剂，该酶对 OTA 的亲和力大于苯丙氨酸，因而可抑制细胞内蛋白质的合成[106]（图 3-10）。

4. 赭曲霉毒素限量标准

JECFA 在第 37 次会议上首次评价了赭曲霉毒素 A，设立了赭曲霉毒素 A 的暂定每周耐

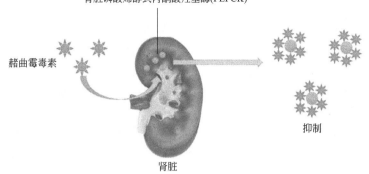

肾脏磷酸烯醇式丙酮酸羟基酶(PEPCK)

赭曲霉毒素

抑制

肾脏

图 3-10　OTA 对肾脏作用

受摄入量（provisional tolerated weekly intake）为 112ng/kg BW。第 44 次会议上，JECFA 再次评价了赭曲霉毒素 A 的毒性。考虑到一些新的数据和研究结果，将 PTWI 降低到 100ng/kg BW。表 3-3 列出了 CAC、欧盟、美国和我国对于粮食中赭曲霉毒素 A 的限量，其中美国对粮食中赭曲霉毒素 A 没有限定[107]。

表 3-3　各组织或国家对粮食中赭曲霉毒素 A 的限量[107]

组织或国家	食品名称	赭曲霉毒素 A/(μg/kg)
CAC	小麦、大麦和黑麦原粮	5.0
欧盟	未加工的谷物	5.0
	由未加工的谷物制备的所有产品（下列标 a 的除外）	3.0
	供婴幼儿食用的谷类加工食品和婴儿食品[a]	0.5
	特殊医疗用途的膳食食品，尤其是婴儿[a]	0.5
美国		—
中国	谷物	5.0
	谷物碾磨加工品	5.0

从表 3-3 可以得出如下的结论。

① 我国原粮中赭曲霉毒素 A 的限量与 CAC 和欧盟一致。

② CAC 没有规定成品粮的限量要求；欧盟对于经过加工的谷物和直接供人食用的谷物制品提出了 3.0μg/kg 的限量，对供婴幼儿食用的谷类加工食品和婴儿食品以及特殊医疗用途的膳食食品尤其是婴儿食品的限量要求更加严格。

③ 我国规定的成品粮限量与原粮一致，没有规定以谷类为原料的婴幼儿食品和特殊医疗用途的膳食食品[108]。

鉴于 ZEN 和 OTA 在全球范围造成的污染和危害，世界各国都对二者在粮食及其制品中的含量进行了限制。联合国粮食和农业组织发布的世界各国对食品和饲料中真菌毒素限量标准显示，37 个对谷物及其制品中 OTA 进行限量的国家中，包括我国在内的 29 个国家均制定了 5μg/kg 的限量标准[108]。

5. 赭曲霉毒素的防控措施

（1）降解方法

① 电子辐照处理法。电子辐照技术（EBI）是一种常用于真菌毒素降解的物理方法，具有成本较低、安全性较高、残留量较少的优点。根据李克等[109]人的研究成果，他们建立了高效液相色谱（HPLC）同时检测 ZEN 和 OTA 的方法，研究了影响 EBI 降解 ZEN 和

OTA 的因素及两种毒素混合后降解的相互作用规律，采用超高效液相色谱串联四极杆飞行时间质谱（UPLCQ-TOF/MS）推测了 EBI 降解水溶液中 ZEN 和 OTA 的产物及其生成途径，并对 ZEN 和 OTA 在小麦中的分布和降解规律进行了研究[110]。

② 臭氧处理法。根据研究，臭氧是一种氧化性很强的氧化剂，在液体体系中，能以分子和自由基两种作用方式攻击有机物中的双键，且臭氧具有良好的渗透性，并能自动分解为氧气，无任何毒性残留物产生。因此，臭氧作为一项极具潜力的真菌毒素消减技术，近 10 年来有研究团队对其进行了大量研究[110]。

罗小虎[110]等人研究了臭氧浓度、样品浓度、处理时间等因素对 ZEN 和 OTA 降解率的影响，最终为臭氧降解食品中 OTA 和 ZEN 的污染提供理论基础和实践依据。

③ 金属酶处理法。利用生物方法对毒素进行防治与降解向来是毒素降解领域研究的热点问题。根据张露瀛[111]对不动杆菌 BD_{189} 对 OTA 的脱毒状况进行了研究，证明了 BD_{189} 菌株有较强的脱毒能力，可以在 24h 内去除 80% 的 OTA[112]。此外，由于在脱毒作用后的产物中发现具有较小毒性的赭曲霉毒素 α，梁晓翠进一步证明了该方法的脱毒属于生物降解脱毒。可能的原因是不动杆菌 BD_{189} 所分泌的胞内酶分解破坏赭曲霉毒素 A 分子结构，同时产生毒性极小甚至无毒的降解产物。同时，证明了 BD_{189} 菌株的降解酶是一种不同于羧肽酶 A 的金属酶类胞内酶，其降解脱毒条件温和，最适反应温度为 30℃，最适反应 pH 值为 8。以上实验表明，不动杆菌 BD_{189} 菌株具有较强的 OTA 脱毒能力[112]。

④ 红发夫酵母处理法。目前已有资料证明，酵母可以用于降解真菌毒素，例如 ZEN 等。因此，同样可以使用红发夫酵母对 OTA 进行降解。杨超通过实验证明，红发夫酵母对赭曲霉毒素 A 有很好的脱除效果。其实验过程为，先将具有生物活性的红发夫酵母接种到 OTA 溶液中，之后通过高效液相色谱分离方法测定溶液中 OTA 的量。对比未加入红发夫酵母的 OTA 溶液，加入该酵母的 OTA 溶液中，不但 OTA 的峰消失而且出现毒性更小、对动物危害更小的赭曲霉毒素 α 的峰。由此可证明，红发夫酵母可以将 OTA 转化为赭曲霉毒素 α[113]。

另外，通过对加入红发夫酵母 OTA 溶液的温度和时间条件进行控制，得出在 25～35℃ 的条件下，接种培养 13d，红发夫酵母对 OTA 的降解率最高可达 80% 以上[113]。因此，作为降解 OTA 的方法，红发夫酵母的处理也应该被考虑在内。

(2) 防治措施

赭曲霉毒素的防治措施需要从根源上进行制定。因此需要从几个方面进行控制：

① 预防真菌的生长。赭曲霉毒素是真菌赭曲霉和硫色曲霉代谢所产生的产物。因此，如需要对食品中的毒素进行控制，首先需要对相关真菌的生长进行预防。影响霉菌毒素生长的因素有：湿度、温度、时间、谷种的损害、氧气和二氧化碳浓度、基质的成分、真菌的多少、产毒菌株和孢荷的流行、微生物的交叉反应、脊椎动物带毒者，其中最主要的因素是温度和湿度[114]。以小麦为例，Abrmson 等证明，贮存了 60 周的小麦在湿度为 16% 时仅产生微量的赭曲霉毒素 A，当湿度为 19% 时赭曲霉毒素 A 被检出，在湿度为 21% 时贮存 56 周的谷物中的赭曲霉毒素 A 含量为 3.6mg/kg。以上结果表明，当湿度小于 15% 时，不会有赭曲霉毒素 A 产生[115]。总的来说，我们需要将环境湿度控制在小于 15% 的条件下，并保证较好的厌氧条件，或者可以考虑加入少量的霉菌毒素抑制剂，或者接种具有竞争力的非毒性微生物来有效控制赭曲霉毒素 A 的产生[116]。

② 使用合理的毒素降解方法。前面已经介绍了不同种类的赭曲霉毒素的降解方法，应该根据对象不同，选取合适的脱毒降解方法。同时，在实际的生产过程中，需要充分考虑降

解剂的残留问题，需要将降解剂残留量控制在合适的范围内才可以进行食品的包装与销售。要尽量选取残留量较少、毒性较小或无毒性的食品级试剂来进行毒素的降解[117-118]。

③ 使用合理的毒素检测方法。为防止毒素残留的情况发生，我们需要使用合理、精确的毒素检测方法来确保食品中的毒素残留量处于人体可接受范围内[119]。根据前文，目前常用的几种赭曲霉毒素的检测方法有：HPLC法、ELISA法、GCIT法[117]。

三种常用方法检测限和定量限均小于 $1\mu g/kg$，精密度和准确度均符合 GB/T 27404—2008《实验室质量控制规范食品理化检测》的一般要求，可以作为定量的检测方法。其中，HPLC法需要的试剂较多，需要接触 OTA 的标准品，使用的免疫亲和柱也需要冷藏保存，需要避免移动色谱仪，便携性不强，实验耗时较长。但是该方法的重复性好、准确度高，因此国家标准中推荐使用此方法。ELISA法需要的仪器和设备不多，试剂盒需要冷藏保存，接触到的标准品一般浓度较低甚至没有。酶标仪可以携带，一次可以检测大批量的样品，适合于样品的初步筛选[120]。GCIT法所需要的孵育器和读数仪体积不大，一般不需要接触标准品，具有一定的优势，但是其精确度略差，适用于样品的现场检测和筛选[117]。

五、展青霉素

1. 展青霉素的发现

自 1929 年 Fleming 发现青霉素以后，1941 年 Glister 在牛津大学发现了一种新型抗菌物质，随后很多学者从生长的棒曲霉 (Aspergillus clavatus)、展青霉 (Penicillum patulum、Peicillunm expansum、Penicillum claviforme)、巨大曲霉 (Aspergillus giganteus) 等真菌培养基中也分别分离得到一种具有抗菌活性的物质，当时认为这种抗菌物质的浓缩液对鼠、健康人和部分临床病例无害，对那些用磺胺药物无效而又不能被青霉素消灭的微生物具有杀灭作用。很多生物学者指出，上述真菌中分离所得的代谢物 clavacin、patulin、clavatin、claviformin、expansine 名称虽不同，但从性质上证明确是同一物质[121]，现统一称为展青霉素 (patulin，PAT)。

2. 展青霉素的污染状况

根据有关报道，世界上多个国家均在苹果汁中发现展青霉素的存在，包括澳大利亚、巴西、比利时、日本、加拿大和美国等国家[122]。2005 年有学者调查了意大利市场上的 53 种纯苹果汁和 82 种混合苹果汁的展青霉素污染情况，34.8％的样品有展青霉素污染，混合果汁中展青霉素水平明显低于纯苹果汁。有研究者对突尼斯市场上销售的 85 份苹果制品中的展青霉素进行含量检测，结果表明有 35％样品展青霉素超标，最高值可达 $167\mu g/kg$。在我国，特别是一些中小型企业的产品也存在相同的问题，中国预防医学科学院等单位对国内销售水果制品中展青霉素的污染情况进行采样调查，水果制品的原汁、原酱等半成品的展青霉素检出率达 76.9％，成品中的展青霉素检出率达 19.6％[123]。有学者等对 95 份苹果汁、婴儿食品、混合果蔬汁样品进行调查分析，仅 12.6％的样品低于安全限量标准。这些研究检测结果表明展青霉素对水果制品的污染非常严重。

3. 展青霉素的结构及理化特性

展青霉素化学名称为 4-羟基-4H-呋喃并 (3，2-C) 吡喃-2 (6H) -酮，是一种小分子量的水溶性 α，β-不饱和-γ-内酯，其分子式为 $C_7H_6O_4$，结构式如图 3-11 所示。展青霉素分子结构中具有两个共轭不饱和双键，此外还存在一个活性很强的半缩醛基，这使展青霉素在水中能快速外消旋化，阻碍光学同分异构体（＋）和（－）的分离。展青霉素存在半缩醛、乙醛和二醇等三种活性形式，它们在一定条件下可互相转化，这可能是其具有独特化学和生物活性的原因之一[124]。Tanabe、Suzuki 等[125] 将 PAT 的活性半缩醛基还原为天冬酰胺后发现，虽然还原态分子也有不饱和键及 γ-内酯结构，但毒性下降了 25%。

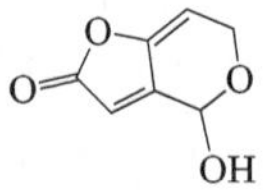

图 3-11　展青霉素的结构式

展青霉素晶体为无色菱形状，最大紫外吸收在 275～277nm 附近，易溶于乙酸乙酯、水、甲醇、乙腈、乙醇、三氯甲烷、丙酮等溶剂，微溶于苯和乙醚，不溶于石油醚和戊烷[126]。展青霉素在苯、$CHCl_3$ 等溶剂中可较稳定存在，在水和甲醇中保存时会缓慢分解，与 20% 硝酸和碱性碘液反应分别生成草酸和碘仿；在酸性条件下稳定性良好，在碱性及极端条件下易失活及降解。展青霉素良好的酸稳定性使其在果汁加工中很难被热单元操作如烫漂、巴氏杀菌等破坏（80℃热处理 10～20min，PAT 去除率只有 50%）。展青霉素的结构在 60 多年前已被确定，最早被作为广谱抗生素研究和应用。随后发现展青霉素对革兰氏阳性菌、痢疾杆菌、大肠杆菌、副伤寒杆菌、某些真菌、多种细胞培养物和原生生物等均有生长阻碍作用，后续的研究进一步证实展青霉素具有神经毒性、遗传毒性及免疫毒性等[127]。由于展青霉素对食品及饲料等的污染危害远大于其药用价值，此后展青霉素一直作为生物毒素被深入研究。

4. 展青霉素的产毒菌及产毒条件

展青霉素是一种真菌毒素，主要产毒菌为扩展青霉、展青霉、棒型青霉、土壤青霉、细小青霉、新西兰青霉、石状青霉、粒状青霉、梅林青霉、圆弧青霉、产黄青霉、萎地青霉、棒曲霉、巨大曲霉、土曲霉和雪白丝衣霉等共 3 个属 16 种[128]。研究表明展青霉素的产生一般发生于产毒菌生长速度减慢期间。

展青霉素主要在合适的 pH（3.0～6.5）和温度（20～25℃）下代谢产生，然而也有青霉菌在 5℃ 以下环境产毒。众多学者研究了温度、水分活度、pH 和气压等因素对霉菌产生展青霉素的影响。Beuchat 等[129] 研究表明雪白衣丝霉在 21℃、30℃ 和 37℃ 能产生展青霉素的最小水分活度分别为 0.978、0.968 和 0.959。Damoglou[130] 研究了水分活度和 pH 对面包上扩展青霉产生展青霉素的影响，水分活度为 0.95，pH 在 4.2 和 5.6 时能检测到展青霉素，而水分活度低于 0.95 或 pH 在 8.2 时未能检测到。有研究者从面粉中分离得到的灰黄青霉素菌研究其产毒条件，发现 20℃ 下培养 20 天时产毒量最高，28℃ 条件下培养 30 天产毒量最高，最适宜的产毒温度为 28℃。

5. 展青霉素的毒性、毒性机制及代谢

展青霉素具有较强的神经毒性，毒理学试验证实其对动物的肾脏和消化系统具有不同程度的毒害性，是一种可能的致癌、致畸、致突变毒素，目前已被国际癌症研究机构划分为 3 类致癌物[131]。展青霉素的毒性主要包括急性及亚急性毒性、细胞毒性、遗传毒性等方面。

通过近几十年对展青霉素的毒理学研究发现，展青霉素对动物体表现出慢性、急性和亚急性毒性，急性中毒后出现的症状有呼吸困难、肺部充血、急躁、抽搐、上皮细胞退化、肠出血、呕血、组织坏死、肠炎及其他胃肠疾病[132]。展青霉素抑制或破坏正常细胞的许多代谢过程，其细胞毒性包括破坏细胞质膜、阻碍翻译与转录、抑制 DNA 和蛋白质合成通路、抑制 Na^+ 偶联氨基酸的转运、抑制辅助型 T 细胞的形成等[133]。

展青霉素的毒性主要表现为与谷胱甘肽、半胱氨酸、巯基乙酸盐等含巯基（—SH）的化合物反应[134]。展青霉素可以与谷胱甘肽结合，谷胱甘肽的减少可导致机体组织细胞中活性氧的产生，当促氧因素增强、抗氧化机制减弱而使这种动态平衡被打破而偏向促氧化方向时，机体活性氧水平超出正常状态，处于氧化应激状态[135]。当机体的氧化应激水平超出了机体抗氧化防御能力后，过多的活性氧可以通过与不饱和脂肪酸和核酸等生物活性分子的反应造成机体氧化损伤，引起细胞结构和功能的失常，引发多种疾病危害机体健康[136]。

6. 展青霉素的限量标准

为了使果蔬类食品中的展青霉素的含量处于安全范围，许多国家及机构制定了严格的限量标准，部分限量标准如表 3-4 所示。JECFA 推荐的展青霉素每日摄入耐受量为 $0.2 \sim 0.4\mu g/kg$ BW。欧盟果蔬汁饮料工业协会（AIJN）规定果汁、花蜜及含有苹果汁的酒精饮料中展青霉素含量不超过 $50\mu g/L$，固体苹果产品中不超过 $25\mu g/L$，儿童用苹果汁和婴儿食品中的最大限量为 $10\mu g/L$[137]。我国 GB 2761—2017《食品中真菌毒素限量》中规定，苹果山楂及其半成品中展青霉素含量不能超过 $100\mu g/kg$，水果产品如果酱、罐头等中展青霉素的限量为 $50\mu g/kg$。

表 3-4　国际组织和一些国家制定的食品中展青霉素限量[138]

国家和组织	产品	限量/($\mu g/kg$ 或 $\mu g/L$)
奥地利	果汁	50
捷克	所有食品	50
	儿童食品	30
	婴儿食品	20
芬兰	所有食品	50
法国	苹果汁	50
希腊	生咖啡豆、苹果汁、苹果制品	50
以色列	苹果汁	50
挪威	苹果汁	50
罗马尼亚	所有食品	30
俄罗斯	水果和浆果罐头	50
瑞典	浆果、水果、果汁	50
瑞士	果汁	50
乌拉圭	果汁	50
中国	水果制品（果丹皮除外），仅限以苹果、山楂为原料制成的产品	50
	果汁类	50
	酒类	50
美国/国际食品法典委员会	苹果汁和苹果制品	50
	苹果汁	50
欧盟	果汁、浓缩果汁复原后和水果饮料	50
	运动饮料、苹果酒和其他用苹果制成的或含苹果汁的发酵饮料	50

7. 展青霉素的生物合成

展青霉素的生物合成起始于乙酰辅酶 A 和三个丙二酰辅酶 A，然后被 6-甲基水杨酸合成酶催化成 6-甲基水杨酸，最终产物形成丁烯酮，其中 Mn^{2+} 在 PAT 生物合成过程中可能是脱羧酶的辅酶[139]，展青霉素的生物合成途径见图 3-12。

有关报道指出展青霉素通过发酵可以被降解，因此食品发酵成酒后则不能检出展青霉素，在含酒精的水果饮品中也未检出。发生霉变的糕点大多含有展青霉素，但在香肠等动物性食品中检出率很低，这是因为展青霉素生物合成的碳源来自葡萄糖和蔗糖，食品中这两种糖含量高的更有利于该毒素的生成[140]。

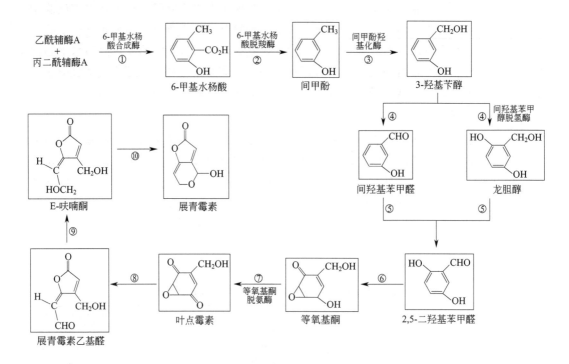

图 3-12　展青霉素的生物合成途径[141]

8. 展青霉素的防控措施

控制制品中展青霉素的含量，可以从两个方面入手，一方面降低苹果生长、采摘、生产、加工各个程序中展青霉素含量；另一方面控制产生展青霉素的真菌的繁殖与代谢。理想的真菌脱除方法应具备以下几个条件：①真菌毒素活性受到抑制、去除或者破坏；②脱毒设备投资少，脱毒工艺对环境无污染；③对处理产品的营养价值、感官品质无显著影响；④生产工艺不改变或改变少；⑤能杀灭真菌且破坏真菌孢子。目前，常用的展青霉素去除方法主要包括物理法、化学法和生物法三大类。

利用各种物理手段以减少或降低展青霉素含量，例如通过调控贮藏条件（低温贮藏、贮藏时间和气调贮藏等）以及提高挑选、清洗水果效率。研究发现在不同功率超声波处理下，展青霉素含量明显降低，并且其含量降低与处理时间、超声功率成正比关系[142]。同时，微波处理利用其热效应、高频波动效应可以对展青霉素分子进行破坏。吸附法作为一种新兴的展青霉素降解控制技术，在苹果汁加工业引起了极大的关注，该方法具有特异性强、来源丰富、去除效率高和成本低廉等特点，拥有广阔的发展前景。

为安全有效地清除真菌毒素，20 世纪 60 年代开始，研究人员开始试验用生物学资源进行毒素清除研究[143]。利用微生物清除食品中的真菌毒素已被研究者所关注，此方法过程包括微生物将毒素代谢降解成低毒或无毒产物和微生物菌体将毒素吸附。

化学法控制污染水果及水果制品的展青霉素主要有使用各种杀菌剂，以及臭氧的氧化降解处理和使用护色剂物质等方式方法。一些防腐剂、酚类抗氧化剂及食品添加剂等对展青霉的生长及展青霉素也有抑制作用，进而降低苹果汁中毒素含量。

六、交链孢毒素

1. 交链孢毒素的理化性质

交链孢毒素（Alternaria toxins）主要是由交链孢属（Alternaria spp.）真菌产生的一系列有毒的次生代谢产物。根据化学结构和理化性质不同，交链孢毒素分为4类：①二苯并吡喃酮类，主要包括交链孢酚（alternariol，AOH）、交链孢酚单甲醚（alternariol monomethyl ether，AME）和交链孢烯（altenuene，ALT）。AOH和AME为无色针状结晶，熔点分别为350℃和267℃；ALT是无色棱柱状结晶，熔点190～191℃，这三种毒素均易溶于二甲基亚砜、甲醇、乙腈等有机试剂，能稳定存在于酸性（pH=5.0）的磷酸盐缓冲液中。紫外线照射下，三种毒素均发出蓝紫色荧光。②特拉姆酸（四价酸）类，主要是细交链孢菌酮酸（tenuazonic acid，TeA）及其异构体 i-TeA。TeA呈褐色黏稠油状，沸点117℃，pK_a 为3.5，微溶于水而易溶于多种有机溶剂如丙酮、氯仿、乙醇、甲醇等。TeA为强螯合剂，可与钙、镁、铜、铁、镍等金属螯合。TeA结构不太稳定，存在酮-烯醇互变异构现象。③环四肽类，主要是腾毒素（tentoxin，TEN）。④二萘嵌苯（戊醌）类，包括交链孢毒素Ⅰ（altertoxin Ⅰ，ATX-Ⅰ）、交链孢毒素Ⅱ（altertoxin Ⅱ，ATX-Ⅱ）和交链孢毒素Ⅲ（altertoxin Ⅲ，ATX-Ⅲ）。这四类主要交链孢毒素结构如图3-13所示。

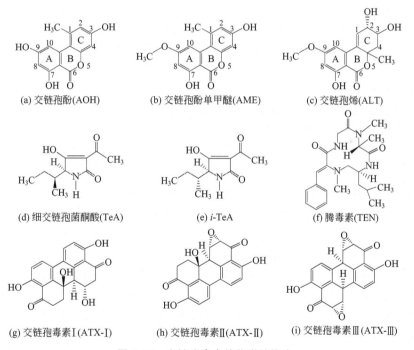

图 3-13　交链孢毒素的化学结构式

2. 交链孢毒素的污染状况

目前已发现的交链孢毒素有70余种，其中AOH、AME和TeA在食品中污染比较广泛且检出率较高。从近五年来主要交链孢毒素的污染现状可以看出，交链孢毒素更容易污染小麦及其制品、番茄制品、枸杞等干果以及葵花籽油等食品，其中TeA是检出率最高的交链孢毒素。小麦比面粉中交链孢毒素的污染更重，说明制粉过程可显著降低面粉中毒素污染水平。目前研究也证明小麦制粉过程会导致交链孢毒素再分配，大部分毒素主要分布在麦麸中，而仅少量留存在面粉中。干果及坚果中交链孢毒素的污染要比果汁、葡萄酒等食品中的更为严重，特别是枸杞中交链孢毒素污染较重，AOH、AME 和 TeA 的最大检出值均超过了 1500μg/kg。不仅如此，2 种或 3 种交链孢毒素可同时污染食品，如在葡萄干样品中，12.5％的样品同时检出 2 种交链孢毒素，而 3.5％的样品同时检出 3 种交链孢毒素。此外，也有报道显示，交链孢毒素可与 PAT、OTA 或黄曲霉毒素同时污染同一食品。

3. 交链孢毒素的产毒菌及产毒条件

交链孢毒素是交链孢菌在自然生长过程中产生的一种次生代谢产物，同时也是病原菌适应外界环境的一种反映，以提高其生存竞争能力。因此，交链孢毒素的产生受到病原菌菌株、温湿度、pH 值、碳源和氮源等因素的影响。目前侵染农产品的主要交链孢菌有互隔交链孢（A. alternata）、细极链格孢（A. tenuissima）、乔木链格孢（A. arborescens）、侵染链格孢（A. infectoria）、芸苔链格孢（A. brassicae）和茄交链孢（A. solani）等，其中互隔交链孢是侵染农产品并产生毒素的最主要致病菌，能导致小麦、高粱、番茄、辣椒、苹果、梨、蓝莓、柑橘、枸杞和橄榄等农产品腐烂变质。互隔交链孢可产生 AOH、AME、TeA 和 TEN 等交链孢毒素，而侵染链格孢可产生 ATX-Ⅰ毒素却不产生 AOH 等主要交链孢毒素，因此，除形态学和分子生物学可作为互隔交链孢和侵染链格孢的鉴定依据外，交链孢菌产毒情况也可作为不同大孢子种的鉴别依据之一。但对于交链孢菌的小孢子种，如互隔交链孢、细极链格孢和乔木链格孢，都可以产生主要交链孢毒素，仍需要结合形态学、分子生物学的手段进行鉴定。分离自小麦、番茄和葡萄的互隔交链孢，70％以上的病原菌都能产生 AOH 和 AME 中的 1 种或 2 种同时产生，而少量病原菌可产生 TeA，但其产 TeA 的能力远远高于产 AOH 和 AME。

交链孢菌能在低温下生长繁殖是造成冷藏及冷链物流过程中农产品腐败变质的重要原因，而温度也是影响互隔交链孢生长和产毒的重要因素。如 25℃贮藏的苹果产生 AOH 和 AME 的互隔交链孢分别占 47％和 41％，同时产生这两种毒素的互隔交链孢占 38％；2℃贮藏的苹果，产生 AOH 和 AME 的菌株比例有所减小，分别为 17％和 6％，同时产生两种毒素的菌株比例为 6％。因此，低温贮藏会降低交链孢菌的产毒能力。体外实验也表明不同温度条件下互隔交链孢 IM I89344 的产毒种类和产量都不相同。28℃时，IM I89344 主要产生 AOH 和 AME，21℃条件下则主要产生 TeA，14℃条件下则主要产生 ATX-Ⅰ和 ATX-Ⅱ，而高温（35℃）不利于交链孢毒素的累积。

碳源和氮源是影响交链孢菌生长和产毒的重要营养因子。碳源和氮源可显著影响 AOH 和 AME 的生物合成，但对 TeA 合成的影响相对较小。特别是易被交链孢菌吸收、转化利用的氮源（无机氮源、氨基酸等）可能要比易被菌吸收、转化利用的碳源（葡萄糖、果糖、蔗糖等）对 AOH 和 AME 产生的影响更大一些。此外，酸性环境比碱性环境更利于交链孢毒素的合成。当 pH 值为 4.0～4.5 时，互隔交链孢 DSM 12633 菌株的产毒量最高，高于 5.5 时产毒量下降，甚至不产毒。

4. 交链孢毒素的毒性及代谢

(1) 急性毒性和亚急性毒性

AOH、AME 和 ALT 具有较弱的急性毒性，其中，AOH 的急性毒性相对较弱，但三者的慢性毒性仍存在一定争议。对亚急性毒性研究发现，AME 只有浓度高达 200mg/kg 体重时，对仓鼠才表现出显著的毒性效应。TeA 能引起哺乳类动物头晕、呕吐、心率过快、消化系统内出血、运动障碍甚至死亡，其急性毒性要强于上述三种交链孢毒素。TeA 能引起哺乳动物急性中毒，雄性小鼠和雌性小鼠的 LD_{50} 分别为 $125\sim225mg/kg$ 体重和 $81\sim115mg/kg$ 体重。TeA 与其他交链孢毒素共存时会表现协同效应。AOH、AME 和 ALT 通常情况下对大鼠和雏鸡无急性毒性作用，而加入 TeA 后，会引起动物急性中毒，且中毒剂量远远低于单独添加 TeA 所需剂量。此外，对大鼠的急性代谢研究表明，$6\%\sim10\%$ 的 AOH 和 AME 从尿液中排出，其中 75% 的 AME 在尿液中以 AME-3-S 的形式排出；除尿液外，AME 的粪便排泄率高达 87%，而 AOH 的粪便排泄率则相对较低（9%）。TeA 主要从大鼠的尿液代谢，少量会从粪便排出体外；也有研究发现人类饮食摄入的约 90% 的 TeA 从尿液排出。TEN 则全部由大鼠的粪便排出体外。

（2）基因毒性、致癌与致畸作用

AOH 可引起 DNA 损伤，通过诱导 DNA 损伤引起基因毒性作用，表现为单链 DNA 断裂、双链断裂以及氧化型 DNA 损伤。AOH 有明确的致突变性，其致突变性与剂量密切相关。AME 对鼠伤寒沙门氏菌 TA_{98} 的诱变性较弱，对大肠杆菌 ND-160 的诱变性很强，推测 AME 可能对不同的基因位点或不同的 DNA 序列有选择性诱变作用。

AOH 和 AME 有潜在致癌性，能诱发鼠鳞状上皮细胞癌。在交链孢菌污染较重的地区，食道癌发病率与交链孢毒素饮食暴露量呈显著正相关。在低物质的量情况（微摩尔级浓度）下，AOH 和 AME 能显著引起人类癌细胞（HT29 和 A431）DNA 链断裂。AOH 因有双酚环结构而表现出一定的雌激素作用，能引起细胞雌激素分泌异常，进而抑制细胞增殖从而引发遗传毒性效应，这可能与 AOH 具致癌性有关。AOH 和 AME 的致癌机理与癌基因的激活和抑癌基因的变异有密切关系，特别是能导致 DNA 聚合酶 β（人体内主要的碱基切除修复聚合酶）发生突变，并可导致蛋白质结构发生变化而使 DNA 聚合酶 β 的基因修复功能发生异常。AOH 的致癌作用与其浓度水平有关，较高浓度的 AOH 才会引起细胞 DNA 聚合酶 β 基因发生突变。TeA 的毒性作用主要是抑制蛋白质的生物合成。持续暴露于 TeA 有可能诱发食管癌，小鼠持续饲喂 TeA 后出现了比较典型的癌变前兆，即食管黏膜上皮细胞中的部分细胞的细胞核固缩，染色质增大并呈颗粒化。

交链孢毒素还有致畸性。AOH 能损害胚胎的早期发育，孕期小鼠注射 AOH 和 AME 后 $9\sim12d$，胎儿畸形率显著升高；单独加大剂量注射 AOH 后 $13\sim16d$，胎儿畸形率明显上升，而单独注射 AME 无此效果。

（3）细胞毒性

AOH 和 AME 已被发现在一定浓度下对不同的人类细胞系具有细胞毒性。AOH、AME 和 ALT 都对 HeLa 细胞具有毒性作用，且 AOH 和 AME 具有协同作用。AOH 和 AME 能够抑制 DNA 拓扑异构酶，影响细胞的复制、转录等，进而引起细胞损伤。此外，AOH 可诱导氧化应激、细胞自噬和细胞周期阻滞，从而导致细胞活力的降低。AOH 可诱导肝细胞凋亡，诱导细胞周期阻滞，可能与促凋亡 miRNA-34 家族的参与有关。AOH 能通过影响基因表达降低猪子宫内膜细胞的生活力。AOH 还能干扰细胞生命活动来抑制中国仓鼠 V97 细胞系的细胞增殖。ALT 能够抑制 NIH/3T3 细胞增殖，阻滞细胞于 G_2/M 期细胞间，但其毒性弱于 AOH。TeA 处理小鼠 3T3 成纤维细胞、中国仓鼠肺纤维细胞和人类肝细胞（L-O2 细胞）三种细胞系，可导致细胞增殖速率和总蛋白质含量的降低。

5. 交链孢毒素的生物合成

（1）AOH 和 AME 的生物合成

AOH、AME 及其他二苯并吡喃酮衍生物均属聚酮化合物（polyketide），其生物合成由一个全长约 15kb 的基因簇调控，主要包括聚酮合酶基因 *pksI*、氧甲基转移酶 *omtI*、FAD 依赖性单加氧酶 *moxI*、短链脱氢酶 *sdrI*、外二醇双加氧酶 *doxI* 等 5 个关键基因和 1 个锌簇蛋白转录因子基因 *aohR*，其中基因 *pksI* 是调控 AOH 毒素生物合成的关键基因。*pksI* 包含一个酮酰基合酶（KS）、一个酰基转移酶（AT）和一个酰基载体蛋白（ACP）的结构域。AOH 是大多数二苯并吡喃酮衍生物的形成前体，它的生物合成途径是，一个乙酰辅酶 A 和六个丙二酰辅酶 A 在 KS 和 AT 的作用下通过头尾醛醇缩合反应，使聚酮得以延长，最终在硫酯酶作用下，碳链释放形成 AOH（图 3-14）。AME 是 AOH 的甲基化产物，AOH 与 *S*-腺苷甲氨硫酸在 *omtI* 的作用下生成 AME。

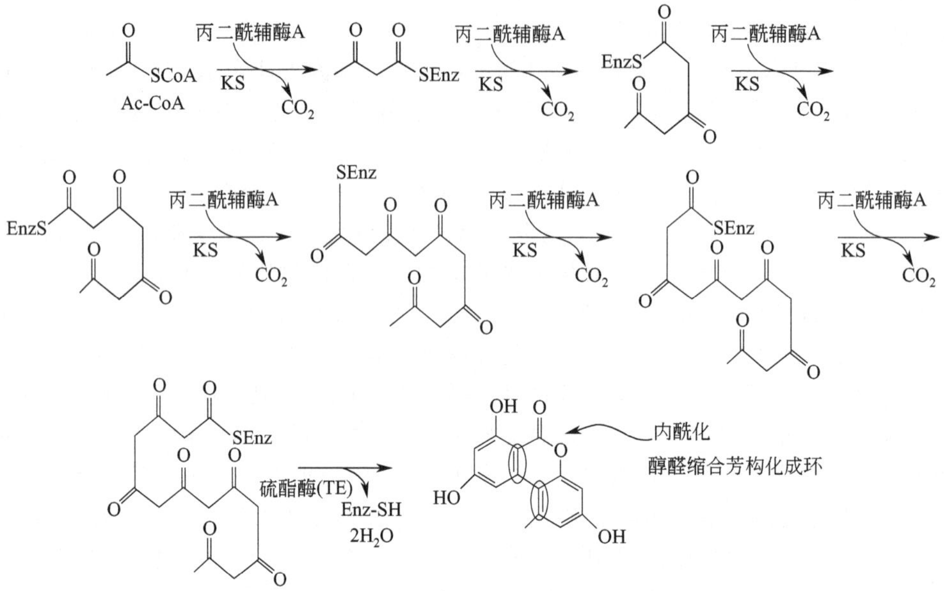

图 3-14　AOH 的生物合成途径

（2）TeA 的生物合成

TeA 的生物合成途径（图 3-15）与 AOH、AME 不同。对稻瘟病菌（*Magnaporthe oryzae*）的研究发现，TeA 可通过一种独特的 NRPS 和 PKS 的杂合酶——TeA 合成酶（TAS1）催化生成，而且 PKS 是合成 TeA 的必需功能区域。进一步对 TAS1 进行同源搜索和进化分析表明，互隔交链孢中有与 TAS1 具有类似功能的同源蛋白质，氨基酸相似性在 50% 以上，该蛋白质有 C-A-PCP-KS 的保守域。异亮氨酸和乙酰辅酶 A 是 TeA 合成的前体物质，最终通过 TAS1 的 KS 结构域完成环化反应生成 TeA。NADPH 作为一种重要的辅助因子参与异亮氨酸的代谢合成。由此表明，能量代谢和氨基酸代谢共同参与了 TeA 合成底物的供给。

6. 交链孢毒素的防控措施

（1）物理控制

物理脱毒是指通过吸附、紫外线辐照、等离子体等技术或通过清洗、热处理等加工过程从而达到去除毒素的目的。吸附剂脱毒是近年来被广泛关注和较成熟的脱毒方法。利用海泡石对毒素的吸附作用可降低葡萄汁中 AOH 和 AME 毒素的含量。在葡萄汁中加入 5g/L 的海泡石，60min 后可使初始浓度为 2μg/mL 的 AOH 和 AME 分别降低 38.4% 和 75.4%，且不影响葡萄汁的品质。紫外线照射技术可作为一种去除真菌毒素的有效方法，经过一定剂量

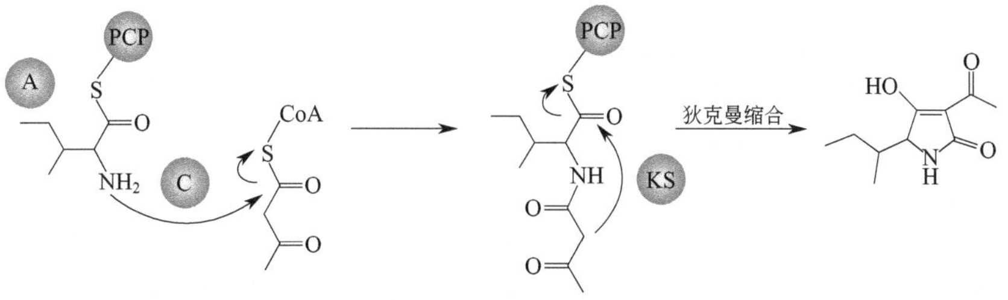

图 3-15　TeA 的生物合成途径

的紫外线（UV-C）照射，AOH、AME、TEN 均可在不同程度上被降解，特别是 TEN 比 AOH 和 AME 更易被 UV-C 降解。然而，UV-C 照射对 TeA 无明显降解作用。此外，经 UV-C 处理的染病番茄果实中，交链孢毒素含量明显降低，并显著抑制了毒素向周围健康组织扩散。

食品加工过程良好操作规范有利于降低真菌毒素污染风险，特别是规范的清洗步骤可显著降低番茄汁和面粉中 AOH、AME 和 TeA 的含量。加工过程的热处理也会不同程度地影响毒素含量。如 100℃热处理持续处理 90min 后，葵花籽粉中 TeA 含量下降了 50%，番茄汁中 AOH 含量下降了 33%，但上述热处理条件对葵花籽粉和番茄汁中 AME 含量无显著影响。高温烘焙中水分含量会影响真菌毒素的降解。如 230℃烘焙 60min，面包中 AOH 降低了约 20%，AME 无显著变化；制作过程仅加入能固定面粉的少量水分，在同样烘焙条件下，AOH 和 AME 毒素含量分别降低了约 70%和 50%。生面团发酵过程也可显著降低交链孢毒素含量，如 25℃发酵 48h 后，AOH、AME 和 TeA 含量分别降低了 41.5%、24.1%和 60.3%。低温等离子体作为一种新兴的非热处理技术能够用来控制真菌毒素污染。有研究者将面粉置于等离子体源下 6mm 持续照射 3min，面粉中 AOH、AME 和 TEN 含量分别降低了 60.6%、73.8%和 54.5%。此外，利用挤压技术，通过摩擦、剪切、加热对物料产生高温、高压、高剪切力作用，可有效降解真菌毒素。研究表明小麦制粉过程中的挤压参数会影响交链孢毒素含量，其中小麦水分含量和挤压速度对 TeA 和 AME 影响较大，而挤压速度和物料加载速率对 AOH 有显著影响。最适的制粉挤压参数为小麦水分含量为 24%，加载速率为 25kg/h，挤压速度为 390r/min 时，面粉中 AOH、AME 和 TeA 含量分别降低了 87.9%、94.5%和 65.6%。

（2）化学控制

化学脱毒是利用某些化学物质来实现真菌毒素的降解，从而起到减小或消除真菌毒素的危害。臭氧是一种强效的氧化剂，因其具有极易分解生成氧气、无污染残留等优点，已广泛应用于真菌毒素的去除。有学者研究表明臭氧浓度和暴露时间是降解交链孢毒素的关键。低浓度的臭氧能显著降低 TeA 和 AOH，如 5.0mg/L 臭氧处理 30min，能使 TeA 和 AOH 分别下降 89.6%和 58.7%，但 AME 仅降解 9.3%，TEN 完全没有降解。随臭氧浓度的增加及作用时间的延长，臭氧对 AME 和 TEN 的降解能力逐渐增加。20.0mg/L 臭氧处理 30min 后，AME 和 TEN 的降解率为 35.2%和 8.4%，随着暴露时间增加到 90min，上述两种毒素的降解率分别为 77.5%和 59.8%。

越来越多的研究发现，植物精油对产毒菌生长及毒素的积累具有较好的控制效果。肉桂醛和柠檬醛能抑制交链孢菌产生 AOH 和 AME 毒素，在达到一定浓度（0.2~0.25μL/mL）后可以完全抑制真菌生长和毒素合成。挥发性成分异硫氰酸酯能有效控制交链孢菌生长和 AOH、AME 和 TEN 毒素积累，并对梨果实的黑斑病有较好的控制效果。除精油和挥发性成分外，蓝桉提取物、绿原酸和厚朴酚等天然产物也对交链孢毒素的积累具有显著的抑制作用。但不同天然产物抑制菌产毒的作用机制不同，有些低浓度天然产物虽然对病原真菌具有一定抑制作用，却刺激了真菌毒素的合成。因此，利用天然产物控制采后病害时，应注意筛选好控制病原真菌和真菌毒素积累的最适浓度，以免刺激真菌毒素产生。

(3) 生物控制

真菌毒素的生物降解分为生物吸附和生物降解两种。生物吸附通过形成菌体-毒素复合体，减少毒素在体内的滞留。有学者研究发现灭活的乳酸菌菌体可有效去除橙汁中 TeA。当 TeA 初始浓度为 $250\mu g/L$，添加 6% 灭活乳酸菌菌粉 12h 后，橙汁中 TeA 去除率为 87.0%。目前普遍认为，乳酸菌的脱毒机理主要是细胞壁中以 N-乙酰胞壁酸和 N-乙酰葡萄糖胺为主要成分的肽聚糖对毒素进行物理吸附。

利用微生物拮抗剂即生防菌控制真菌病害是最有前途的杀菌剂替代方案。农产品表面存在细菌、酵母等微生物群落，对病原菌有显著的拮抗活性，并能抑制菌产毒。有学者研究发现葡萄上分离的美极梅奇酵母菌能显著抑制交链孢菌产 TeA 毒素，不同酵母菌对 TeA 毒素的抑制率为 81.2%～99.8%。小麦上分离的荧光假单胞菌能显著抑制交链孢菌产 AOH、AME 和 TEN 毒素，但对交链孢菌的生长无显著影响。此外，生防菌可与低风险杀菌剂结合来控制果实病害及毒素的产生，进而降低杀菌剂残留。

第三节　藻类毒素危害与控制

由于淡水富营养化引起蓝藻（严格意义上应称为蓝细菌）、绿藻、硅藻等疯长而形成水华，使水体呈蓝色、绿色或其他颜色。形成水华的这些藻类可产生大量藻毒素使水源污染，藻毒素可通过消化道途径进入人体，引起腹泻、神经麻痹、肝损伤，严重者可发生中毒甚至死亡[144]。

产生藻类毒素的藻类主要是蓝藻、绿藻、硅藻、甲藻等，已报道的藻类毒素中毒性最强、污染最严重的多为蓝藻和绿藻产生的毒素，其中，又以蓝藻毒素的污染最为突出。蓝藻毒素主要包括作用于肝脏的肝毒素，作用于神经系统的神经毒素和位于蓝藻细胞壁外层的内毒素，一般把内毒素与脂多糖视为同一物质[145]。肝毒素包括微囊藻毒素（microcysin，MC）、节球藻毒素（nodularin，NOD）和柱孢藻毒素（cylindrospermopsin，CYN）。微囊藻毒素为环七肽，节球藻毒素为环五肽。神经毒素主要包括 β-N-甲氨基-L-丙氨酸（β-N-methylamino-L-alanine，BMAA）、鱼腥藻毒素-a（an-atoxin-a，AnTX-a）、鱼腥藻毒素-a（s）[anatoxin-a（s），AnTX-a（s）]、石房蛤毒素（saxitoxins，STX）。鱼腥藻毒素-a 为仲胺碱，鱼腥藻毒素-a（s）为胍甲基磷脂酸，石房蛤毒素为氨基甲酸酯类。内毒素包括脂多糖内毒素等[146]。目前，对于 MC、CYN、AnTX-a、BMAA 等藻毒素报道最多。

本节将从理化性质、毒性及作用机理、污染状况及对应的防控措施对几种主要的藻毒素进行介绍。

一、微囊藻毒素

1. 微囊藻毒素的理化性质

MC 是水华暴发时微囊藻属、鱼腥藻属等蓝藻产生的次级代谢产物[147]，主要由淡水藻类铜绿微囊藻（*Microcystis aeruginosa*）产生，是淡水中分布最广泛的蓝藻毒素之一，具有毒性强、对人体各器官损害大等特点。MC 是一组环状七肽物质[148]，结构可以表示为环-(D-丙氨酸-L-X-赤-β-甲基-D-异天冬氨酸-L-Z-Adda-D-谷氨酸-N-甲基脱羟基丙氨酸)，如图3-16 所示。图 3-16 中 R_1、R_2 代表 H 或 CH_3，其中 Adda（3-氨基-9-甲氧基-2，6，8-三甲基-10-苯基-4,6-癸二烯酸）是 MC 发挥毒性作用的重要结构。X、Z 是 2 个可变的氨基酸基团，基于不同的氨基酸组合和其他变化（如几种官能团的甲基化/脱甲基），到目前为止已有超过 100 个 MC 变体被报道。自然界中分布较广的变体为 MC-LR、MC-RR 和 MC-YR（L、R、Y 分别代表亮氨酸、精氨酸和酪氨酸），其中 MC-LR 分布最广且毒性最强。

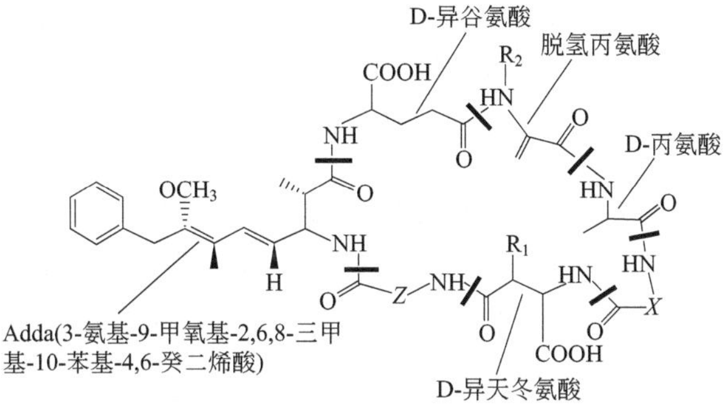

图 3-16　MC 分子结构示意图

MC 具有亲水性，在水中溶解度最高可达 1g/L[149]。同时，MC 具有很强的耐热性，在 300℃条件下仍能保持较长时间不分解[150]，加之 MC 耐酸碱，一旦自来水和食品发生 MC 污染，高温烹调和煮沸等加工过程均不易将其破坏和去除，食品安全即无法得到保障。

2. 微囊藻毒素的毒性及作用机理

人体短期暴露于 MC 会引起消化道疼痛、肝脏炎症等症状；长期暴露于 MC 时则会出现肿瘤、肝衰竭，最终导致死亡。MC 以肝脏为主要靶器官，对其具有毒性和致癌性，同时还具有肾毒性、生殖毒性、神经毒性和免疫毒性等。表 3-5 为 MC 常见的毒性作用靶器官/系统与毒性表现[151]。

表 3-5　MC 的毒性作用靶器官/系统与毒性表现

器官/系统毒性	毒性表现
肝脏	肝细胞骨架改变，细胞凋亡和坏死，肝内出血，肝脏淤血、肿大，LDH 含量↑，血清 AST 活力↑，血清 ALT 活力↑，血清 AKP 活力↑
肾脏	肾细胞凋亡，细胞形态改变，肾组织坏死，肾小球塌陷，基底膜增厚，肾小管扩张，ROS 水平↑，MDA 含量↑，GSH 含量↓，Bax 和 p53 表达量↑，脱天蛋白酶活力↑
生殖毒性	DPC 系数↑，微核数量↑，睾丸绝对和相对质量↓，精子活力↓，精子浓度↓，显微结构损伤，睾酮含量变化，睾丸细胞间隙增大和线粒体膜下水肿
神经毒性	空间学习能力和记忆力下降，超微结构受损，线粒体肿胀，内质网扩张，MDA 含量↑，AChE 活力↓和 GSH 含量↓
免疫毒性	脾脏组织病理学改变，淋巴细胞的超微结构改变，溶菌酶活力↓，IL-1β、TNF-α、IgM 转录水平改变
肺毒性	间质水肿，肺泡萎陷，肺细胞凋亡，肺结构紊乱，肺泡隔增厚，炎症细胞聚集
心脏毒性	心肌组织体积、密度降低，有淋巴细胞浸润，心肌细胞增大，肌原纤维含量减少，心肌萎缩和纤维化

注：↑表示上升；↓表示下降。

MC 毒性作用的先决条件是 MC 通过多特异性有机阴离子转运多肽（OATP/Oatp）转运到

细胞中，同时对 PP1 和 PP2A 活性产生不可逆的抑制作用。MC 主要通过两步反应抑制 PPs 活性。首先 PPs 催化亚基的 4 个氨基酸形成疏水笼，迅速包裹 MC 的 Adda 疏水侧链；然后 MC 中 Mdha 侧链的末端碳原子与 PPs 半胱氨酸的巯基发生不可逆结合。MC 与 PPs 形成加合物，从而抑制 PPs 的催化活性，打破体内原有的蛋白质磷酸化和去磷酸化平衡，这两者的平衡是调节真核细胞中信号转导的重要机制。MC 通过多种途径如氧化损伤、细胞凋亡、改变细胞骨架稳定性、细胞增殖等的交互作用发挥毒性效应[152]。若要全面评估 MC 的潜在健康风险，不能仅满足于简单地揭示由 MC 诱导的细胞效应，应该深入了解 MC 毒性的分子机制。

3. 微囊藻毒素的污染状况

近年来，日本、美国、澳大利亚、德国、中国台湾等 20 多个国家和地区都曾对其境内的淡水湖泊、水库等饮水水源中水华现象进行了报道，分离并检测出了主要毒素 MC，有学者还先后报道了多起因 MC 污染导致人群、家畜、鱼类患病甚至死亡的事件[144]。国内在长江流域与多个内陆湖（如太湖、巢湖、鄱阳湖、滇池和洱海等），及国外的内陆湖（如德国万湖、美国朗孔克马湖、日本米卡塔湖和摩洛哥耶特-奥瓦湖）等自然水体中均检测到多种MC；在北京官厅水库、太原市汾河一库和二库、秦皇岛洋河水库和韩国 Daechung 水库等饮用水源水体中也均检测到不同浓度的 MC，且部分已超过世界卫生组织《饮用水水质准则》中限定的 Ⅱ 类水体 MC-LR 安全值（1.0μg/L）。淡水蓝藻水华及其产生的 MC 经地表径流汇入海域水体，在我国深圳湾临近海域、日本谏早湾入海口、美国加利福尼亚河口和近岸等海域环境中均已检测到 MC[153]。除淡水产品外，MC 在农作物（尤其小麦、玉米等粮食作物以及叶类蔬菜）、藻类食品膳食补充剂等食品中都有相关报道[154]。

4. 微囊藻毒素的防控措施

微囊藻属喜高温藻类，一般进入 5 月份池塘水温稳定在 20℃ 以上时，已开始生长繁殖。夏季繁殖速度极快，生长旺盛。进入秋季水温下降时其生长速度逐渐缓慢。当水温下降到15℃ 以下时，不再生长繁殖。近年来受气候变暖的影响，微囊藻水华的发生时间有所提前，而消失时间有所延后。一般情况下，以植食性鱼虾为主的池塘及水体交换条件差的池塘较易发生微囊藻水华。同时，已发生微囊藻水华的池塘，翌年不仅更易发生且时间还会提早。鉴于上述微囊藻发生的一般规律，对微囊藻必须采取以预防为主，标本兼治的方针，早发现，早治理[155]。

主要防治方法包括生物防治、化学防治、物理防治和其他防治。生物防治利用浮游动物通过摄取微囊藻直接抑制其过度繁殖，还可以通过改变周围光线的强度和营养条件间接地影响微囊藻的繁殖。另外还可以利用高等水生植物和微生物细菌来防治。化学防治主要适用于小型水体。目前主要用硫酸铜进行处理，根据水体的自然条件和水华发生的程度不同，采用不同的处理方法。物理防治主要采取截流、疏浚、稀释和污水分流等措施。物理方法有费时、费钱、操作困难的缺点。最后，要把好水源关，一是对养殖鱼塘应严格控制进水，严防引入其他鱼塘排出的"铜绿水"；进水后应尽快施肥，培养有益藻类，使有益藻类占优势，抢占生态位，抑制微囊藻的繁殖；精养鱼塘应定期换水，降低有机物含量。二是对大型水体应严格控制污染源。

二、节球藻毒素

1. 节球藻毒素的理化性质

节球藻毒素（NOD）主要由泡沫节球藻（*Nodularia spumigena*）产生，其结构与微囊藻毒素类似，是一种环状五肽结构，抑制蛋白磷酸酶 PP1 和 PP2A 的活性。NOD 的一般结构为 D-MeAsp-L-Y-Adda-D-Glu-Mdhb，节球藻毒素的分子结构比微囊藻毒素少两个氨基酸，并且在节球藻毒素-R 中，其结构 L-Y 一般代表的是 L-精氨酸（L-Arg）[147]。分子结构如图 3-17 所示，图中 D-MeAsp 代表 D-甲基天冬氨酸；Mdhb 为 N-脱氢-α-氨基丁酸；Adda 为一种特殊的 β-氨基酸（3-氨基-9-甲氧基-2,6,8-三甲基-10-苯基-4,6-癸二烯酸），是所有已知的蓝藻肝毒素的共同结构[156]。

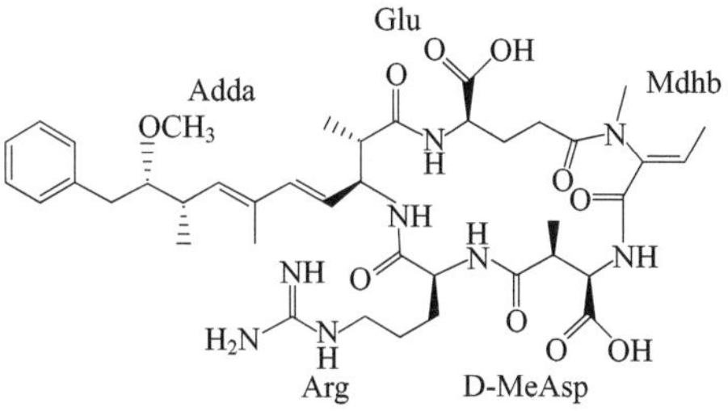

图 3-17　NOD 的分子结构

肝毒素的共同结构 Adda 的氨基酸本身无毒，这可能是由于游离的 Adda 不能到达细胞的作用部位或者不能与相应的靶细胞相互作用。但其立体结构是肝毒素活性和毒性作用所必需的，且肝毒素活性和毒性与 Adda 和 L-精氨酸之间的空间关系有关。

2. 节球藻毒素的毒性及作用机理

NOD 对肝脏的毒性效应和微囊藻毒素基本相同。腹腔注射 NOD 可使小鼠和大鼠在 2～3h 内死亡，死前出现嗜睡、竖毛、皮肤苍白、耳朵及脚趾和尾部冰冷、后肢瘫痪、呼吸急促等症状。大体可见肝脏充血、肿胀、占体重的 8%～10%（正常对照为 4%～5%）。组织病理学检查可见肝脏大面积出血，相应部位的肝血窦被破坏，并可观察到这些部位坏死的早期征象。肝脏 PAS 染色部位可见大面积糖原缺失区。肾小管上皮有轻微的水肿，其他重要脏器未见明显的损伤。NOD 的 LD_{50} 为 30～50$\mu g/kg$，该变异程度可能是由动物的性别、年龄或种属等不同造成的[157]。

NOD 对动物具有急性毒性作用，NOD 可以抑制 NADH 脱氢酶和激活琥珀酸脱氢酶的活性，从而影响生物正常的呼吸作用，还可改变线粒体 Na^+-K^+-ATP 酶活性，进而打破线粒体膜上的离子稳态，使线粒体膜电位消失。NOD 会对人体细胞产生遗传毒性，导致遗传疾病的发生。NOD 通过嘌呤氧化和由非整倍性活动导致着丝粒微核形成的增加诱导 DNA 的氧化损伤，还可引起 $HepG_2$ 细胞的凋亡，NOD 诱导基因发生改变有可能是引发致癌作用的主要原因。长期暴露于 NOD 下，植物体内也会产生一系列的反应，NOD 引起的植物氧化应激反应包括多种蛋白质的修饰、各种氧化酶的改变如 α-生育酚和细胞色素氧化酶水平增加等。NOD 对水生生物的毒性影响体现在多个方面，低浓度的毒素会诱导酶的活性，而高剂量的毒素则可显著抑制酶的活性，还可以诱导水生生物的细胞凋亡。

3. 节球藻毒素的污染状况

泡沫节球藻可以固定大气中的溶解态氮，其生存能力比其他浮游生物高。由于其在水中的高生物量和毒素代谢物的产生，水中生物多样性降低，严重影响了生态系统的结构和功能[149]。同时，许多水生生物对 NOD 具有一定的解毒作用，且解毒过程是一个消耗能量的过程，因而会影响浮游生物的繁殖和总的生长率。若水生生态系统生物链中某一种较敏感的生物受到 NOD 的影响，则整个食物链的生产力也会受到影响[158]。

4. 节球藻毒素的防控措施

NOD 的降解方法大致包括物理降解、化学降解、生物降解等，而生物降解（酶降解）是其中最主要的途径。①物理降解：在自然环境条件下 NOD 可发生光降解，但其降解程度会随光照方式的不同而呈现差异性，特定催化剂也会促进 NOD 的光降解；反渗透、真空蒸馏和沉积物吸附也有助于水中 NOD 的移除。②化学降解：环境中的 NOD 可通过氧化降解或电化学反应等消除。③生物降解：细菌菌株对 NOD 具有一定的降解能力。B-9 菌株细胞提取物中含有能降解 NOD 的水解酶，其水解过程为 NOD 的质子化、加水反应和环状肽肽键的断裂，最终产物为 Adda。微生物对 NOD 的水解作用依赖于水的性质、采样地点、微生物的种类以及 NOD 的数量或浓度[158]。

NOD 可沿食物链由泡沫节球藻传递至其他水生生物。许多水生生物对 NOD 具有一定的解毒作用，经过一定时间的代谢后，最终生物体内 NOD 的浓度要比初始摄入时的浓度低。可通过研究 NOD 对不同生态位代表性生物的毒性，确定节球藻毒素对不同生态位生物的安全浓度，进而制定相应的水生态基准。

三、柱孢藻毒素

1. 柱孢藻毒素的理化性质

柱孢藻毒素（CYN）主要由拟柱孢藻（*Cylindrospermopsis raciborskii*）产生，是一种具细胞毒性的生物碱，主要抑制蛋白质和谷胱甘肽合成。CYN 是由一个 3 环胍基与羟甲基尿嘧啶联合组成一种 3 环类生物碱，易溶于水和有机溶剂，其分子质量为 415Da。CYN 在中性和酸性条件下结构稳定，煮沸 4h 不降解；碱性条件下则相对易降解，煮沸能加速其降解。另外两种类似于 CYN 的天然化合物分别是 7-epicylindrospermopsin（7-epi-CYN）和 7-deoxycylindrospermopsin（7-deoxy-CYN）。7-epi-CYN 毒性类似于 CYN。而对于 7-deoxy-CYN，起初认为是无毒的，但后来研究证实 7-deoxy-CYN 能够抑制蛋白质合成，其毒性亦类似于 CYN[159]。

2. 柱孢藻毒素的毒性及作用机理

CYN 具细胞毒性、肝毒性、遗传毒性和神经毒性，还有可能致癌，该毒素还能在一些水生生物体内积累。CYN 中毒初期症状为厌食、便秘、呕吐、头痛、发烧和腹痛等；后期出现酸中毒性休克和血性腹泻。CYN 对老鼠的腹腔（IP）注射 LD_{50} 为 0.2mg/kg，经口 LD_{50} 大约为 6.0mg/kg。在 Shen 等[160] 的实验中，以 Balb/c 老鼠为实验对象分析 CYN 的基因毒性，结果表明诱导 DNA 链断裂可能是 CYN 基因毒性的重要机制之一。Young 等[161] 对 CYN 细胞毒性的研究表明，接触 $1\mu g/mL$ CYN 24h 存在细胞毒性，而 $0.0625\mu g/mL$ CYN 却不会产生细胞毒性。

3. 柱孢藻毒素的污染状况

在全球范围内，拟柱孢藻目前主要分布在热带、亚热带地区，并逐渐向温带地区扩散。早在 1899～1900 年，人们在印度尼西亚爪哇岛首次发现拟柱孢藻，1939 年在印度和其他热带地区也发现了它的存在，因而人们初步判定它为热带藻种。此后，诸多报道相继证明拟柱孢藻在热带、亚热带和温带地区以及除南极洲以外的所有大洲均有分布[162]。

4. 柱孢藻毒素的防控措施

传统的水处理工艺如絮凝、过滤等能有效去除蓝藻细胞及细胞内毒素，但无法去除溶于水体中的藻毒素。微滤和超滤比传统的沙滤更能有效地去除蓝藻细胞和细胞内毒素。活性炭粉末能有效吸附水体中的 CYN。研究表明，氯气能有效氧化降解 CYN，臭氧也可以有效氧化降解 CYN 且其氧化降解产物对人体无害。TiO_2 光催化适用于降解水体中的 CYN 和尿嘧啶类化合物。氯气和臭氧虽然能有效氧化降解 CYN，但易引起细胞溶解，从而导致水体中细胞外毒素浓度增加。藻毒素的有效处理方法是去除藻细胞并保持藻细胞不受机械损伤，防止额外的细胞内毒素释放到水中，因此，先用过滤方法去除细胞内 CYN，然后结合使用活性炭、生物降解、氧化和小孔径膜过滤技术有效去除水中的 CYN。

第四节　海洋毒素

近年来，受全球气候变化和海洋污染影响，由海洋毒素引发的食物中毒事件频频发生。海洋毒素是由海洋生物或者它们的尸体腐败后产生、存在于海洋生物体内、有强烈毒性的一类海洋天然有机化合物，属于非蛋白质类低分子化合物（分子质量 250～3500Da）[153]，可以在贝类或鱼类体内积累，通过食物链富集进入人体，导致人体中毒，从而危害人类健康和公共安全。

各类海洋毒素的化学结构、理化性质和作用机理均有很大的不同，通常根据中毒症状不同，可以将海洋毒素分为麻痹性贝类毒素（paralytic shellfish poisoning，PSP）、腹泻性贝类毒素（diarrheic shellfish poisoning，DSP）、记忆缺失性贝类毒素（amnesic shellfish poisoning，ASP）、神经性贝类毒素（neurotoxic shellfish poisoning，NSP）四类。但也有些海洋毒素很难根据中毒特征分类，而是根据最初分离得到它们的来源进行分类，如河豚毒素、西加毒素等[163-164]。

本节将从来源分布、理化性质、作用机理及对人体的主要影响对几种主要的海洋毒素进行介绍。

一、麻痹性贝类毒素

1. 麻痹性贝类毒素的来源及分布

麻痹性贝类毒素（PSP）是由甲藻、蓝藻等株系或细菌产生的。能够产生 PSP 的海洋藻类主要有：亚历山大藻属中的链状亚历山大藻、塔玛亚历山大藻、股状亚历山大藻、芬迪湾亚历山大藻、联体亚历山大藻、微小亚历山大藻；膝沟藻属中的枣形膝沟藻、链状膝沟藻、穴膝沟藻、股状膝沟藻、项圆膝沟藻；以及链状裸甲藻和巴哈马梨甲藻。产生 PSP 的蓝藻主要有水华束丝藻、鞘丝藻、卷曲鱼腥藻、拟柱孢藻。产 PSP 的细菌主要是与亚历山大藻属共生的细菌等[165]。

PSP 在全球各地区广泛分布，包括北美洲东西沿海、欧洲沿海、东南亚沿海、澳大利亚和新西兰东部沿海、南非西部沿海以及阿根廷等沿海地区，也有研究者在北极地区的淡水中也发现了 PSP 的存在[165]。

2. 麻痹性贝类毒素的理化性质

PSP 是一类四氢嘌呤毒素的总称，由石房蛤毒素（STX）及其衍生物组成。化学上，PSP 是一组水溶性氨基甲酸酯生物碱，1957 年第一次从阿拉斯加石房蛤（*Saxidomus gigangteus*）中分离出 STX。1975 年 Bordner 和 Schantz 两个研究团队分别确定了 STX 的结构。

PSP 的分子结构如图 3-18 所示，根据 R_4 基团的差异可将常见的 PSP 分为四类：①氨基甲酸酯毒素，包括 STX、NEO、GTX1-4；②N-磺酰氨甲酰基毒素，包括 GTX5-6、C1-4；③脱氨甲酰基毒素，包括 dc STX、dc NEO、dc GTX1-4；④脱氧脱氨甲酰基毒素，包括 do STX、do GTX2-3。另外，PSP 衍生物还有 N-羟基衍生物（hy STX、hy NEO）、鞘丝藻毒素（LWTX1-6）、斑足蟾毒 AB、安息香酸盐衍生物（GC1-6，GC1-6a，GCb1-6b），以及新型代谢产物（M1-5）[166] 等。

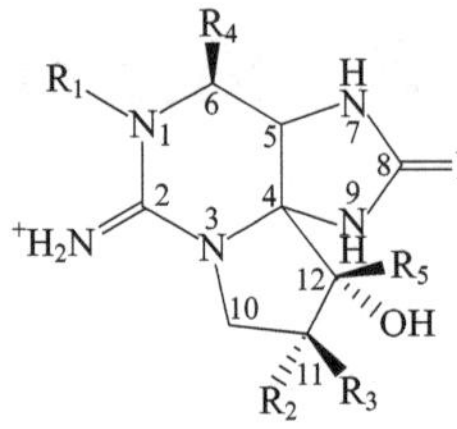

图 3-18　PSP 的分子结构

PSP 分子量低，呈碱性，易溶于水，可溶于甲醇、乙醇等极性溶剂，不溶于氯仿、丙酮等部分非极性溶剂。常温下，PSP 结构较稳定，但在碱性条件下易发生氧化分解。N-磺酰氨甲酰基类毒素在加热和酸性条件下会脱掉磺酰基，然后生成相应的氨基甲酸酯类毒素，但是在稳定的条件下则生成相应的脱氨甲酰基类毒素等。PSP 某些基团也可发生转化，如 C11 位羟基磺酸盐基团可发生空间异构化，β 异构体（如 C2、C4、GTX3、GTX4、dc GTX3、dc GTX4）转化为稳定的 α 异构体（如 C1、C3、GTX1、GTX2、dc GTX1、dc GTX2），稳定后 α、β 异构体之比约为 3∶1[166]。

3. 麻痹性贝类毒素的作用机理及对人体的主要影响

PSP 的中毒机制是通过影响钠离子通道而抑制神经的传导，PSP 与神经元细胞及肌膜上的钠离子通道蛋白上的毒素受体结合，阻断了钠离子通道，使钠离子不能内流，导致神经肌肉的传导过程受到干扰，使随意肌松弛麻痹，产生一系列的中毒症状[167]。

PSP 中毒症状从恶心、呕吐、口腔刺痛到瘫痪不等，在严重的情况下可能会危及生命。这种胃肠道和神经系统综合征在世界范围内都有报道，轻度症状包括嘴唇周围有刺痛感或麻木感，逐渐扩散到面部和颈部，指尖和脚趾有刺痛感，头痛，头晕和恶心。中度重度疾病的特征是言语不连贯、四肢刺痛感发展、四肢僵硬和不协调、全身无力，轻度呼吸困难和脉搏快速跳动加腰酸为晚期症状。在极为严重的情况下，肌肉麻痹会导致呼吸困难，并且也会出现窒息感。死亡是由食用被污染的贝类后 2～12h 内发生呼吸麻痹而没有人工呼吸引起的[168]。

二、腹泻性贝类毒素

1. 腹泻性贝类毒素的来源及分布

自 1961 年以来，荷兰就报道了食用贻贝导致人体中毒，如肠胃紊乱的事件。1970 年，智利洛斯拉各斯发生了类似的中毒事件。1976 年和 1977 年，日本也发生了食用贻贝和扇贝（*Patinopecten yessoensis*）中毒事件。在 1983 年的法国和 1984 年的瑞典和挪威，发生了食用青口贻贝的中毒事件。1997 年至 2001 年间，伦敦和葡萄牙也曾因食用蛤（*Donax trun-*

culus）和剃刀蛤（*Solen marginatus*）而导致人类中毒。2006 年至 2007 年，在希腊发生了更多由贻贝引起的疫情。2011 年在加拿大和中国也发生了类似疫情。在我国辽东湾、胶州湾、莱州湾、秦皇岛、福建等海域均发现腹泻性贝类毒素。2010 年 9 月，在我国香港、澳门两地发生一起因食用同一批扇贝导致的人类中毒事件，2011 年 5 月，浙江宁波市和福建宁德市发生了因食用有毒贝类而导致的大规模中毒事件。

腹泻性贝类毒素 DSP 是由甲藻产生的，属于鳍藻属和原甲藻属。现已证明产生 DSP 的藻类主要有 7 种鳍藻 *Dinophysis. fortii*、*D. acuminata*、*D. acuta*、*D. norvegica*、*D. mitra*、*D. rotundate* 和 *D. triposs*，以及 4 种原甲藻，*Prorocentrum. minimum*、*P. lima*、*P. concavum*（或 *P. maculosum*）、*P. redfieldi*。其他三种鳍藻 *D. caudata*、*D. hastata* 和 *D. sacculus* 能否产生 DSP 还在探讨研究之中。从 Europa 岛的珊瑚礁分离到的深海底甲藻 *P. arenarium* 和从伯利兹的珊瑚礁分离到的 *P. belizeanum* 也可以产生大田软海绵酸（okadaic acid，OA）[168]。

2. 腹泻性贝类毒素的理化性质

在 20 世纪 70 年代，日本东北地区发生了一系列因食用河蚌和扇贝而引起的食物中毒事件，共有 164 人被证实出现严重的呕吐和腹泻症状，Yasumoto 由此发现了鳍藻类毒素并首次发现了腹泻性贝类毒素。DSP 是一类聚醚和亲脂化合物，根据碳骨架结构将其分为三类，第一类是酸性毒素，它包括 OA 及其天然衍生物——鳍藻毒素（dinophysistoxin Ⅰ-Ⅲ，DTX Ⅰ-Ⅲ）；第二类是中性毒素，由聚醚内酯——蛤毒素（pectenotoxins，PTXs）组成；第三类是包括硫酸盐化合物即扇贝毒素（yessotoxin，YTX）及其衍生物 45-羟基扇贝毒素（45-OH YTX）在内的其他毒素[169]（图 3-19）。

3. 腹泻性贝类毒素的作用机理及对人体的主要影响

腹泻性贝类毒素在沿海地区都有分布，是威胁最严重的赤潮毒素之一。这种毒素会引起人中毒症状，包括腹泻、呕吐、恶心和头疼等。这类毒素不会致命，但会引起轻微的肠胃病，且症状一般在 24h 之内就会消失，没有比较强烈的急性毒性[169]。

OA 及其类似物的靶点被认为是丝氨酸/苏氨酸磷酸蛋白磷酸酶（PPs），尤其是 PP2A 和作为二级靶点 PP1 和 PP2B。由于紧密连接完整性的改变，它们会导致十二指肠旁细胞通透性的破坏，由 OA 群毒素引起的症状可能发生在食用受污染的双壳类软体动物后不久[159]。OA 导致腹泻的确切毒理学机制及其对哺乳动物的后续影响尚未确定。进一步研究其毒性机制，特别是在蛋白质组和基因组水平，有助于阐明体内 OA 的确切毒理机制。蛋白质组学分析表明，OA 毒性破坏消化酶系统，影响脂质、氨基酸和糖代谢，影响细胞骨架重组，诱导氧化应激，干扰肠道细胞信号转导。这些观察证明了 OA 在肠道中的毒性是复杂多样的，在腹泻过程中涉及多种蛋白质和生物过程[170]。

人们对 DSP 的关注不仅仅在于食用有毒贝类之后引起的腹泻、呕吐等症状，还在于长期接触低浓度毒性贝类带来的其他毒性，这包括细胞毒性、神经毒性、免疫毒性、胚胎毒性、基因毒性以及可以引发癌症。大量研究表明，其细胞毒性主要表现为细胞形态变化、细胞骨架破坏，细胞周期变化和凋亡诱导[171]。受损的细胞通常表现出迅速肿胀，膜完整性疏松，新陈代谢受抑制以及细胞内含物释放到周围。OA 可以通过在体内外诱导 tau 蛋白的过度磷酸化来引起神经元细胞死亡[12]。OA 也是一种遗传毒素，已被证明可导致多种细胞过程中的调控异常，并对遗传物质具有遗传毒性作用。通过饲喂瑞士小鼠被 OA 污染的贻贝研究 OA 的毒性，数据显示 OA 引起免疫刺激和全身性免疫缺陷[172]。

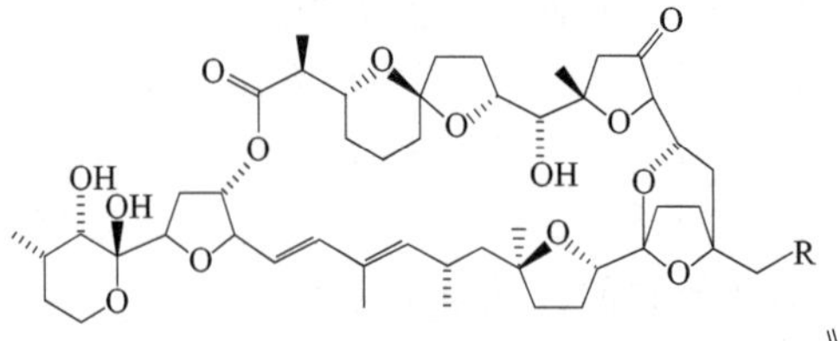

扇贝毒素-1 (PTX-1)　R=CH₂OH
扇贝毒素-2 (PTX-2)　R=CH₃
扇贝毒素-3 (PTX-3)　R=CHO
扇贝毒素-6 (PTX-6)　R=COOH

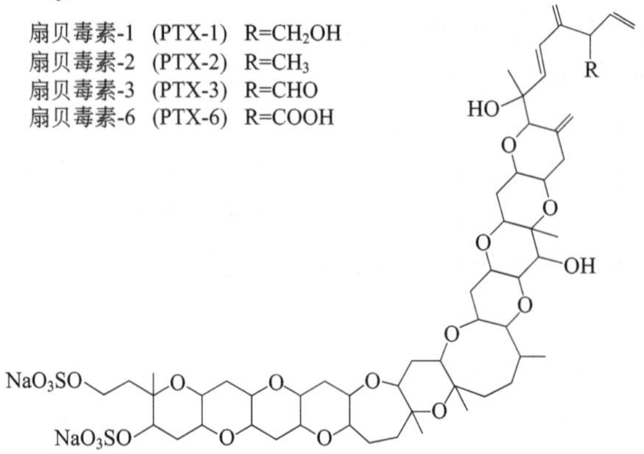

虾夷扇贝毒素 (YTX)　　　　　　R=H
45-羟基扇贝毒素 (45—OH YTX)　R=OH

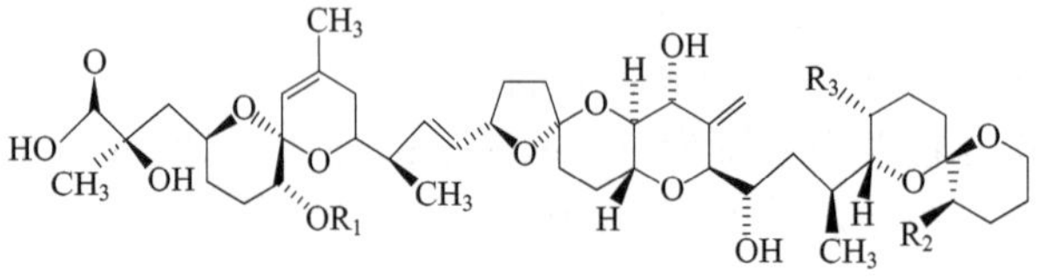

	R₁	R₂	R₃
大田软海绵酸(OA)	H	H	CH₃
鳍藻毒素-1(DTX-1)	H	CH₃	CH₃
鳍藻毒素-2(DTX-2)	H	CH₃	H
鳍藻毒素-3(DTX-3)	Acyl	CH₃	H

图 3-19　腹泻性贝类毒素的分子结构

三、记忆缺失性贝类毒素

1. 记忆缺失性贝类毒素的来源及分布

记忆缺失性贝类毒素最早是在加拿大发现的[14]，其主要成分为软骨藻酸（domoic acid，DA），DA 是由红藻和硅藻物种产生的一种天然神经毒素，不同种类的红藻和分布广泛的硅藻如 *Pseudo-nitzschia*、*Chondria. armata*、*Digenea simplex* 等物种可产生 DA。硅藻分布在全球水域，是世界上形态最多样、种类最丰富的浮游植物类群之一。这些藻类主要生长在美国、加拿大、新西兰等海域。在日本海域的微藻 *Chondria armata* 也可导致记忆缺失性贝类毒素的产生[172]。

在全球范围内，一些贝类生产基地经常因为不同贝类中 DA 含量过高而关闭。1993 年初，新西兰贝类检测项目首次在贝类中检测到 DA。澳大利亚也曾记录到 DA，但 DA 主要在北美海岸和西欧。在欧洲的葡萄牙海岸、法国地中海地区、意大利、马恩岛（爱尔兰海）、加利西亚（西班牙西北部）和希腊的野生或养殖贝类中也发现 DA 的流行[163]。

2. 记忆缺失性贝类毒素的理化性质

DA 是一种水溶性半抗原，含有三个羧酸基团，从化学上来源于异戊二烯前体。1958 年，

它首次从 *Chondria armata* 中被分离出来。其结构与红藻氨酸和谷氨酸相似，是红藻氨酸受体的兴奋剂。现已发现不同的 DA 类似物，这些化合物是热稳定的，所以烹饪不会破坏毒素。

3. 记忆缺失性贝类毒素的作用机理及对人体的主要影响

DA 的中毒机制有以下三个方面：①由于 DA 与谷氨酸神经递质的受体结合效率比谷氨酸高，所以 DA 可以与谷氨酸神经递质的受体进行竞争性结合，这样神经细胞就会错误地认为谷氨酸浓度过剩，从而将谷氨酸排除出去，导致所有的谷氨酸都被排除，神经细胞死亡。②兴奋性氨基酸（L-谷氨酸和 L-精氨酸）作为神经递质与其受体结合，能开启膜上钠离子通道，导致钠离子内流及膜的去极化。而 DA 就是一种兴奋性氨基酸类似物，同样竞争性地与两种兴奋性氨基酸受体结合，且 DA 与受体的亲和力更强，使钠离子通道开放，导致钠离子非正常内流及膜的去极化，从而导致钠离子渗透压失衡。③通过 DA 与受体结合而打开的通道对钙离子具有高度透过性，导致钙离子内流而使细胞死亡[163]。

DA 及其类似物的生物作用模式源于其结构与谷氨酸的相似性。DA 中毒症状表现为一系列神经紊乱如记忆障碍和癫痫性脑脊髓炎，短期记忆丧失是一种典型的症状，头晕、恶心和呕吐是其他症状，最严重的情况下将导致昏迷和脑损伤或死亡[163]。在加拿大发生的中毒事件中，受影响的人表现出肠胃、心血管和神经系统紊乱以及永久性的短期记忆丧失。

DA 虽然在各种组织中寿命较短，但会导致重要身体器官的严重病变。它穿透血脑屏障，威胁神经元和神经胶质。DA 在线粒体水平上诱导细胞内自由基的产生，其积累导致脂质、蛋白质和 DNA 等重要大分子的氧化，这种现象被称为氧化应激，可引起神经元和胶质细胞的凋亡或坏死。在人的 ASP 病例中已经报告了人脑，特别是海马中的病变。神经元坏死损害了中枢神经系统的生理机能，包括运动、感觉和认知功能障碍，并引起心理变化。这种行为变化类似于精神分裂症的诊断特征和与自闭症谱系障碍[163] 相关的社会行为异常。DA 中毒病程可分为三个阶段：第一个阶段为癫痫病灶的特征性表现；第二个阶段是器官的生理变化和生理损伤；第三个阶段，反复发作的渐进性损害发生于大脑。DA 通过穿透保护性的胎盘膜，对胎儿造成有害的生理和结构影响，并对大脑发育产生高度持续的改变。DA 的慢性低水平接触被认为会影响人类健康。较轻微的记忆问题可能与大量食用受污染的海鲜有关，尤其是剃刀蛤[173-174]。

四、神经性贝类毒素

1. 神经性贝类毒素的来源及分布

BTX 主要由 *Karenia brevis*、*K. brevisulcatum*、*K. mikimotoi*、*K. selliformis* 和 *K. papilionacea* 等鞭毛藻产生，尤其是在墨西哥湾的温暖水域。然而，其他种类的藻类，如古茶藻、滨茶藻、日本丝藻和杂藻等，据报道会产生类似于 BTX 的化合物。

美国和新西兰报告了几例 BTX 中毒病例。有记录的规模最大的一次 NSP 暴发发生在 1992 年至 1993 年的新西兰，原因是食用了海蛤、青壳贻贝和牡蛎[16]。欧洲未报告人中毒事件或贝类或鱼类中 BTX 的发生。目前，虽然在欧洲水域发现了产毒藻类的存在，如 *K. mikimotoi*，但没有监管限制[174]。

2. 神经性贝类毒素的理化性质

神经性贝类毒素 NSP 是由食用了主要由鞭毛藻产生的短裸甲藻毒素（brevetoxins，BTXs）污染的贝类引起的。NSP 是贝类毒素中唯一的可以通过吸入导致中毒的毒素。NSP 属于高度脂溶性毒素，基本结构是由 10 到 11 个环状结构构成的大环多醚类物质，具热稳定性，在贝类等生物体中的消除半衰期能长达数十甚至数月，且加热、微波等常规加工方式不能破坏毒素分子。从短裸甲藻细胞提取液中分离出 13 种神经性贝类毒素成分，其中 11 种成分的化学结构已确定，按各成分的碳骨架结构划分为 3 种类型：①由 11 个稠合醚环组成的梯形结构；②10 个稠合醚环组成；③其他成分。根据结构的骨架不同可以分为 A 型（BTX-A）和 B 型（BTX-B）[175]。

3. 神经性贝类毒素的作用机理及对人体的主要影响

导致 NSP 产生的毒素是 BTX。NSP 会产生与西加鱼毒素（CFP）几乎相同的中毒综合征，其中以胃肠道和神经系统症状为主。NSP 的强度没有 CFP 的严重，并且通常在几天之内就可以恢复。食用受污染的贝类后 3～4h 出现症状，患者会发生非特异性胃肠道症状（恶心、呕吐和腹泻）和神经系统症状（口腔感觉异常、构音障碍、头晕或共济失调和步行障碍）。患者很少需要住院和支持治疗，症状通常在发病后 48h 内消失[176-177]，尽管在极端情况下可能导致死亡。NSP 结合并激活细胞膜中的钠离子通道，导致神经元和肌肉细胞膜去极化[168]。NSP 以高亲和力与钠离子通道的受体位点 5 结合，导致这些通道的活化，从而导致不受控制的 Na^+ 流入细胞，并使神经元和肌肉细胞膜去极化。大多数中毒是通过吸入来自海浪引起的 BTX 雾化毒素。

BTX 是较强的钠离子通道激活毒素，通过与钠离子通道受体靶部位相结合，开启兴奋膜上的钠离子通道，可以使细胞膜对钠离子的通透性增强，并活化电压门控钠离子通道，产生较强的细胞去极化作用，引起神经肌肉兴奋的传导发生改变，而不影响钾离子通道。因而，BTX 具有胚胎毒性、发育毒性、免疫毒性、遗传毒性和致癌作用等毒性效应。BTX 毒素的毒性大小取决于两个因素：毒素和目标物的亲和力以及靶细胞中诱导反应的效力。BTX 毒素主要对呼吸和心肌功能有抑制作用，产生自发、反复的剂量依赖性肌肉收缩，造成束颤、抽搐或跳跃，与剂量显著相关的呼吸速率下降，中枢和外周神经的支气管收缩[178]。

第五节　天然动物毒素与安全控制

一、河豚毒素

1. 河豚毒素的性质与来源

河豚毒素是最具代表性，也是可引起最严重的动物性食物中毒的毒素之一。河豚又名鲀，是无鳞鱼的一种。世界上河豚有 200 多种，其中有毒的有 90 余种。河豚主要生活于海水中，在清明节前后由海中逆游至入海口的河中产卵。河豚鱼肉味道鲜美诱人，但所含的剧毒物质极易使食用者发生食物中毒，中毒死亡率往往高达 50% 以上。过去曾由于纯化和鉴定技术的不足，认为河豚体内有 4 种毒素，即河豚卵巢毒、河豚酸、河豚肝脏毒、河豚精，现在证实河豚体内只含有一种毒素即河豚毒素。

河豚毒素的化学名称是氨基全氢间二氮杂萘，是一种毒性强烈的非蛋白质类神经毒素，呈无色棱柱状结晶体；难溶于水，易溶于食醋；在碱性溶液中易分解；对热稳定，经 100℃、7h，或 120℃、60min，或 220℃、10min 的加热才能被破坏；盐腌或日晒、烧煮等方法均不能去毒，但 pH3 以下和 pH7 以上不稳定。用 4% NaOH 溶液处理 20min 或 2% 的 $CaCO_3$ 溶液浸泡 24h 可变成无毒。河豚毒素的毒性相当于剧毒药品氰化钠的 1250 倍，对人经口的致死量为 $7\mu g/kg$ 体重，只需要 0.5mg 就可使一个体重为 70kg 的人中毒死亡[179]。

2. 河豚毒素的中毒机制与表现

河豚毒素的结构特征是有 1 个碳环、1 个胍基、6 个羟基、在 C5 和 C10 位有一个半醛糖内酯连接着的分开的环。在胰液酶、唾液淀粉酶、乳化酶、糖转化酶等酶类存在下不分解。只溶于酸性水溶液或醇溶液，在碱性水溶液中易分解，在 5％氢氧化钾溶液中于 90～100℃下可分解成黄色结晶 2-氨基-羟甲基-8-羟基-喹唑啉。它是相当特殊的一种有机化合物，分子内的胍基与氮原子是质子化的，正羧酸也离解为阴离子，所以河豚毒素以内盐形式存在[169]。在室温下用 50g/L 的氢氧化钡处理河豚毒素可得脱水河豚毒素——由 pK_{a_1} 值为 2.5 的羧基和 pK_{a_2} 值为 10.9 的胍基组成的两性离子化合物，可在水中与一分子的溴完全反应产生河豚酸。河豚毒素在酸中也能部分异构化为脱水河豚毒素，从而影响对河豚毒素的提取纯度。所以，河豚毒素制剂经过长时间放置可降解。至于河豚酸是否具备毒性尚有争议。因此，在生物代谢过程中，脱水和脱氧过程会降低毒性，而加氧机制能够使毒性增强。

河豚毒素主要作用于神经系统，阻碍神经细胞膜对 Na^+ 的透过性，使神经轴索膜透过 Na^+ 的作用发生障碍，从而阻断了神经的兴奋传导，表现为感觉神经麻痹，手指、唇、舌尖等部位刺痛发麻，继而运动神经和血管神经麻痹，外周血管扩张而血压急剧下降，最后出现呼吸中枢麻痹而死亡。河豚毒素对胃肠道也有局部刺激作用。由于河豚毒素极易被胃肠道与口腔黏膜吸收，故重症患者可于发病后 30min 内死亡，最快者发病后 10min 死亡。

3. 河豚毒素的安全控制措施

由于河豚毒素耐热，在 100℃加热 30min 仅能破坏 20％左右，120℃经 60min 才能破坏；易被强酸和碱（如碳酸氢钠）破坏。一般家庭烹调方法难以去除毒素，故最有效的控制中毒的措施是将河豚集中处理，禁止销售。中国《水产品卫生管理办法》中严禁餐饮店将河豚作为菜肴经营，并规定："河豚不得流入市场销售，应剔除集中妥善处理。因特殊情况需进行加工食用者，应在有条件的地方集中加工。在加工处理前必须先去除内脏、头、皮等含毒部位，洗净血污，经盐腌、晒干后，安全无毒方可出售，其加工废弃物应妥善销毁。"应开展宣传教育，让人们了解河豚有剧毒，并能识别河豚形态，了解河豚毒素的性质和分布，以防误食中毒。加工拣出的所有河豚内脏，都必须作专门处理。

二、畜产品腺体与脏器毒素

1. 畜产品腺体与脏器毒素的中毒机制与表现

家畜肉，如猪肉、牛肉是人类普遍食用的动物源性食品。在正常情况下，家畜的肌肉是无毒的，可安全食用。但其体内的某些腺体、脏器或分泌物可用于提取医用药物，如摄食过量，可扰乱人体正常代谢[171]。

（1）甲状腺

在牲畜腺体中毒中，以甲状腺中毒较为多见。人和一般动物都有甲状腺，猪甲状腺位于后气管喉头的前下部，是一个椭圆形颗粒状肉质物，附在气管上，俗称"栗子肉"。甲状腺所分泌的激素叫甲状腺素，它的生理作用是维持正常的新陈代谢。人一旦误食动物甲状腺，因过量甲状腺素会扰乱人体的正常内分泌活动，将出现类似甲状腺机能亢进的症状。由于突然大量外来的甲状腺激素扰乱了人体正常的内分泌活动，特别是严重影响了下丘脑功能，表现出一系列神经精神症状。体内甲状腺激素增加，使组织细胞氧化速率增高，代谢加快，分解代谢水平增高，产热增加，各器官系统活动平衡失调，因而出现各种症状，既有与甲状腺机能亢进相似之处，又有甲状腺中毒的特点[171]。

甲状腺中毒的潜伏期可以从 1h 到 10d，一般为 12～21h，临床主要症状为：胸闷、恶心、呕吐、便秘或腹泻，并伴有出汗、心悸等。部分患者于发病后 3～4d 出现局部或全身性丘疹，皮肤发痒，间有水泡、皮疹，水泡消退后普遍脱皮。少数人下肢和面部浮肿、肝区痛、手指震颤。严重者发高热、心跳过速，从多汗转为汗闭、脱水，十天后脱发。个别中毒者出现脱皮或手足掌侧脱皮。也可导致慢性病复发和流产等。病程短者仅为 3～5d，长者可达月余。有些人较长期有头晕、头痛、无力、脉快等症状[171-172]。

（2）肾上腺

猪、牛、羊等牲畜和人一样，也有自身的肾上腺，肾上腺也是一种内分泌腺。肾上腺左右各一，分别跨在两侧肾脏上端，所以叫肾上腺，俗称"小腰子"。大部分包在腹腔油脂内的肾上腺能分泌多种重要的脂溶性激素，现已知有 20 余种，它们能促进体内非糖化合物（如蛋白质）或葡萄糖代谢，维持体内钠钾离子平衡，对肾脏、肌肉等功能都有影响。肾上腺一般都因屠宰牲畜时未摘除或髓质软化在摘除时流失，被人误食，使机体内的肾上腺素浓度增高，引起中毒。此食物中毒的潜伏期很短，食后 15～30min 发病。中毒症状一般为血压急剧升高、恶心呕吐、头晕头痛、四肢与口舌发麻、肌肉震颤，重者面色苍白、瞳孔散大，高血压、冠心病者可因此诱发中风、心绞痛、心肌梗死等，危及生命[172]。

（3）病变淋巴结

人和动物体内的淋巴结是机体的保卫组织，分布于全身各部，为灰白色或淡黄色如豆粒至枣大小的"疙瘩"，俗称"花子肉"。当病原微生物侵入机体后，淋巴结产生相应的反抗作用，甚至出现不同的病理变化，如充血、出血、肿胀、化脓、坏死等。这种病变淋巴结含有大量的病原微生物，可引起各种疾病，对人体健康有害。应强调指出，鸡、鸭、鹅等的臀尖不可食。鸡臀尖是位于鸡肛门上方的那块三角形肥厚的肉块，其内是淋巴结集中的地方，是病菌、病毒及致癌物质的大本营。虽然淋巴结中的巨噬细胞能吞食病菌、病毒，但对 3,4-苯并芘致癌物却无能为力，3,4-苯并芘致癌物可以在淋巴结中贮存。对于无病变的淋巴结及正常的淋巴结，虽然因食入病原微生物引起相应疾病的可能性小，但其中是否含有致癌物和其他有害物质仍无法从外部形态判断[172]。

2. 畜产品腺体与脏器毒素的安全控制措施

甲状腺素的理化性质非常稳定，在 600℃ 以上的高温时才能破坏，一般的烹调方法不可能做到去毒无害。所以，最有效的防控措施是屠宰者和消费者都应特别注意检查并摘除牲畜的甲状腺。猪只屠宰时应及时将甲状腺取下，不得与"碎肉"混在一起出售。人误食未摘除甲状腺的血脖肉可引起中毒[172]。

此外，为了保证食用安全，屠宰牲畜时应及时摘除肾上腺和淋巴结，以防误食。

第六节　天然植物毒素与安全控制

一、苷类毒素

1. 苷类毒素的性质与来源

（1）皂素苷

皂素苷是类固醇或三萜系化合物的低聚配糖体的总称。因其水溶液能形成持久大量泡沫，酷似肥皂，故名皂素苷，又称皂素或皂草苷。含有皂素苷的植物有豆科、五加科、蔷薇科、葫芦科和苋科，皂素苷主要存在于菜豆（四季豆）和大豆中。在未煮熟的菜豆、大豆及其豆乳中含有的皂素苷对消化道黏膜有强烈刺激作用，可产生一系列胃肠刺激症状而引起食物中毒，一年四季皆可发生。

（2）氰酸苷

氰酸苷是结构中含有氰基的苷类，水解后可产生氢氰酸（HCN）。氰酸苷在植物中分布较广，禾本科如竹、稻、麦，蔷薇科如杏、桃、李、枇杷的果仁，大戟科如木薯等均含有氰酸苷。在植物氰酸苷中与食物中毒有关的化合物主要是苦杏仁苷和亚麻苦苷。在苦杏、苦扁桃、枇杷、李子、苹果、黑樱桃等果仁和叶子中含有的氰酸苷叫苦杏仁苷。苦杏仁中苦杏仁苷的含量比甜杏仁高 20～30 倍。在木薯、亚麻籽及其幼苗中含有的氰酸苷为亚麻苦苷。亚麻苦苷是木薯中的主要毒性物质，可释放游离的氰化物。

2. 苷类毒素的中毒机制与表现

食入烹调不当或炒煮不够熟透的豆类是引起中毒的主要原因。其中毒症状主要表现为胃肠炎。潜伏期一般为 2～4h，表现为呕吐、腹泻（水样便）、头痛、胸闷、四肢发麻，病程为数小时或 1～2d。恢复快，预后良好。

氰酸苷在的氰酸苷酶（如苦杏仁酶）的作用下，经胃酸及肠道中微生物的分解作用，产生二分子葡萄糖和苦杏仁苷，后者又分解为苯甲醛和游离的氢氰酸。氢氰酸是一种高活性、毒性大、作用快的细胞原浆毒，当它被胃黏膜吸收后，氰离子与细胞色素氧化酶的铁离子结合，使呼吸酶失去活性，氧气不能被机体细胞利用，导致机体组织缺氧而陷入窒息状态。氢氰酸属于剧毒物，对人的最低致死剂量经口为 0.5～3.5mg/kg 体重。苦杏仁苷致死量约为 1g，小儿吃 6 粒，成人吃 10 粒苦杏仁就能引起中毒，小儿吃 10～20 粒，成人吃 40～60 粒就可致死。此外，蜀黍氰酸苷（又称 p-羟杏仁氰酸苷）除了存在于青嫩的蜀黍植物外，也存在于竹嫩笋中，曾引起几例人类氰化物中毒，其幼苗可引起牛急性中毒[179]。

3. 苷类毒素的安全控制措施

家庭制作豆类蔬菜应彻底烧熟煮透，煮沸时间不低于 10min，以破坏豆类食品中所含的毒素，特别是四季豆应加热至青绿色消失后方可食用。制作豆浆、豆奶的加工工艺中，一般采用 93℃加热 30～75min 或 121℃加热 5～10min，可消除豆浆中的有毒物。家庭制作豆浆时应在"假沸"后继续加热至 100℃，待泡沫消失，再用小火煮 10min 后方可食用。

二、生物碱类毒素

1. 生物碱类毒素的性质与来源

（1）龙葵碱

龙葵碱（solanine）又称茄碱或龙葵素，最早从龙葵中分离出来。龙葵碱是一类由葡萄糖残基和茄啶组成的弱碱性糖苷，分子式为 $C_{45}H_{73}O_{15}N$。龙葵碱广泛存在于马铃薯、番茄及茄子等茄科植物中。马铃薯中的龙葵碱含量随品种和季节不同而不同，一般 1kg 新鲜组织含龙葵碱 20～100mg。在储藏过程中龙葵碱含量逐渐增加，主要集中在芽眼、表皮的绿色部分，其中芽眼部位约占生物碱总量的 40%。马铃薯中龙葵碱的安全标准是 20mg/100g，但发芽、表皮变青和光照均可使马铃薯中龙葵碱的含量增加数十倍，高达 5000mg/kg，大大超过安全标准，食用这种马铃薯是非常危险的。

（2）秋水仙碱

秋水仙碱是不含杂环的生物碱，为黄花菜致秋水仙碱毒的主要化学物质。秋水仙碱为灰黄色针状结晶体，易溶解于水，对热稳定，煮沸 10～15min 可充分破坏。秋水仙碱本身无毒性，但当它进入人体并在组织间被氧化后，迅速生成毒性较大的二秋水仙碱，才可引起中毒。

2. 生物碱类毒素的中毒机制与表现

(1) 龙葵碱

龙葵碱有较强的毒性，对胃肠有较强的刺激作用，对呼吸有麻痹作用，并能引起脑水肿、充血，进入血液后有溶血作用。此外，龙葵碱的结构与人类的类固醇激素如雄激素、雌激素、孕激素等性激素相类似，孕妇若长期大量食用含生物碱量较高的马铃薯，龙葵碱蓄积在体内对胎儿会产生致畸效应。

(2) 秋水仙碱

秋水仙碱主要存在于黄花菜等植物中，食用未处理或处理不当的黄花菜，即可引起中毒。采用未经处理的鲜黄花菜煮汤或大锅炒菜，虽然味道很鲜美，但食用后易引起中毒。进食鲜黄花菜后，一般 4h 内出现中毒症状。轻者口渴、喉干、心慌胸闷、头痛、呕吐、腹泻（水样便）；重者出现血尿、血便、尿闭与昏迷等。成年人如果一次摄入 0.1～0.2mg 的秋水仙碱（相当于 50～100g 鲜黄花菜）即可引起中毒，对人经口的致死剂量为 3～20mg。

3. 生物碱类毒素的安全控制措施

(1) 龙葵碱

马铃薯中毒绝大部分发生在春季及夏初季节，原因是春季潮湿温暖，对马铃薯保管不好，易引起发芽。因此，要加强对马铃薯的保管，防止发芽是预防中毒的根本保证。此外，要禁止食用发芽的、皮肉青紫或腐烂的马铃薯。少许发芽未变质的马铃薯，可以将发芽的芽眼彻底挖去，将皮肉青紫的部分削去，然后在冷水中浸泡 30～60min，使残余毒素溶于水中，然后清洗。烹调时加食醋，充分煮熟再吃。加热和醋能加速龙葵碱的分解，使之变为无毒。但是以上做法不适用于发芽过多及皮肉大部分变紫的马铃薯，这些马铃薯即使加工处理也不能保证无毒。对于马铃薯中毒的紧急救治主要有以下方法：中毒后立即用浓茶或 1：5000 高锰酸钾溶液催吐洗胃；轻度中毒可多饮糖盐水补充水分，并适当饮用食醋水以中和龙葵碱；剧烈呕吐、腹痛者，可给予阿托品 0.3～0.5mg，肌内注射；严重者速送医院抢救。

(2) 秋水仙碱

不吃腐烂变质的鲜黄花菜，最好使用干制品，用水浸发胀后食用，可保证安全。食鲜黄花菜时需做烹调前的处理，即先去掉长柄，用沸水焯烫，再用清水浸泡 2～3h，中间需换水一次。制作鲜黄花菜必须加热至熟透再食用。烫泡过鲜黄花菜的水不能做汤，必须弃掉。烹调时与其他蔬菜或肉食搭配制作，且要控制摄入量，避免食入过多引起中毒。

三、有毒蛋白和酶类毒素

1. 有毒蛋白质和酶类毒素的性质与来源

(1) 凝集素

凝集素（lectin）是一类不同于免疫球蛋白的蛋白质或糖蛋白，它能与糖专一地、非共价地可逆结合，具有凝集细胞和沉淀聚糖或糖复合物的作用。最早的凝集素是在蓖麻籽抽提液中被发现的，因而被称为植物凝集素（phytohemagglutinin），后来在动物中也发现了具有同样作用的物质，于是将动物来源的称为血凝素（hemagglutinin）。之后，又将对细胞具有凝集作用的、无论动、植物性来源的物质统称为凝集素（agglutinin），并命名为 lectin（中文仍译为凝集素）。目前，人们已经分离纯化了 1000 多种凝集素，其中大多是植物凝集素，仅豆科植物凝集素就达 600 种。

凝集素广泛存在于自然界中的不同物种中，可以说凝集素在整个生物界几乎无处不在。最早发现的凝集素几乎全部是从植物中提取的，且大部分是从豆科植物中提取的。在大豆和菜豆中含有的血球凝集素具有凝集红细胞的酶。在豆科植物 198 个属的种子中，55.9％含有红血球凝集素。植物凝集素存在于很多植物的种子和营养组织中，随着对凝集素研究的增多，发现植物的根、茎、叶、种子中都有凝集素的存在，而且一种植物可有多种凝集素。从食物来源角度分析，植物凝集素的主要来源是豆类，如被人类大量食用的菜豆、蚕豆、大豆、扁豆、豌豆和绿豆等。

凝集素是一类具高度特异性糖结合活性的蛋白质，这是它们区别于所有其他植物蛋白质的标志。目前已知纯化的植物凝集素中大多没有酶活力，绝大多数含有非共价结合的糖分子。大多数植物凝集素都比较稳定，可以在通常使细胞内蛋白质失活的条件下和很大的 pH 范围内保持活性与稳定，对很多蛋白酶不敏感且耐高温。还有一些凝集素甚至是完全稳定的蛋白质，如从刺蓖麻根茎中分离出的凝集素在 5％三氯乙酸和 0.1mol/L 的 NaOH 中保持稳定，沸煮也不会失活，所有通常使用的蛋白酶对它都不起作用。

（2）胰蛋白酶抑制剂

胰蛋白酶抑制剂是一组成分不一的功能性蛋白质或蛋白质的复合体，存在于未煮熟透的大豆蛋白质及其豆乳中，具有抑制胰蛋白酶活性的作用，从而影响人体对大豆蛋白质的消化吸收，导致胰脏肿大和一直食用者的生长发育。

（3）硫胺素酶

在蕨类植物全株幼叶、鲜叶中含有硫胺素酶等多种有毒物质，其毒性即使经蒸、煮、腌渍、浸泡也不能减少。硫胺素酶不但破坏机体内的硫胺素，引起人和动物维生素 B_1 缺乏症，而且还能损害骨髓机能引起血小板、白细胞和红细胞的减少。

2. 有毒蛋白质和酶类毒素的中毒机制与表现

（1）血凝集素

血凝集素具有能使人类红细胞凝集的活性。儿童对大豆红血球凝集素比较敏感，中毒可出现腹泻、腹痛、头痛、头晕等症状。潜伏期为几十分钟至十几小时。人类植物凝集素中毒的典型病例被称为蚕豆病，大多是由于进食蚕豆或与蚕豆的花粉接触后引起的一种中毒性溶血性疾病。大多在食用蚕豆后 1～2 天发病，早期症状有全身不适、胃口不佳、精神倦怠、微热、头晕及腹痛。随后出现溶血症状：精神疲倦、嗜睡、头痛、四肢痛、头晕、贫血及发热，出现血红蛋白尿，随溶血程度不同尿可呈茶色、浓茶色及血红色。消化系统症状：肝肿大，半数病例脾大，伴有腹痛、呕吐、腹泻、腹胀及食欲不振等。严重病例可出现昏迷、尿少以致急性肾功能衰竭。

血凝集素对不同血型的影响，是可以通过科学手段测量出来的。现代医学通常运用测量尿液，来测量肠内的腐化情形。食物的消化，是通过胃肠、肝脏等分泌的消化液来进行的，当含有毒血凝集素的食物进入身体后，胃肠或肝脏就没办法正常地代谢蛋白质，而且还会制造一种有毒的副产品。这种有毒物质可以通过科学的仪器测量出来。如果在日常饮食过程中，少量或者尽量不进食那些与人体血型不配的含有毒血凝集素的食物，有毒物质的毒素指数就会降低。反之，如果进食了过多的与人体血型不兼容的血凝集素，身体内的毒素指数就会大大增加。

（2）胰蛋白酶抑制剂

在胰蛋白酶抑制剂活性很高时能抑制胰蛋白酶对蛋白质分解的活性，引起人体对蛋白质消化及吸收障碍。有实验证明这两种抑制剂能引起小鼠和雏鸡的胰脏肿大，但未明确是否对人体胰脏有类似作用。

胰蛋白酶抑制剂是大豆及其他植物性饲料中的一种主要的抗营养因子。胰蛋白酶抑制剂对动物的有害作用主要是引起生长抑制，生产性能下降，并引起胰腺肿大。一般认为有两方面的原因，其一是胰蛋白酶抑制剂能和小肠中的胰蛋白酶及糜蛋白酶结合，形成稳定的复合物，使酶失活，导致食物蛋白质的消化率降低，引起外源性氮的损失；另外胰蛋白酶抑制剂可引起胰腺分泌活动增强，导致胰蛋白酶和糜蛋白酶的过度分泌。因为这些蛋白酶含有非常丰富的含硫氨基酸，所以用于合成体组织蛋白的这些氨基酸转而用于合成蛋白酶，并与抑制剂形成复合物而最终通过粪便排出体，从而导致内源性氮和机体含硫氨基酸的大量损失。大豆蛋白质本来就缺乏含硫氨基酸，加上抑制剂所引起的含硫氨基酸的额外损失，导致体内氨基酸代谢不平衡，因而阻碍了动物的生长。

（3）硫胺素酶

动物实验结果表明，蕨类植物中的有毒物质也是癌物质。以蕨类植物为日粮草料喂饲家畜 2～5 年，可导致膀胱癌；将蕨类植物干料以日粮的 1/3 喂饲小鼠 4～6 个月，可导致膀胱癌和肠癌。在日本进行的流行病研究中，已证实了人类食用的蕨类植物具有患食道癌的危险。

3. 有毒蛋白质和酶类毒素的安全控制措施

（1）血凝集素

血凝集素不耐热，受热很快失活，一般使用在大豆食品生产中的加热处理方法即可消除。家庭和餐饮业加工豆角时应将豆角充分加热煮熟后食用。传统的家常烹饪方法通常可使凝集素和其他潜在的有毒因素解除毒性。然而在特殊条件下常不能完全解毒，特别是在应用磨过的种子或迅速烧煮产品的工业加工的情况下。凝集素对于热灭活的抵抗力值得特别强调。在山区，水的沸点降低可能使毒性破坏不完全，因此烧煮前浸泡对于消除豆类的毒性很有必要。总之，通过长时间的加热处理可以有效消除植物凝集素的毒性。

（2）胰蛋白酶抑制剂

胰蛋白酶抑制剂热稳定性较高，采用 100℃ 处理 20min 或 121℃ 处理 3min 的灭活方法，可使胰蛋白酶抑制剂失去 90％ 以上的活性。

四、蕈菌毒素

1. 蕈菌毒素的性质与来源

蕈菌，又称伞菌，俗称蘑菇，通常是指那些能形成大型肉质子实体的真菌，包括大多数担子菌类和极少数的子囊菌类。蕈菌广泛分布于地球各处，在森林落叶地带尤为丰富。它们与人类的关系密切，其中可供食用的种类就有 2000 多种，目前已利用的食用菌有 400 多种，其中约 50 种已能进行人工栽培，如常见的双孢菇、木耳、银耳、香菇、平菇、草菇、金针菇、竹荪等，少数有毒或引起木材朽烂的种类则对人类有害。

毒蕈中毒多发生于高温多雨的夏秋季节，往往由于个人或家庭采集野生鲜蕈，缺乏经验而误食中毒。因此毒蕈中毒多为散发，但也有过雨后多人采集而出现大规模中毒事例。此外，也曾发生过收购时验收不细混入毒蕈而引起的中毒。毒蕈的有毒成分比较复杂，往往一种毒素存在于几种毒蕈中或一种毒蕈有可能含有多种毒素。几种毒蕈菌毒素同时存在时，会发生拮抗或协同作用，因而引起的中毒症状较为复杂。毒蕈含有毒素的多少又可因地区、季节、品种、生长条件的不同而异。个体体质、烹调方法和饮食习惯以及是否饮酒等，都与能否中毒或中毒轻重有关。

一般按临床表现将毒蕈中毒分为六种类型：肝肾损害型、神经精神型、溶血毒型、胃肠毒型、呼吸与循环衰竭型和光过敏性皮炎型。

（1）环肽毒素

环肽毒素（cydopeptides）主要包括两类毒类，即毒肽类（phallotoxins）和毒伞肽类（amanitoxins）。含这些毒肽的蕈菌主要是毒伞属的毒伞（Amanita phalloids）、白毒伞或称春生鹅膏（A. verna）和鳞柄白毒伞（A. virosa）。此外，毒肽和毒伞肽在秋生盔孢伞（Galerina autumnalis）、具缘盔孢伞（G. marginata）和毒盔孢伞（G. venenata）中也存在。毒肽类至少包括7种结构相近的肽。

（2）非环状肽的肝肾毒素

非环状肽的肝毒素是存在于丝膜蕈（Cortinarius orellanus）中的丝膜蕈素（orellanine）。丝膜蕈素作用缓慢但能致死，曾造成欧洲很多人死亡。我国也有此种蕈菌分布。该毒素是一种无色或淡黄色的结晶，耐热并干燥，微溶于水，易溶于甲醇、乙醇和吡啶。每100g丝膜蕈可获得结晶毒素1g。此毒素分子式为 $C_{10}H_8O_8$，化学名称为3，3′，4，4′-四羟基-2，2′-二吡啶双-N-氧化物。加热270℃可裂解破坏。猫经口 LD_{50} 为 4.9mg/kg 体重；小鼠（胃肠外给予）为8.3mg/kg 体重。

（3）毒蝇碱

毒蝇碱（muscarin）主要存在于丝盖伞属（Inocybe）和杯伞属蕈类中，在某些豹斑毒伞中也存在。毒蝇碱结构较简单，分子式为 $C_9H_{20}NO_2$，溶于乙醇和水，不溶于乙醚，可用薄层色谱法及生物法测定。

（4）光盖伞素及脱磷酸光盖伞素

某些光盖伞属（Psilocybe）、花褶伞属（Panaeolus）、灰斑褶伞属（Copelandia）和裸伞属（Ctymnopilus）的蕈类含有能引起幻觉的物质，如光盖伞素（psilocybin）及脱磷酸光盖伞素（psilocin）。

（5）鹿花蕈素

鹿花蕈属和马鞍蕈属的蕈菌含有鹿花蕈素（gyromitrin），可引起溶血型中毒。鹿花蕈素具有挥发性，在烹调或干燥过程中可减少，但炖汤时可溶在汤中，故喝汤能引起中毒。鲜鹿花蕈 1kg 中可有 1.2～1.6g 鹿花蕈素。鹿花蕈素易溶于乙醇，熔点5℃，低温易挥发，易氧化，对碱不稳定。因能溶于热水，故煮食时弃去汤汁可达到安全食用的目的。

2. 蕈菌毒素的中毒机制与表现

（1）环肽毒素

毒肽类比毒伞肽类的作用速度快，给予大鼠或小鼠以大剂量时，1～2h 内可致死。毒伞肽类作用速度慢，潜伏期较长，给予很大剂量也不会使大鼠或小鼠在1～2h 内死亡，但毒伞肽类的毒性比毒肽类大 10～20 倍。毒肽以肝细胞核损害为主，毒伞肽主要损害肝细胞内质网。毒肽选择性作用于肝，对肾作用小；毒伞肽对肝、肾皆有损害。这两类毒素化学结构是类似的，其毒性可能与吲哚环上的硫醚键有关，如此键打开，可去毒。这两类毒素皆耐热，耐干燥，一般烹调加工就能将其破坏。100g 欧洲新鲜毒伞平均约含 8mg α-毒伞肽、5mg β-毒伞肽、0.5mg γ-毒伞肽。一般认为毒伞肽对人的致死量约为每千克体重 0.1mg，因此

7mg 的毒伞肽能使体重 70kg 的人死亡。

毒肽类中毒的病程可分六期：潜伏期、胃肠炎期、假愈期、内脏损害期、精神症状期和恢复期。潜伏期一般为 5～24h，多数 12h。开始出现恶心、呕吐及腹泻、腹痛等，即胃肠炎期，有少数暴发型病例迅速出现多功能脏器衰竭甚至死亡。胃肠炎症状消失后，病人并无明显症状，或仅乏力、不思饮食，但毒肽则逐渐侵害实质性脏器，称为假愈期。此期轻中度病人肝损害不严重，可由此进入恢复期。严重病人则进入内脏损害期损害肝肾等脏器。肝脏受损时，肝脏肿大甚至发生急性肝坏死，肝功能异常，血清转氨酶活力增高，乳酸酶活力也明显增高，血糖明显降低，所有肝原性的凝血因素都同时下降，可出现黄疸并迅速加重，死后病理检查发现肝脏有脂变、充血和坏死。肾脏受损时，尿中出现蛋白红细胞，肾脏也可出现水肿、脂肪变性、坏死和中心萎缩等。肝肾受损期可发生内出血及血压下降，由于肝脏的严重损害可发生肝昏迷，如烦躁不安或淡漠思睡，甚至进入昏迷、中枢神经抑制昏迷而死，死亡常发生于第 4 天至第 7 天，死亡率一般为 60％～80％，可高达 90％。经过积极治疗的病例，一般在 2～3 周后进入恢复期，各项症状渐次消失而痊愈。

(2) 非环状肽的肝肾毒素

非环状肽中毒时潜伏期一般较长，短者 3～5d，长者 11～24d。病人口干、口唇有烧灼感、极度口渴，有呕吐、腹痛、腹泻或便秘、寒颤和持续性头痛等症状。重病例表现肾功能异常，少尿、无尿、血尿和蛋白尿等，同时伴有电解质代谢紊乱，并出现肝脏损害的体征如肝痛、剧烈呕吐和黄疸。晚期则出现嗜睡、昏迷和惊厥等神经症状。死亡率为 10％～20％。尸检解剖可见到以中毒性间质肾炎为特点的肾脏损害。如迁延不愈，可发展为慢性肾炎。对于治疗肝肾毒素中毒，洗胃灌肠等措施是很重要的，即使迟至摄食后 6～8h 实施也有一定效果。补充水分及维持酸碱平衡以及保肝护背等疗法可明显降低死亡率。要注意观察血压、草酰乙酸转氨酶（GOT）、丙酮酸转氨酶（GPT）、血氨、血球计数及血液电解质等，以便及时采取相应措施。假愈期而尚未有明显内脏损害症状时，应给予巯基解毒药，并采用各种支持疗法[173]。

(3) 毒蝇碱

L（+）-毒蝇碱主要作用于副交感神经，一般烹调对其毒性无影响。中毒症状出现在食用后 15～30min，很少延至 1h 之后。最突出的表现是大量出汗。严重者发生恶心、呕吐和腹痛。另外，还有流涎、流泪、脉搏缓慢、瞳孔缩小和呼吸急促症状，有时出现幻觉。汗过多者可输液，用阿托品类药物治疗效果好。重症和死亡病例较少见。

(4) 光盖伞素及脱磷酸光盖伞素

经口摄入 4～8mg 光盖伞素或约 20g 鲜蕈或 2g 干蕈即可引起症状。一般在经口后半小时即发生症状。反应因人而异，可有紧张感、焦虑或头晕目眩，也可有恶心、腹部不适、呕吐或腹泻。服后 30～60min 出现视觉方面的症状，如物体轮廓改变、颜色特别鲜艳、闭目可看到许多影像等，很少报告有幻觉。但特大剂量，如纯品 35mg 也可引起全身症状，可有心率及呼吸加快、血糖及体温降低、血压升高等。这些症状与中枢神经及交感神经系统失调有关，很少造成死亡。一般认为如有可能应尽量避免给药，给以安静环境使之恢复。必要时可给镇静剂。儿童如有高烧则宜输液及降体温。

(5) 鹿花蕈素

鹿花蕈素的主要毒性来自其水解后形成的一甲基肼。其毒性主要表现为胃肠紊乱，肝肾损伤，血液损伤，中枢神经紊乱，而且可能为诱癌物。中毒时潜伏期多在 6～12h，但也有短至 2h 或长至 24h 的。胃肠中毒主要症状为恶心、呕吐、腹泻、腹痛。肝损伤因人而异，常有肾损伤，严重者可有肾衰竭。中枢神经症状为痉挛、昏迷和呼吸衰竭。血液病变包括溶血及形成高铁血红蛋白。严重病例有黄疸。一般病例 2～6d 恢复。其治疗同毒伞肽。

3. 蕈菌毒素的安全控制措施

为防止毒蕈中毒，卫生部门应组织有关技术人员向本地区采集食蕈类有经验者进行调查，制定本地区食蕈和毒蕈图谱，并广为宣传，以提高广大群众的识别能力。发生误食中毒后，应立即通告当地群众，防止中毒范围扩大。

应在有关技术人员的指导下有组织地采集蕈类。凡是识别不清或过去未曾食用的新蕈种，必须经有关部门鉴定，确认无毒后方可采用。干燥后可以食用的蕈种，应明确规定其处理方法。如马鞍蕈等在干燥 2～3 周以上方可出售；鲜蕈则需先在沸水中煮 5～7min，并弃去汤汁后，方可食用。

蕈菌毒素中毒应及时采用催吐、洗胃、导泻、灌肠等方法以迅速排出尚未吸收的毒素，其中洗胃尤为重要。有时就诊时距离进食毒蕈的时间较长，但洗胃仍具有一定效果。

急救治疗可按毒素和症状不同分别进行。可进行对症处理或特效处理，参照上述有关内容。各种治疗措施在恢复期内还需继续进行一段时间，直至中毒者肝功能完全恢复正常为止。

第七节　　应用与实践

一、案例分析——水产品贝类毒素污染途径及控制

贝类是很多消费者喜爱的海鲜之一，味道鲜美，经济实惠。但是由于贝类生长环境的特殊性以及贝类的富集作用，贝类更容易在体内聚集有毒有害物质。尤其是贝类滤食一些产毒藻导致体内累积贝类毒素，引发的世界各地消费者因食用贝类毒素污染水产品中毒事件从未间断，因此研究水产品贝类毒素污染途径及控制是十分必要的。

1. 国内水产贝类受污染实例

2017 年 6 月 7 日及 8 日，受赤潮影响，福建省石狮市永宁镇梅林村至西岑村海域的贝类产品受到污染，8 名外来务工人员因捡贝类海产发生食物中毒。根据福建省海洋与渔业局发布的赤潮灾害信息，在石狮市梅林码头附近海域发现赤潮，赤潮生物第一优势种为链状裸甲藻，该藻种可产生麻痹性贝类毒素（PSP）。据了解，赤潮周边海域有牡蛎养殖区，发现赤潮后为有效控制中毒事件的发生，省厅立即启动应急预案：及时关闭赤潮海域养殖生产区，暂停采捕作业，严禁赤潮海域水产品上市；加强赤潮周边海域水产品贝毒监测，确保水产品食用安全；组织监测单位做好跟踪监视监测，密切关注所辖海域赤潮动态，及时报告赤潮信息。

2. 国外水产贝类受污染实例

2019 年 6 月，英格兰西南部公共卫生部接到当地政府的通知，三名用餐者在一家餐厅食用贻贝后出现不适。当地政府已经确定，由于监测到贝类产品中的腹泻性贝类毒素水平升高，这家餐厅 5 天前已经收到了贝类生产商召回受污染贝类产品的通知。隔了一天又收到了邻近县的报告，两县受污染贝类产品来自同一生产商。

3. 贝类污染途径

根据以上中毒事件发生的时间阶段，贝类中毒事件多发生在 4～10 月的高温季节，这段时间内，海洋藻类繁殖迅速，会导致有害藻华的大量出现，形成赤潮。海洋中可引发赤潮的藻类约有 300 种，其中有毒赤潮藻为 80 种左右，这些产毒藻类被贝类摄入后，贝类自身不会中毒，但会富集毒素，人类食用毒素含量高的贝类后，就会发生中毒现象。

从以上两例国内外贝类中毒事件可以看出，贝类中毒的起因是食用受污染的贝类产品，贝类体内毒素累积的主因则是滤食了赤潮中的产毒藻类。在世界范围内赤潮灾害随着海水富营养化等一些因素逐渐呈现出一种规模越来越大、暴发频率越来越频繁的趋势，这也大大加重了贝类中毒的风险。在我国近海，渤海周边海域、东海长江口邻近海域和南海近岸海域是 3 个典型的赤潮高发区。当部分近岸海域发生赤潮灾害后，采用的控制措施是加强预警监测，加密巡查监视，继续组织监测机构加强对水产品，特别是滤食性养殖贝类的赤潮毒素检测。一旦发现贝类毒素超出国标中毒素限量标准，须及时提请当地政府发布禁止采捕、销售水产品的通告，并配合市场监督管理部门做好受赤潮影响水产品的质量安全监管工作，严防受赤潮毒素污染的水产品流通入市。若受污染的贝类流入市场导致消费者食用后产生危害，麻痹性贝类毒素、腹泻性贝类毒素等海洋毒素中毒抢救目前没有特效解毒药，只能靠催吐、止泻等方法对症治疗，对于流入市场的受污染贝类则会被召回销毁。

4. 受污染水产贝类的控制

全球许多国家及相关国际组织都对贝类水产品进行了严格管理和控制，并制定了相应贝类水产品及其制品的 PSP 限量标准。我国及国际上多数国家都以 STX 为贝类产品中 PSP 的检测指标。世界卫生组织（WHO）规定 100g 贝类可食部分的 PSP 限量为 80μg（以麻痹性贝类毒素总量计）。为提高贝类产品的食用安全性，欧盟等国际组织已建议将可食贝类 PSP 的最大限量进一步下调。我国《无公害水产品有毒有害物质限量》（NY 5073—2006）规定 PSP≤400MU/100g（相当于 80μg/100g）。

以麻痹性贝毒和腹泻性贝类毒素为例，两者皆耐高温，一般的烹调方式无法完全消灭毒素。因此，不能寄希望于通过加热降低毒性。那么对于体内已经富集了毒素的贝类来说，有什么好的消减技术手段呢？

常用的麻痹性贝类毒素消减技术主要有：①高温或者反复冻融法；②吸附法；③暂养净化法；④臭氧和氯水化学降解法；⑤微生物降解法。高温和反复冻融法处理会对毒素降解产生一定效果，但冻融法的脱除效果因贝类不同而不同。吸附法通常指利用多孔性固体相物质吸着污染物的处理过程，吸着污染物的固体物质称作吸附剂。吸附剂来源广泛，价格低廉且安全性高。暂养净化法作为消减贝类毒素的重要方法，在美国、英国、澳大利亚等国被广泛应用，但存在劳动强度大、时间长、损耗往往超过初次收获的 50% 以上，且在整个净化过程中贝类必须自始至终地暂养在洁净的海水中等缺点。利用微生物对麻痹性贝毒降解的研究很有价值，为毒素消减提供了新技术。

腹泻性贝类毒素的消减方法主要有：①暂养净化法；②热处理；③去除内脏；④乙酸超临界 CO_2 处理法；⑤辐照法；⑥臭氧化处理法；⑦脉冲光脱毒；⑧基于溶解度的蛋白质分离法；⑨从源头控制。长时间高温暴露后虽会使腹泻性贝毒发生降解，但是在这种温度处理下的贝类产品是不合格的，热处理后贝类因水分的丧失还会导致毒素浓度增加。实验发现冷冻处理不会对贝类体内的 DSP 水平产生影响。切除内脏令贝类毒素水平下降的同时也使贝类体重下降，使贝类对消费者丧失吸引力。乙酸超临界 CO_2 处理法基于其无毒性和食物相容性，且容易通过减压从产品中去除毒素的优点被应用于腹泻性贝毒的消减。辐照、脉冲光及臭氧化等其他方法等对消减贝类体内 DSP 有一定效果，但存在成本、脱毒效果不理想等缺点不能大规模商业应用。

除此以外，相关部门的市场监管力度以及对相应的海洋食品安全知识的普及工作也是保障消费者安全不可缺少的一部分。相关部门应加大监测力度，将相关知识、食品安全真实案例印刷成册进行广泛宣传，让人们能够学习和了解重要的海洋贝类食品安全知识，掌握预防贝类中毒的方法，为人们构建起健康安全的食品安全环境。消费者也应该积极了解相关的食品安全知识，提高自身的食品安全意识和能力，科学消费、安全消费，最大限度地减少贝类中毒的风险。

二、案例分析——小麦粉中呕吐毒素污染途径及控制

呕吐毒素（vomitoxin），又称脱氧雪腐镰刀菌烯醇（DON），化学名为 3α，7α，15-三羟基草镰孢菌-9-烯-8-酮，属单端孢霉烯族化合物。由于它可以引起猪的呕吐而得名，对人体有一定危害作用，欧盟分类标准为 3 级致癌物。

1. 案例回顾

2020 年 7 月 24 日，家住广州番禺的马女士在超市购得小麦粉一袋，并且于 7 月 25 日用该小麦粉制作了花卷。中午时，马女士一家出现了严重的呕吐、腹泻的现象，并且前往了医院消化科进行了急诊。在问诊后，医生怀疑是所食花卷出现了问题："只有花卷是和平时的饮食是不一样的。"经过化验，马女士所购买的用于制作花卷的小麦粉中，存在小麦粉中呕吐毒素（DON）超标的情况。

此外，《消费者报道》整理了近 5 年来相关部门对小麦粉的质量进行的数据抽检，发现235 批次不合格的小麦粉。不合格的主要原因为以呕吐毒素（DON）为首的真菌毒素的超标。在被检出的真菌毒素超标的小麦粉中，将近 80% 的产品呕吐毒素（DON）超标。

2. 影响与危害

DON 的污染广泛存在于全球各地，中国、日本、美国、南非等均有发现。DON 主要污染小麦、大麦、燕麦、玉米等谷类作物，也污染粮食制品，如面包、饼干、麦制点心等。另外，在动物的奶、蛋中均有发现 DON 残留。DON 对于粮谷类的污染状况与产毒菌株、温度、湿度、通风、日照等因素有关[180]。小麦粉是世界上最主要的食品及食品原料之一，我国是世界第一大小麦生产国。小麦粉是小麦的主要加工品。在小麦粉生产过程中，小麦一经碾磨，就失去了种皮的保护作用，很容易被微生物侵染，使小麦粉加工品质下降，营养物质减少（如糖类物质和维生素减少、蛋白质和氨基酸分解），甚至发热霉变，遭受产毒菌的污染，产生毒素。

3. 污染来源及超标原因分析

目前我国小麦粉中微生物含量相对较高，给小麦粉的贮藏及加工食品的安全带来隐患。与发达国家相比，我国小麦主产区小型面粉生产企业数量众多，大多数生产厂设备落后，生产环境及卫生状况相对较差，生产环节的质量及卫生控制不严格。因此，小麦粉生产流通企业应在生产过程中建立完整的微生物防控体系，以期有效地降低小麦粉中微生物数量[181]。

小麦粉在生产过程中主要经过原料接收、清理、配麦、润麦、碾磨、筛理和成品包装等若干工序。小麦粉中的微生物一部分来自原粮，在一定程度上带有原粮微生物区系的特点；另一部分来自生产过程中的污染，而后者的影响往往大于前者。小麦粉生产过程中微生物数

量呈先下降后上升的变化趋势，从变化趋势上可以明显看出从润麦阶段微生物数量开始增加。曾朝珍等研究确定了小麦粉生产中微生物污染的主要环节。影响小麦粉微生物数量的主要因素为原料小麦、小麦清理程度、润麦水的卫生状况以及磨粉机积粉。其中，润麦过程不卫生会造成微生物的显著增加。因此，在小麦粉生产过程中应选择品质优良的原料小麦，提高毛麦清理效果，保证生产车间环境卫生，及时清理润麦仓中的残料及灰尘，保证润麦水符合国家规定的卫生标准即水质应符合规定，定时清理磨粉机等设备内部的积粉，生产设备及其卫生应符合食品安全国家标准食品生产通用卫生规范，这样可以有效控制小麦粉中的微生物数量，提高小麦粉及其制成品的卫生质量和食用品质[182]。

小麦中的 DON 常常有如下来源：

(1) 种植阶段

田间镰刀菌毒素的产生主要受气候条件的影响，包括温度、湿度、干旱、降水等，当小麦扬花抽穗期遇到湿冷天气，赤霉病就会流行，病穗率达 5%～15%[178]。

(2) 收获阶段

收割阶段温湿度对毒素含量有着较大影响。每年在我国小麦的收获季节，由于连续阴雨天气的影响，都会产生相当数量的脱氧雪腐镰刀菌烯醇超标小麦。

(3) 温湿度

赤霉病菌只要环境适宜，即温度在 20℃以上，相对湿度在 80%以上，即可继续发展危害。

(4) 仓库储存

有研究发现不同种类作物之间存在互相感染的可能，赤霉病菌在库房会长期存在。

(5) 赤霉病粒

在近几年实验中发现，部分小麦的赤霉病粒含量每增加 1.0%，DON 数值大约增加 60%[179]。

4. 加工中的控制措施

呕吐毒素的防治首先是防止霉菌的产生，而防霉关键在于要严格控制饲料和原料的水分含量，控制饲料加工过程中的水分和温度，选育和培养抗霉菌的饲料作物品种，选择适当的种植或收获技术，注意饲料产品的包装、贮存与运输，添加防霉剂等。但需注意的是使用防霉剂无法去除饲料原料中已存在的霉菌毒素，添加防霉剂只是起预防作用，所以饲料的脱毒也是必要的一项措施[5]。饲料及饲料原料发生霉变后，产生的呕吐毒素（DON）是一种无色针状结晶，具有较强的热抵抗力。因此，可以根据饲料霉变的程度采取不同的方法进行脱毒处理。

小麦粉生产过程中可采用的微生物防控方法主要有综合防控法、物理法和化学法等。无论采用何种方法都必须符合以下几个原则：①不改变小麦粉的物理和化学性质，即对小麦粉的品质没有影响；②无残留或对人体无副作用，即食用安全；③对小麦粉和环境不会造成其他污染；④成本低、易操作、对操作者安全[183]。

综合预防措施是从小麦的栽培、收获、干燥过程开始，到以后的运输、贮存、加工及成品使用的各个环节，都要防止或减少微生物污染，控制微生物区系的扩散，最终达到控制小麦粉及其制成品的微生物污染[180]。

危害分析与关键控制点（HACCP）是一个以预防食品安全危害为基础的食品安全生产、质量控制的保证体系，是一种科学、高效、简便、合理的，建立在良好操作规范（GMP）和卫生标准操作程序（SSPO）基础上而又专业性很强的食品安全管理体系，主要由危害分析（hazardanalysis）和关键控制点（criticalcontrolpoint，CCP）两部分组成。在面粉厂实施 HACCP 管理的厂家并不多。因此，针对面粉厂建立一套完整的 HACCP 体系，对小麦粉生产进行全程控制将是防控小麦粉微生物污染的一项有效措施见图 3-20。

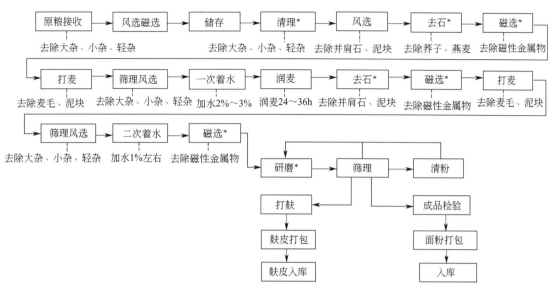

图 3-20　小麦粉 HACCP 流程图[180]

标注"＊"项环节为关键控制点

　　物理防控方法有清除原料小麦中的杂物，辐照，Cs1.5T、温度控制在5℃时大肠杆菌和沙门氏菌被灭活。但是用辐照的方法进行微生物防控时，辐照剂量需大于目前食品生产允许的限值（1kGy）才会有明显的效果，发出的辐射线可能对操作者造成危害[180]。

　　化学防控方法。从整个小麦粉生产过程来看，由于润麦环节小麦水分含量较高且时间较长，从而为微生物尤其是细菌的进一步增殖提供了有利条件，因此，润麦过程是导致微生物数量增加的主要环节。可选择润麦水作为小麦粉微生物防控的关键点。润麦水可以用消毒剂消毒，比如稳定性二氧化氯，它对细菌繁殖体、芽孢有良好的杀灭效果，也是国际上公认的优良、高效的杀菌消毒剂、食品保鲜剂、水质净化剂、除臭防霉剂[180]。

三、案例分析——油料中黄曲霉毒素 B₁ 污染途径及控制

1. 案例回顾

　　与花生油生产相关的食品安全事件时有发生，其中以 2015 年 5 月中央电视台《焦点访谈》报道的肇庆市"问题花生油"事件最为著名。事件中，广东省共发出《责令整改通知书》720 份，立案查处违法生产经营单位 88 家，抽样送检花生油 769 批次，给广东省油脂生产企业的名誉带来负面影响。由此可见，全国花生油生产监管任务艰巨，意义重大。其中土榨花生油因制作工艺简单、设备简陋很容易导致土榨花生油产生黄曲霉素 B₁ 超标的问题。2018 年 8 月 13 日，佛山市顺德区公安局与顺德区市场监督管理局联合行动，在顺德区陈村一杂货店内，成功查处店主夫妇黎某非法销售土榨花生油黄曲霉素超标一案，经广东省产品质量检验研究所检验，黎某、赵某所销售的土榨花生油检出黄曲霉素 B₁ 含量为 160μg/kg（标准要求为≤20μg/kg）。

2. 影响与危害

食用植物油尤其是花生油由油料作物生长、收获及油脂精炼、储存和消费过程中受到异常气候、储藏环境和运输条件等影响造成真菌污染而容易产生有害的真菌毒素[1-2]。黄曲霉毒素是食用油中最为常见的一类真菌毒素[182-184]，具有肝毒性、致畸性、致癌性、肾毒性、出血性、破坏免疫系统及生殖系统等危害[185]，摄入量超过一定限量后，会危害人类及其他生物健康，甚至危害生命[186]。

3. 污染来源及超标原因分析（结合工艺进行）

一般花生油的压榨生产工艺流程如图 3-21 所示。

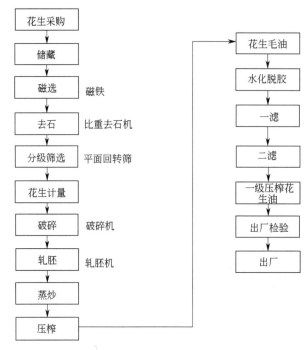

图 3-21 花生油压榨生产工艺的详细流程

花生油中黄曲霉毒素及其污染途径如下。

（1）原料

种植期间或是收获时会受到黄曲霉毒素的侵染，如花生未被储存即被污染，花生收获前若土壤遭遇长时间缺水和高温（土壤温度高于 22℃），也会增加黄曲霉毒素的产生。总之，收获前引起花生感染黄曲霉和寄生曲霉的三个主要原因是：结荚期昆虫引起的机械损伤、干旱造成的植株缺水、土壤高温。此外，规模化生产企业对花生油的加工通常经过花生原料的筛选、去杂质等工艺步骤，而土榨油小作坊一般由人工挑选原料，生产工艺落后，霉变花生在选料环节不能被有效去除[184]。

（2）储藏期

贮藏条件对花生感染黄曲霉毒素的影响也非常重要，荚果入贮时病、残、破损果的数量越多，黄曲霉菌的基数就会越大。入贮后花生荚果回潮，含水量高于 9%，会大大增加感染黄曲霉毒素的概率。贮藏场所温度超过 20℃时，黄曲霉菌的繁殖速度加快，花生感染毒素的机会大大增加。另外，贮藏害虫的危害也会增加黄曲霉菌侵染的渠道，贮藏时间过长花生自身对黄曲霉毒素的抵抗力也会下降。

（3）筛选分级

利用花生和杂质在颗粒大小及质量的差别，将大花生米和小花生米分开，大花生米用来炒籽，小花生米用来压榨。筛选分级工艺阶段能有效剔除不合格的花生原料，防止不合格原料进一步被加工。

（4）清洗

清洗工艺能够更进一步降低花生油的 AFB_1 污染水平。

（5）蒸炒

花生蒸炒后物料湿度较大，此时的湿度条件往往能符合曲霉的生长条件，导致黄曲霉毒素 B_1 的滋生，进而被带到下个工艺环节中。

（6）毛油

真菌毒素和多环芳烃（PAHs）的来源是油料和油籽高温蒸炒不当。土榨油小作坊是用物理压榨的方式榨取油脂，花生油经压榨后，大部分黄曲霉毒素浓缩留存于花生饼中，约30%进入毛油中。

（7）精炼

后期的精炼工艺能有效转移或去除花生原料中的 AFB_1，使得花生油中 AFB_1 污染水平明显降低。精炼过程虽然可以大大降低毛油中黄曲霉毒素的含量，但是土榨油小作坊工艺条件有限，如会减少精炼步骤甚至不经过精炼，造成黄曲霉毒素随料进入散装花生油，且往往污染严重。

（8）成品油

产品在包装、运输、储存过程中容易受环境和包装材料污染。浓香花生油通常用塑料瓶制成小包装成品，包装容器与浓香花生油直接接触，因此，包装材料的种类、理化性质、卫生级别、密封性等都会对浓香花生油的品质造成影响。比如：非食用级材料会对人体产生危害；材料与油脂发生反应，会产生有害物质；包装密封性差，会影响浓香花生油的保存期。因此，包装是关键控制点。花生油在储运过程中容易受到光、热影响，暴力运输会影响包装的密封性和浓香花生油的稳定性，可通过良好操作规范控制，储运也是关键控制点[188]。

4. 加工中的控制措施

① 花生仁储存前应先将霉粒、芽粒、虫蚀粒挑拣干净后在干燥低温环境下保存[189]，避免污染的进一步加剧；

② 在花生油加工过程中，原料要经过多道程序筛选，并采用紫外线降解等技术去除 AFB_1，使 AFB_1 的污染程度降到最低水平再进行生产加工[189]；

③ 在了解花生油制备工艺及其参数对 AFT 含量的影响的基础上，可针对性地设计生产工艺，让黄曲霉毒素含量在加工制备过程中逐级减少，保证花生及其制品的安全[190]。

④ 建议政府相关职能部门有针对性地加强对小企业及个体小作坊的抽检力度，并把纳入监管范围的食品加工企业按获证情况、企业的规模、卫生条件划定等级，按不同等级确定巡查周期和检查力度，实施分类监管，最终才能更好地保证广大市民花生油的食用安全。

参 考 文 献

[1] Keller N P，Watanabe C M H，Kelkar H S，et al. Requirement of monooxygenase-mediated steps for sterigmatocystin biosynthesis by aspergillus nidulans [J]. Appl Environ Microbiol. 2000，66（1）：359-362.

[2] Allcroft R，Carnaghan R，Sargeant K，et al. A toxic factor in Brazilian groundnut meal [J]. Veterinary Record，1961，73（2）：428-429.

[3] Bahri S. Aflatoxin problems in poultry feed and its raw materials in indonesia [J]. 1998.

[4] Lancaster M C, Jenkins F P, Philp J M. Toxicity associated with certain samples of groundnuts [J]. Nature, 1961, 192 (4807): 1095-1096.

[5] Zijden A S M V D, Koelensmid W A A B, Boldingh J. Aspergillus flavus and turkey X disease: isolation in crystalline form of a toxin responsible for turkey X disease [J]. Nature, 1962, 195 (4846): 1060-1062.

[6] Alex P W, Deborah W, Sarah N, et al. Feasibility of a novel on-site detection method for aflatoxin in maize flour from markets and selected households in Kampala, Uganda [J]. Toxins, 2018, 10 (8): 327-330.

[7] Ewa, Wielogorska, Mark, et al. Occurrence and human-health impacts of mycotoxins in Somalia [J]. Journal of Agricultural & Food Chemistry, 2019, 17 (2): 433-434.

[8] Akinmusire O O, El-Yuguda A D, Musa J A, et al. Mycotoxins in poultry feed and feed ingredients in Nigeria [J]. Mycotoxin Res, 2019, 35 (2): 149-155.

[9] 马皎洁, 邵兵, 林肖惠, 等. 我国部分地区 2010 年产谷物及其制品中多组分真菌毒素污染状况研究 [J]. 中国食品卫生杂志, 2011, 23 (6): 481-488.

[10] 李雅伶. 我国西南地区家禽配合饲料中霉菌毒素污染分布规律的研究 [D]. 雅安: 四川农业大学, 2016.

[11] 周芬. 安徽省养猪场饲料中黄曲霉毒素 B_1 污染状况调查 [J]. 安徽农业科学, 2019, 47 (3): 186-188.

[12] Pereira, Má/rcio, Oliveira, et al. Morphologic and molecular characterization of *Myrciaria* spp. species [J]. Revista Brasileira de Fruticultura, 2005, 9 (9): 33-39.

[13] Obrian G R, Fakhoury A M, Payne G A. Identification of genes differentially expressed during aflatoxin biosynthesis in *Aspergillus flavus* and *Aspergillus parasiticus* [J]. Fungal Genetics & Biology, 2003, 39 (2): 118-127.

[14] Wild C P, Turner P C. The toxicology of aflatoxins as a basis for public health decisions [J]. Mutagenesis, 2002 (6): 6-9.

[15] Kraus P R, Wade A P, Crouch S R, et al. Portable double-beam, fiber-optic-based photometric comparator [J]. Analytical Chemistry, 1988, 60 (14): 1387-1390.

[16] 焦杨, 班克臣, 曹骥, 等. 黄曲霉毒素 B_1 诱发大鼠肝癌过程中 β 连环蛋白的变化 [J]. 中华肝脏病杂志, 2007, 15 (10): 783-784.

[17] Sun X, Cui X, Wei L I, et al. Evaluation on sub-chronic hepatic injury model of AA Broiler Induced by Aflatoxin B_1 [J]. China Poultry, 2016.

[18] Chan K L, Mayr H G. Ranking animal carcinogens: a proposed regulatory approach [J]. Food & Chemical Toxicology, 1983, 21 (2): 234.

[19] Dorner J W, Cole R J, Blankenship P D. Effect of inoculum rate of biological control agents on preharvest aflatoxin contamination of peanuts [J]. 1998, 12 (3): 0-176.

[20] 李洪, 李爱军, 董红芬, 等. 黄曲霉毒素的发生危害与防控方法 [J]. 玉米科学, 2004, 12 (z2): 88-90.

[21] 唐雨蕊. 吸附黄曲霉毒素 B_1 乳杆菌的筛选、吸附特性及对攻毒小鼠的影响 [D]. 雅安: 四川农业大学, 2009.

[22] 史莹华. 纳米级硅酸盐结构微粒 (NSP) 吸附猪饲粮中黄曲霉毒素的研究 [D]. 杭州: 浙江大学, 2005.

[23] Marin S, Ramos A J, Cano-Sancho G, et al. Mycotoxins: occurrence, toxicology, and exposure Assessment [J]. Food & Chemical Toxicology, 2013, 60.

[24] 王海云. 降解白酒糟中黄曲霉毒素 B_1 的菌株的筛选及发酵工艺的研究 [D]. 武汉: 华中农业大学, 2013.

[25] Lewis L, Onsongo M, Njapau H, et al. Aflatoxin contamination of commercial maize products during an outbreak of acute aflatoxicosis in eastern and central Kenya [J]. Environmental Health Perspectives, 2005, 113 (12): 1763-1767.

[26] 崔燕. 芦荟对黄曲霉毒素 B_1 致大鼠肝损伤的干预及其作用机制研究 [D]. 无锡: 江南大学, 2015.

[27] 李先标. 雏鸡黄曲霉中毒病诊治技术 [J]. 农技服务, 2007, 24 (10): 74.

[28] 江涛. 四种重点黄曲霉毒素与人血清白蛋白的作用及机理研究 [D]. 无锡: 江南大学, 2016.

[29] 关心. 黄曲霉毒素 B_1 降解菌株的筛选鉴定、降解优化与特性研究 [D]. 沈阳: 沈阳农业大学, 2016.

[30] Williams JH, Phillips TD, Jolly PE, et al. Human aflatoxicosis in developing countries: a review of toxicology, exposure, potential health consequences, and interventions [J]. Amjclinnutr, 2004, 80 (5): 1106-1122.

[31] 熊慧慧. 黄曲霉毒素 B_1 对肉仔鸡生长性能及肝脏谷胱甘肽硫转移酶表达的影响 [D]. 上海: 上海海洋大学, 2016.

[32] 李瑞娟. 黄芪多糖对 AFB 所致雏鸡肝及免疫功能损伤的缓解作用研究 [D]. 保定: 河北农业大学, 2015.

[33] 陈茹. 国内外饲料真菌毒素限量规定及评析 [J]. 中国饲料, 2013, (17): 46-50.

[34] Yu，Jiujiang. Current understanding on aflatoxin biosynthesis and future perspective in reducing aflatoxin contamination [J]. Toxins，2012，4（11）：1024-1057.

[35] Yu J，Chang P K，Payne G A，et al. Comparison of the omtA genes encoding O-methyltransferases involved in aflatoxin biosynthesis from Aspergillus parasiticus and A. flavus [J]. Gene，1995，163（1）：121-125.

[36] Wilson D M. Analytical methods for aflatoxins in corn and peanuts [J]. Archives of Environmental Contamination & Toxicology，1989，18（3）：308-314.

[37] Yu J，Bhatnagar D，Cleveland T E. Completed sequence of aflatoxin pathway gene cluster in Aspergillus parasiticus [J]. Febs Letters，2004，564（1/2）：0-130.

[38] Chanda A，Roze L V，kang S，et al. A key role for vesicles in fungal secondary metabolism [J]. Proceedings of the National Academy of Sciences of the United States of America，2009，18（9）：122-123.

[39] Hong S Y，Linz J E，et al. Functional expression and subcellular localization of the aflatoxin pathway enzyme ver-1 fused to enhanced green fluorescent protein [J]. Applied & Environmental Microbiology，2008，19（22）：99-100.

[40] Sun S，Zhao R，Xie Y，et al. Photocatalytic degradation of aflatoxin B$_1$ by activated carbon supported TiO$_2$ catalyst [J]. Food Control，2019，23（12）：133-134.

[41] Fazeli M R，Hajimohammadali M，Moshkani A，et al. Aflatoxin B$_1$ binding capacity of autochthonous strains oflactic acid bacteria [J]. J Food Prot，2009，72（1）：189-192.

[42] Kachouri F，Ksontini H，Hamdi M. Removal of aflatoxin B$_1$ and inhibition of aspergillus flavus growth by the use of lactobacillus plantarum on olives [J]. Journal of Food Protection，2014，77（10）：1760-1767.

[43] 卞正容. 植物乳杆菌 F22 对黄曲霉毒素 B$_1$ 中毒肉鸡的影响 [D]. 雅安：四川农业大学，2014.

[44] 李志刚，杨宝兰，姚景会，等. 乳酸菌对黄曲霉毒素 B$_1$ 吸附作用的研究 [J]. 中国食品卫生杂志，2003（3）：21-24.

[45] 侯然然. 酵母细胞壁中葡甘露聚糖的提取及其霉菌毒素吸附效果 [D]. 北京：中国农业科学院，2007.

[46] Zhou G，Chen Y，Kong Q，et al. Detoxification of aflatoxin B$_1$ by zygosaccharomyces rouxii with solid state fermentation in peanut meal [J]. Toxins，2017，9（1）：42.

[47] Motomura M，Toyomasu T，Mizuno K，et al. Purification and characterization of an aflatoxin degradation enzyme from Pleurotus ostreatus [J]. Microbiological Research，2003，158（3）：237-242.

[48] 计成. 霉菌毒素与饲料食品安全 [M]. 北京：化学工业出版社，2007.

[49] 徐国栋. 2013—2015 年国内饲料原料及饲料霉菌毒素污染调查概况 [J]. 中国动物保健，2017，226（12）：7-12.

[50] 李思齐，吕素芳，李峰，等. 鲁北地区全株玉米青贮饲料霉菌毒素检测分析 [J]. 中国草食动物科学，2018（5）：27-29.

[51] 苏娟. 配合饲料原料中植物真菌毒素的分布调查 [D]. 郑州：河南工业大学，2016.

[52] Wang X C，Liu X D，Liu J C，et al. Contamination level of T-2 and HT-2 toxin in cereal crops from aba area in Sichuan province，China [J]. Bulletin of Environmental Contamination & Toxicology，2012，88（3）：396-400.

[53] Payros D，Alassane-Kpembi I，Pierron A，et al. Toxicology of deoxynivalenol and its acetylated and modified forms [J]. Archives of Toxicology，2016，90（12）：2931-2957.

[54] 岳延涛. 中药中单端孢霉烯族毒素检测方法研究 [D]. 镇江：江苏大学，2009.

[55] Forsell J H，Jensen R，Tai J H，et al. Comparison of acute toxicities of deoxynivalenol（vomitoxin）and 15-acetyldeoxynivalenol in the B6C3F1 mouse [J]. Food & Chemical Toxicology，1987，25（2）：155-162.

[56] Yoshizawa T，Takeda H，Ohi T. Structure of a novel metabolite from deoxynivalenol，a trichothecene mycotoxin，in animals [J]. Journal of the Agricultural Chemical Society of Japan，1983，47（9）：2133-2135.

[57] Guo H，Ji J，Wang J，et al. Deoxynivalenol：masked forms，fate during food processing，and potential biological remedies [J]. Comprehensive Reviews in Food Science and Food Safety，2020，19（2）：895-926.

[58] Terciolo C，Maresca M，Pinton P，et al. review article：role of satiety hormones in anorexia induction by Trichothecene mycotoxins [J]. Food and Chemical Toxicology，2018，121：701-714.

[59] Pestka J J，Islam Z，Amuzie C J. Immunochemical assessment of deoxynivalenol tissue distribution following oral exposure in the mouse [J]. Toxicology Letters，2008，178（2）：83-87.

[60] Zhang Z，Nie D，Fan K，et al. A systematic review of plant-conjugated masked mycotoxins：Occurrence，toxicology，and metabolism [J]. Critical Reviews in Food Science and Nutrition，2019：1-15.

[61] Ajandouz E H，Berdah S，Moutardier V，et al. Hydrolytic fate of 3/15-acetyldeoxynivalenol in humans：specific

deacetylation by the small intestine and liver revealed using in vitro and ex vivo approaches [J]. Toxins, 2016, 8 (8): 232.

[62] 邹广迅，张红霞，花日茂. T-2 毒素的毒性效应及致毒机制研究进展 [J]. 生态毒理学报，2011，6 (2): 121-128.

[63] Desjardins A E, Hohn T M, Mccormick S P. Trichothecene biosynthesis in Fusarium species: chemistry, genetics, and significance [J]. Microbiological Research, 1993, 57 (3): 595-604.

[64] Zheng Z, Hou Y, Cai Y, et al. Whole-genome sequencing reveals that mutations in myosin-5 confer resistance to the fungicide phenamacril in Fusarium graminearum [J]. Scientific Reports, 2015, 5 (1): 8248.

[65] Zamir L O, Devor K A, Sauriol F. Biosynthesis of the trichothecene 3-acetyldeoxynivalenol. Identification of the oxygenation steps after isotrichodermin [J]. Journal of Biological Chemistry, 1991, 266 (23): 14992-15000.

[66] Stob M, Baldwin R S, Tuite J, et al. Isolation of an anabolic, uterotrophic compound from corn infected with gibberella zeae [J]. Nature, 1962, 196: 1318.

[67] Urry W H, Wehrmeister H L, Hodge E B, et al. The structure of zearalenone [J]. Tetrahedron Lettes, 1966, 7 (27): 3109-3144.

[68] 田淑丽，李维. 玉米赤霉烯酮毒素研究进展与防控 [J]. 饲料安全及品质控制，2017，12 (3): 36-40.

[69] 韩小敏，李凤琴，徐文静，等. 我国五省市小麦粉中重要镰刀菌毒素的污染调查 [J]. 中国猪业，2017，6 (9): 33-45.

[70] 周建川，郑文革，赵丽红，等. 2016 年中国饲料和原料中霉菌毒素污染调查报告 [J]. 中国猪业，2017，6 (11): 22-27.

[71] 谢丹，邓春丽，赵云峰，等. 北京地区部分市售食用植物油中玉米赤霉烯酮和脱氧雪腐镰刀菌烯醇的污染状况分析 [J]. 食品安全质量检测学报，2016，7 (5): 2105-2113.

[72] 张梦妍，郭爱静，马辉，等. 河北省市售玉米面中玉米赤霉烯酮和伏马菌素 B_1、B_2 污染状况调查 [J]. 医学动物防制，2018，34 (5): 490-491.

[73] 姜淑贞. 玉米赤霉烯酮对断奶仔猪的毒性初探及改性蒙脱石的脱毒效应研究 [D]. 泰安：山东农业大学，2010.

[74] 韩镌竹，田晓玲，丛鑫，等. 超高效液相色谱——串联质谱法测定牛奶中 6 种玉米赤霉烯酮类霉菌毒素的残留 [J]. 中国畜牧兽医，2013，40: 46-49.

[75] 伍宇超. 玉米赤霉烯酮和吸附剂对育成蛋鸡生长性能、抗氧化、免疫和生殖器官的影响 [D]. 泰安：山东农业大学，2016.

[76] Tashiro F, Kawabata Y, Naoi M, et al. Zearalenone-estrogen receptor interaction and RNA synthesis in rat uterus [J]. Medical Mycology, 1980, 7 (3): 311-320.

[77] Zinedine A, Soriano J M, Molto J C, et al. Review on the toxicity, occurrence, metabolism, detoxification, regulations and intake of zearalenone: an oestrogenic mycotoxin [J]. Food Chem Toxicol, 2007, 45 (1): 1-18.

[78] Minervini F, Lacalandra G M, Filannino A, et al. Effects of in vitro exposure to natural levels of zearalenone and its derivatives on chromatin structure stability in equine spermatozoa [J]. Theriogenology, 2010, 73 (3): 392-403.

[79] 周敏. 玉米赤霉烯酮对断奶仔猪子宫生长发育的影响 [D]. 泰安：山东农业大学，2019.

[80] Gutendorf B, J W. Comparison of an array of in vitro assays for the assessment of the estrogenic potential of natural and synthetic estrogens, phytoestrogens and xenoestrogens [J]. Toxicology, 2001, 166 (1/2): 79-89.

[81] Wang Y J, Zheng W L, Bian X J, et al. Zearalenone induces apoptosis and cytoprotective autophagy in primary Leydig cells [J]. Toxicology Letters, 2014, 226 (2): 182-191.

[82] Venkataramana M, Nayaka S C, Anand T, et al. Zearalenone induced toxicity in SHSY-5Y cells: the role of oxidative stress evidenced by N-acetyl cysteine [J]. Food and Chemical Toxicology, 2014, 65: 335-342.

[83] Denli M, Blandon J C, Salado S, et al. Effect of dietary zearalenone on the performance, reproduction tract and serum biochemistry in young rats [J]. Journal of Applied Animal Research, 2017, 45 (1): 619-622.

[84] Abassi H, Ayed-Boussema I, Shirley S, et al. The mycotoxin zearalenone enhances cell proliferation, colony formation and promotes cell migration in the human colon carcinoma cell line HCT116 [J]. Toxicology Letters, 2016, 254 (8): 1-7.

[85] Przybylska-Gornowicz B, Tarasiuk M, Lewczuk B, et al. The effects of low doses of two Fusarium toxins, zearalenone and deoxynivalenol, on the pig jejunum [J]. Toxins (Basel), 2015, 7 (11): 4684-4705.

[86] Hampl R，Kubatova J，L. S. Steroids and endocrine disruptors-history，recent state of art and open questions [J]．Journal of Steroid Biochemistry and Molecular Biology，2016，155：217-223.

[87] Marin D E，Taranu I，Burlacu R，et al. Effects of zearalenone and its derivatives on porcine immune response [J]．Toxicology in Vitro，2011，25（8）：1981-1988.

[88] Obremski K. The effect of in vivo exposure to zearalenone on cytokine secretion by Th1 and Th2 lymphocytes in porcine Peyer's patches after in vitro stimulation with LPS [J]．Polish Journal of Veterinary Sciences，2014，17（4）：625-632.

[89] Mukherjee D，Royce S G，Alexander J A，et al. Physiologically-based toxicokinetic modeling of zearalenone and its metabolites：application to the jersey girl study [J]．Plos One，2015，9（12）．

[90] Etienne M，Dourmad J-Y．Effects of zearalenone or glucosinolates in the diet on reproduction in sows [J]．Livestock Production Science，1994，40（2）：99-113.

[91] Biehl M L，Prelusky D B，Koritz G D，et al. Biliary-excretion and enterohepatic cycling of zearalenone in immature pigs [J]．Toxicology and Applied Pharmacology，1993，121（1）：152-159.

[92] Guevel R，Pakdel F. Assessment of oestrogenic potency of chemicals used as growth promoter by in-vitro methods [J]．Human Reproduction，2001，16（5）：1030-1036.

[93] Anukul N，Vangnai K，Mahakamchanakul W. Significance of regulation limits in mycotoxin contamination in Asia and risk management programs at the national level [J]．Journal of Food and Drug Analysis，2013，21（3）：227-241.

[94] Kim Y T，Lee Y R，Jin J M，et al. Two different polyketide synthase genes are required for synthesis of zearalenone in Gibberella zeae [J]．Molecular Microbiology，2005，58（4）：1102-1113.

[95] Massman J，Cooper B，Horsley R，et al. Genome-wide association mapping of Fusarium head blight resistance in contemporary barley breeding germplasm [J]．Molecular Breeding，2011，27（4）：439-454.

[96] Magan N，Hope R，Cairns V，et al. Post-harvest fungal ecology：Impact of fungal growth and mycotoxin accumulation in stored grain [J]．European Journal of Plant Pathology，2003，109（7）：723-730.

[97] Schwake-Anduschus C，Langenkamper G，Unbehend G，et al. Occurrence of Fusarium T-2 and HT-2 toxins in oats from cultivar studies in Germany and degradation of the toxins during grain cleaning treatment and food processing [J]．Food Additives and Contaminants Part A，2010，27（9）：1253-1260.

[98] Cheli F，Pinotti L，Rossi L，et al. Effect of milling procedures on mycotoxin distribution in wheat fractions [J]．LWT-Food Science and Technology，2013，54（2）：307-314.

[99] Molnar O，Schatzmayr G，Fuchs E，et al. Trichosporon mycotoxinivorans sp nov.，a new yeast species useful in biological detoxification of various mycotoxins [J]．Systematic and Applied Microbiology，2004，27（6）：661-671.

[100] Altalhi A D，EI-Deeb B. Localization of zearalenone detoxification gene（s）in pZEA-1 plasmid of *Pseudomonas putida* ZEA-1 and expressed in *Escherichia coli* [J]．Journal of Hazard Mater，2009，161（2/3）：1166-1172.

[101] Salem B I，Boussabbeh M，Helali S，et al. Protective effect of *Crocin* against zearalenone-induced oxidative stress in liver and kidney of Balb/c mice [J]．Environmental Science and Pollution Research，2015，22（23）：19069-19076.

[102] Ben Salah-Abbès J，Abbes S，Houas Z，et al. Zearalenone induces immunotoxicity in mice：possible protective effects of radish extract（Raphanus sativus）[J]．Journal of Pharmacy and Pharmacology，2008，60（6）：761-770.

[103] Boeira SP，Borges C，Del'Fabbro L，et al. Lycopene treatment prevents hematological，reproductive and histopathological damage induced by acute zearalenone administration in male Swiss mice [J]．Experimental and Toxicologic Pathology，2014，66（4）：179-185.

[104] 曾云龙，赵敏，张敏，等．近红外荧光传感法测定中药材中赭曲霉毒素 A [J]．发光学报，2019，40（01）：115-121.

[105] 吴凤琪，岳振峰，张毅，等．食品中主要霉菌毒素分析方法的研究进展 [J]．色谱，2020，38（7）：759-767.

[106] 丁平，侯亚莉，王永红，等．赭曲霉毒素 A 的危害与防治 [J]．中国饲料，2010（17）：33-36.

[107] 尚艳娥，杨卫民．CAC、欧盟、美国与中国粮食中真菌毒素限量标准的差异分析 [J]．食品科学技术学报，2019，37（1）：10-15.

[108] 翟晨，穆蕾，杨悠悠．中国及欧盟粮油食品真菌毒素限量及减控措施对比 [J]．现代食品科技，2020，36（3）：302-309.

[109] 李克．电子束辐照降解玉米赤霉烯酮和赭曲霉毒素 A 的研究 [D]．无锡：江南大学，2019.

[110] 罗小虎，李克，王韧，等．臭氧、电子束辐照降解玉米赤霉烯酮和赭曲霉毒素 A [J]．食品与机械，2017，33（12）：98-102，173.

[111] 张露瀛．赭曲霉毒素 A 的生物脱毒实例 [J]．农产品加工，2017（15）：46-47.

[112] 梁晓翠．不动杆菌 BD189 对赭曲霉毒素 A 的脱毒研究 [D]．上海：上海交通大学，2010.

[113] 杨超．四种真菌毒素检测方法的建立以及赭曲霉毒素 A 脱除方法的初步研究 [D]．青岛：中国海洋大学，2009.

[114] 丁平，侯亚莉，王永红，等．赭曲霉毒素 A 的危害与防治 [J]．中国饲料，2010（17）：33-36.

[115] 余厚美，王琴飞，林立铭，等．木薯叶粉中赭曲霉毒素 A 快速检测方法的建立 [J]．食品安全质量检测学报，2019，10（24）：8242-8250.

[116] 程传民，柏凡，李云，等．2013 年赭曲霉毒素 A 在饲料原料中的污染分布规律 [J]．饲料广角，2014（7）：34-37.

[117] 李皖光，张黎利，王新文．粮食中赭曲霉毒素 A 检测技术的研究 [J]．粮食科技与经济，2018，43（8）：73-75.

[118] Torovič L，Lakatoš I，Majkič T，et al．Risk to public health related to the presence of ochratoxin A in wines from Fruška Gora [J]．LWT，2020：109537.

[119] Liu M，Cheng C，Li X，et al．Luteolin alleviates ochratoxin A induced oxidative stress by regulating Nrf2 and HIF-1α pathways in NRK-52E rat kidney cells [J]．Food and Chemical Toxicology，2020，8（2）：141-142.

[120] 郝艳萍，张胜利，冯骁骄．HPLC 法测定谷物食品中赭曲霉毒素 A 检出限、精密度、准确度试验 [J]．检验检疫学刊，2020，30（2）：54-55.

[121] 蒋雄图，虞左向．棒曲霉素 [J]．无锡轻工业学院学报，1989（2）：73-84.

[122] Jeiran M R．Patulin and its dietary intake by fruit juice consumption in Iran [J]．Food Additives & Contaminants Part B Surveillance，2015，8（1）：40-43.

[123] Hernández E．Effect of the incubation conditions on the production of patulin by Penicillium griseofulvum isolated from wheat [J]．Mycopathologia，1991，115（3）：163-168.

[124] 张亚健，刘阳，邢福国．我国浓缩苹果汁生产现状及棒曲霉素对其品质的危害 [J]．食品科技，2009，34（11）：54-57.

[125] Suzuki T，Takeda M，Tanabe H．A new mycotoxin produced by *Aspergillus clavatus* [J]．Chemical & Pharmaceutical Bulletin，1971，19（9）：1786-1788.

[126] Gullino M L．A new strain of *Metschnikowia fructicola* for postharvest control of *Penicillium expansum* and patulin accumulation on four cultivars of apple [J]．Postharvest Biology & Technology，2019，75（9）：434-449.

[127] Chung D H．Occurrence of patulin in various fruit juices from south Korea：an exposure assessment [J]．Food Science & Biotechnology，2010，19（1）：1-5.

[128] 饶志恒，吴晓艺，方筱琴，等．展青霉素的检测与控制技术研究进展 [J]．浙江万里学院学报，2016，29（2）：88-93.

[129] Beuchat L R．Influence of temperature and water activity on growth and patulin production by *Byssochlamys nivea* in apple juice [J]．Applied & Environmental Microbiology，1984，47（1）：205-207.

[130] Damoglou A P．The effect of water activity and pH on the production of mycotoxins by fungi growing on a bread analogue [J]．Letters in Applied Microbiology，2008，3（6）：123-125.

[131] Fantini J．The mycotoxin patulin alters the barrier function of the intestinal epithelium：mechanism of action of the toxin and protective effects of glutathione [J]．Toxicology & Applied Pharmacology，2002，181（3）：209-218.

[132] Mckinley E R，Carlton W W，Boon G D．Patulin mycotoxicosis in the rat：toxicology，pathology and clinical pathology [J]．Food & Chemical Toxicology，1982，20（3）：289-300.

[133] 田园．展青霉素特异性抗体的制备及其免疫学检测方法的研究 [D]．泰安：山东农业大学；2012.

[134] Sanchis V．Patulin accumulation in apples by *Penicillium expansum* during postharvest stages [J]．Letters in Applied Microbiology，2007，44（1）：30-35.

[135] Dickens F，Jones H E H．Carcinogenic activity of a series of reactive lactones and related substances [J]．British Journal of Cancer，1961，15（1）：85-100.

[136] Geiger W B，Conn J E．The mechanism of the antibiotic action of clavacin and penicillic acid[1,2] [J]．Journal of the American Chemical Society，1945，67（1）：112-116.

[137] Organization W H．Application of risk analysis to food standards issues：report of the Joint FAO/WHO Expert

Consultation，Geneva，Switzerland，13-17 March 1995 [J]．Food Safety，1995，19（8），233-234.

[138] 聂继云．果品及其制品展青霉素污染的发生、防控与检测 [J]．中国农业科学，2017，50（18）：3591-3607.

[139] 陈士恩．展青霉素 [J]．甘肃畜牧兽医，1990，（2）：32，37.

[140] 李博强，陈勇，徐小迪，等．棒曲霉素的生物合成、调控机制及其控制技术研究进展 [J]．食品安全质量检测学报，2017，8（9）：3283-3288.

[141] 王丽．棒曲霉素降解技术方法研究 [D]．咸阳：西北农林科技大学，2007.

[142] Spadaro D，Lorè A，Garibaldi A，et al．A new strain of *Metschnikowia fructicola* for postharvest control of *Penicillium expansum* and patulin accumulation on four cultivars of apple [J]．Postharvest Biology & Technology，2013，75（6）：76-77.

[143] Marin S．Effect of biocontrol agents *Candida sake* and *Pantoea agglomerans* on *Penicillium expansum* growth and patulin accumulation in apples [J]．International Journal of Food Microbiology，2008，122（1/2）：61-67.

[144] 孟紫强．环境毒理学基础 [M]．北京：高等教育出版社，2010.

[145] Lee J，Lee S，Jiang X．Cyanobacterial toxins in freshwater and food：important sources of exposure to humans [J]．Annual Review of Food Science and Technology，2017，8（1）：281 -304.

[146] Papadimit R T，Kagalou I，Stalikas C，et al．Assessment of microcystin distribution and biomagnification in tissues of aquatic food web compartments from a shallow lake and evaluation of potential risks to public health [J]．Ecotoxicology，2012，21（4）：1155-1166.

[147] Martens S．Handbook of cyanobacterial monitoring and cyanotoxin analysis [J]．Advances in Oceanography and Limnology，2017，8（2）：1405-1406.

[148] Campos A，Vasconcelos V．Molecular mechanisms of microcystin toxicity in animal cells [J]．International Journal of Molecular Sciences，2010，11（1）：268-287.

[149] Rivasseau C，Martins S，Hennion M C．Determination of some physicochemical parameters of microcystins（cyanobacterial toxins）and trace level analysis in environmental samples using liquid chromatography [J]．Journal of Chromatography A，1998，799（1/2）：155-169.

[150] Duy T N，Lam P K S，Shaw G R，et al．Toxicology and risk assessment of fresh water cyanobacterial（blue-green algal）toxins in water [J]．Reviews of Environmental Contamination & Toxicology，2000，163：113-185.

[151] 贺燕，黄先智，丁晓雯．微囊藻毒素毒性及其作用机理研究进展 [J]．食品科学，2020，41（5）：290-298.

[152] 黄会，刘慧慧，李佳蔚，等．水产品中微囊藻毒素检测方法及污染状况研究进展 [J]．中国渔业质量与标准，2019，9（2）：32-43.

[153] 陈露，马良，谭红霞，等．食物中藻类毒素污染及暴露风险研究进展 [J]．食品与发酵工业，2019，45（12）：272-278.

[154] 樊有赋，詹寿发，甘金莲，等．微囊藻毒素的危害及其防治 [J]．生命的化学，2008（1）：101-103.

[155] Sivonen K，Jones G．Cyanobacterial toxins // Chrous I，BartramJ．Toxic cyanobacteria in water：a guide to their public health consequences，monitoring and management [M]．London：E&FNSpon，1999：55-124.

[156] Zhi B H，Zhou Y，Liu Z S，et al．Advance in study of nodularin [J]．Modern Preventive Medicine，2010，37（2）：245-248.

[157] Mazur-Marzec H，Pliński M．Do toxic cyanobacteria blooms pose a threat to the Baltic ecosystem？ [J] Oceanologia，2009，51（3）：293-319.

[158] 江敏，许慧．节球藻毒素研究进展 [J]．生态学报，2014，34（16）：4473-4479.

[159] 耿军灵．柱胞藻毒素研究进展 [J]．海峡科学，2016（8）：6-9.

[160] Shen X，Lam P K S，Shaw G R，et al．Genotoxity investigation of a cyanobacterial toxin，cylindrospermopsin [J]．Toxicon，2002，40（10）：1499-1501.

[161] Young F M，Micklem J，Humpage A R．Effects of blue-green algal toxin cylindrospermopsin（CYN）on human granulosa cells in vitro [J]．Reproductive Toxicology，2008，25（3）：374-380.

[162] 李红敏，裴海燕，孙炯明，等．拟柱孢藻（*Cylindrospermopsis raciborskii*）及其毒素的研究进展与展望 [J]．湖泊科学，2017，29（4）：775-795.

[163] 梁晨希，曹立新，张跃娟，等．海洋毒素电化学生物传感器 [J]．化学进展，2018，30（7）：1028-1034.

[164] 史清文．海洋毒素研究进展 [J]．天然产物研究与开发，2018，11（3）：23-34.

[165] Gubbins M J，Eddy F B，Gallacher S，et al．Paralytic shellfish poisoning toxins induce xenobiotic metabolising en-

zymes in *Atlantic salmon*（*Salmo salar*）［J］. Marine Environmental Research，2000，50（1/5）：479-483.

［166］ Ivanova B B，Spiteller M. Quantitative Raman spectroscopic and matrix-assisted laser desorption/ionization mass spectrometric protocols for analysis of bis-guanidinium neurotoxic alkaloids［J］. Environmental Science & Pollution Research，2013，8（11）：178-203.

［167］ 赵晓芳，计融. 腹泻性贝类毒素研究进展［J］. 中国热带医学，2006，6（1）：157-159.

［168］ Takeshi Y，Yasumot O，Magoichi Y，et al. Occurrence of a new type of shellfish poisoning in the Tohoku district［J］. Nippon Suisan Gakkaishi，1978，44（11）：1249-1255.

［169］ Draisci R，Lucentini L，Giannetti L，et al. First report of pectenotoxin-2（PTX-2）in algae（*Dinophysis fortii*）related to seafood poisoning in Europe［J］. Toxicon，1996，34（8）：923-935.

［170］ Federica F，Lucia B，Laura R，et al. Phycotoxins in marine shellfish：origin，occurrence and effects on humans［J］. Marine Drugs，2018，16（6）：188.

［171］ Huang H，Huang A，Zhuang Z，et al. Study of cytoskeletal changes induced by okadaic acid in HL-7702 liver cells and development of a fluorimetric microplate assay for detecting diarrhetic shellfish poisoning［J］. Environmental Toxicology，2013，28（2）：167-221.

［172］ Jiao Y-h，Dou M，Wang G，et al. Exposure of okadaic acid alters the angiogenesis in developing chick embryos［J］. Toxicon，2017，18（8）：299-301.

［173］ Kamat P K，Tota S，Shukla R，et al. Mitochondrial dysfunction：a crucial event in okadaic acid（ICV）induced memory impairment and apoptotic cell death in rat brain［J］. Pharmacology Biochemistry & Behavior，2011，100（2）：311-319.

［174］ Chi C，Giri S S，Jun J W，et al. Effects of algal toxin okadaic acid on the non-specific immune and antioxidant response of bay scallop（*Argopecten irradians*）［J］. Fish & Shellfish Immunology，2017，65：111-117.

［175］ 方佳如. 海洋生物毒素检测的细胞传感器及手持式检测仪的研究［D］. 杭州：浙江大学，2017.

［176］ Saeed A F，Awan S A，Ling S，et al. Domoic acid：attributes，exposure risks，innovative detection techniques and therapeutics［J］. Algal Research，2017，24（3）：97-110.

［177］ Marine biotoxins and associated outbreaks following seafood consumption：prevention and surveillance in the 21st century［J］. Global Food Security，2017，19（12）：22-23.

［178］ Scientific opinion on marine biotoxins in shellfish-emerging toxins：brevetoxin group［J］. Efsa Journal，2010，8（7）：1677.

［179］ 王际辉. 食品安全学［M］. 北京：中国轻工业出版社，2013.

［180］ 任东亮. 呕吐毒素臭氧降解机制及其安全性评价［D］. 泰安：山东农业大学，2020.

［181］ 李俊玲，吴俊威，申磊，等. 河南省面粉及其制品中真菌毒素污染状况［J］. 江苏预防医学，2020，31（3）：334-336.

［182］ 姜冬梅，王荷，武琳霞，等. 小麦中呕吐毒素研究进展［J］. 食品安全质量检测学报，2020，11（2）：423-432.

［183］ 侯广月，杜营，杨帆，等. 谷物及其制品中真菌毒素的前处理及检测技术研究进展［J］. 中国果菜，2019，39（12）：64-70.

［184］ 李建辉. 花生中黄曲霉毒素的影响因子及脱毒技术研究［D］. 北京：中国农业科学院，2009.

［185］ 邓春丽，李承龙，谢丹，等. 植物油中赭曲霉毒素和伏马毒素的污染调查分析［J］. 卫生研究，2016，45（06）：1007-1009+1015.

［186］ 李双青，李晓敏，张庆合. 植物油中真菌毒素检测技术的研究进展［J］. 色谱，2019，37（06）：569-580.

［187］ 胡文彦，许磊，杨军，等. 基于QuEChERS提取的快速液相色谱-串联质谱法测定婴幼儿谷基辅助食品中的9种真菌毒素［J］. 色谱，2014，32（02）：133-138.

［188］ 王喜萍. 粮油食品中黄曲霉毒素的污染及预防措施［J］. 食品工业科技，2004，13（9）：141-142+134.

［189］ 李建辉. 花生中黄曲霉毒素的影响因子及脱毒技术研究［D］. 北京：中国农业科学院，2009.

［190］ 李宁. 花生肽制备过程中黄曲霉毒素变化规律研究［D］. 北京：中国农业科学院，2014.

第四章
食品中污染物残留的危害与控制

  (1) 食品中有毒元素的种类、毒性及其危害

  (2) 防止有毒元素污染食品的措施

  (3) 多氯联苯的危害及防控措施

  (4) 二噁英的化学性质、危害及防控措施

  (5) 农兽药残留的来源、危害及防控

  (6) 食品加工污染的形成、危害及防控

学习目标

  重点掌握食品中重金属等环境污染物、农兽药残留等安全性问题；掌握典型重金属、农兽药和环境持久性污染物污染范围和控制途径；了解食品加工形成的丙烯酰胺等典型化学污染物控制途径。

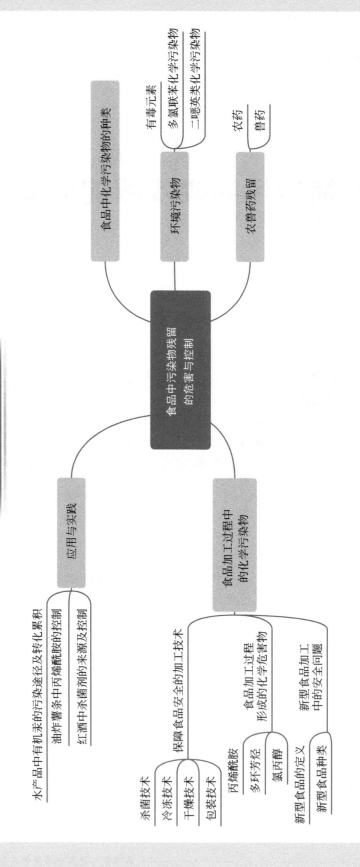

本章思维导图

食品中污染物残留的危害与控制

食品中化学污染物的种类

环境污染物
- 有毒元素
- 多氯联苯化学污染物
- 二噁英类化学污染物

农兽药残留
- 农药
- 兽药

应用与实践
- 水产品中有机汞的污染途径及转化累积
- 油炸薯条中丙烯酰胺的控制
- 红酒中杀菌剂的来源及控制

食品加工过程中的化学污染物

保障食品安全的加工技术
- 杀菌技术
- 冷冻技术
- 干燥技术
- 包装技术

食品加工过程形成的化学危害物
- 丙烯酰胺
- 多环芳烃
- 氯丙醇

新型食品加工中的安全问题
- 新型食品的定义
- 新型食品种类

第一节　食品中化学污染物的种类

化学污染物是指可以引起食源性疾病的化学物质，包括环境污染物（有毒元素、多氯联苯、二噁英等），杀虫剂等农药残留，抗生素等兽药残留，清洗用品、消毒用品等加工助剂，生产加工、包装、运输、储存等过程中容易产生或接触的污染物等。为确保食品免受外来污染物的污染，必须对各类化学污染物有充分的认识，明确常见化学污染物作为食品安全的外来影响因素的危害途径和有效的控制方法。

1. 有毒元素

无机污染物如汞、砷、铅、镉、铬等重金属以及一些放射性物质。这些物质在一定程度上受食品产地的地理地质条件的影响，但更主要的污染源是工业和农业生产、采矿、能源、交通、城市排污等，并通过环境和食物链（网）传播而危害人类健康。

2. 多氯联苯

多氯联苯（polychlorinated biphenyl，PCB）亦被称为二噁英类似化合物，是目前世界上公认的全球性环境污染物之一。PCB 广泛用于油漆、涂料、油墨、无碳复印纸等，还被广泛用于电容器、变压器的绝缘油，食用精油工厂的导热体、液压油、传热油等添加剂。PCB 是一种持久性有机污染物，也是典型的环境内分泌干扰物（endocrine disrupting chemical，EDC）。PCB 具有致畸、致癌等毒副作用。

3. 二噁英

二噁英（dioxin，DXN）是多氯二苯并对二噁英（polychlorinated dibenzo-p-dioxins，PCDDs）和多氯二苯并呋喃（polychlorinated dibenzofurans，PCDFs）两类近似平面状芳香族杂环化合物的统称。DXN 类物质化学性质极为稳定，难以被生物降解，并能在食物链中富集，具有极强的致癌性、免疫毒性和生殖毒性等多种毒性作用。

4. 农药与兽药残留

农药和兽药虽然可以显著地提高农产品和畜产品的产量和质量，但农兽药使用后在生物体、食品或环境中残存的原体、衍生物、代谢物或降解物同时也会通过消化道、呼吸道和皮肤等途径进入人体，威胁人类健康。如有机磷农药能抑制体内乙酰胆碱酯酶的活性，导致神经功能紊乱；人工合成激素类药物会引起人体性激素机能紊乱，影响第二性征的正常发育。近年来，我国农兽药残留引起的食品安全事件频发，日本毒饺子事件、毒豇豆事件、毒韭菜事件、瘦肉精事件、速成鸡事件等，警醒我们食品中农兽药残留污染的严峻性。因此，控制食品中农兽药残留对于食品安全有着重要意义。

5. 食品加工过程中的化学污染物

食品加工是食品行业至关重要的环节，它可以赋予食品更高的安全性、可保藏性、可运输性、可食性、便利性和感官接受度等，但与此同时，食品加工往往也产生一些危害人体健康的化学危害物，如丙烯酰胺为 2A 类致癌物、多环芳烃特别是苯并芘 1 类致癌物和氯丙醇为 2B 类致癌物等。为了更好地防止加工过程中有害污染物的形成，必须从其根本的形成机理出发，改善食品加工工艺，从源头杜绝其产生，以期达到食品质量和食品安全的双赢。

第二节　环境污染物

工业活动或工业副产品带来的化学物质对食物链的污染越来越引起人们的关注。其中，有毒金属、多氯联苯、二噁英等是全球范围内关注度较高的、可能对食品造成污染的有毒有害物质。此外，还可能有其他有机和无机化学污染物通过多种途径进入食物链。为确保食品免受外来环境污染物的污染，必须对食品的生长环境以及生产加工产业链进行综合考虑，包括食品原料的来源、生产量、使用方式、环境中的暴露评估、食物链中污染物的持久性、人们膳食的暴露评估以及毒理学评估等一系列评价，最终明确环境污染物作为食品安全的外来影响因素的危害途径和有效的控制方法。

一、有毒元素

食品中可能涉及大量无机物类有害物质，其中重金属类有害物质是食品中危害人体健康的主要危害源。重金属污染是指由密度在 $5g/cm^3$ 以上的金属或其化合物造成的环境污染。但从污染的角度来看，一些类金属如砷等也有很强的毒性。因此，食品中重金属危害多指毒性较大的铅、铬、镉、汞、砷等有毒化学元素。这些有害元素进入人体后与机体结合会造成不同程度的危害，对消化系统、神经系统、脏器、皮肤、骨骼等造成不可逆转的损害。震惊世界的"水俣病"和"骨痛病"就是重金属污染引起的公害病[1]。

（一）国内外重金属污染历史事件举例

1. 1953 年发生在日本熊本县水俣湾的"水俣病"

水俣病是有毒元素汞造成的最严重的公害病之一，因 1953 年首先发现于日本熊本县水俣湾附近的渔村而得名。这种病症最初出现在猫身上，被称为"猫舞蹈症"。表现为病猫步态不稳、抽搐、麻痹，甚至跳海死去。随后不久，发现当地居民患有类似症状。当时这种病由于病因不明而被叫做"怪病"。该事件实为有机汞中毒，罪魁祸首是处于世界化工业尖端技术的氮（N）生产企业。1925 年，日本氮肥公司在这里建厂，后又开设了合成醋酸厂。1949 年后，这个公司开始生产氯乙烯（C_2H_3Cl），氯乙烯和醋酸乙烯在制造过程中要使用氯化汞和硫酸汞作为催化剂，催化反应后汞全部随废水排入临近的水俣湾内，并且大部分沉淀在湾底的泥里。这些无机汞通常会转化成剧毒物质甲基汞（CH_3Hg）。水生生物摄入甲基汞并在体内蓄积，然后通过食物链逐级富集。在污染的水体中，鱼体内甲基汞比水体中能高上万倍，人们食用了污染水体里的鱼、贝类而中毒。

2. 1955 年发生在日本富山县的"骨痛病"

骨痛病又称疼痛病，是发生在日本富山县神通川流域的公害事件。1955 年，在神通川流域河岸出现了一种怪病，症状初始是腰、背、手、脚等各关节疼痛，随后遍及全身，有针刺般痛感，数年后骨骼严重畸形，骨脆易折，甚至轻微活动或咳嗽都能引起多发性病理骨折，最后身体衰弱疼痛而死。经调查分析，骨痛病是河岸的锌、铅冶炼厂等排放的含镉废水污染了水体，进而使得当地稻米含镉。而当地居民长期饮用受镉污染的河水，以及食用含镉稻米，致使镉在体内蓄积而中毒致病。

（二）重金属污染途径

食品中重金属污染来源较为广泛，总体而言，食品中的重金属污染来源于环境和源于加工过程及包装材料等。

1. 环境的重金属污染

金属元素是地壳岩石中的天然组成成分，因此，自然界的水、土壤和空气中均含有一定量的各种金属元素。有的地区由于岩层、土壤或地下水中某种金属元素含量过高会对人体产生不良影响，该地区易发生地方病。而人类的工农业生产活动是环境中重金属元素污染的主要来源。如，能源、运输、冶金和建筑材料等工业领域所产生的气体、粉尘中含有大量有害重金属；农业生产领域施用的农药、化肥等也含有重金属。长期施用含有铅、镉、铬的农药化肥，如磷矿粉、波尔多液、代森锰锌等，将导致土壤中重金属元素的积累。即使重金属元素浓度小，也可在藻类和底泥中积累，被鱼和贝的体表吸附，通过食物链浓缩，从而造成公害。

2. 加工过程及包装材料的重金属污染

食品加工过程所用的机械、管道、容器或加入的某些食品添加剂中存在的有毒元素及其盐类在一定条件下可能污染食品，如金属原料导致的重金属迁移污染食品。以不锈钢类食品接触材料为例，普通不锈钢是由铁铬合金掺入微量元素制成，各种不同种类的不锈钢中铬含量均在10.5%以上，因此不锈钢产品中极易出现铬元素向食品迁移导致食品污染。由于不锈钢材料昂贵，部分金属包装采用电镀金属方式，在节约成本的同时起到金属防锈作用，因而引入了电镀涂层中的重金属迁移问题。除此之外，焊接工艺控制、表面涂层等都有可能导致食品受到重金属污染。

除金属包装材料外，源于植物的天然纤维类包装材料是食品中重金属迁移污染的另一个重要来源。如我国传统的陶瓷制品，由于原料来源等因素，其中铅、镉等含量普遍偏高。喷涂装饰过程作为食品包装材料生产制造的关键环节也是重金属污染的主要途径，如纸基、高分子材料表面的油墨喷涂涂料中铅、镉、铬、汞等重金属的污染[2-4]。

（三）重金属的危害及毒性机制

1. 重金属污染的特点

① 水中的某些重金属可以在微生物作用下转化为毒性更强的金属化合物。如，汞在微生物作用下甲基化形成甲基汞。

② 生物从环境摄入重金属可以经过食物链的生物放大作用，在较高级生物体内成千上万倍地富集，然后通过食物进入人体的某些器官中积蓄而造成慢性中毒。

③ 同一种金属元素的不同化学形态可以产生不同的生物效应。如，不同形态的砷化合物的毒性差异很大。无机砷的毒性最大，甲基化砷的毒性较小，而海产品中含量较高的砷甜菜碱和砷胆碱常被认为是无毒的。

2. 重金属污染的毒性和毒性机制

食品中的有毒元素经消化道吸收，通过血液分布于体内组织和脏器，除了以原有形式为主外，还可以转变成具有较高毒性的化合物形式。多数有毒元素在体内有蓄积性，能产生急性和慢性毒性反应，还有可能产生致癌、致畸和致突变作用。可见有毒元素对人体的毒性机制是十分复杂的，一般来说，下列任何一种机制都能引起毒性：

① 阻断了生物分子表现活性所必需的功能基。例如，Hg^{2+}、Ag^+ 与酶半胱氨酸残基的硫基结合，半胱氨酸的硫基是许多酶的催化活性部位，当结合重金属离子时，就抑制了酶的催化活性。

② 置换了生物分子中必需的金属离子。例如，Be^+ 可以取代 Mg^{2+} 激活酶中的 Mg^{2+}，Be^+ 与酶结合的强度比 Mg^{2+} 大，因而可阻断酶的活性。

③ 改变了生物分子构象或高级结构。例如核苷酸负责贮存和传递遗传信息，若构象或结构发生变化，就可能引起严重后果，如致癌和先天性畸形。

（四）典型重金属的污染途径、危害及防控措施

对食品安全性有影响的有毒元素较多，本节我们就几种主要的有毒元素的毒性危害作一简要介绍。

1. 汞

汞，室温下唯一的液体金属，俗称水银。室温下具有挥发性，汞蒸气被人体吸收后会引起中毒。食品中的汞以单质汞、无机汞（Hg^+、Hg^{2+}）和有机汞（甲基汞、乙基汞、苯基汞等）的形式存在。各种形态的汞及其化合物都会对机体造成以神经毒性和肾毒性为主的多系统损害，其中以金属汞和甲基汞对人体的危害最为显著。

（1）汞污染来源及汞的转化与生物富集

全世界从岩石风化出来的汞每年可达 5000 吨，分别进入土壤、地面水和大气中。煤和石油燃烧，含汞金属矿物（主要是辰砂）的冶炼，成为大气中汞的主要来源；各种工业排放的含汞废水成为水体中汞及其化合物的主要来源；施用含汞农药和含汞肥料及使用污水灌溉成为土壤中汞的主要来源。土壤中的汞可挥发进入大气和进入植物体内，并可由降水淋洗进入地面水和地下水中。地面水中的汞可部分挥发进入大气，大部分吸附在水中颗粒物上沉积于底泥。底泥中的无机汞经微生物（如匙形梭菌 *Clostridium cochlearinm* 等）的作用，在甲基供体（如维生素 B_2 等）存在下发生甲基化，转化为甲基汞。甲基汞经食物链的生物浓缩和生物放大作用，可在鱼体内浓缩几万至几十万倍。

（2）汞的体内代谢

① 吸收。汞及其化合物可经呼吸道、消化道和皮肤黏膜等途径进入体内。不同形态的汞进入体内的主要途径不同，其吸收率主要取决于溶解度。如，汞蒸气是非极性物质，具有高度的弥散性和脂溶性，主要经呼吸道吸入，吸入的汞蒸气约有 76%～85% 经呼吸道迅速进入肺泡膜，并几乎全部透过肺泡膜进入血中的红细胞和其他细胞中，再经血流分布到全身。而金属汞在消化道的吸收率不到 0.01%。无机汞化合物经消化道的吸收率高于金属汞，约为 5%～15%。与此相反，有机汞却极易经消化道吸收。如，至少 95% 以上的甲基汞和 90% 以上的苯基汞可经消化道吸收。挥发性较高的烷基汞类化合物亦可以经呼吸道进入人体。皮肤直接接触含汞的药物、化妆品等物质也可发生吸收，只是这种吸收作用的吸收速度较为缓慢。

② 分布。吸收进入体内的汞蒸气和有机汞随血液分布到脑、肾、肝、心等脏器和组织中。沉积在肺组织中的一部分汞蒸气可缓慢排入血液，再散播到身体的其他部位。汞蒸气和甲基汞在体内极易通过血脑屏障而进入中枢神经系统。而无机汞进入体内后，以离子态的形式与血浆蛋白结合，大部分集中在肾脏皮质的近曲小管细胞内。其余的无机汞也多以汞结合硫基蛋白的形式分布在肝、脾等脏器的组织细胞中。

③ 代谢。金属汞进入体内后，主要在红细胞及肝细胞内被氧化成汞离子。二价汞离子

与巯基蛋白结合形成稳定的金属硫蛋白，或与含巯基的半胱氨酸、谷胱甘肽、辅酶 A、硫辛酸等低分子化合物及体液中的阴离子结合。苯基和甲氧烷基汞化合物可很快在体内降解成无机汞，它们和无机汞化合物吸收后的代谢过程相似，但甲基汞被代谢成无机汞的速度比苯基汞或甲氧烷基汞化合物慢得多。肠道微生物，例如埃希氏大肠杆菌（*Es cherichia coli*）、产气肠杆菌（*Enterobacter aerogenes*）、葡萄球菌（*Staphylococcus*）和酵母菌（*Saccharomyces cerevisiae*）以及某些厌氧菌，在维生素 B$_2$ 及半胱氨酸存在下可发生甲基化作用，合成甲基汞。但除二甲基汞以外，各种无机汞或有机汞在人体的组织细胞中很难转化成毒性更强的甲基汞。

④ 排泄。金属汞蒸气和无机汞主要经肾脏由尿中排出。部分无机汞与体内巯基蛋白结合后可随胆汁从肠道排出，而与体内低分子物质结合的无机汞离子主要经肾脏随尿液排出。在肠道内的低分子结合型汞可被再吸收，重新进入血液和组织中去。进入脑、睾丸、甲状腺、垂体等处的汞则释放很慢。通过胆汁排入肠道的甲基汞多经肠道吸收进入肠肝循环。部分有机汞在肠道微生物的分解作用下降解成无机汞，随粪便排出体外。甲基汞主要通过肠道随粪便排出，经肾脏的排出量小于总排出量的 10%。除经肾脏和肠道排出大部分汞以外，还可经由呼吸道、汗腺、乳腺、唾液腺、皮脂腺、毛囊和胎盘等处排出少量的汞，排出浓度常与血汞相关。例如，发汞为 $50\mu g/g$ 时，血汞约为 $200\mu g/L$。

(3) 汞的毒性及毒性机制

汞及其化合物的毒性大小与汞的存在形式、汞化合物的吸收途径有关。主要中毒表现为：

① 急性毒性。有机汞化合物的毒性比无机汞化合物大。由无机汞引起的急性中毒，主要可导致肾组织坏死，发生尿毒症。有机汞引起的急性中毒，早期主要可造成肠胃系统的损害，引起肠道黏膜发炎，剧烈腹痛，严重时可引起死亡。

② 亚慢性及慢性毒性。长期摄入被汞污染的食品，可引起慢性汞中毒，使大脑皮质神经细胞出现不同程度的变性坏死，表现为细胞核固缩或溶解消失。局部汞的高浓度积累，造成器官营养障碍，蛋白质合成下降，导致器官功能衰竭。

③ 致畸性和生育毒性。甲基汞对生物体还具有致畸性和生育毒性。母体摄入的汞可通过胎盘进入胎儿体内，使胎儿发生中毒。严重者可造成流产、死产或使初生幼儿患先天性水俣病，表现为发育不良、智力减退，甚至发生脑麻痹而死亡。另外，无机汞可能还是精子的诱变剂，可导致畸形精子的比例增高，影响男性的性功能和生育力。

汞的毒性作用分子基础主要是汞离子（Hg^{2+}）极易与蛋白质上的巯基（—SH）或二硫键（—S—S—）结合，改变蛋白质的结构，进而影响其活性。另外汞还可与生物大分子的氨基、羧基、咪唑基、异吡唑基、嘌呤基、嘧啶基和磷酸基等重要基团结合，改变细胞的结构与功能，造成细胞的损伤而影响整个机体。如，甲基汞经吸收进入血液后，被红细胞膜上的脂类吸收，进一步侵入红细胞内与血红蛋白的巯基结合，并随血流通过血脑屏障，侵入脑组织。甲基汞在脑中与 8-氨基-γ-酮戊酸脱水酶的巯基结合，影响乙酰胆碱的合成；与硫辛酸、泛酰硫氢乙胺和辅酶 A 的巯基结合，干扰大脑丙酮酸的代谢；与磷酸甘油变位酶、烯醇化酶、丙酮酸激酶和丙酮酸脱氢酶的巯基结合，抑制脑中的 ATP 合成。另外，汞离子在细胞线粒体内与谷胱甘肽的巯基结合，形成牢固的硫醇盐，导致其氧化还原功能完全丧失。甲基汞作用于线粒体内膜，并使其氧化磷酸化解偶联，造成 ATP 含量减少，这可能是抑制细胞蛋白质合成的重要原因。

甲基汞不但可与含巯基的蛋白质结合，而且也能与生物大分子中的碳原子形成牢固的

C—Hg 共价键，以其分子整体发挥毒作用。实验研究还证明，甲基汞能与脑中的缩醛磷脂相结合，并对缩醛磷脂的加水分解起催化作用，生成的溶血磷脂对细胞膜起溶解作用。

（4）食品中汞的限量

WHO 和我国颁布实施的《食品安全国家标准 食品中污染物限量》（GB 2762—2017）都制定了食品中汞的限量标准。WHO 规定成人每周摄入总汞量不得超过 0.3mg，其中甲基汞摄入量每周不得超过 0.2mg。中国颁布实施的《食品安全国家标准 食品中污染物限量》GB 2762—2017 规定汞允许残留量（mg/kg，以 Hg 计）如表 4-1 所示[2,5,6]。

表 4-1　食品中汞限量指标

食品类别（名称）	限量（以 Hg 计）/(mg/kg)	
	总汞	甲基汞①
水产动物及其制品(肉食性鱼类及其制品除外)	—	0.5
肉食性鱼类及其制品	—	1.0
谷物及其制品		
稻谷②、糙米、大米、玉米、玉米面(渣、片)、小麦、小麦粉	0.02	—
蔬菜及其制品		
新鲜蔬菜	0.01	—
食用菌及其制品	0.1	—
肉及肉制品		
肉类	0.05	—
乳及乳制品		
生乳、巴氏杀菌乳、灭菌乳、调制乳、发酵乳	0.01	—
蛋及蛋制品		
鲜蛋	0.05	—
调味品		
食用盐	0.1	—
饮料类		
矿泉水	0.001mg/L	—
特殊膳食用食品		
婴幼儿罐装辅助食品	0.02	—

① 水产动物及其制品可先测定总汞，当总汞水平不超过甲基汞限量值时，不必测定甲基汞；否则，需再测定甲基汞。

② 稻谷以糙米计。

2. 铅

铅在自然界中分布广泛，常用于蓄电池、汽油防爆剂、建筑材料、水管等制品。二十世纪末，随着汽车和交通运输业的发展，汽油中的铅随汽车尾气释放到空气中，成为大气污染中铅污染的主要来源。发现铅汽油的危害后，现世界各地均已明令禁止或限制在汽油中添加四乙铅。现食品中铅污染的主要来源为食品容器和包装材料。

（1）铅污染来源

食品中铅的来源很多，随着含铅工业的大规模发展，交通运输的汽油燃烧以及采矿、冶炼等工业"三废"的排放，大量铅进入自然环境，环境中的铅会进一步造成食品污染。此外，动植物原料、食品添加剂以及接触食品的管道、容器、包装材料、器具和涂料等，亦可能使铅转入到食品中。

（2）铅的体内代谢

① 吸收。铅主要从消化道，其次从呼吸道和皮肤进入人体。进入消化道的铅，吸收率仅为 5%～10%，主要从十二指肠被吸收，经门静脉到达肝脏，一部分进入血液循环，一部

分由胆汁排到肠道，随粪便排出。肝细胞膜能主动吸收血浆中的铅而排入胆汁，因此，胆汁中铅的浓度比血浆中高 $40\sim100$ 倍。进入呼吸道的铅有 $25\%\sim30\%$ 左右被吸收，其中 $10\%\sim20\%$ 进入血液循环，或由吞噬细胞进入淋巴系统，也可经气管、支气管咳出，再咽入消化道。

② 分布。通过消化系统和呼吸道吸收进入人体的铅 90% 与红细胞结合，随血流分布于肝、肾、脑、胰及主要动脉等全身各器官和组织，其余分布于血浆中。进入体内的铅 90% 以上以不易溶解盐的形式，沉积于骨骼、毛发或牙齿，其余则通过尿液或大便由排泄系统排出体外。骨铅的积蓄始于胎儿时期，随年龄增长而增多，且比较稳定，可长期贮存在体内。铅在骨骼中的半衰期随年龄不同而不一，约为 $20\sim30$ 年，这部分铅对人体来说相对安全，但是当食物中缺钙、血钙降低、酸碱平衡紊乱，或因过劳、感染、发热、饮酒、饥饿或外伤等血液 pH 改变时，骨骼中的不溶性磷酸铅可转变成可溶性磷酸氢铅，使血铅浓度升高，经血液循环再重新分布到各组织器官，血铅的半衰期约为 $25\sim35$ 天。

③ 代谢和排泄。铅在体内的代谢过程与钙类似，能促进钙贮存和排泄的因素也可影响铅的贮存和排泄。进入体内的铅约 $2/3$ 经肾脏随小便排出；约 $1/3$ 通过胆汁分泌排入肠腔，随后随大便排出；另有极少量的铅通过毛发及指甲脱落等方式排出体外。

（3）铅的毒性及毒性机制

摄入含铅的食品后，约有 $5\%\sim10\%$ 在十二指肠被吸收。经过肝脏后，部分随胆汁再次排入肠道中。进入体内的铅可产生多种毒性和危害：

① 急性毒性。可引起多个系统症状，但最主要的症状为食欲不振、口中有金属味、流涎、失眠、头痛、头昏、肌肉关节酸痛、腹痛、便秘或腹泻、贫血等，严重时出现痉挛、抽搐、瘫痪、循环衰竭。

② 亚慢性和慢性毒性。长期摄入含铅食品会对人体造血系统产生损害，主要表现为贫血和溶血；对人体肾脏造成伤害，表现为肾小管上皮细胞出现核包含体，肾小球萎缩、肾小管渐进性萎缩及纤维化等；对人体中枢神经系统与周围神经系统造成损伤，引起脑病与周围神经病，其特征是迅速发生大脑水肿，相继出现惊厥、麻痹、昏迷，甚至死亡。

③ 生殖毒性、致癌性、致突变性。微量的铅即可对精子的形成产生一定影响，还可引起人死胎和流产，并可通过胎盘屏障进入胎儿体内，对胎儿产生危害，并可诱发良性或恶性肾脏肿瘤。但流行病学的研究指出，关于铅对人的致癌性，至今还不能提供决定性的证据。

铅的毒性作用分子基础主要是铅可与体内一系列蛋白质、酶和氨基酸内的官能团相结合，主要是与巯基相结合，从多方面干扰机体的生化和生理功能。受铅干扰最严重的代谢环节是呼吸色素（如血红素和细胞色素）的生成，铅可通过抑制线粒体的呼吸和磷酸化而影响能量的产生，并通过抑制三磷酸腺苷酶而影响细胞膜的运输功能。铅的毒性作用以对骨髓造血系统和神经系统损害最为严重。

（4）食品中铅的限量

FAO/WHO 下设的食品添加剂联合专家委员会（JECFA）推荐铅的每周耐受摄入量（PTWI）成年人为 $0.05\,mg/kg$ 体重。中国颁布实施的 GB 2762—2017 对食品中铅允许量也做了严格的限定[2,7-8]。

3. 镉

镉是自然界相对稀有的金属元素，地壳中镉的平均含量为 $0.1\sim0.2mg/kg$。自日本神通川富山县出现镉污染所致的公害病——骨痛病以来，镉污染问题引起了世界范围的广泛关注。1997 年，美国毒物及疾病管理局将镉列为第 6 位危害人体健康的有毒物质。联合国粮农组织（FAO）和世界卫生组织（WTO）将其列为仅次于黄曲霉毒素和砷的污染物。

（1）镉污染来源

食品中镉污染主要来源于土壤污染，其次是水污染。植物性食物中的镉主要源于电池、塑料添加剂、食品防腐剂、杀虫剂、颜料等化学工业以及冶金、冶炼、陶瓷、电镀工业等排放的废水、废渣、废气等"三废"。动物性食物中的镉也主要源于环境，环境中的镉在动物体内蓄积，通过食物链进入人体。

（2）镉的体内代谢

① 吸收。镉可经呼吸道、消化道及皮肤接触而进入体内，消化道中镉的吸收率约为5%～10%，而肺对镉的吸收率约为25%40%。镉是机体非必需元素，生物细胞表面没有镉的特异离子通道或者运输蛋白，镉被认为是通过必需元素 Fe、Ca、Zn、Mn 和 Cu 的吸收系统吸收后进入细胞。

② 分布。镉经肠或肺吸收迅速转移到血液后，其中约 2/3 在红细胞中与血红蛋白结合。镉主要与细胞中金属硫蛋白结合，随血流选择性地储存于肝和肾，其次储存于脾、胰腺、甲状腺、肾上腺和睾丸。

③ 代谢和排泄。未吸收部分随粪便排出，吸收后主要经肾由尿排出，少量随唾液、乳汁排出。镉的蓄积性很强。因为镉与硫基有很强的结合能力，大部分的镉在人体均以镉硫蛋白（Cd-MT）的形式存在，Cd-MT 也是目前已知的唯一含镉的蛋白质。镉不可逆地积累于人的身体中，长期慢性镉暴露的靶器官是肾。镉在人体的半衰期长达 15～20 年。

（3）镉的毒性及毒性机制

摄入镉污染的食品和饮水，可能导致多种毒性和危害：

① 急性毒性。镉为有毒元素，其化合物的毒性更大。镉引起人中毒的平均计量为 100mg。急性中毒者主要表现为恶心、流涎、呕吐，并可引起腹痛、腹泻、休克和肾功能障碍，严重者可因虚脱而死亡。

② 亚慢性和慢性毒性。长期摄入含镉的食物和饮水，可引起肾脏的慢性中毒，主要损害肾小管和肾小球，导致肾小管功能障碍，产生蛋白尿、氨基酸尿和糖尿。此外，镉离子可取代骨骼中的钙离子，从而妨碍钙在骨质上的正常沉积，妨碍骨胶原的正常固化成熟，会引起骨痛病，全身剧烈疼痛、骨骼变形，甚至骨折。潜伏期长达几十年。

③ 致畸、致癌性和致突变性。1987 年国际癌症中心（IARC）将镉定为 II_A 级致癌物，1993 年被修订为 I_A 级致癌物。镉可引起肺、前列腺和睾丸的肿瘤，这主要与镉能损伤DNA、影响 DNA 修复以及促进细胞增生有关。

镉的毒性主要基于镉与含羧基、氨基特别是硫基的蛋白质结合，使很多酶的活性受到抑制（特别是产氨酰基氨肽酶）。此外，镉通过多种途径间接产生活性氧，产生氧化应激。如，镉很可能是通过降低自由基清除剂谷胱甘肽（GSH）、过氧化氢酶（CAT）和过氧化物歧化酶（SOD）等的活性。镉的遗传毒性是因为镉扰乱了 DNA 的核酸切除修复、碱基切除修复和错配修复，削弱了 DNA 的修复系统。

（4）食品中镉的限量

FAO/WHO 推荐镉的每周耐受摄入量（PTWI）为 0.007mg/kg 体重。我国颁布实施的（GB 2762—2017）中对食品中镉的限量也做了明确的规定[2,9]。

4. 砷

砷及其化合物广泛存在于岩石、土壤、水和生物体中。砷的化合物又分为无机砷化合物和有机砷化合物。不同的砷化合物的毒性亦不相同。砷化氢是一种无色，具有大蒜味的剧毒气体。硫化砷则被认为无毒。

（1）砷污染来源

食品中的砷主要源于矿渣、农药、含砷的食品添加剂和加工辅助剂等的使用等。如，含砷化合物广泛用于除草剂、杀虫剂、杀菌剂、杀鼠剂和各种防腐剂，这些含砷化合物的大量使用，造成了土壤和农作物的严重污染，最终导致食品中砷含量增加。

（2）砷的体内代谢及转化

自然界的许多生物如细菌、真菌、藻类、脊椎动物、人以及一些高等植物，具有将无机砷转化为有机砷的能力。母牛和狗能把砷酸盐和亚砷酸盐转化为有机砷化物。目前仍未明确砷在体内的代谢和转化是由于动物肠道中有甲基化细菌，还是动物自身具有使砷发生甲基化作用的能力。

（3）砷的毒性及毒性机制

砷可以通过食道、呼吸道和皮肤黏膜进入人体，并在体内蓄积。皮肤、骨骼、肌肉、肝、肾、肺等都是砷的主要贮存场所。砷及其化合物具有不同的毒性，砷元素基本无毒，砷化合物中三价砷的毒性比五价砷大。砷引起的急性及慢性中毒原因及表现如下：

① 急性砷中毒。砷的急性中毒通常是由误食引起的。三氧化二砷经口中毒后主要表现为急性胃肠炎、中毒性心肌炎、肝病等，会出现呕吐、腹泻、休克等症状。严重者可导致中枢神经麻痹，七窍出血而死亡。

② 慢性砷中毒。慢性砷中毒是由长时间少量经口摄入砷污染的食物引起的。主要表现为食欲不振、腹痛、腹泻和消化不良、肝肿大、疼痛、有黄疸，甚至肝硬化。（日本已将慢性砷中毒列为第四号公害病。）

③ 致畸、致癌性和致突变性。世界卫生组织 1982 年研究确认无机砷为致癌物，可诱发多种肿瘤。

砷中毒作用机制较复杂，主要有：与巯基蛋白结合引起酶失活，破坏细胞结构。三价砷比五价砷更容易与巯基结合，因此毒性更强。此外，砷酸与磷酸在结构和性质上相似，因此可代替磷酸，抑制 ATP 形成。砷化合物还可掺入 DNA 结构，造成复制转录的错误。

（4）食品中砷的限量

FAO/WHO 暂定砷的每日允许摄入最大量为 0.05mg/kg 体重。对无机砷每周允许摄入最大量建议为 0.015mg/kg 体重。我国颁布实施的（GB 2762—2017）中也规定了食品中砷的限量[2,3,10]。

二、多氯联苯化学污染物

多氯联苯（polychlorinated biphenyl，PCB）是一类非极性的氯代联苯芳香烃化合物。联苯苯环上的 10 个氢原子按照被氯原子取代数目的不同，形成一氯化物至十氯化物，并各自有若干异构体。依据氯取代的位置和数量不同，理论上多氯联苯的全部异构物共计 210 种，目前已确定结构的有 102 种。大多数 PCB 为无色无味的晶体，商业用的混合物多为清晰的黏稠液体，工业制品多以三氯联苯为主。PCB 不溶于水，易溶于有机溶剂，亲脂性强，在有机体内具有很强的蓄积性。PCB 虽然可以被紫外线分解，但因受到空气中气溶胶颗粒的吸附而使紫外线作用减弱，故其稳定性极高，它在土壤中的半衰期可长达 9～12 年。PCB 是目前世界上公认的全球性环境污染物之一。自 1966 年瑞典科学家 Jensen 首次得出 PCB 在食物链中生物富集并且容易长期储存在哺乳动物脂肪组织内的研究结论后，PCB 问题才开始引起各国的关注，并随之进行了广泛的 PCB 对生态系统和人类健康影响的研究。

（一）国内外 PCB 污染历史事件回顾

"米糠油"事件首先发生于日本。1968 年 3 月，日本突然发生了几十万只鸡集体死亡的事件。当年 6～10 月，相继有许多人患原因不明的皮肤病，甚至是整个家庭都出现这种情况。这些患者的初期症状为痤疮样皮疹，指甲发黑，皮肤色素沉着，眼结膜充血等；接着便是手掌出汗，肝功能下降，全身肌肉疼痛，咳嗽不止，有的最终痛苦地死亡。至 1977 年，因患该病死亡的人数达 30 余人。至 1978 年，确诊患者累计达 1684 人。由于该事件波及范围广，曾使整个日本陷入恐慌之中。该事件的发生就是由多氯联苯泄漏造成米糠油的污染，它作为世界"八大公害事件"之一受到广泛关注。

此外，1978～1979 年间的为期 6 个月时间里，我国台湾油症区约 2000 人食用受多氯联苯和多氯联二苯并呋喃污染的食用油，造成高达数万名患者出现眼皮肿、手脚指甲发黑、全身黑色皮疹等症状。1986 年加拿大一辆卡车载着一台高浓度多氯联苯液体变压器在去废物储存场途中，在经过安大略省北部的凯拉城附近时，400 多升 PCB 从变压器中泄漏，污染了 100 公里高速公路和公路上的车辆，对当地居民身体健康造成极大伤害。

（二）多氯联苯的来源及污染途径

1. 环境中的多氯联苯

PCB 广泛用作液压油、绝缘油、传热油和润滑油，并广泛应用于成型剂、油墨、绝缘材料、阻燃材料、无碳复印纸和杀虫剂的制造。PCB 的使用过程中伴随泄漏、废弃、蒸发、燃烧、堆放、掩埋及废水处理进入环境，从而对水源、大气和土壤造成污染。美国每年有 400t 以上的 PCB 以废弃的润滑液、液压液和热交换液的形式排入江河，使河床沉积物中的 PCB 含量达到 13mg/kg；而日本近海的 PCB 蓄积总量为 25 万～30 万 t。PCB 具有极强的稳定性，很难在自然界中降解，并通过食物链发生生物富集，从而造成在食物中严重的残留。PCB 主要通过对水体的大面积污染以及食物链的生物富集作用污染水生生物，因而这类物质最容易集中在海洋鱼类和贝类食品中。

2. 加工过程及包装材料中的多氯联苯

食品加工过程中的不慎操作，同样可使食品受到 PCB 的污染。食品储罐的密封胶和食品包装箱的废纸板中的 PCB 含量也很高，可污染食品，尤其是油脂含量高的食品更容易受到污染。

在食品包装材料领域，PCB 的污染主要来自于纸质包装产品及其表面的印刷油墨污染。有统计研究显示，非工业用纸产品中的绝大部分纸制品是由二次或多次回收的废纸经脱墨后制成，废纸脱墨后虽可除去表面的油墨、颜料，但残留在废纸中的 PCB 仍可进入二次加工纸浆中，若将其用在食品包装领域将会产生重大的安全隐患，对人体健康造成危害。

（三）多氯联苯的吸收、分布、代谢与排泄

PCB 在远程迁移、生产和消费过程中造成的废弃污染能通过食物链对全球生态系统产生影响，从苔藓、地衣到小麦、水稻，从淡水、海水到雨、雪，不同纬度地区均检测到 PCB 污染。目前已有研究结果表明，在北极哺乳动物体内，PCB 浓度已达到 12.9μg/g，家禽内脏及其他动物毛发中也检出 PCB（达到 μg/g 级）。而已有研究结果显示，我国北方水系中鱼类体内 PCB 含量达到 14μg/kg，蟹类等体内含量更高，达到 130μg /kg[11]。

PCB 一般不易被生物降解，尤其是高氯取代的异构体，但在优势菌种和其他环境适宜的条件下，PCB 的生物降解不但可以发生，而且速率也会大幅度提高。随食品进入机体内的 PCB，因其耐酸碱性和脂溶性的特点，在胃肠中不易被破坏，可经消化道吸收。PCB 有较强的亲脂性，进入血液后大部分随血液分布于脂肪组织和含脂量较高的器官，如肝脏等，在骨骼、指甲中也有一定的分布。PCB 在脂肪组织内蓄积较久，在肝脏内可转化为羟基衍生物，也可与内源性结合物质葡萄糖醛酸等结合成水溶性复溶物。排泄途径主要是随粪便排出体外，也可随尿排出，经乳腺随乳汁排泄是导致乳及乳制品污染的主要原因。PCB 的代谢和排泄缓慢。

（四）多氯联苯的毒性及毒性机理

PCB 本身虽无直接毒性，但它们可以通过对生物体的酶系统产生诱导作用而引起间接毒性。PCB 对皮肤、肝脏以及神经系统、生殖系统和免疫系统的病变甚至癌变都有诱变效应。如，有学者研究 PCB-153 对大鼠肝脏上皮细胞系 WB F344 细胞连接蛋白 Cx43 的影响，发现 PCB-153 不影响 Cx43 的 mRNA 表达水平，但可以显著减少 Cx43 蛋白含量和细胞膜上间隙连接斑块的数量，蛋白酶体和溶酶体参与这一下调改变。PCB 对生殖系统造成的毒性危害最大。PCB 不仅能影响精子质量，使其数量减少、运动能力减弱，还可能改变 X/Y 精子的比率。Krishamoorthy 等对雄性大鼠进行腹腔注射染毒并收集附睾尾部的精子，发现精子数量减少、运动能力减弱，超声破碎后测得精子内部各种氧化酶活性降低[12]。Toft 等对瑞典、格陵兰岛、乌克兰哈尔科夫以及波兰人体精液质量及体内血清浓度相关性进行横断面研究，发现各地 PCB-153 对精子浓度和精子形态产生影响，精子染色体完整性和运动性随着 PCB-153 血清浓度升高而降低[13]。Stronati 等通过人群研究发现 PCB-153 可以改变精子内部 DNA 完整性和抗凋亡分子水平[14]。Brucker-Davis 等通过对照研究发现母亲初乳中 PCB 浓度高低与子代患先天性隐睾病比例相关，且双亲血清 PCB 浓度与男性后代出生率呈正相关，印证了 PCB 浓度对人体 X 型、Y 型精子比例的影响。

PCB 对支持细胞具有时间和剂量依赖的毒性效应[15]。Goncharov 等发现在北美成年男性土著人群中血清 PCB 浓度较高者的血清睾酮浓度往往较低，通过一系列试验，用 Aroclor 1254 对体外培养 Le 细胞进行染毒，测定细胞 LH 受体密度，发现 PCB 可降低 LH 受体密度，抑制胞内多种类固醇合成酶和抗氧化酶的活性，从而减少睾酮的生物合成[16]。Elumalai 等用 Aroclor 1254 对大鼠进行腹腔注射染毒 30 天后，同样发现 Le 内类固醇激素合成急性调节蛋白（StAR）和 P450sec 表达下调，活性降低；大鼠灌胃给予变压器油 10mg/kg BW 或 50mg/kg BW 的暴露，发现睾丸内 173 HSD 出现双向调节变化，首次暴露后 24h 出现上调，结束暴露后第 4 天出现下调[17]。

（五）多氯联苯的限量标准

世界各国均制定了严格的法律禁止 PCB 的继续生产和使用。美国国家环境保护署（EPA）在 1979 年将 PCB 等 7 种工业混合物列入优先监测物黑名单，2001 年联合国在瑞典召开的环境大会上，150 多个国家联合签署了《关于持久性有机污染物的斯德哥尔摩公约》（以下简称公约），公约规定禁止使用 12 种高毒化学品，其中 PCB 等 7 种化合物在 2025 年前将在全世界范围内完全禁止生产和使用。日本在 1982 年 12 月登记的法规中规定，废水中 PCB 排放标准为 0.003mg/L（PCB 总量），欧盟前身欧共体在 1983 年登记的法规对饮用水中 PCB 规定了最高允许浓度单种物质为 0.1pg/L 及总量为 0.5pg/L。我国在 1989 年将 PCB

列入"水中优先控制污染物黑名单"并于1992年实施了《含多氯联苯废物污染控制标准》，新颁布的《地表水环境质量标准》中规定，集中式生活饮用水、地表水源地水中多氯联苯的含量不能超过 2×10^{-5} mg/L。

（六）多氯联苯控制措施

目前对于PCB的摄入控制主要通过以下几种方式：

① 减少动物源高脂肪食物的摄入。PCB可通过生物体在食物链中高度富集并因其具有亲脂性，可在位于食物链中较高层的家畜、禽类等的脂肪组织中长期蓄积。人类位于食物链的顶端，应尽量控制动物源高脂肪食物的摄入。

② 合理选择食用水产品。一些研究表明，被PCB污染的水体中，脂肪含量较高的鱼类（如大马哈鱼）和贻贝中PCB的含量较高。2001年完成的中国台湾河川鱼体多氯联苯浓度调查表明，部分属于高度污染区的鱼肉中多氯联苯的含量未超过限量，但鱼肝的多氯联苯含量却超过限量。

③ 对于已进入食品体系中的PCB可采用合理的烹调加工，通过脱氯、还原反应减少其含量。含脂肪食品在烹调溶化过程中，60%～90%的PCB由脂肪转移到汤中，弃汤处理即可减少摄入。

④ 彻底清除可能的污染源。目前我国大部分含PCB的电容器已报废，部分仍在使用，废弃状况堪忧。有些地区因管理力度不够，对PCB封存数量、地点等情况不清；相当一部分PCB电容器因封存时间过长，已经被腐蚀、泄露，造成封存地和水体严重污染，个别地区还发生了大量违规拆解含多氯联苯电力装置的事件。因此，科学、彻底地清除PCB可能的污染源已成当务之急。

三、二噁英类化学污染物

二噁英（dioxin，DXN）是多氯二苯并二噁英（polychlorinated dibenzo-p-dioxins，PCDDs）和多氯二苯并呋喃（polychlorinated dibenzofurans，PCDFs）两类近似平面状芳香族杂环化合物的统称（图4-1）。其中以2,3,7,8-四氯二苯并对二噁英（2,3,7,8-TCDD或TCDD）的毒性最强[18-19]。在PCDDs和PCDFs分子中因苯环上的氯原子取代数目不同而各有8类同系物，每类同系物又随着氯原子取代位置的不同而存在众多的异构体，共有210种异构体，其中PCDDs有75个异构体，PCDFs有135个异构体。

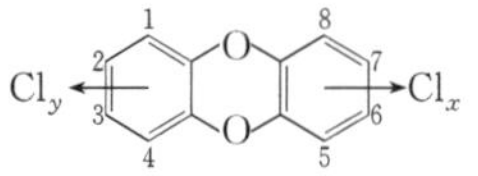

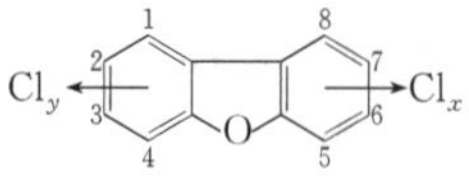

图4-1 多氯二苯并二噁英（PCDDs）和多氯二苯并呋喃（PCDFs）的结构式

二噁英类化合物的物理化学性质相似，均为无色、无臭、高沸点、高熔点、亲脂性化合物。二噁英类化合物具有高的热稳定性、化学稳定性和生物稳定性。二噁英类化合物的蒸气压极低，除了气溶胶颗粒吸附在大气中在大气中存在少量分布外，在地面上尤其是在土壤中可较长时间地持续存在。1996年美国国家环境保护署（EPA）指出二噁英能增加癌症死亡率，降低人体免疫力，并可干扰内分泌功能。1998～1999年西欧一些国家相继发生了肉制品和乳制品中二噁英严重污染的事件。

（一）国内外历史事件回顾

1962～1970 年美国在越南战争中使用的枯叶剂中含有二噁英，致使越南 1970 年以后癌症、皮肤病、流产、新生儿先天性畸形等病例剧增。1998～1999 年西欧一些国家相继发生了肉制品和乳制品中二噁英严重污染的事件。20 世纪相继发生在日本和中国台湾的 "米糠油事件"，也是二噁英及其杂质的污染造成的食物中毒。一系列食品安全事件的暴发使得二噁英成为国内外研究的热点。

（二）二噁英的来源及污染途径

二噁英对食物的污染主要是由农田里各种沉积物以及废弃的溢出物、淤泥的不恰当使用，随意放牧，奶牛、鸡和鱼食用污染饲料，食品加工，氯漂白包装材料的迁移等引起。由于食物链的浓缩作用及其亲脂性，在鱼类、贝类、肉类、蛋类和乳制品中二噁英可达到较高的浓度。蔬菜类等农产品中含量甚少。

1. 自然环境污染

含氯化学品生产与使用、固体垃圾的焚烧、造纸时的漂白过程等造成环境中二噁英污染，再通过食物链传播污染食品并危害人类。大多在水体中通过水生植物→浮游动植物→低等级水生动物→哺乳动物→人体这一食物链，逐步在人体中富集；同时，由于环境大气的流动，在飘尘中的二噁英沉降至地面植物上，污染蔬菜、粮食与饲料，动物食用污染的饲料也造成二噁英的蓄积，并通过食草动物等进一步向人体中富集。我国二噁英类排放主要来源于金属冶炼，占排放总量的 46.5%，其次为发电和供热、废弃物焚烧，这三者合计占排放总量的 81%。

2. 生产加工过程污染

伴随着工业化进程，食品包装材料发生改变，许多软饮料及奶制品采用纸包装。纸张在氯漂白过程中可产生二噁英，当其作为包装材料时可以发生二噁英迁移而造成食品污染。

（三）二噁英的吸收、分布和排泄

二噁英可通过消化道、呼吸道、皮肤吸收等多种形式进入体内。人体接触的二噁英 90% 以上是通过膳食，其中动物性食品是主要来源。进入体内的二噁英分布于各个器官，主要是机体、脂肪组织中，并且非常稳定，难以排出，截至目前关于二噁英在人体内的代谢途径尚不清楚，经口给予的动物试验表明，二噁英在动物体内代谢非常缓慢，而主要代谢产物是羟基化或甲氧基化 TCDD 衍生物，然后以尿苷酸化合物、硫酸盐结合形式随尿液排出，未被吸收的 TCDD 则直接通过粪便排出体外。

（四）二噁英的毒性

二噁英类化合物属于急性毒性物质，其毒性相当于氰化钾的 1000 倍以上，具有极强的致癌性、免疫毒性和生殖毒性等多种毒性作用。

1. 一般毒性

二噁英大多具有较强毒性，典型的 TCDD 对豚鼠的经口毒性仅为 $1\mu g/kg$，但不同种属动物对其敏感性有较大差异。二噁英的急性中毒主要表现为体重降低并伴有肌肉、脂肪组织急剧减少（又称为废物综合征）。此外，皮肤接触或全身染毒大量二噁英可导致氯痤疮，主要症状为黑头粉刺、淡黄色囊肿、皮肤过度角化、色素沉着等[20]。一般发病部位主要位于面部、耳后，在背部、阴囊等部位也有少量分布。

2. 生殖与发育毒性

二噁英能够影响人体激素、受体、生长因子调节的水平，其中最常见的是固醇类激素和受体（雄性激素、雌性激素、肾上腺皮质激素）、胸腺激素、胰岛素等。二噁英对人体具有强烈的致癌性，能够对细胞和体液免疫抑制，增强对传染源的敏感性和自身免疫反应。二噁英可造成免疫系统缺陷，引发免疫先天缺陷，引发胎儿死亡，影响神经系统发育，使胎儿产生智力障碍和性别发育异常。对人体生殖系统同样有严重的影响，能够使人体血清性激素偏离正常水平，导致睾丸萎缩，生殖器大小异常，生育能力下降，流产，死胎，卵巢功能下降、消失，子宫内膜异位等。

3. 免疫毒性

二噁英能够对机体造成免疫抑制，使传染病易感性和发病率增加，疾病加重，免疫功能下降，严重影响机体的抵抗力，且对细胞免疫和体液免疫均有抑制作用。二噁英对细胞免疫的抑制主要体现为胸腺损伤，其主要有诱导 T 细胞分化、成熟的作用，皮质聚集的细胞主要由不成熟的 T 细胞组成[21]。体内、体外试验研究发现二噁英同时可引起胸腺内细胞耗竭和胸腺萎缩，首先表现为胸腺皮质细胞减少继而发展到髓质，而胸腺内最早受损的靶细胞是皮质上皮细胞[22]。

二噁英对肝脏可造成严重损害，主要表现为肝细胞变性坏死，胞浆内脂肪滴和滑面内质网增多，微粒体酶及其转氨酶活力增强，单核细胞浸润等。不同种属动物对其肝毒性敏感性有一定差异，大鼠、兔最为敏感，同时对于常年接触 TCDD 的工作人员进行调查发现，TCDD 可长时间抑制辅助 T 细胞的功能，诱发肝脏疾病[23]。二噁英对体液免疫和细胞免疫均有较强的抑制作用，在非致死剂量下即可导致试验动物胸腺的严重萎缩，并可抑制抗体的生成，降低机体的抵抗力[24]。在致癌性领域，二噁英对多种动物尤其是啮齿类动物最为敏感，大、小鼠最低致肝癌剂量为 10ng/kg，被确定为 Ⅰ 类致癌物，其主要作用是促进肿瘤的形成，属于较强的促癌剂[25-26]。

（五）二噁英的限量标准

1990 年世界卫生组织（WHO）根据人和实验动物肝脏毒性、生殖毒性和免疫毒性，结合动力学资料制定了 TCDD 的每日耐受量（TDI）为 10 pg/kg BW。2001 年 6 月 JECFA 首次对 PCDD、PCDF 以及 PCB 提出暂定每月耐受量（PTMI）为 70pg/kg BW。世界各国制定的标准相差很大，通常低于世界卫生组织的标准。我国十分重视二噁英对食品的污染，1999 年 9 月 6 日～16 日，卫生部向全国接连发出三次禁止经销比利时等国受二噁英污染食品的紧急通知，并责成北京食品研究所严格监测。此外，目前发达国家对于生活垃圾焚烧厂烟气中二噁英的排放标准一般为 0.1ng/m³，我国 2014 年颁布的《生活垃圾焚烧污染控制标准》中对生活垃圾焚烧厂烟气中二噁英的排放标准为 1ng/m³。

（六）二噁英的控制措施

二噁英的发生源具有多样性的特点，要减少二噁英产生的环节，应坚决打击生产销售和使用违禁产品；尽快建立全面有效的检测网络，对空气、土壤中的二噁英含量进行定期检测，制定全国统一的标准，对食品等加强检查，并积极开展二噁英的基础性研究。有效预防二噁英污染需采取的措施：①开展重点区域二噁英及其类似物环境影响背景调查，并建立相应的环境影响及风险评价手段。②加强国际技术合作，提高二噁英及其类似物处置的技术水平，尽快建立处置全过程的技术规范。③开展污染场地修复的示范工程研究，制定符合中国国情的二噁英等持久性污染物防治规划及技术经济政策框架。

第三节　农兽药残留

一、农药

20世纪40年代前，农药主要以天然物质和无机物为主。从20世纪40年代开始，从滴滴涕等有机氯农药的生产和使用开始，农药进入有机合成时代[27]。我国于1946年开始滴滴涕的生产，1950年开始生产六六六，1957年成立了第一家有机磷杀虫剂生产厂——天津农药厂。1962年，美国海洋生物学家卡森（R. Carson）博士撰写的《寂静的春天》一书出版，书中详细阐述了农药对生态的影响，渐渐地人们开始意识到农药不仅可以有效控制或消灭农业、林业的病、虫及杂草的危害，提高农产品的产量和质量，而且会造成环境污染，危害生态平衡，威胁人类健康[28]。近年来，我国农兽药残留引起的食品安全事件频发，警醒我们食品中农兽药残留污染的严峻性。

（一）农药及农药残留的概念

《中华人民共和国农药管理条例》对农药定义为用于预防、消灭或者控制危害农业、林业的病、虫、草和其他有害生物，以及有目的地调节植物、昆虫生长的化学合成的或天然的一种物质或者几种物质的混合物及其制剂。狭义上特指在农业上用于防治病虫以及调节植物生长、除草等的药剂。

农药残留是农药使用后残存于生物体、食品、农产品和环境中的微量农药原体、衍生物、代谢物、降解物和杂质的总称。

（二）农药的分类

农药数量庞大，存在多种不同的分类方式（表4-2）。常使用的分类方式是按组成不同将农药分为有机磷、有机氯、氨基甲酸酯类和拟除虫菊酯类等[29]。

有机磷农药如对硫磷、内吸磷、马拉硫磷、乐果和敌百虫等，毒性强，易分解，大多不溶于水，碱性条件下易水解而失效。有机氯类农药如滴滴涕、六六六和氯丹等，毒性强，化学性质稳定，不易分解，会严重污染环境，易蓄积于脂肪中。氨基甲酸酯类农药如西维因、呋喃丹和速灭威等，具有分解快、残留期短、低毒、高效、选择性强等特点。拟除虫菊酯类农药如溴氰菊酯和氯氰菊酯等具有高效、广谱、低毒和生物降解性等特点。

表 4-2　农药的分类

分类方法	名　　称
用途	杀虫剂、杀菌剂、除草剂、植物生长调节剂、粮食熏蒸剂
来源	有机合成、生物源、矿物源
化学组成	有机磷、有机氯、氨基甲酸酯类、拟除虫菊酯类等
物理状态	粉末、溶解溶液、悬浮溶液、挥发性固体
作用方式	接触毒物、熏蒸剂、胃毒物

（三）食品中农药残留的来源

食品中农药残留主要有以下三种方式[30]。

1. 农药的使用所产生的农药残留

农业生产过程中使用的农药黏附在农作物和果蔬的表面或通过根、茎、叶等吸收都有可能产生农药残留。杀虫剂和杀菌剂的使用也会引起饲养的动物体内产生农药残留从而导致动物食品的污染。

2. 从被农药污染的环境中吸收

农药通过污染土壤、水体和大气进而间接导致食品农药残留。被污染的土壤、水体和大气会通过植物的根系转运至作物组织内部，导致农作物食品的农药残留，根系越发达的植物，农药的吸收率越高。

3. 通过食物链与生物富集作用而产生间接污染

生物富集又称生物浓集，是指生物体从环境中不断吸收低剂量的农药并逐渐在其体内积累的现象。通过生物富集和食物链，生态系统中不同级的生物体内农药的含量逐渐升高。有研究显示密西根湖水中DDT含量为2×10^{-13}mg/kg，通过食物链和生物富集后，海鸥体内的DDT浓度高达9.9×10^{-5}mg/kg，富集倍数可达49500万倍[31]。

除上述三种主要的污染方式外，食品在储运过程中也可能发生污染如使用被农药污染的交通工具或被农药污染的粮仓储存，意外污染如农药泄漏等事故导致的食品污染，不法经销商非法使用农药导致的污染。

（四）食品中农药残留的转化及危害

农药可经消化道、呼吸道和皮肤等途径进入人体而引起中毒。食用农药残留超标的动植物食品后，农药会通过消化道进入人体，粉剂、熏蒸剂及一些高挥发高毒农药易从呼吸道进入人体，农药还可通过溶解在脂肪和汗液中，通过皮肤、毛孔进入人体。农药进入人体后会发生复杂的生物转化如氧化、水解、脱氨基、脱烷基、还原及侧链氧化等。以对硫磷为例（图4-2），对硫磷在体内经肝细胞微粒体氧化酶氧化为对氧磷后，又被体内的磷酸酯酶分解而失去毒性，最终转化为对硝基苯酚和二乙基磷酸酯等。对硝基苯酚可呈游离状态，亦可与葡萄糖醛酸或硫酸等结合而解毒，另一部分则被还原为对氨基苯酚随尿排出。进入人体的农药达到一定的浓度即会对人体产生不同程度的危害。

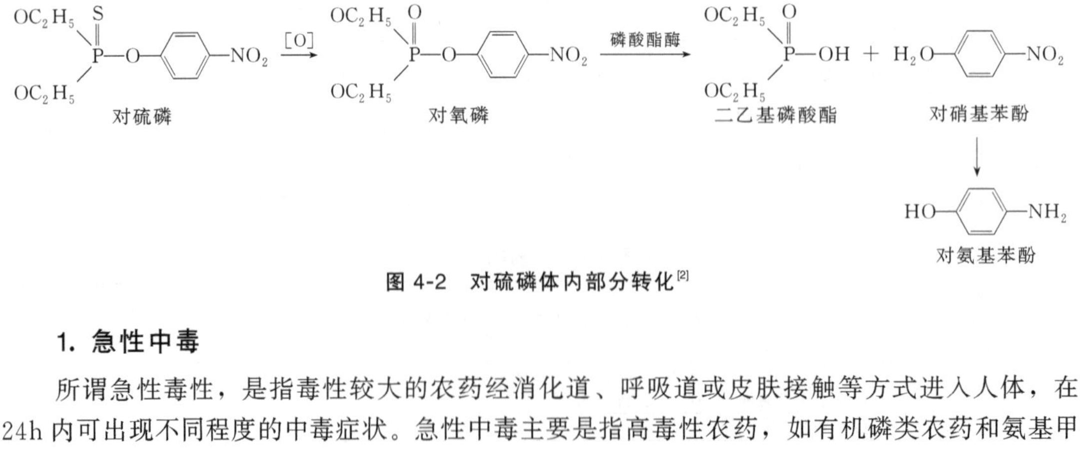

图4-2　对硫磷体内部分转化[2]

1. 急性中毒

所谓急性毒性，是指毒性较大的农药经消化道、呼吸道或皮肤接触等方式进入人体，在24h内可出现不同程度的中毒症状。急性中毒主要是指高毒性农药，如有机磷类农药和氨基甲酸酯类农药。有机磷进入人体后，会和乙酰胆碱酯酶反应生成磷酰化乙酰胆碱酯酶，进而抑制乙酰胆碱酯酶活性，使其丧失分解乙酰胆碱的作用，造成乙酰胆碱的蓄积，导致神经功能紊乱，出现一系列症状如恶心、呕吐、腹泻、大小便失禁、瞳孔缩小、视物模糊、流涎、出汗、血压升高、心率增快、肌肉震颤和抽搐、呼吸中枢麻痹、呼吸停止而死亡等（图 4-3）[32]。

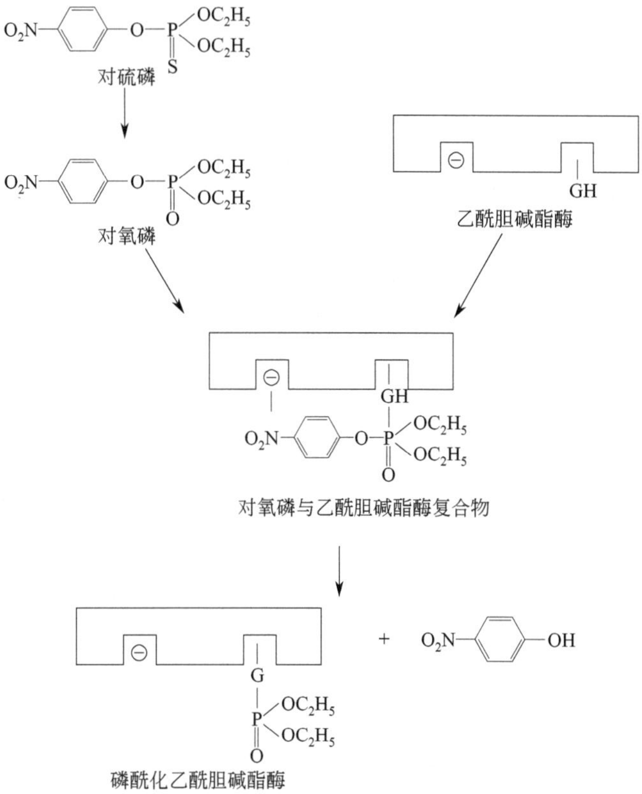

图 4-3　有机磷农药毒性机理[32]

2. 慢性中毒

有些农药毒性不高，但性质稳定，不易分解代谢，长期接触容易在人、畜体内蓄积，损害人体系统如神经系统、内分泌系统、生殖系统等，阻碍正常生理代谢过程[33]。另外，农药最典型的慢性中毒就是其致癌致畸致突变的"三致"作用。如 2,4,5-T，地乐酚，杀虫脒，含砷、含汞的这些农药或其代谢产物都有潜在的"三致"作用。

（五）食品中农药残留限量标准

为免除食品中农药残留危害，各个国家非常重视食品中农药残留的研究和监测工作，通过制定相关农药在不同食品中的限量标准，规定各类农药的每日允许摄入量（acceptable daily intake，ADI）和其在各类食品中最高残留量（maximum residues limit，MRL），从而保证我们日常食用的食品安全。

每日允许摄入量是指人类终生每日摄入某物质，而不产生可检测到的危害健康的估计量，以每千克体重可摄入的量表示（mg/kg BW）。基于 ADI 值、农药残留实验和居民膳食消费等数据，可以制定农药在各类食品中最高残留量 MRL。农药的最高残留量是指在食品或农产品内部或表面法定允许的农药最大浓度，以每千克食品或农产品中农药残留的质量表示（mg/kg）。MRL 不是一个绝对的安全限量，也就是说接触农药残留超过 MRL 的食品并不一定意味着对健康有危害，但接触农药残留低于 MRL 的产品必然是安全的。MRL 通常作为食品安全管理的第一道防线，有着重要的意义。

2005 年欧盟在（EC）No 396/2005 指令中规定了植物和动物来源的食物和饲料中农药的最大残留量。2006 年 5 月 29 日，日本正式实施"食品残留农业化学品肯定列表制度"，其中最主要的内容是未涵盖在标准中的化学品的含量一律不准超过 0.01mg/kg。我国于 2019 年 8 月 15 日发布 GB 2763—2019《食品中农药最大残留限量》规定了食品中 483 种农药 7107 项最大残留限量，基本涵盖了我国居民日常消费的主要农产品。GB 2763—2019 中规定了配套的检测方法标准，如规定对硫磷的 ADI 值为 0.004mg/kg BW，在各种食品中的最大残留限量如表 4-3 所示。对于检测方法，谷物、蔬菜、水果按照 GB 23200.113、GB/T 5009.145 规定的方法测定；油料和油脂按照 GB 23200.113 规定的方法测定。

表 4-3 GB 2763—2019《食品中农药最大残留限量》中对硫磷最大残留量[34]

食品类别/名称		最大残留限量/(mg/kg)
谷物	稻谷	0.1
	麦类	0.1
	旱粮类	0.1
	杂粮类	0.1
油料和油脂	大豆	0.1
	棉籽油	0.1
蔬菜	鳞茎类蔬菜	0.01
	芸薹属类蔬菜	0.01
	叶菜类蔬菜	0.01
	茄果类蔬菜	0.01
	瓜类蔬菜	0.01
	豆类蔬菜	0.01
	茎类蔬菜	0.01
	根茎类和薯芋类蔬菜	0.01
	水生类蔬菜	0.01
	芽菜类蔬菜	0.01
	其他类蔬菜	0.01
水果	柑橘类水果	0.01
	仁果类水果	0.01
	核果类水果	0.01
	浆果和其他小型水果	0.01
	热带和亚热带水果	0.01

（六）食品中农药残留控制

食品中的农药残留可通过食品直接进入人体，威胁人类健康，为了确保食品安全，防止食品中的农药残留，可实施如下有效控制措施[35]。

1. 科学管理，提高作物的抗虫病能力

从农田生态系统出发，结合生物多样性及自然天敌保护利用等技术，加强农业绿色防控，遏制病虫害发生源头；优化农作物布局，实行农作物合理轮作管理；增强农作物抗病虫能力，合理进行肥水调控。

2. 采用物理和生物防治

加快推动物理和生物防治，减少因化学农药防治带来的农药残留问题。物理防治措施，

如利用光、电、色、温度等配合机械设备破坏有害生物的生存环境，干扰其正常活动；生物防治是从生态平衡理念出发，利用食物链中生物之间的相互依托和相互制约的特性，采用以虫治虫等让有益生物对抗有害生物的策略，从而减少农药对环境的污染与破坏。

3. 选用高效、低毒、低残留的农药

随着环保概念的提出，高效能、低毒、低残留的环境友好型农药品种将逐步替代常规类农药，如对多种植食性害螨有良好消杀效果的除虫菊酯类杀螨杀虫剂等。

4. 合理使用农药

参照我国生态环保部、农业农村部以及国家市场监督管理总局发布的农药合理使用标准和准则，对症使用农药，在病虫草害发生最关键时期和薄弱环节适时使用农药，严格掌握用药量和用药方式，按照农药使用规范，遵守农药使用间隔期和使用规则。

5. 制定完善的农药残留标准

建立并完善农药残留限量、配套检测方法及与标准制定技术规范相衔接的农药残留国家标准体系。制定和完善农药残留标准，确保农产品质量安全；加强农药登记和残留标准制定的同步衔接，加强国家标准和国际标准的合理衔接；开展有针对性的风险监测评估研究，增强标准对农业产业安全的保护作用。

6. 农药残留的消除

利用生物降解法、物理方法、化学方法等消除食品中的农药残留，如酶降解、物理去皮、臭氧降解和光化学降解等去农残的方法。

二、兽药

（一）兽药及兽药残留的概念

兽药是指在畜牧业生产中，用于预防和治疗畜禽等动物疾病，有目的地调节畜禽的生理功能，并规定了其作用、用途、用法和用量的物质。兽药的作用主要是提高饲料利用率、促进动物生长、预防疾病等[36]。

根据最新国标 GB 31650—2019《食品中兽药最大残留限量》的定义，兽药残留是指食品动物用药后，动物产品的任何可食用部分中所有与药物有关的物质的残留，包括药物原形或/和其代谢产物。总残留指对食品动物用药后，动物产品的任何可食用部分中药物原形或/和其所有代谢产物的总和[37]。

（二）兽药的分类

按照药物作用机理的不同，可分为抗生素类药物、合成抗菌类药物、抗病毒类药物、抗寄生虫类药物、促生长类药物等[38]（表 4-4）。

表 4-4　兽药的分类

类型	名　　称
抗生素类	青霉素类、头孢菌素类、氨基糖苷类、大环内酯类、四环素类、氯霉素类、多肽类等
合成抗菌类	磺胺类、硝基呋喃类、喹诺酮类等
抗病毒类	抗病毒细胞因子、抗病毒化学药物、利福平等其他抑制病毒药物
抗寄生虫类	抗螨虫药、抗原虫药、杀虫药等
促生长类	糖皮质激素、肾上腺皮质激素、去甲肾上腺激素、孕激素、雌激素、雄激素等

（三）食品中兽药残留的来源

近年来，兽药在畜牧业的日益广泛应用，无疑会导致其在动物体内的滞留或蓄积，并以残留的方式进入人体及生态系统，危害人类健康。常见的食品中兽药残留的主要来源如下[39-40]。

1. 兽药使用不当

未按照需用药动物的种属、年龄、性别、个体差异、病情的种类和病程正确选择兽药的品种、剂型、剂量等；没有按照药物标签上的说明错误用药或为了追求利益使用劣质兽药；非法使用药物。

2. 饲料添加剂和动物保健品的错误使用

饲料中添加的各类药物、防腐剂和镇静剂等，未在标签说明，被养殖者错误使用；动物保健品种类繁多，质量参差不齐，错误的选择与使用，均会导致兽药在动物性食品中的残留。

3. 饲养环境差

差的饲养环境如使用盛装药物的容器储存饲料，用抗生素发酵过的残渣饲喂动物等；在饲养过程中，动物接触到被兽药污染的水、粪、尿等。

4. 动物性食品加工、储运过程中非法使用兽药

一些不法商家为了追求效益，在动物性食品的加工、储运过程大量非法添加保鲜剂或抗菌类药物，造成动物性食品兽药残留。

5. 兽药使用管理意识薄弱

企业没有按照国家标准和动物休药期的用药规范进行药物的使用；相关人员没有准确记录用药时间、剂量等信息，造成药物的重复使用；为了快速治愈动物，多种药物混合使用等。

（四）食品中兽药残留的危害

残留兽药的食品被摄入人体后，会危害人类的健康。随着人们生活水平的提高，动物性食品中的兽药残留对人的潜在危害愈来愈引起人们的重视。具体表现在以下几方面[41]：

1. 毒性损害

长期食用兽药残留超标的动物性食品，药物不断在体内蓄积，达到一定浓度后会产生毒性作用。如磺胺类药物可引起肾损伤，"瘦肉精"导致食用者头痛、手脚颤抖、狂躁不安和血压下降等。

2. 引发过敏反应

很多兽药代谢和降解产物具有很强的致敏作用，轻则引起皮炎或皮肤瘙痒，严重者能导致过敏性休克，危及生命。如我国使用青霉素或磺胺药物治疗奶牛或羊的乳腺炎造成奶中药物残留，引起食用牛奶、羊奶后发生过敏反应的病例屡见不鲜。

3. 导致病原菌产生耐药性

长期食用兽药超标的食品，可能导致体内病原菌耐药性的产生，出现所谓的"超级细菌"，给药物的研发和临床治疗带来困难和压力。已经研究发现，长期接触低剂量的抗生素

会导致金黄色葡萄球菌和大肠杆菌耐药菌株的出现。

4. 破坏微生态平衡，导致二重感染

兽药残留会干扰人肠道内的正常菌群，可能会带来很多复发性疾病，如长期腹泻或引起维生素缺乏等。而动物排泄物中残留的药物和耐药菌株进入环境，在多重因素的作用下，可产生转移、转化或在动植物中蓄积，对环境、水源、人类健康造成二次污染。

5. 特殊毒性，引起"三致"效应

具有"三致"作用的药物有多种，如苯丙咪唑类药物能干扰细胞的有丝分裂，具有明显的致畸作用和潜在的致癌和致突变效应。

6. 发育毒性

激素类抗生素的残留对人体发育方面会有严重的影响，如雌激素类、雄激素类、人工合成激素类兽药，会引起人体内分泌系统失调。含有玉米赤霉醇残留的动物性食品会引起人体性激素机能紊乱，影响第二性征的正常发育。

（五）食品中兽药残留限量标准

为保证不受食品中兽药残留危害，各个国家制定了相关兽药在不同食品中的限量标准。2010 年欧盟在（EU）No 37/2010 指令中规定了动物源性食品中药物活性物质及其最大残留限量分类。FAO/WHO 食品法典委员会 CAC/MRL 2 规定了食品中兽药残留的最大残留限量和风险管理建议。我国于 2019 年 9 月 6 日发布的 GB 31650—2019《食品中兽药最大残留限量》规定了动物性食品中阿苯达唑等 104 种（类）兽药的最大残留限量，如标准中规定了恩诺沙星的 ADI 值为 $0\sim6.2\mu g/kg$ BW，在各种食品中的最大残留限量如表 4-5 所示。

表 4-5　GB 31650—2019《食品中兽药最大残留限量》恩诺沙星的残留限量[37]

动物种类	靶组织	残留限量/(μg/kg)
牛/羊	肌肉	100
	脂肪	100
	肝	300
	肾	200
	奶	100
猪/兔	肌肉	100
	脂肪	100
	肝	200
	肾	300
家禽(产蛋期禁用)	肌肉	100
	皮＋脂	100
	肝	200
	肾	300
其他动物	肌肉	100
	脂肪	100
	肝	200
	肾	200
鱼	皮＋肉	100

（六）食品中兽药残留控制

为了满足生产的需要，兽药的使用是不可避免的，为了防止食品中兽药残留对人体的危

害，可通过以下手段控制食品中兽药残留的量[42]。

1. 加强对兽药生产和使用的管理

目前兽药残留的最主要原因还是不规范生产和滥用兽药。因此，应加强兽药研制、生产、经营等环节的管理，对兽药使用者进行严格的技术培训。另外还可以利用国家政策鼓励和扶持优秀兽药企业，促进绿色和无公害畜产品的生产。

2. 科学饲养管理

畜禽饲养场要根据不同畜禽的不同生长阶段及个体差异，科学管理。提高畜禽的机体抵抗能力，减少畜禽发病和用药。及时做好兽药使用的登记管理工作。

3. 完善相应标准

及时更新兽药使用标准及其在食品中的限量标准，更好地指导饲养企业的合理用药。

4. 加强监督检测工作

各级畜牧部门要切实加强兽药残留监控体系建设，形成地方完善的兽药残留检测网络结构，加强兽药残留的监控力度。严把检验检疫关，严防兽药残留超标的动物产品进入市场。

5. 开发安全的兽药

重视中兽药、微生态剂和酶制剂等高效、低毒、无公害兽药或兽药添加剂的研制、开发和应用，逐步淘汰有潜在危害性的兽药，从根本上解决兽药残留的危害。

第四节　食品加工过程中的化学污染物

一、保障食品安全的加工技术

食品加工是以食品科学为基础，采用工程手段来加工食品的过程，即以农、畜、水产品等为主要原料，用物理学、化学和生物学方法处理，改变食品形态以增加食品安全性、可保藏性、可运输性、可食性、便利性、感官接受度或制造新型食品的方法。食品加工过程包括热加工、轻度加工、冷藏及冷冻、浓缩及干燥、发酵、腌渍、烟熏、包装等。其中热加工为最常见的加工过程，其类型可分为工业烹饪、热烫、热挤压、热杀菌和热脱水等。保障食品安全的加工技术有杀菌技术、冷冻技术、干燥技术和包装技术等[43]。

（一）杀菌技术

食品杀菌技术是一种对容易引起食品原料或加工品变质的有害菌进行消杀及去除，以提高食品稳定性、延长食品保质期的加工技术。该技术可降低食品中有害菌的量，避免摄入后引起人体肠道感染或中毒。按照杀菌机理不同，可分为热杀菌和非热杀菌。热杀菌主要包括巴氏杀菌、高温短时杀菌、瞬时超高温杀菌等；非热杀菌包括超高压杀菌、臭氧杀菌和紫外线杀菌。

（二）冷冻技术

食品冷冻技术是通过降低食品保存温度，减小食品中水分活度，破坏微生物的生存环境，达到延长食品贮藏期的目的。其机理是温度降低，食品中水分会晶体化形成冰，减少可供微生物繁殖的水分，大部分微生物在水分活度低于 0.7 时停止活动，因此冷冻保藏可减缓室温及冷藏温度下发生的酶促自溶、氧化和细菌腐败等过程。冷冻技术主要分为流态化速冻技术、冷冻粉碎技术、冷冻浓缩技术、冷冻干燥技术。

（三）干燥技术

干燥技术通过降低食品中水分，抑制微生物生长繁殖，从而减少食品霉变、发芽、腐败，达到提高食品质量的目的。常用的食品干燥技术主要有常压干燥、真空干燥、微波干燥、沸腾干燥、喷雾干燥、减压干燥、红外干燥、热风干燥、太阳能干燥等。

（四）包装技术

包装技术旨在利用无害包装材料，将食品置于密闭环境中，以隔绝外部空气对食品的影响，达到保持产品质量的目的。在商品流通过程中，食品不可避免地受大气中水分、温度、湿度及微生物等因素变化的影响，食品易发生褐变反应、色素氧化，油脂氧化等物性变化，食品的稳定性降低，因此，将食品封闭于与外界完全隔离的密闭环境中，可以有效延长食品的运输期和保质期。

二、食品加工过程形成的化学危害物

食品加工虽然可以提高食品的保藏性，增加风味，但食品成分复杂，在食品加工过程中容易产生一些危害人体健康的化学危害物，主要体现在油炸淀粉类食品产生的丙烯酰胺，高温处理过程中产生的多环芳烃和酸水解植物蛋白过程中产生的氯丙醇等毒害物质。

（一）丙烯酰胺

丙烯酰胺（图 4-4）是一种无色透明片状晶体，在化工行业中主要用于制备各种聚合物，特别是聚丙烯酰胺。聚丙烯酰胺广泛应用于各种领域，如废水处理、纺织和造纸加工、采矿和矿物

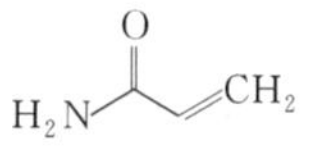

图 4-4　丙烯酰胺结构式

生产。丙烯酰胺还会存在于香烟烟雾中。关于丙烯酰胺的毒理学研究表明，丙烯酰胺在某些情况下对人类健康会产生不良影响。

食品中丙烯酰胺污染问题直到 2002 年 4 月才广为人知，当时瑞典国家食品管理局发表的一份报告显示，某些富含碳水化合物的食品在相对较高温度加工过程中会产生高浓度的丙烯酰胺，如油炸土豆和烘焙谷物产品。自此之后，世界各地对食品中的丙烯酰胺进行了大量调查，结果显示在不同的食品类别中普遍存在丙烯酰胺，如油炸土豆制品、烘焙谷类食品以及烘焙和磨碎咖啡（表 4-6）等。动物性食品以及低温处理的食品往往不含有显著水平的丙烯酰胺。不仅在商业加工的食品中，在家庭烘焙或油炸食品中也会发现相对较高水平的丙烯酰胺[44]。

表 4-6　不同类食品中丙烯酰胺的含量

食品种类	丙烯酰胺含量/($\mu g/kg$)	食品种类	丙烯酰胺含量/($\mu g/kg$)
早餐麦片	20～250	饼干	50～600
面包	10～130	薯片和零食	100～2500
烘焙现磨咖啡	100～400	巧克力产品	10～100

1. 食品中丙烯酰胺的形成

2002 年瑞典国家食品管理局发布的报告显示，丙烯酰胺可在 120℃ 以上的温度下加热某

些食品产生，特别是含有高水平碳水化合物的食品。此后，在对油炸、烘焙过程中产生丙烯酰胺的机制进行了大量的研究发现，丙烯酰胺形成的主要机制是在高温烹饪过程中，还原糖和游离天冬酰胺通过美拉德反应生成丙烯醛，丙烯醛被氧化后产生丙烯酸进而形成丙烯酰胺[45]。除此之外，食品热加工过程中小分子醛的重组、氨基酸的降解、油脂受热分解等过程也会产生丙烯酰胺。然而，目前普遍认为美拉德褐变是食品中丙烯酰胺的主要来源，影响食品产量的关键因素是食物中游离天冬酰胺和糖的含量、加工温度和加工时间[46]。

2. 食品中丙烯酰胺的危害

丙烯酰胺是一种高暴露水平的神经毒素，长时间接触会损伤中枢神经系统的功能。动物实验显示其具有遗传毒性。国际癌症研究机构（IARC）将其归类为"可能对人类致癌（组2A）"。在以鼠类的动物实验所得的致癌实验中，已明确表明丙烯酰胺是一种致癌物，它能引发鼠类的子宫腺癌、神经胶质细胞瘤等癌症。到目前为止，关于人类的流行病学研究还没有任何证据表明饮食中的丙烯酰胺与某些常见癌症的发展之间存在联系，但其对人体健康的影响是不容忽视的[47]。

3. 食品中丙烯酰胺的限量标准

欧盟正式实施了关于丙烯酰胺的法案委员会规章（Commission Regulation）（EU）2017/2158。这个法案规定了包装食品中允许含有丙烯酰胺的基准含量，并要求制造商密切检查并降低产品中的丙烯酰胺含量，涉及范围包括马铃薯制品、面包、麦片、咖啡和咖啡替代品、婴儿食品等。法案中对食品中丙烯酰胺含量限定范围大多在 $300 \sim 850 \mu g/kg$ 之间。其中大多数谷类早餐的基准水平设定为 $300 \mu g/kg$，饼干和曲奇为 $350 \mu g/kg$，薯片为 $750 \mu g/kg$，速溶咖啡为 $850 \mu g/kg$，烘焙咖啡为 $400 \mu g/kg$。而根据 WHO 发布的技术报告对常见食物的调查，咖啡中丙烯酰胺的含量为 $288 \mu g/kg$，盒装薯片含量为 $752 \mu g/kg$。

4. 食品中丙烯酰胺的控制

减少丙烯酰胺形成的一个有效策略是尽量减少食物中游离天冬酰胺和还原糖的含量[48]，如开发低天冬氨酸马铃薯品种。产品配方也是一种很有潜力的方法，如在烘焙产品中使用其他膨松剂取代碳酸氢铵可以显著减少丙烯酰胺的形成。但改变产品配方必须要确定产品的风味和质构不发生明显的变化。

另一个行之有效的减少丙烯酰胺形成的办法是减少食品加工的时间和温度[46]。例如，薯条炸到金黄色，而不是棕色，一些薯片制造商改变了油炸时间和温度，以减少丙烯酰胺的产生。虽然此方法效果较好，但烘焙和油炸食品的褐变是其感官可接受性的重要组成部分。此外，在较低的温度下煎炸可能会使食物摄入更高水平的脂肪，从营养的角度来看，这可能是不可取的。因此，通过改变加工时间和温度来减少丙烯酰胺需要在产品质量和安全之间的权衡。

（二）多环芳烃

多环芳烃（PAHs）是一大类稳定、亲脂的有机化学污染物，含有两个或多个芳香环。PAHs 在有机材料的燃烧或热解过程中产生，是许多工业过程中常见的副产品，而在燃烧和部分碳化的食物中也会产生。PAHs 具有潜在高致癌性，因此，食品中的 PAHs 是不可取的。

数百个 PAHs 已被确定为不完全燃烧的副产品。到目前为止，研究最多的 PAHs 是苯并[a]芘（BaP）。在食品和环境领域中，BaP 常用作 PAHs 的标记化合物。美国环境保护局（EPA）将萘、蒽、苊烯、芴等 16 种毒性较强的多环芳烃列为优先污染物（图 4-5）[49]。

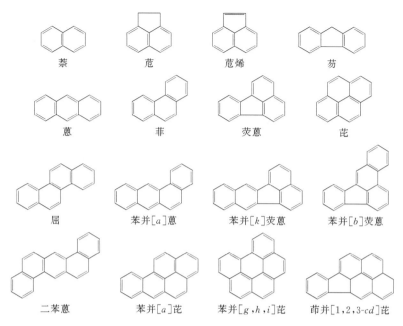

图 4-5 16 种优先控制的多环芳烃

1. 食品中多环芳烃的形成

PAHs 是水、空气和土壤中最常见的环境污染物，因此可通过多种途径污染食品，如蔬菜特别容易受到环境 PAHs 污染，海鲜如一些贝类和甲壳类动物容易从水中富集 PAHs 而被污染。

食品中 PAHs 的主要来源是通过食品加工产生的，特别是经过高温加热的食品。碳水化合物、脂肪、蛋白质等有机化合物是 PAHs 形成的重要前体物质，这些有机物质在不完全燃烧或热裂解过程中发生一系列的物理化学反应产生自由基，进而形成 PAHs[50]。有研究表明苯自由基与不饱和烃的反应是形成 PAHs 的主要途径。苯和苯自由基是形成 PAHs 的重要中间体，PAHs 形成的第 1 个芳环可以由乙炔（C_2H_2）与 C_4H_x 自由基反应形成，也可以由两个炔丙基（C_3H_3）反应形成。据报道，一些烤肉中 PAHs 含量可高达 130mg/kg。烟熏食品也经常受到 PAHs 污染，有报道显示熏肉和鱼类中 PAHs 的含量高达 200mg/kg。

2. 食品中多环芳烃的危害

许多 PAHs，包括磷酸酶（BaP），在实验动物中已被证明会致癌致畸致突变，因此是潜在的人类致癌物。例如，BaP 会引起啮齿动物的胃肠道、肝脏、肺和乳腺的肿瘤产生。BaP 作为 PAHs 的代表性物质，其本身没有致癌性，但在体内经氧化酶激活形成苯并[a]芘二氢二醇环氧化物（BPDE）后就具有致癌性。BPDE 具有亲电性，可与 DNA 的亲核位点鸟嘌呤的外环氨基端共价结合，形成 BPDE-DNA 加合物，诱发 DNA 碱基突变，引发癌症（图 4-6）[51]。

3. 食品中多环芳烃的限量标准

欧盟（EC）No 1881/2006 规定了食品中 PAHs 的最高限量标准，并于 2015 年 07 月在法案 EU 2015/1125 中进一步修订了（EC）No 1881/2006 食品中 PAHs 的最高限量标准。

我国 GB 2762—2017 食品中污染物限量中规定了各类食品中苯并[a]芘的限量标准（表 4-7），按 GB 5009.27 规定的方法测定[52]。

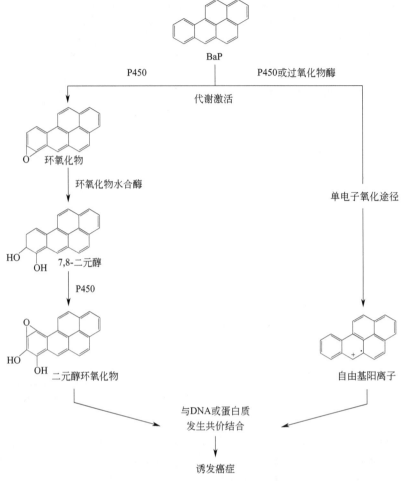

图 4-6　苯并[a]芘的致癌机理[51]

表 4-7　各类食品中苯并[a]芘的限量标准

食品类别（名称）	限量/(μg/kg)
谷物及其制品	
稻谷①、糙米、大米、小麦、小麦粉、玉米、玉米面（渣、片）	5.0
肉及肉制品	
熏、烧、烤肉类	5.0
水产动物及其制品	
熏、烤水产品	5.0
油脂及其制品	10.0

① 稻谷以糙米计。

4. 食品中多环芳烃的控制

食品中 PAHs 的主要控制手段是限制其在加工过程中生产[51,53]。具体的控制手段如下。

（1）控制加热温度和时间

PAHs 的生成与温度和时间有着非常紧密的关系。研究发现当煎炸温度高于 200℃时，脂肪、蛋白质和碳水化合物热解时可生成 BaP。有学者在研究炸鸡块时发现，随着煎炸时间的延长，食用油中 PAHs 的浓度增加，尤其是高分子量 PAHs。煎炸 45min 的样品中高分子质量 PAHs 含量是煎炸 15min 的 1.9 倍，是新鲜油的 31.5 倍。

（2）食材种类

不同食材由于化学组成和成分的不同，煎炸过程中 PAHs 的产量也不同。高碳水化合物、脂肪、蛋白质等食品在煎炸过程中最容易产生 PAHs，因此避免对这些产品进行煎炸加工。选择瘦肉和鱼进行烧烤，清洗或剥离具有蜡涂层的水果和蔬菜。

（3）添加抗氧化剂

已有研究证明 PAHs 的形成过程包括一系列自由基反应，而抗氧化剂可以捕获自由基进而防止 PAHs 的形成。向煎炸肉制品中添加适量的抗氧化剂是一种非常有效地减少 PAHs 生成的方法。

（三）氯丙醇

氯丙醇是食品加工过程中产生的一类化学污染物，最早是在酸性水解植物蛋白时被发现的，在 20 世纪 70 年代末开始逐渐成为食品工业关注的一种污染物。氯丙醇具有潜在的致癌性，因此它们在食品中即使在低水平上存在，也是不可取的。在食品中最常见的和研究最多的氯丙醇是 3-氯-1,2-丙二醇（3-MCPD），但其他食源性氯丙醇还包括 2-氯-1,3-丙二醇（2-MCPD）、1,3-二氯-2-丙醇（1,3-DCP）和 2,3-二氯-2-丙醇（2,3-DCP）。氯丙醇相对不挥发，一旦形成，在食品中可持久存在[54]。

1. 食品中氯丙醇的形成

氯丙醇（主要为 3-MCPD 和 1,3-DCP）在酸解植物蛋白和酱油及相关产品中含量最高。研究发现食品中 3-MCPD 主要是以 3-氯-1,2-丙二醇脂肪酸酯的形式存在，这些酯会通过水解的方式生成 3-MCPD，酸解植物蛋白中氯丙醇的产生主要是在高温条件下盐酸与脂类之间的反应产生的。在面包和其他烘焙产品中，氯丙醇被认为是由添加盐中的氯化物与面粉和酵母中的甘油之间反应形成的，但其详细的形成机理尚不清楚[55]。

2. 食品中氯丙醇的危害

虽然氯丙醇在高浓度下会引起急性毒性，但从食品安全的角度来看，最令人关切的是低剂量氯丙醇长期的影响。在动物研究中，3-MCPD 被证明是致癌的，因此是潜在的人类致癌物。鉴于 3-MCPD 对小鼠肾脏以及睾丸的致癌性，国际癌症研究机构已将 3-MCPD 列为一种可能的人体致癌物，隶属于 2 类 B 组致癌物。JECFA 最近审查了 3-MCPD 的毒性，并得出其临时最大可允许日摄入量（PMTDI）为 $2\mu g/kg$ BW。

3. 食品中氯丙醇的限量标准

我国 GB 2762—2017 食品污染物限量中规定了各类食品中 3-氯-1,2-丙二醇的限量标准（表 4-8），按 GB 5009.191 规定的方法测定。

表 4-8 食品中 3-氯-1,2-丙二醇的限量标准[52]

食品类别（名称）	限量/(mg/kg)
调味品①	
液态调味品	0.4
固态调味品	1.0

① 仅限于添加水解植物蛋白的产品。

4. 食品中氯丙醇的控制

食品中氯丙醇的控制重点是限制其在加工过程中的生产。生产酸解植物蛋白控制措施如下：
① 用酶法取代酸水解；

② 降低原料中的脂质浓度；

③ 控制酸水解进程；

④ 用 NaOH 进行中和处理，除去酸水解后的氯醇。

其他食品中氯丙醇的形成机理尚不清楚，因此更难设计有效的控制策略。然而，在许多情况下，普通盐是氯离子的来源和氯丙醇生产的前体。因此，在不影响感官特性或微生物稳定性的情况下降低盐水平可能是一种有效的控制方法。特别是在面包和其他烘焙产品中，降低加工温度和避免这些产品的过度褐变也可能是有用的控制措施。

三、新型食品加工中的安全问题

（一）新型食品的定义

由于科学技术的快速发展，新型食品并没有十分直观的定义，每个国家对于新型食品的定义也是不同的，但从各个国家对其定义可以看出，新型食品应该具备如下两个特征：一是未被食用或消费的历史，但要满足这个条件，需要添加许多附加条件，如时间点条件，欧盟以 1997 年 5 月为分界点；二是新技术、新成分，无论是新品种还是根本上改变结构，这类食品都具备新技术或者新成分的因素[57]。

（二）新型食品种类

1. 人造肉

人造肉（也称为清洁肉或合成肉），可以分为植物蛋白肉和细胞培养肉。植物蛋白肉是植物蛋白经过加热和挤压而获得类似于肉的质感的"肉"；细胞培养肉是利用动物干细胞培养制造出来的人造肉，生产原理利用的是细胞分化增殖技术，先从动物身上抽取干细胞，把它扩增培养成为肌肉细胞，并且分化成肌肉纤维而成的"肉"[58]。

人造肉安全性存在以下问题[59]。

① 在人造肉生产过程中，人造肉生产系统由三个没有安全使用历史的组分组成，分别为细胞培养支架、培养基和氧载体。

② 人造肉生产制备新工艺的安全性。在生物反应器中培养细胞将其用于肉类食品的过程是一种新方法，类似的生物反应器之前从未用于食品生产，因此该过程是无食品安全使用史的。

③ 基因改造培养肉的潜在安全性。将基因工程应用于细胞培养，以产生具有不同质地、味道和风味特征的肉制品，基因修饰是否会无意中发展或增加生物体的致病性、毒性或致敏性。使用的胚胎干细胞具有无限的再生潜力，从而无需收获更多的胚胎。但遗传突变的缓慢积累可能随着胚胎干细胞的分化而发生，从而产生风险隐患。

2. 转基因食品

转基因食品是利用现代分子生物技术，将某些生物的基因转移到其他物种，从而改造生物的遗传物质，使其在形状、营养品质、消费品质等方面向人们所需要的目标转变，使其出现原物种不具有的性状或产物[60]。转基因食品在某些方面远远强于传统食品，如转基因大豆在产量上远高于普通大豆，但转基因产品会存在以下安全问题[61]。

① 潜在致敏性。引入的新基因表达的蛋白质可能是致敏原。如科学家把巴西胡桃的特质移植到黄豆上，但结果却使一些对胡桃敏感的人在摄取黄豆时有过敏可能。

② 潜在毒性。转基因的同时有可能会无意中提高一些天然植物毒素的表达水平，如马铃薯的茄碱、番茄毒素、木薯和利马豆的氰化物、豆科的蛋白酶抑制剂等。

③ 外源基因转移。当把一个外来基因加入植物或细菌中，这个基因会通过转基因食品进入人体，可能会给人体带来一定的潜在危害。如可能将抗药性基因传给致病细菌，使人体对抗生素产生抗药性。

④ 对人肠道微生态环境的影响。转基因食品中的标记基因有可能传递给人体肠道内正常的微生物群，引起菌群谱和数量变化，通过菌群失调影响人的正常消化功能。

第五节　应用与实践

一、案例分析——水产品中有机汞的污染途径及转化累积

如图 4-7 所示，火山爆发，煤和石油燃烧，含汞金属矿物的冶炼等会造成空气中的汞污染；各种工业排放的含汞废水、施用含汞农药和含汞污泥肥料及污水灌溉等会造成土壤及水体中汞的污染。土壤中的汞可挥发进入大气和进入植物体内，并可由降水淋洗进入地面水和地下水中。地面水中的汞可部分挥发进入大气，大部分吸附在水中颗粒物上沉积于底泥。底泥中的无机汞经微生物例如埃希氏大肠杆菌（*Escherichia coli*）、产气肠杆菌（*Enterobacter aerogenes*）、葡萄球菌（*Staphylococcus*）和酵母菌（*Saccharomyces cerevisiae*）以及某些厌氧菌，在维生素 B_2 及半胱氨酸存在下可发生甲基化作用，转化为甲基汞。甲基汞经食物链的生物浓缩和生物放大作用，可在鱼体内浓缩至几万倍至几十万倍。

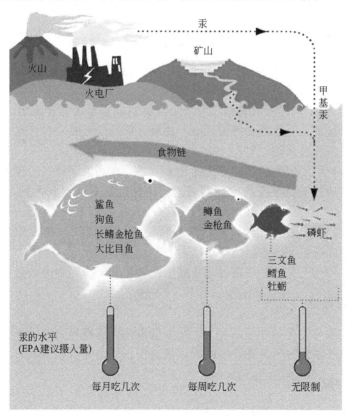

图 4-7　有机汞的污染途径及转化累积

（一）水产加工品中汞的污染途径

水体环境

养殖环境是水产品中汞的主要来源。在天然水体中存在着三种形式的汞即元素汞、无机汞和有机汞，水产品对有机态汞的富集能力要远远高于无机态的汞。因此，甲基化程度高的水域中水产品富集能力就强。不同形态的汞可以通过天然或人为活动进入到水环境中，主要途径有大气汞沉降、工业废水排放、农药化肥、饲料汞超标等。另外，研究表明水体溶解性有机碳（DOC）和水体 pH 分别与鱼体内的汞含量呈正相关和负相关关系。

（二）水产加工品中汞的转化

存在于水体的各种形态的汞，在微生物的作用下可转化成对生物体毒性效应更大的甲基汞，并更容易被水体生物摄入体内，主要通过以下途径：

1. 菌体转化

$$Hg$$
$$\downarrow [O]$$
$$Hg^{2+} + 有机物 \xrightarrow{\;水\,+\,菌体\;} CH_3Hg^+ + (CH_3)_2Hg$$

2. 生物酶转化

$$钴氨酶 \xrightarrow{\;甲硫氨合成酶\;} 甲基钴氨酶 \xrightarrow{(+)甲基化反应} CH_3Hg$$

二、案例分析——油炸薯条中丙烯酰胺的控制

2005 年美国对加州多达 9 家国际连锁快餐店和食品制造商提起诉讼，强制要求它们用警告性的标签标明其炸薯条、薯片中丙烯酰胺的含量。因为丙烯酰胺是一类潜在致癌物，国际癌症研究机构（IARC）将丙烯酰胺归为 2 级致癌物，它虽不属于高毒物质，却是人类可能致癌物，长期大量摄入可能增加患癌风险。此外，丙烯酰胺是一种神经毒素，长时间接触还会损伤中枢神经系统的功能。

油炸薯条和薯片中的丙烯酰胺的形成途径主要是，在高温条件下，薯条和薯片中的还原糖和游离天冬酰胺通过美拉德反应生成丙烯醛，丙烯醛被氧化后产生丙烯酸进而形成丙烯酰胺。

油炸薯条（片）的一般工艺为：原料清洗脱皮→切片切条→清洗漂烫→离心脱水→油炸→离心脱油→调味→包装。

结合薯条（片）加工工艺，可通过改善以下工艺步骤减少丙烯酰胺的生成。

（一）原料的筛选

选用低天冬酰胺马铃薯品种为原料。另在较低温度下储藏马铃薯虽不会导致天冬酰胺含量升高，但会导致还原糖水平提高，因此应尽量选用新鲜而非长期冷藏的马铃薯作为原料。

（二）清洗漂烫

在此工艺步骤中，使用柠檬酸溶液浸泡可进一步减少薯条和薯片中的天门冬酰胺和还原糖的含量，同时酸性的柠檬酸溶液会降低美拉德反应中席夫碱的形成，进而降低油炸过程中

丙烯酰胺含量。韩国专家 Jung 等将马铃薯切片分别放入 1％ 和 2％ 柠檬酸溶液中浸泡 1h，对法式炸薯条中丙烯酰胺抑制率分别可达 73.1％ 和 79.7％。

（三）离心脱水

水分含量的多少也影响加工过程中丙烯酰胺的生成量，水在美拉德反应的过程中不仅是反应物，也具有溶剂和迁移载体的作用，因此除了离心脱水，可适当地进行预热干燥，降低薯条中的水分含量，从而降低丙烯酰胺含量。

（四）油炸温度和时间的控制

油炸温度和时间是发生美拉德反应的主要条件，也是影响丙烯酰胺生成的重要因素。在 100℃ 以下油炸过程中几乎很少有丙烯酰胺的产生，当温度高于 120℃ 时，开始产生丙烯酰胺。在 160℃ 下油炸不同时间结果显示在 2min 之后，丙烯酰胺的含量急剧增加，8min 后含量达到最高。综合来看，油炸时间控制在 3min 内可有效控制丙烯酰胺的生成。

三、案例分析——红酒中杀菌剂的来源及控制

2014 年有媒体报道某品牌红酒被检出农药残留，送检的该品牌红酒样品中被检出多菌灵 0.00157～0.01942mg/kg，甲霜灵 0.00211～0.01414mg/kg，并称多菌灵为美国禁用的农药，有致癌风险，该事件引起了社会的广泛关注，直接导致了该公司股价大跌。随后，该公司回应生产的所有葡萄酒完全符合国家标准，并参照执行了最为严格的欧盟标准的规定，所生产的葡萄酒中多菌灵和甲霜灵残留量远低于欧盟标准的规定。

多菌灵和甲霜灵为低毒杀菌剂，国家允许用于包括葡萄在内的农作物的病害防治，对于多菌灵，欧盟限量标准≤0.5mg/kg，我国限量标准≤3mg/kg。对于甲霜灵，欧盟与我国限量标准均为≤1mg/kg。因此，该公司产品全部合格。

红酒中杀菌剂主要来自于原料葡萄中的残留，因此保证原料的清洁至关重要，可从以下几点控制红酒中农药的残留。

① 科学管理，减少疾病侵染源，如秋冬季清园，及时处理落叶、病穗扫净烧毁等。

② 利用物理手段防治病虫害，如套袋技术在葡萄种植过程中是十分有效的物理防治病虫害手段。

③ 选用高效低毒的农药，降低残留量。如诱导免疫型杀菌剂，该杀菌剂本身没有任何杀菌作用，但是它可以通过激发植物本身对病害的免疫（抗性）反应来实现防病效果。

④ 合理使用农药，如多菌灵等杀菌剂，休药期为 18 天，因此应在葡萄收获前 18 天停用。

⑤ 农药的去除，很多农药在碱性条件下容易分解，因此在加工前，增加碱洗步骤可有效地去除残留的农药。

思考题

1. 哪些化学元素可能存在于食品中并对人体造成危害？
2. 食品中化学元素的毒性和毒性机制如何？
3. 如何防止有毒化学元素对食品的污染？
4. 怎样控制多氯联苯的污染？

5. 二噁英的化学性质有哪些？如何控制二噁英的危害？

6. 什么是农兽药及农兽药残留？什么是农药的生物富集作用？

7. 简述食品中农兽药残留的来源。

8. 简述有机磷农药的毒性机理。

9. 简述常见食品加工污染物的种类及形成过程。

10. 简述前体物硝酸盐和亚硝酸盐的来源，如何控制 N-亚硝基化合物危害？

11. 简述新型食品的定义及其可能的潜在危害。

参 考 文 献

[1] 刘雄，宗道. 食品质量与安全 [M]. 北京：化学工业出版社，2009.

[2] 孔志明. 环境毒理学 [M]. 南京：南京大学出版社，2017.

[3] 王利兵. 食品安全化学 [M]. 北京：科学出版社，2012.

[4] 孙秀兰，姚卫蓉. 食品安全与化学污染防治 [M]. 北京：化学工业出版社，2009.

[5] 杨惠芬，王淮洲. 食品中汞的化学存在形式 [J]. 卫生研究，1983（3）：69-74.

[6] 杨居荣，查燕. 食品中重金属的存在形态及其与毒性的关系 [J]. 应用生态学报，1999，10（6）：766-770.

[7] 阮涌，嵇辛勤，文明，等. 食品中铅污染检测技术研究进展 [J]. 贵州畜牧兽医，2012，36（5）：12-15.

[8] 钱韵芳，钟耀广. 食品中铅的安全性分析 [J]. 农产品加工（学刊），2008，9（12）：86-91.

[9] 李裕，张强，王润元，等. 镉的致癌性与食品中镉的生物有效性 [J]. 生命科学，2010，77（2）：179-184.

[10] 齐慧，贾瑞琳，陈铭学. 食品中砷形态分析研究进展 [J]. 中国农学通报，2012，28（36）：277-281.

[11] Ling B, Han G, Xu Y. PCB levels in humans in an area of PCB transformer recycling [J]. Annals of the New York Academy of Sciences, 2008, 1140 (1): 135-142.

[12] Krishnamoorthy G, Venkataraman P, Arunkumar A. Ameliorative effect of vitamins (α-tocopherol and ascorbic acid) on PCB (Aroclor 1254) induced oxidative stress in rat epididymal sperm [J]. Reproductive Toxicology, 2007, 23 (2): 239-245.

[13] Toft G, Rignell-Hydbom A, Tyrkiel E. Semen quality and exposure to persistent organochlorine pollutants [J]. Epidemiology, 2006, 11 (9): 450-481.

[14] Stronati A, Manicardi G C, Cecati M. Relationships between sperm DNA fragmentation, sperm apoptotic markers and serum levels of CB-153 and p, p′-DDE in European and Inuit populations [J]. Reproduction, 2006, 132 (6): 949-958.

[15] Krishnamoorthy G, Murugesan P, Muthuvel R. Effect of Aroclor 1254 on Sertoli cellular antioxidant system, androgen binding protein and lactate in adult rat in vitro [J]. Toxicology, 2005, 212 (2/3): 195-205.

[16] Goncharov A, Rej R, Negoita S. Lower serum testosterone associated with elevated polychlorinated biphenyl concentrations in Native American men [J]. Environmental Health Perspectives, 2009, 117 (9): 1454-1460.

[17] Elumalai P, Krishnamoorthy G, Selvakumar K. Studies on the protective role of lycopene against polychlorinated biphenyls (Aroclor 1254) -induced changes in StAR protein and cytochrome P450 scc enzyme expression on Leydig cells of adult rats [J]. Reproductive toxicology, 2009, 27 (1): 41-51.

[18] 姚玉红，刘格林. 二噁英的健康危害研究进展 [J]. 环境与健康杂志，2007，24（7）：560-562.

[19] 卜元倾，骆永明，腾应. 环境中二噁英类化合物的生态和健康风险评估研究进展 [J]. 土壤，2007，8（2）：14-22.

[20] Geusau, Alexandra, Abraham. Severe 2,3,7,8-Tetrachlorodibenzo-p-dioxin (TCDD) Intoxication: Clinical and Laboratory Effects [J]. Environmental Health Perspectives, 2001, 109 (11), 865-923.

[21] 王刚垛. TCDD 免疫毒性研究进展Ⅰ：TCDD 对免疫功能的影响 [J]. 国外医学（卫生学分册），2000，33（2）：11-15.

[22] De Heer C, De Waal E J, Schuurman H-J. The intrathymic target cell for the thymotoxic action of 2, 3, 7, 8-tetrachlorodibenzo-p-dioxin [M]. Dioxins and the Immune System. Karger Publishers. 1994, 9 (11): 86-93.

[23] Korenaga T, Fukusato T, Ohta M. Long-term effects of subcutaneously injected 2, 3, 7, 8-tetrachlorodibenzo-p-dioxin on the liver of rhesus monkeys [J]. Chemosphere, 2007, 67 (9): S399-S404.

[24]　Levin M，Morsey B，Mori C. Non-coplanar PCB-mediated modulation of human leukocyte phagocytosis：a new mechanism for immunotoxicity [J]. Journal of Toxicology & Environmental Health，2005，68 (22)：1977-1993.

[25]　Bovee T F H，Hoogenboom L A P，Hamers A R M. Validation and use of the CALUX-bioassay for the determination of dioxins and PCBs in bovine milk [J]. Food Additives and Contaminants，1998，45 (11)，123-231.

[26]　Patandin S，Dagnelie P C，Mulder P G H. Dietary exposure to polychlorinated biphenyls and dioxins from infancy until adulthood：a comparison between breast-feeding，toddler，and long-term exposure [J]. 1999，107 (6)：45-51.

[27]　Arinc T. Pesticide contamination and its effects on aquatic ecosystems [J]. International Journal of Environment Research，2019，1 (7)：42-72.

[28]　Carson R. Slient spring [M]. Houghton Mifflin，1962.

[29]　Tsunoda Humio T M，Yu Ming-Ho. Environmental toxicology biological and health effects of pollutants [M]. CRC Press，2011.

[30]　王建博，王宏梅. 农药残留对食品安全性的影响 [J]. 农家参谋，2020，1 (6)：39.

[31]　孟紫强. 环境毒理学基础 [M]. 2版. 北京：高等教育出版社，2010.

[32]　杨媚. 农药残留对人体的危害及检测方法分析比较 [J]. 甘肃农业，2019，9 (1)：114-118.

[33]　徐宁. 浅谈农药残留的伤害及农残速测仪的检测方法 [J]. 农业与技术，2018，38 (4)：27-31.

[34]　GB 2763—2019 食品安全国家标准 食品中农药最大残留限量.

[35]　李劲松. 农产品质量安全控制与农药残留检测技术探析 [J]. 种子科技，2019，37 (5)：25-26.

[36]　王际辉. 食品安全学 [M]. 北京：中国轻工业出版社，2013.

[37]　GB 31650—2019 食品安全国家标准 食品中兽药最大残留限量.

[38]　钟耀广. 食品安全学 [M]. 北京：化学工业出版社，2020.

[39]　王昌斌，贝怀国，冯连虎，等. 动物性食品中兽药残留的主要来源及危害 [J]. 中国畜禽种业，2006，7 (2)：35-37.

[40]　张洁，黄蓉，徐桂花. 肉类食品中兽药残留的来源、危害及防控措施 [J]. 肉类工业，2011，9 (3)：46-50.

[41]　刘明团，檀学进，王学梅. 兽药残留的潜在危害 [J]. 山东畜牧兽医，2019，40 (11)：51-52.

[42]　张发莲. 如何控制动物性食品兽药残留 [J]. 畜产品安全，2013，9 (8)：23-25.

[43]　朱蓓薇，张敏. 食品工艺学 [M]. 北京：科学出版社，2015.

[44]　郭红英，阚旭辉，谭兴和，等. 食品中丙烯酰胺的研究进展 [J]. 粮食与油脂，2017，30 (3)：33-36.

[45]　孟娟娟. 食品中丙烯酰胺的形成 [J]. 大家健康，2014，8 (27)：9-33.

[46]　廖晰晰，苏小军，李清明，等. 食品中丙烯酰胺形成与调控机制研究进展 [J]. 食品研究与开发，2016，37 (3)：206-208.

[47]　周萍萍. 丙烯酰胺的膳食风险评估研究进展 [J]. 食品安全导刊，2019 (31)：54-57.

[48]　张红，杨保刚，丁晓雯. 食品丙烯酰胺含量影响因素及控制方法 [J]. 粮油与油脂，2005，2 (4)：4-7.

[49]　刘漾伦，刘宇，王凯. 食品中多环芳烃的研究进展综述 [J]. 食品安全导刊，2020，10 (12)：157.

[50]　聂文屠，占剑峰，蔡克周，等. 食品加工过程中多环芳烃生成机理的研究进展 [J]. 食品科学，2018，39 (15)：269-274.

[51]　张浪杜，田兴垒，刘骞，等. 煎炸食品中多环芳烃的生成及其控制技术研究进展 [J]. 食品科学，2020，41 (3)：272-280.

[52]　GB 2762—2017 食品中污染物限量.

[53]　聂静钱，段小丽，许军，等. 食品中多环芳烃污染的健康危害及其防治措施 [J]. 环境与可持续发展，2009，34 (4)：38-41.

[54]　余晓琴，周佳. 食品中氯丙醇类化合物的解读 [N]. 中国市场监管报，2020.

[55]　Richard LAWLEY L C，Judy Davis. The food safety hazard guidebook [M]. The Royal Society of Chemistry，2008.

[56]　齐丽娟，张文静，郑珊，等. 氯丙醇及其酯类危害识别 [C]. 中国毒理学会第七次全国会员代表大会暨中国毒理学会第六次中青年学者科技论坛，中国重庆，2018.

[57]　周梦欣. 我国新型食品的安全保障法律规制研究 [D]. 湘潭：湘潭大学，2017.

[58]　Post M J. Cultured meat from stem cells：challenges and prospects [J]. Meat Science，2012，92 (3)：297-301.

[59]　Petetin L. Frankenburgers，risks and approval [J]. European Journal of Risk Regulation，2014，5 (2)：168-186.

[60]　王东. 我国转基因食品安全监管现状及问题分析 [J]. 食品安全导刊，2020，9 (12)：46.

[61]　王子骞，陈彦宇，齐俊生. 转基因食品安全性分析 [J]. 农业与技术，2020，40 (12)：167-169.

第五章
食品添加剂

主要内容

（1）食品添加剂的概念及分类

（2）目前食品违规添加剂和禁止使用添加剂的种类及危害

学习目标

重点掌握食品添加剂非法添加安全性问题，能够掌握目前食品违规添加剂和禁止使用的添加剂。

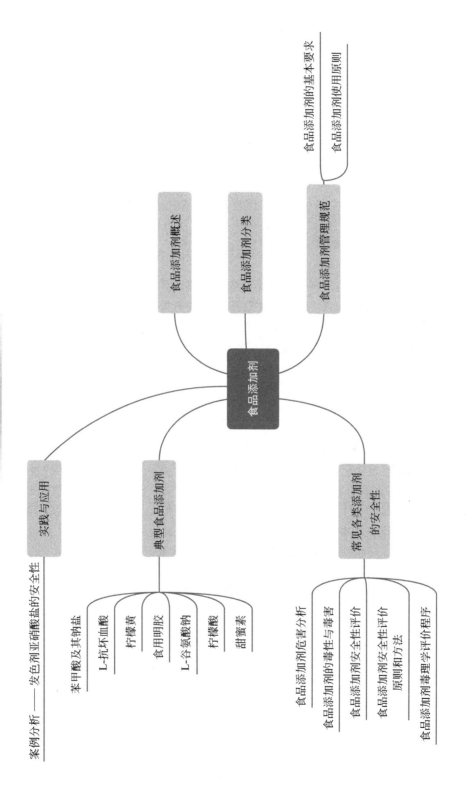

本章思维导图

食品添加剂

- 食品添加剂概述
- 食品添加剂分类
- 食品添加剂管理规范
  - 食品添加剂的基本要求
  - 食品添加剂使用原则
- 实践与应用
  - 案例分析——发色剂亚硝酸盐的安全性
- 典型食品添加剂
  - 苯甲酸及其钠盐
  - L-抗坏血酸
  - 柠檬黄
  - 食用明胶
  - L-谷氨酸钠
  - 柠檬酸
  - 甜蜜素
- 常见各类添加剂的安全性
  - 食品添加剂危害分析
  - 食品添加剂的毒性与毒害
  - 食品添加剂安全性评价
  - 食品添加剂安全性评价原则和方法
  - 食品添加剂毒理学评价程序

第一节　食品添加剂概述

随着食品工业的发展，食品添加剂发挥着越来越重要的作用，食品添加剂的品种、功能、应用范围在不断变化，我国对食品添加剂的定义也随实际需要进行修订。《食品安全法》第 99 条，《食品安全国家标准 食品添加剂使用标准》（GB 2760—2014）对食品添加剂定义为：为改善食品品质和色、香、味，以及为防腐、保鲜和加工工艺的需要而加入食品中的人工合成或者天然物质。包括营养强化剂、食品用香料、胶姆糖等基础剂、食品工业用加工助剂等[1]。

食品添加剂有以下三个特征：一是作为加入食品中的物质，因此它一般不单独作为食品来食用；二是既包括人工合成的物质，也包括天然物质；三是加入食品中是为了改善食品品质和色、香、味以及满足防腐、保鲜和加工工艺需要。

食品添加剂的作用：

① 防止食品腐败变质，延长食品保质期，提高食品安全性；

② 改善食品的感官性状，使食品更易于被消费者接受；

③ 有利于食品加工操作，适应生产的机械化和连续化；

④ 保持或提高食品的营养价值；

⑤ 满足不同人群的饮食需要；

⑥ 丰富食品的种类；

⑦ 提高原料利用率，节省能源；

⑧ 降低食品的成本。

由于对食品添加剂的认识和理解不同，一些国际性组织和不同国家对食品添加剂的定义各不相同。联合国粮农组织（FAO）和世界卫生组织（WHO）共同创建的食品法典委员会（CAC）颁布的《食品添加剂通用法典》（CodexStan192—1999，2010 修订版）规定："食品添加剂指其本身通常不作为食品消费，不用作食品中常见的配料物质，无论其是否具有营养价值。在食品中添加该物质的原因是出于生产加工、制备、处理、包装、装箱、运输或储藏等食品的工艺需求（包括感官），或者期望它或其副产品（直接或间接地）成为食品的一个成分，或影响食品的特性。该术语不包括污染物，或为了保持或提高营养质量而添加的物质。"这里的污染物指"凡非故意加入食品中，而是在生产、制造处理加工、填充、包装、运输和贮存等过程中带入食品中的任何物质"。

第二节　食品添加剂分类

食品添加剂按其来源可分为天然食品添加剂与化学合成食品添加剂两大类，天然食品添加剂是以动植物或微生物代谢产物等为原料，经提取分离、纯化或不纯化所得的天然物质。而化学合成食品添加剂是通过化学手段，使单质或化合物发生包括氧化、还原、缩合、聚合、成盐等合成反应所得的物质。目前使用最多的是化学合成食品添加剂。从安全性、成本和方便性等方面考虑，天然食品添加剂具有高安全性，高成本，不方便运输、保藏等特点，而化学合成食品添加剂具有价格低廉，使用、运输、保藏方便等优点。

由于各国对食品添加剂定义的差异，食品添加剂按定义的分类亦有区别。我国 GB 2760 根据功能将食品添加剂分为 22 类。而联合国 FAO/WHO 食品添加剂和污染物法规委员会（CCFAC）在 1989 年制定的《食品添加剂分类及国际编号体系法典》（Codex class names and the intermnational numbering system for food additives，CAC/GL36-1989）中按用途将食品添加剂分为 23 类，在 2008 年 7 月召开的第 31 届会议上通过了修订版，将食品添加剂分为 27 类。除不含我国规定的酶制剂、营养强化剂和香料外，其他 19 类均包括，此外还有碳酸充气剂、载体、填充剂、乳化盐、固化剂、发泡剂、包装用气和推进剂等几大类。美国联邦法规（21CFR§170.3）将食品添加剂分为 32 类。截至 2010 年 5 月 28 日，日本使用的指定添加剂共 403 种，并根据用途和功能分为 27 类。欧盟在 2008 年新颁布的食品添加剂法规（No1333/2008）中将食品添加剂分为 26 类[2]。

第三节　食品添加剂管理规范

一、食品添加剂的基本要求

根据《食品安全法》和 GB 2760—2014《食品安全国家标准　食品添加剂使用标准》，食品添加剂应符合以下基本要求：

① 不应对人体产生任何健康危害；

② 不应掩盖食品腐败变质；

③ 不应掩盖食品本身或加工过程中的质量缺陷或以掺杂、掺假、伪造为目的而使用食品添加剂；

④ 不应降低食品本身的营养价值；

⑤ 在达到预期效果的前提下尽可能降低在食品中的使用量。

二、食品添加剂使用原则

为了确保食品添加剂的使用安全，根据《中华人民共和国食品安全法》和 GB 2760—2014《食品安全国家标准　食品添加剂使用标准》，必须遵循以下原则：

1. 在下列情况下可使用食品添加剂

① 保持或提高食品本身的营养价值；

② 作为某些特殊膳食用食品的必要配料或成分；

③ 提高食品的质量和稳定性，改进其感官特性；

④ 便于食品的生产、加工、包装、运输或者贮藏。

2. 食品添加剂质量标准

按照 GB 2760—2014《食品安全国家标准　食品添加剂使用标准》使用的食品添加剂应当符合相应的质量规格要求。

3. 带入原则

在下列情况下食品添加剂可以通过食品配料（含食品添加剂）带入食品中。

① 根据 GB 2760—2014《食品安全国家标准 食品添加剂使用标准》，食品配料中允许使用该食品添加剂；

② 食品配料中该添加剂的用量不应超过允许的最大使用量；

③ 应在正常生产工艺条件下使用这些配料，并且食品中该添加剂的含量不应超过由配料带入的水平；

④ 由配料带入食品中的该添加剂的含量应明显低于直接将其添加到该食品中通常所需要的水平。

第四节　常见各类添加剂的安全性

近几年，在我国陆续出现了"苏丹红""瘦肉精""三聚氰胺"等食品安全事件，人们对食品添加剂的安全性提出了质疑，认为食品添加剂是造成食品安全问题的"罪魁祸首"，甚至认定食品添加剂是"有毒物质"。这就需要我们正确认识食品添加剂的安全性[3]。

所谓毒性，即某种物质对人体的损害能力。毒性与物质的化学结构密切关联，但也与其浓度或剂量、作用时间及频率、人的机体状态等有关。毒性大表示用较小的剂量即可造成损害；毒性小则必须有较大的剂量才能造成损害。因此，某种物质对人体的毒害强度，不仅取决于其毒性强弱，还取决于其剂量大小，或者更重要的是取决于其剂量-效应关系。

食品添加剂是食品工业的灵魂，在食品加工中具有不可替代的作用。但食品添加剂不是食品中的固有组分，使用不当则可能对人体造成危害。因此，必须按照相关的规定使用食品添加剂。而上述提到的"苏丹红""瘦肉精""三聚氰胺"等不是食品添加剂，而是属于非食用化学品，不应与食品添加剂混为一谈。

一、食品添加剂危害分析

尽管食品添加剂按照 GB 2760—2014 的规定使用不存在任何安全问题，但超范围、过量添加食品添加剂仍然存在安全隐患，会对人体产生一定危害。一般认为，食品添加剂的危害包括间接危害和潜在毒害作用。此外，部分人群存在添加剂过敏，即在正常情况下食用含食品添加剂的食品时出现的不良反应。

（一）食品添加剂的间接危害

食品添加剂产生的间接危害，可以认为是其广泛使用所带来的负面影响。添加剂的使用虽然丰富了食品种类，但也因此产生了一些营养价值极低的"垃圾食品"，包括部分快餐食品、休闲食品和饮料。上述"垃圾食品"往往热量高、营养效价低，因为感官性状良好而误导消费者，长期食用此类产品，容易引起肥胖、营养不良等疾病，但这种影响并不对人体产生直接的危害作用，一般通过合理选择、控制消费量就不会产生不良作用。

有消费者认为，在丰富的食品市场，应该允许这些"垃圾食品"的存在，它们并不一定具有很高的营养价值，但能满足人们休闲娱乐的需求，增加生活的乐趣，而且对人体无明显害处。消费者在掌握一定营养知识的前提下，可以自由选择是否消费此类食品。

（二）食品添加剂与过敏反应

过敏反应（allergic reaction）是指机体对某些抗原初次应答后，再次接受相同抗原刺激时发生的一种以生理功能紊乱或组织细胞损伤为主的特异性免疫应答。有些过敏反应发作急促，可在几分钟内出现；但有的作用缓慢，病症在数天后才出现。引起过敏反应的抗原性物质称为过敏原。日常生活中的许多物质都可以成为过敏原，如异种血清（如破伤风抗毒素）、某些动物蛋白（鸡蛋、羊肉、鸡肉、鱼、虾、蟹等）、细菌、病毒、寄生虫、动物毛皮、植物花粉、尘螨，以及油漆、染料、化学品、塑料、化学纤维和药物等，甚至淀粉也可导致过敏。但是，过敏反应程度与过敏原数量不成正比，即症状的出现或严重程度与过敏原数量无直接关系。过敏反应对人类生命和健康的危害日益严重，据统计，全球过敏症受害人群超过25％。近年来，由于工业发展加速，环境污染加剧，过敏症发病率呈明显上升趋势。

食品添加剂通常都是小分子物质，由其引起的过敏反应并不多见或者症状较轻，不会对人体造成明显的危害。对食品添加剂过敏的病人通常都有遗传性过敏症状，如湿疹、鼻炎、哮喘，而有遗传性过敏症的人比无遗传性过敏症的人对食品添加剂更敏感。有调查显示，成人比儿童更容易出现食品添加剂过敏反应，其中的原因尚不清楚，可能是长期累积的结果，也可能是由成人过强的心理作用所致。食品添加剂引起的过敏反应包括皮肤过敏反应和呼吸道过敏反应等。

二、食品添加剂的毒性与毒害

毒性指某种物质对机体造成损害的能力。毒害是指在确定的数量和方式下，使用某种物质引起机体损害的可能性。食品添加剂对人类的毒性概括起来有致癌性、致畸性和致突变性，这些毒性的共同特点是对人体作用较长时间才能显露出来，即对人体具有潜在危害。这是人们关心食品添加剂安全性的主要原因。

毒性与毒害不仅与物质的化学结构、理化性质有关，而且也与其有效浓度或剂量、作用时间及次数、接触部位与途径，甚至物质的相互作用及机体的机能状态等有关。构成毒害的基本因素是物质本身的毒性及剂量。一般来说，某种物质不论其毒性强弱，对人体都有一个剂量-效应关系或剂量-反应关系，即一种物质只有达到一定的浓度或剂量水平，才能显示其毒害作用。因此，评价某种物质是否有毒应视情况而定，只要某种物质在一定条件下使用时不呈现毒性且没有潜在的累积毒害作用，就可以认为这种物质是安全的。

不可否认，当前科技水平有限，可能无法识别部分食品添加剂潜在的危害作用。但随着科学技术的发展，食品添加剂的使用和管理制度日趋严格，凡是对人体有害，对动物有致癌、致畸作用的并且有可能危害人体健康的食品添加剂品种将被禁止使用；对那些疑似有害的添加剂在使用前需要进行严格的安全性分析，以确定其是否可用、许可使用的范围、最大使用量与残留量，以及建立更高标准的质量规格、分析检验方法等。同时，各种新型、作用效果显著、安全性高的食品添加剂正在不断得到开发和应用。

三、食品添加剂安全性评价

食品添加剂安全性是食品安全的重要组成部分。为了加强食品添加剂管理，保障食品添加剂安全，世界上许多国家都成立了专门机构制定食品添加剂使用的标准法规，对食品添加剂实行严格的评估、审批和监管。由联合国粮农组织（FAO）和世界卫生组织（WHO）共同建立的食品添加剂联合专家委员会（JECFA）是食品添加剂和污染物安全性评价最重要的国际性专家组织，各国制定标准一般都以 JECFA 的评价结果为参考。

JECFA 成立于 1956 年，由各国该领域的专家组成，其主要职责是评估食品添加剂和食品中污染物的安全性。JECFA 每年根据食品添加剂法典委员会（CCFA）提出的需要进行安全性评价的食品添加剂和污染物的重点名单，按照"食品添加剂和污染物安全评估原则"，充分考虑申请者和政府部门提供的相关信息资料，进行广泛深入的文献调研，对 CCFA 提交的物质进行毒理学评价，并根据各种物质的毒理学资料制定相应的每日允许摄入量值（acceptable daily intake，ADI）。CCFA 每年定期召开会议，对 JECFA 通过的各种食品添加剂标准、试验方法和安全性评价进行审议，再提交国际食品法典委员会（CAC）复审后公布，以期在国际贸易中制定统一的规格标准和检验方法[4]。

四、食品添加剂安全性评价原则和方法

JECFA 目前已对数千种食品添加剂进行了安全性评价，其研究结果广为各国食品添加剂管理部门所引用。JECFA 食品添加剂评价遵循的主要原则是 1987 年由世界卫生组织发布的《食品添加剂和食品中污染物的安全性评价原则》，可概括为：①再评估原则，因食品添加剂使用情况的改变（添加量增减、摄入量和摄入模式改变等），对食品添加剂认识程度的加深，以及检测技术和安全性评价标准的改进，需要对添加剂安全性进行再评估。②个案处理原则，不同添加剂理化性质、使用情况各不相同，因此没有统一的评价模式。③分两个阶段评价，先搜集相关评价资料再对资料进行评价。

食品添加剂安全性评价主要包括化学评价和毒理学评价。化学评价关注食品添加剂的纯度、杂质及其毒性、生产工艺以及成分分析方法，并对食品添加剂在食品中发生的化学作用进行评估。

毒理学评价是识别添加剂危害的主要数据来源，它又可分为体外毒理学评价和动物毒理学评价。体外毒理学评价指的是用培养的微生物或来自于动物或人类的细胞、组织进行的毒性评价。体外系统主要用于毒性筛选以及积累更全面的毒理学资料，也可用于局部组织或靶器官的特异毒性效应研究，研究细胞毒性、细胞反应、毒物代谢动力学模型等。体外毒理学评价无法获得 ADI 值数据，但其对于分析毒性作用的机制有重要意义。

动物毒理学评价在食品添加剂的危害识别中具有重要作用，它能够识别被评价物质的潜在不良效应，确定效应的剂量-反应关系，明确毒物的代谢过程，并可将动物实验数据外推到人类，以确定食品添加剂的 ADI 值。JECFA 及世界各国在对食品添加剂进行危险性评估时，一般均要求进行毒理学评价，并根据被评价物质的性质、使用范围和使用量，被评价物质的结构-活性和代谢转化，被评价物质的暴露量等因素决定毒理学试验的程度。

JECFA 认为香料化学结构简单、毒性弱、人群暴露量低，因此其安全性评价可以不采用普通食品添加剂的安全评价方法。JECFA 现在采用的香料安全性评价方法是在其 1995 年的会议上确认通过的，主要依据香料的自然存在状况、人体摄入量（经食品）、化学结构与活性关系，以及现有的毒理学和代谢学资料来判定使用某种香料是否存在安全风险。由于食用香料品种多，很难对每种食用香料予以评价，而只能根据用量，以及从分子结构上可能预见的毒性等来确定优先评价的次序[4-6]。

五、食品添加剂毒理学评价程序

要评估食品添加剂的毒性情况，需进行一定的毒理学试验。1994 年我国卫生部正式颁布了《食品安全性毒理学评价程序和办法》，办法规定我国食品（包括食品添加剂）安全性毒理学评价程序分为以下四个阶段：

① 急性毒性试验。

② 遗传毒性试验、传统致畸试验、30 天喂养试验。

③ 亚慢性毒性试——90天喂养试验、繁殖试验、代谢试验。

④ 慢性毒性试验（包括致癌试验）。

我国根据"食品安全性毒理学评价程序"，对一般食品添加剂的规定如下：

① 属毒理学资料比较完整、世界卫生组织已公布 ADI 或无须规定 ADI 者，须进行急性毒性试验和一项致突变试验，首选 Ames 试验或小鼠骨髓微核试验。

② 属有一个国际组织或国家批准使用，但世界卫生组织未公布 ADI，或资料不完整者，在进行第一、二阶段毒性试验后作初步评价，以决定是否需进行进一步毒性试验。

③ 对于天然植物制取的单组分、高纯度的添加剂，凡属新品种须先进行第一、二、三阶段毒性试验，凡属国外已批准使用的，则进行第一、二阶段毒性试验。

④ 进口食品添加剂，要求进口单位提供毒理学资料及出口国批准使用的资料，由省、直辖市、自治区一级食品卫生监督检验机构提出意见，报卫生部食品卫生监督检验所审后决定是否需要进行毒性试验。

对于香料，因其品种繁多、化学结构很不相同且绝大多数香料的化学结构均存在于食品之中，用量又很少，故另行规定，内容如下：

① 凡属世界卫生组织已批准使用或已制定 ADDI 者，以及香料生产者协会（FEMA）、欧洲理事会（COE）和国际香料工业组织（IOFI）四个国际组织中的两个或两个以上允许使用的，在进行急性毒性试验后，参照国外资料或规定进行评价。

② 凡属资料不全或只有一个国际组织批准的，先进行毒性试验和本程序所规定的致突变试验中的一项，经初步评价后再决定是否需要进行进一步的试验。

③ 凡属尚无资料可查，国际组织未允许使用的，先进行第一、二阶段毒性试验，经初步评价后决定是否需要进行进一步试验。

④ 用动植物可食部分提取的单一高纯度天然香料，如其化学结构及有关资料并未提示具有不安全性的，一般不要求进行毒性试验。

各国按照饮食习惯不同，先后制定了相应的食品添加剂的适用范围和种类。我国对食品添加剂及其使用的要求如下：

① 必须经过严格的毒理鉴定，保证在规定使用范围内对人体无毒。

② 应有严格的质量标准，其有害杂质不得超过允许限量。

③ 进入人体后，能参与人体正常的代谢过程，能经过正常解毒过程排出体外或不被吸收而排出体外。

④ 用量少、功效显著，能真正提高食品的商品质量和内在质量。

⑤ 使用安全方便[7]。

第五节　典型食品添加剂

一、苯甲酸及其钠盐

苯甲酸（benzoic acid）亦称安息香酸，分子式为 $C_7H_6O_2$，分子量 122.12。苯甲酸钠（sodium benzoate）分子式 $C_7H_5O_2Na$，分子量 144.11。1.18g 苯甲酸钠的防腐效果相当于 1.0g 的苯甲酸。它们的结构式如图 5-1 所示。

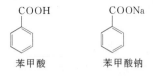

图 5-1 苯甲酸和苯甲酸钠结构式

1. 性能

苯甲酸为一元芳香羧酸，酸性较弱，其 25％饱和水溶液的 pH 为 2.8，所以其杀菌、抑菌效力随介质的酸度增高而增强。在碱性介质中则失去杀菌、抑菌作用。pH 为 3.5 时，0.125％的溶液在 1h 内可杀死葡萄球菌和其他菌；当 pH 为 4.5 时，对一般菌类的抑制最小浓度约为 0.1％；pH 为 5 时，即使 5％的溶液，杀菌效果也不明显；其防腐的最适 pH 为 2.5～4.0。苯甲酸钠的防腐作用机理与苯甲酸相同，但防腐效果小于苯甲酸，pH 为 3.5 时，0.05％的溶液能完全防止酵母生长，pH 为 6.5 时，溶液的浓度需提高至 2.5％方能有此效果。这是因为苯甲酸类防腐剂是以其未离解的苯甲酸分子发生作用的，苯甲酸亲油性大，易透过细胞膜，进入细胞体内，从而干扰了微生物细胞膜的通透性，抑制细胞膜对氨基酸的吸收。进入细胞体内的苯甲酸分子，电离酸化细胞内的碱储，并能抑制细胞的呼吸酶系的活性，对乙酰辅酶 A 缩合反应有很强的阻止作用，从而起到食品防腐的作用。

2. 毒性

ADI 为 0～5mg/kg（包括以苯甲酸计的苯甲酸及其盐类），苯甲酸大鼠经口的 LD_{50} 为 2530mg/kg，苯甲酸钠为 4070mg/kg。用添加 1％苯甲酸的饲料喂养大鼠，4 代试验表明，对大鼠成长、生殖无不良影响；用添加 8％苯甲酸的饲料，喂养大鼠 13d 后，有 50％左右死亡；还有实验表明，用添加 5％苯甲酸的饲料喂养大鼠，全部鼠都出现过敏、尿失禁、痉挛等症状，而后死亡。成人每日服 1g 苯甲酸，连续 3 个月，苯甲酸未被吸收进入肝脏内，在酶的催化下大部分与甘氨酸化合成马尿酸，剩余部分与葡萄糖醛酸化合形成葡萄糖苷酸而解毒，并全部进入肾脏，最后从尿排出。但苯甲酸毒性较山梨酸强，故在不少国家逐步开始被山梨酸及其钾盐所取代。

3. 应用

因苯甲酸的溶解度小，使用时应根据食品特点选用热水或乙醇溶解。因苯甲酸易随水蒸气挥发，加热溶解时要戴口罩，避免对操作人员身体造成损害。苯甲酸钠可直接用洁净的水配制成较浓的水溶液，然后再按标准添加到食品中去，如清凉饮料用的浓缩果汁中常使用苯甲酸钠。因苯甲酸钠有累积中毒现象的报道，在使用上有争议，虽仍被各国允许使用，但应用范围愈来愈窄。如在日本的进口食品中苯甲酸钠的使用受到限制，甚至部分禁止使用，日本已停止生产苯甲酸钠。因价格低廉，苯甲酸钠在中国仍作为防腐剂被广泛使用[7-8]。

二、 L-抗坏血酸

L-抗坏血酸（L-ascorbic acid），也称维生素 C，分子式 $C_6H_8O_6$，分子量 176.13，结构式如图 5-2 所示。L-抗坏血酸多以葡萄糖为原料，经过氢化、发酵氧化等过程制得。

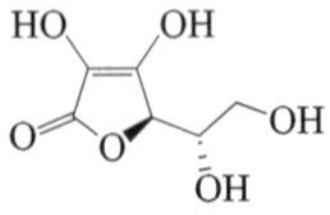

1. 性能

L-抗坏血酸为白色或略带淡黄色的结晶或粉末，无臭，味酸，遇光颜色逐渐变深，干燥状态比较稳定。但其水溶液很快被氧化分解，在中性或碱性溶液中尤甚。抗坏血酸的水溶液由于易被热、光等显著破坏，特别是在碱性及金属存在时更容易被破坏，因此，在使用时必须注意避免在水及容器中混入金属或

图 5-2 L-抗坏血酸结构式

与空气接触。L-抗坏血酸能与氧结合而除氧，可以抑制对氧敏感的食物成分的氧化；能还原高价金属离子，对螯合剂起增效作用。

2. 毒性

正常剂量的抗坏血酸对人体无毒性作用。ADI 为 0～15mg/kg。

3. 应用

按照《食品安全国家标准 食品添加剂使用标准》（GB 2760—2014）规定，维生素 C 作为抗氧化剂可用于小麦粉，0.2g/kg；去皮或预切的鲜水果，去皮、切块或切丝的蔬菜，5.0g/kg。浓缩果蔬汁（浆），按生产需要适量使用（固体饮料按稀释倍数增加使用量）。

在实际使用中，L-抗坏血酸可以应用于许多食品中。①果汁及碳酸饮料。理论上每 3.3mg 抗坏血酸与 1mL 空气反应，若容器的顶隙中空气含量平均为 5mL，则需要添加 15～16mg 的抗坏血酸，就可以使空气中的氧气含量降低到临界水平以下，从而防止产品因氧化而引起的变色、变味。②水果罐头、蔬菜罐头。水果罐头被氧化可以引起变味和褪色，添加抗坏血酸则可消耗氧而保持罐头的品质，其用量 0.025%～0.06%。蔬菜罐头大多数不添加抗坏血酸，只有花椰菜和蘑菇罐头为了防止加热过程中褐变或变黑，可以添加 0.1% 的抗坏血酸。③冷冻食品。为了防止冷冻食品发生褐变与风味变劣，防止肉类水溶性色素的氧化变色，可以添加抗坏血酸来保持冷冻食品的风味、色泽和品质。方法是用 0.1%～0.5% 的抗坏血酸溶液浸渍物料 5～10min。④酒类。添加抗坏血酸有助于保持葡萄酒的原有风味，在啤酒过滤时按 0.01～0.02g/kg 的量添加抗坏血酸可以防止啤酒氧化褐变[8]。

三、柠檬黄

柠檬黄（tartrazine），又名酒石黄，为水溶性偶氮类着色剂。其结构式如图 5-3 所示。

1. 性能

柠檬黄为橙黄色粉末，无臭，易溶于水，0.1% 水溶液呈黄色，溶于甘油、丙二醇，微溶于乙醇，不溶于油脂。耐酸性、耐热性、耐盐性、耐光性均好，但耐氧化性较差。遇碱稍变红，还原时褪色。在酒石酸、柠檬酸中稳定，着色力强。是色素中最稳定的一种，可与其他色素复配使用，匹配性好。它是食用黄色素中使用最多的，应用广泛，占全部食用色素使用量的 1/4 以上。

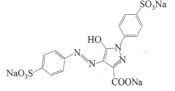

图 5-3 柠檬黄结构式

2. 毒性

柠檬黄经长期动物实验表明，安全性高，为世界各国普遍许可使用。本品 ADI 为 0～7.5mg/kg。小鼠经口 LD_{50} 为 12.75g/kg，大鼠经口 $LD_{50}>2g/kg$。用添加 5% 柠檬黄的饲料喂养狗和大鼠的实验组，发现在部分雄性动物的肾盂里有少量的细沙样沉积物，添加 2% 的实验组里发现有 1 只雌狗的幽门部位有炎症。

3. 应用

按照 GB 2760—2014《食品安全国家标准 食品添加剂使用标准》规定，柠檬黄可用于风味发酵乳、调制炼乳（包括加糖炼乳及使用了非乳原料的调制炼乳）、冷冻饮品（食用冰除外）、焙烤食品馅料及表面用挂浆（仅限风味派馅料）、焙烤食品馅料及表面用挂浆（仅限饼干夹心和蛋糕夹心）、果冻，最大使用量为 0.05g/kg；用于蜜饯凉果、装饰性果蔬、腌渍的蔬菜、熟制豆类、加工坚果与籽类、可可制品、巧克力和巧克力制品（包括代可可脂巧克力及制品）及糖果（可可制品除外）、虾味片、糕点上彩装、香辛料酱（如芥末酱、青芥酱）、饮料类（包装饮用水类除外）、配制酒、膨化食品，最大使用量为 0.1g/kg；用于除胶基糖果以外的其他糖果、面糊（如用于鱼和禽肉的拖面糊）、裹粉、煎炸粉、焙烤食品馅料及表面用挂浆（仅限布丁、糕点）、其他调味糖浆，最大使用量为 0.3g/kg；用于果酱、水果调味糖浆、半固体复合调味料，最大使用量为 0.5g/kg；用于粉圆、固体复合调味料，最大使用量为 0.2g/kg；用于即食谷物，包括碾轧燕麦（片），最大使用量为 0.08g/kg；用于谷类和淀粉类甜品（如米布丁、木薯布丁），最大使用量为 0.06g/kg；用于蛋卷，最大使用量为 0.04g/kg；用于液体复合调味料，最大使用量为 0.15g/kg[8-11]。

四、食用明胶

食用明胶（edible gelatin）是动物的皮、骨、韧带等含的胶原蛋白，经部分水解后得到的分子多肽的高聚物。明胶的化学组成中，蛋白质占 82% 以上，除缺乏色氨酸外，含有组成蛋白质的全部氨基酸。分子式 $C_{102}H_{151}N_{31}O_{39}$，分子量 50000～60000。

1. 性能

明胶在食品工业中有着重要的作用，除具有增稠作用外，添加到食品中可提高食品的营养价值，这是因为它是一种蛋白质，除缺少色氨酸外，含有其他全部必需氨基酸，是生产特殊营养食品的重要原料。明胶的柔软性较好，用其加工的产品口感好，且富有弹性。另外，明胶本身为一种亲水性的胶体物质，具有很好的保护胶体的性质，通常可用作疏水性胶体的稳定剂、乳化剂。

食用明胶的凝固性能较琼脂弱，其凝胶化时的温度与盐的浓度、盐的种类、溶液的 pH 等有关。明胶在溶液中能发生水解，使其分子量、黏稠度和胶凝能力变小。当分子量在 10000～15000 时，其胶凝能力也随之消失。当溶液的 pH 在 5～10 范围内时，明胶的溶解能力较小，其胶凝性能变化极小。当 pH 小于 3 时，其胶凝能力变小。明胶在长时间煮沸或强酸强碱的条件下加热，其水解速率及水解程度将加大，从而导致胶凝能力显著下降，甚至不产生凝胶。当在明胶溶液中加入无机盐时，则可使明胶从溶液中析出，且析出的明胶凝结后将失去原有的功能特性。

2. 毒性

食用明胶主要为蛋白质，本身无毒，在人体内能进行正常的代谢作用。ADI 不需要规定，但需注意防止污染。

3. 应用

按照《食品安全国家标准 食品添加剂使用标准》（GB 2760—2014）规定，食用明胶属于各类食品中按生产需要适量使用的添加剂。在冷饮制品中利用明胶吸附水分的作用将明胶作为稳定剂使用。在冰淇淋的冻结过程中，明胶形成凝胶，可以阻止冰晶增大，能保持冰淇淋有柔松和细腻的质地。明胶在冰淇淋混合原料中的用量一般在 0.5% 左右，若用量过多将使搅拌时间延长。在使用前先将明胶用冷水冲洗干净，加热水制成 10% 溶液后混入原料中。明胶的胶凝作用，如果从 27～38℃ 不加搅拌地缓慢冷却到 4℃ 进行老化，能使混合原料有最大的黏度。

通常，食用明胶在罐头肉制品中，午餐肉为 3%～5%，火腿为 5～10g/罐（454g）；在甜食、软糖、奶糖、蛋白糖、巧克力等中为 1.0%～3.5%，最高使用量为 12%。在糕点中可作为搅打剂，通常 1 kg 明胶可代替 6 kg 的鸡蛋[8,12-13]。

五、 L-谷氨酸钠

L-谷氨酸钠（monosodium L-glutamate，MSG），别名味精、L-谷氨酸一钠。分子式 $C_5H_8O_4Na \cdot H_2O$，分子量 187.14，其结构式如图 5-4 所示。

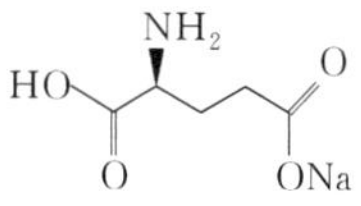

1. 性能

味精是人们最常使用的第一代增味剂，为无色至白色的结晶或结晶性粉末，无臭，有特殊的鲜味，其鲜味与食盐共存时尤为

图 5-4　L-谷氨酸钠结构式

显著。对光稳定，在中性水溶液中加热稳定，加热到 150℃时失去结晶水，195℃时熔化，在 270℃左右分解。在碱性条件下加热发生消旋作用，呈味力降低。在酸性条件下加热时发生吡咯烷酮化，生成焦谷氨酸，失去鲜味。味精具有很强的肉类鲜味，用水稀释 3000 倍仍能感到其鲜味，一般在烹调和罐头食品中用 0.2～1.5g/kg 即可。

2. 毒性

20 世纪 70 年代初，西方使用谷氨酸钠并不顺利。过量使用谷氨酸钠（每人每天高于 6.8g）会导致血液中谷氨酸含量上升，造成头痛、心跳加快、恶心等症状，甚至有报道认为对人的生殖系统也有不良影响，引起消费者对味精的恐惧。实际上谷氨酸为氨基酸的一种，是人体的营养物质，虽然不是人体必需氨基酸，但在体内代谢，与酮酸发生氨基转移后，能合成其他氨基酸，食用后有 96% 可被人体吸收，适量食用不存在毒性问题。除非空腹大量食用后会有头晕现象发生，这是由于体内氨基酸暂时失去平衡，为暂时现象，若与蛋白质或其他氨基酸一起食入则无此现象。1987 年在日内瓦召开的 FAO/WHO 食品添加剂法规委员会认为，对味精的使用不做限制性规定。

3. 应用

按照《食品安全国家标准 食品添加剂使用标准》（GB 2760—2014）规定，谷氨酸钠在各类食品中要按生产需要适量使用。①谷氨酸钠适用于家庭、饮食业及食品加工业。一般罐头、醋、汤类 0.1%～0.3%，浓缩汤料、速食粉 3%～10%，水产品、肉类 0.5%～1.5%，酱油、酱菜、腌渍食品 0.1%～0.5%，面包、饼干、酿造酒 0.015%～0.06%，竹笋、蘑菇罐头 0.05%～0.2%。②谷氨酸钠除作为鲜味剂，在豆制品、曲香酒中有增香作用外，在竹笋、醉菇罐头中也具有防止混浊、保形和改良色、香、味等作用。③谷氨酸钠与 5'-肌苷酸 (IMP)、5'-鸟苷酸 (GMP) 等其他调味料混合使用时，用量可减少一半以上。④谷氨酸钠对热稳定，但在酸性食品中应用时，最好加热后期或食用前添加。在酱油、食醋及腌渍的酸性食品等中应用时可增加 20% 用量。因谷氨酸钠的鲜味与 pH 有关，当 pH 在 3.2 以下时呈味最弱，pH 为 6～7 时，谷氨酸钠全部解离，呈味最强。食盐中添加少量味精就有明显的鲜味，一般 1g 食盐加入 0.1～0.15g 谷氨酸钠呈味效果最佳。谷氨酸钠还有缓和苦味的作用，如糖精中加入谷氨酸钠后可缓和其不良苦味。

在食品中，一般用量为 0.2～1.5g/kg，ADI 为 0～120mg/kg，LD_{50} 为 16.2g/kg，成人每天摄食味精量最好不超过 6g[14-16]。

六、柠檬酸

柠檬酸（citric acid）又称枸橼酸，学名为 3-羟基-羧基戊二酸。分子式 $C_6H_8O_7$，分子量为 210.14。柠檬酸是目前世界上用量最大的酸味剂，占酸味剂总量的 2/3。其结构式如图 5-5 所示。

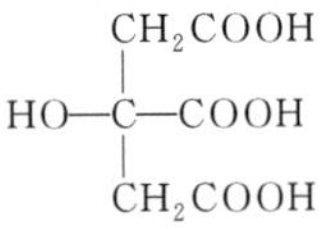

图 5-5　柠檬酸结构式

1. 性能

柠檬酸是柠檬、柚子、柑橘等中存在的天然酸味的主要成分，具有强酸味，酸味柔和爽快，入口即达到最高酸感，后味延续时间较短。柠檬酸有一水合物和无水物两种。与柠檬酸钠复配使用，酸味更为柔美。柠檬酸还有良好的防腐性能，能抑制细菌增殖。它还能增强抗氧剂的抗氧化作用，延缓油脂酸败。柠檬酸含有 3 个羧基，具有很强的螯合金属离子的能力，可用作金属螯合剂。它还可用作着色剂、稳定剂和凝固剂，防止果蔬褐变。

2. 毒性

大鼠经口 LD_{50} 为 6.73g/kg BW。美国食品与药物管理局将柠檬酸列为一般公认安全物质。FAO/WHO 规定，ADI 无须规定。

3. 应用

按照《食品安全国家标准　食品添加剂使用标准》（GB 2760—2014）规定，柠檬酸可以用于各类食品，按生产需要适量使用。用作酸度调节剂时，在清凉饮料中添加 0.15%～0.3%（如柠檬碳酸水中加 0.3%，汽水中加 0.2%，乳酸菌饮料中加 0.15%，果实饮料中加 0.15%），在果汁、果子冻、果子酱、水果糖等食品中加 1%左右，在咸菜和调味料中也可以使用。用作抗氧化剂，在冷冻水果和水果加工品中添加约 0.5%，在食用油中添加 0.001%～0.05%。在其他特殊用途中，柠檬酸还可用作乳制品品质改良剂，干酪、冰淇淋的稳定剂。柠檬酸与其盐复配可用作乳化剂。无水柠檬酸钠吸湿也不凝固，故可用于粉末汁液、粉末果冻、粉末发泡汁液和口香糖等兼吸湿吸水食品中。在婴儿、儿童食品中，以谷物为基料的食品中柠檬酸的用量为 25g/kg（以干基计），婴儿食品罐头用量为 15g/kg。无水柠檬酸多用于粉末制品，其酸度强，用量应较一水合柠檬酸少 10%。

在水产品中也可使用柠檬酸，如在贝、蟹、虾等罐装或急冻工艺中添加柠檬酸，可减少褪色、变味，并避免铜、铁等金属杂质将产品变为蓝色或黑色。在加工前，可将水产品浸入 0.25%～1%的柠檬酸液中，如添加 0.01%～0.03%的异抗坏血酸或其钠盐，可增强抗氧化作用并抑制酶的活力。

柠檬酸以及其他酸味剂，不应与防腐剂山梨酸钾、苯甲酸钠等溶液同时添加。必要时可分别先后添加，以防止形成难溶于水的山梨酸及苯甲酸结晶，影响食品的防腐效果。在乳饮料等生产过程中，应在搅拌条件下缓慢添加[8,17]。

七、甜蜜素

甜蜜素（sodium cyclohexyl sulfamate），又称环己基氨基磺酸钠（sodium cyclamate），结构式如图 5-6 所示。

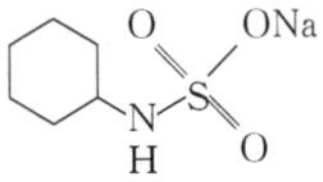

图 5-6　甜蜜素结构式

1. 性能

甜蜜素通常是指环己基氨基磺酸的钠盐或钙盐。甜蜜素对热、光、空气以及较宽范围的 pH 均很稳定，不易受微生物感染，无吸湿性，易溶于水，但在油和非极性溶剂，如乙醇、苯、氯仿、乙醚中的溶解度甚微，几乎不溶。甜味比蔗糖大 40～50 倍。当水中亚硝酸盐、亚硫酸盐量高时，可产生石油或橡胶样气味。

2. 毒性

小鼠经口 LD_{50} 为 18g/kg BW，ADI 为 $0\sim11$mg/kg，用含 1.0％甜蜜素的饲料饲喂大鼠 2 年，无异常现象。人口服甜蜜素，无蓄积现象，40％由尿排出，60％由粪便排出。现已证实甜蜜素无致癌作用。目前已有 40 多个国家承认它是安全的。

3. 应用

按照《食品安全国家标准 食品添加剂使用标准》（GB 2760—2014）规定，甜蜜素用于酱菜、盐渍蔬菜、腐乳类、冷冻饮品、果冻、配制酒、复合调味料、饮料类、糕点、饼干、面包，其最大使用量为 0.65g/kg（以环己基氨基磺酸计）；凉果类、甘草制品、果丹类最大使用量 8.0g/kg；蜜饯凉果最大使用量 1.0g/kg；脱壳烘焙或炒制坚果与籽类最大使用量 1.2g/kg，带壳烘焙或炒制坚果与籽类最大使用量 6.0g/kg；烘焙或炒制坚果与籽类瓜子最大使用量 2.0g/kg[8,18,19]。

第六节　实践与应用

案例分析——发色剂亚硝酸盐的安全性

亚硝酸盐广泛存在于自然环境中，特别是在食物中，如粮食、蔬菜、肉类和鱼类都含有一定的量。常用作肉类食品的抗氧化剂和防腐剂。亚硝酸盐可防止鲜肉在空气中被逐步氧化成灰褐色的变性肌红蛋白，确保肉类食品的新鲜度；还可抑制微生物的增殖，特别是抑制肉毒梭菌的生长。罐头和发酵食品所处的厌氧环境容易造成肉毒梭菌的生长导致致命的中毒事件发生，由于亚硝酸钠所特有的抑制肉毒梭菌生长的作用，目前尚没有能够完全替代的食品添加剂。然而，随着亚硝酸盐中毒事件的屡屡发生，亚硝酸盐的毒性问题引起了人们的广泛关注。

（一）亚硝酸盐中毒事件回顾[20]

2000 年 2 月 2 日，江苏滨海县一农民误将拣拾的亚硝酸盐当作食盐使用，致使全家 5 人全部中毒，其中 2 人死亡。

2000 年 2 月 11 日，中山市南头镇一家猪肉加工作坊在做饭时，误将亚硝酸盐当作食盐使用，致使 5 人中毒，其中 1 人死亡。

2000 年 2 月 21 日，河南通许县因食用亚硝酸盐造成 10 人中毒，1 人死亡。

2000 年 2 月 28 日，北京某饭店将亚硝酸盐当成食盐使用，引起 124 人中毒。

2002 年中华人民共和国卫生部第 4 号公告[21]：对美国惠氏药厂爱尔兰有限公司生产的学儿乐奶粉亚硝酸盐含量超标。（亚硝酸盐检测结果为 $2.25\sim3.83$mg/kg，而国家卫生标准为 $\leqslant2$mg/kg。）

（二）亚硝酸盐的危害及毒性机制

亚硝酸盐是一种允许使用的食品添加剂，只要控制在安全范围内使用不会对人体造成危害。大剂量的亚硝酸盐能够使血色素中二价铁氧化成为三价铁，产生大量高铁血红蛋白从而使其失去携氧和释氧能力，引起口唇、指甲和全身皮肤出现紫绀等组织缺氧症状，并有头晕、头痛、心律加速、呼吸急促、恶心、呕吐、腹痛等症状。严重者可以引起呼吸困难、循环衰竭和中枢神经损害，出现心律不齐、昏迷。

在正常机体中，由于体内各种氧化作用使一部分血红蛋白由亚铁状态氧化成为高铁状态、但红细胞通过酶促还原途径（辅酶 1）和非酶促还原途径（还原性抗坏血酸和还原性谷胱甘肽）使高铁血红蛋白还原。当少量的亚硝酸盐进入血液时，形成的高铁血红蛋白通过以上还原机制自行缓解，不表现缺氧等中毒症状。如果进入的亚硝酸盐过多，使高铁血红蛋白的形成速度超过还原速度，则出现高铁血红蛋白血症，即产生亚硝酸盐中毒。亚硝酸盐可以直接作用于血管（特别是小血管）平滑肌，有松弛血管平滑肌的作用，造成血管扩张、血压下降，导致外周血液循环障碍。这种作用又可加重高铁血红蛋白血症所造成的组织缺氧。另外亚硝酸盐能够透过胎盘进入胎儿体内，对胎儿有致畸作用，6 个月以内的婴儿对硝酸盐类特别敏感。

（三）亚硝酸盐的污染及转化途径

亚硝酸盐的污染途径主要有误食；给婴儿喂食过量菠菜汁、芹菜汁等（特别是过夜放置等时间较长者）；饮用苦井水；食品中过量添加。

部分亚硝酸盐在特定条件下（如：环境酸碱度、微生物菌群和适宜的温度），可能转化为亚硝胺。肉类蛋白质的氨基酸、磷脂等有机物质，在一定环境和条件下可产生胺类，如与硝酸盐所产生的亚硝酸盐反应生成亚硝胺。亚硝胺早在 20 世纪 60 年代就被美国、日本等国公认为活性致癌物。

制作香肠时，不恰当搅拌导致的局部亚硝酸盐浓度过高会促使亚硝胺生成。高温也会促使亚硝胺生成，所以像熏肉等经过高温处理的肉制品也就显得尤为危险。

（四）如何抑制亚硝胺形成

亚硝酸钠特有的抑制肉毒梭菌的生长作用，科学界至今还未找到更好的能够替代硝酸盐的发色及抗肉毒杆菌作用的代用品。目前，采用的方法是将亚硝酸盐的浓度控制在刚好能抑制肉毒梭状芽孢杆菌的水平。也可借助一些辅助措施来降低亚硝酸盐的生成及其危害。如，大蒜中的大蒜素可以抑制胃中的硝酸盐还原菌；茶叶中的茶多酚能够阻断亚硝胺的形成；食物中的维生素 C 可以防止胃中亚硝胺的形成，还可抑制亚硝胺的致癌突变作用。

═══ 思考题 ═══

1. 简述食品添加剂及其分类。
2. 食品添加剂的功能及作用有哪些？
3. 简述目前食品违规添加剂和禁止使用添加剂的种类及危害。

参 考 文 献

[1] 马汉军，田益玲. 食品添加剂 [M]. 北京：科学出版社，2014.
[2] 高彦祥. 食品添加剂 [M]. 北京：中国轻工业出版社，2011.
[3] 秦卫东. 食品添加剂学 [M]. 北京：中国纺织出版社，2014.
[4] 李宁，王竹天. 国内外食品添加剂管理和安全性评价原则 [J]. 国外医学（卫生学分册），2008，8（8）：45-51.
[5] 张俭波，刘秀梅. 食品添加剂的危险性评估方法进展与应用 [J]. 中国食品添加剂，2009（1）：22-28.
[6] Schrankel K R. Safety evaluation of food flavorings [J]. Toxicology，2004，198（1/3）：203-211.

［7］　程侣柏．精细化工产品的合成及应用［M］．5版．大连：大连理工大学出版社，2014.

［8］　郝利平，聂乾忠，周爱梅．食品添加剂［M］．北京：中国农业大学出版社，2016.

［9］　胡爱军，郑捷．食品原料手册［M］．北京：化学工业出版社，2012.

［10］　韩长日，宋小平．精细有机化工产品生产技术手册［M］．北京：中国石化出版社，2010.

［11］　曹雁平，刘玉德．食品调色技术［M］．北京：化学工业出版社，2003.

［12］　黄来发．食品增稠剂［M］．北京：中国轻工业出版社，2000.

［13］　詹晓北．食用胶的生产、性能与应用［M］．北京：中国轻工业出版社，2003.

［14］　毛羽扬．咸味、鲜味和咸鲜调味平台的建立［J］．中国调味品，2001（12）：25-27，29.

［15］　孟鸿菊，杨坚．功能性鲜味剂的最新研究进展［J］．中国食品添加剂，2007（1）：109-113.

［16］　崔桂友．谷氨酸一钠和 $5'$-核苷酸的呈味性质［J］．扬州大学烹饪学报，1996，13（2）：17-20.

［17］　于新．天然食品添加剂［M］．北京：中国轻工业出版社，2014.

［18］　励建荣，蔡成岗．食品工业中甜味剂的应用［J］．食品研究与开发，2003，24（4）：18-21.

［19］　张卫民，齐化多．中国甜味剂的现状［J］．食品工业科技，2003，1（9）：64-67.

［20］　周露露．食品添加剂违法使用的政府监管研究［D］．南京工业大学，2014.

［21］　中华人民共和国卫生部公告［EB/OL］https://www.customslawyer.cn/portal/fgk/detail/id/29413.html，2002.

第六章
食品生产过程的安全质量保障体系

主要内容

(1) 食品安全管理体系和标准概念
(2) 良好农业规范
(3) 良好生产规范
(4) 危害分析与关键控制点（HACCP）体系
(5) ISO 22000 食品安全管理体系（FSMS）

学习目标

理解食品质量与食品安全的关系；理解食品安全管理体系和标准概念；熟悉 GAP、GVP、BAP、GAqP、GTDP 的概念和主要内容；掌握生产卫生规范管理体系 GMP 的内容；掌握 HACCP 管理体系的原则；熟悉 ISO 22000 食品安全管理体系（FSMS）的主要内容。

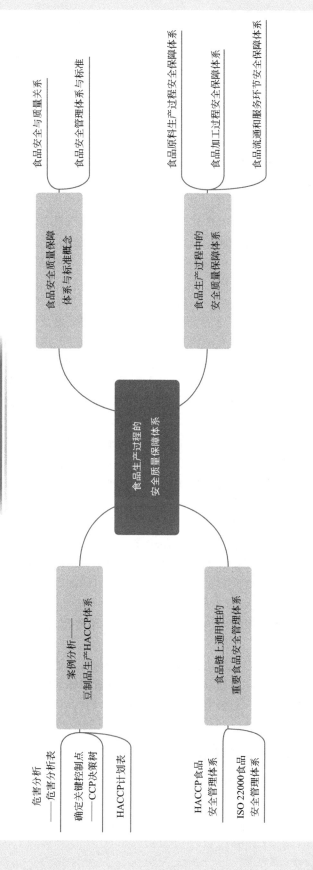

本章思维导图

食品生产过程的
安全质量保障体系

食品安全质量保障
体系与标准概念
- 食品安全与质量关系
- 食品安全管理体系与标准

食品生产过程中的
安全质量保障体系
- 食品原料生产过程安全保障体系
- 食品加工过程安全保障体系
- 食品流通和服务环节安全保障体系

案例分析——
豆制品生产HACCP体系
- 危害分析——危害分析表
- 确定关键控制点——CCP决策树
- HACCP计划表

食品链上通用性的
重要食品安全管理体系
- HACCP食品安全管理体系
- ISO 22000食品安全管理体系

第一节　食品安全质量保障体系与标准概念

一、食品安全与质量关系

食品质量的定义为"食品满足规定或潜在要求的特征和特性总和，反映食品品质的优劣"[1]。它不仅包括食品的外观、品质、规格、数量、包装，同时也包括食品安全。食品质量属性可以分为安全、感官、货架期、可靠性和方便性几个方面。其中，食品的安全属性是最重要的食品质量属性。

除食品安全属性外，感官属性也是食品的重要内在质量属性之一。对食品感官的认知是由味道、气味、颜色、外观、质构以及声音（如薯片破碎的声音）等总体感觉确定的。产品的物理特征和化学组成决定了这些感官性质。同时，由不安全因素导致的食品腐败变质也会对食品的感官质量产生不利影响。

食品的货架期可被定义为从产品收获、加工或包装后到产品变得不可接受的这段时间。食品的货架期往往也与食品安全密切相关，如由细菌腐败造成的产品腐烂或产生酸败味。但有时候影响货架期的因素为非安全因素，如与氧气接触后，咸肉会很快变得颜色发暗，尽管产品仍然安全（没有细菌的腐败作用），但是由于颜色变得不可接受，也会影响其货架期。

食品质量的另外一个属性是可靠性，指的是食品的实际组成和功能与说明的一致。例如，食品的包装质量必须被校正在特定的误差范围内。而对于强化维生素类的食品，声明的含量必须与经过加工、包装及贮藏后的实际含量保持一致。故意地改变产品的组成会损害产品的可靠性，如食品掺假，典型的例子是使用廉价的原材料替代品却不在标签中提到。有些食品掺假不仅会导致消费者经济利益受损，还会导致食品安全问题，损害消费者的身心健康。如用油鱼冒充鳕鱼，消费者食用后会导致排油腹泻；用牛奶冒充羊奶会导致某些过敏体质的婴幼儿产生严重的致敏反应。

方便性对于消费者来说就是能够轻松地使用或消费产品，这也归为食品质量属性。食品的方便性可在制备、组成、包装和食用方式方面体现。方便食品可被定义为，与使用原材料和单个组分相比，购买、制备和消费一餐所需要的体力、精力和金钱的代价较低的食品。方便食品消费量的增加与家庭人口的减少，对家务活兴趣的降低，妇女就业程度的提高以及社会福利的增长有关。2019年的一份对方便食品的抽检分析报告显示，方便食品突出问题为微生物超标、超范围超限量使用食品添加剂等[2]。这些都应该是方便食品厂商应该考虑的食品安全问题。

食品的安全质量在一定程度上直接或间接地影响着其他质量属性，在强调其他质量属性的同时也应重视食品安全。在建立和实施食品企业管理体系时，一般采取以产品质量（包括外观、品质、规格、数量、包装等）控制为基础，以食品安全控制为重点的质量管理体系，以全面保障食品质量和安全。

二、食品安全管理体系与标准

以质量管理体系为例，管理体系是指，确定质量方针、目标和职责，并通过体系中的策划、控制、保证和改进来使其实现的全部活动[3]。质量管理体系是组织内部建立的、为实现质量目标所必需的、系统的质量管理模式，是组织的一项战略决策。它将资源与过程相结合，是以过程管理方法进行的系统管理，根据企业特点选用若干体系要素加以组合，一般包括与管理活动、资源提供、产品实现以及测量、分析与改进活动相关的过程，可以理解为涵盖了从确定顾客需求、设计研制、生产、检验、销售、交付之前全过程的策划、实施、监控、纠正与改进活动的要求，一般以文件化的方式，成为组织内部质量管理工作的要求。

"标准"的定义是"为了在一定范围内获得最佳秩序，经协商一致制定并由公认机构批准，共同使用和重复使用的一种规范性文件"[4]。重复事物是指同一事物反复多次出现的性质。事物具有重复出现的特性标准才能重复使用，也才有制定标准的必要。标准作为一种公共规范，是公众认可的、可参照的统一规则。将食品安全控制和管理体系标准化，是建立一系列通用性的规则，使之可重复适用于不同的企业。例如我们耳熟能详的 ISO 9000 系列标准是一套成熟的质量管理体系标准，它适用于所有产品类别，涵盖了几乎所有的食品企业和非食品企业。此外，标准化还可以通过权威机构或官方认证认可的方式，实现政府对企业的统一管理，提高企业食品安全保障水平的公众认可度。

GB/T 22000—2006《食品安全管理体系-食品链中各类组织的要求》为我国现行食品安全国家标准（推荐标准），此标准规定了食品安全管理体系的要求，以便食品链中的组织证实其有能力控制食品安全危害，确保其提供的食品是安全的。标准中的所有要求都是通用的，适用于食品链中各种规模和复杂程度的所有组织，包括直接或间接介入食品链中的一个或多个环节的组织，包括但不限于饲料生产者、原辅料生产者、食品生产制造商、食品接触材料供应商、餐饮零售商等。标准的总要求包括：

① 确保在体系范围内合理预期发生的与产品相关的食品安全危害得到识别、评价和控制，以避免组织的产品直接或间接伤害消费者；

② 在整个食品链内沟通与产品安全有关的适宜信息；

③ 在组织内就有关食品安全管理体系建立、实施和更新进行必要的信息沟通，以满足本标准的要求，确保食品安全；

④ 定期评价食品安全管理体系，必要时更新，以确保体系反映组织的活动并包含需控制的食品安全危害最新信息；

⑤ 组织应确保控制所选择的任何可能影响终产品符合性且源于外部的过程，并应在食品安全管理体系中加以识别，形成文件。

第二节　食品生产过程中的安全质量保障体系

一、食品原料生产过程安全保障体系

从种养殖到餐桌这一整个食品链条中，种养殖环节是源头，原料安全性直接或间接地影响到下游食品链，甚至消费阶段食品的安全，因此，离开这一环节去谈食品质量事倍功半。无论是发达国家还是发展中国家，无一不把种养殖环节作为头等重要的环节，即作为食品安全控制的首位去加以重视和监控，从根本上确保最终产品的质量，否则，无论在加工过程中怎样重视加工卫生，最终产品的质量与安全都无从谈起。

良好农业规范（good agricultural practices，GAP）是目前国际最权威的针对农产品生产安全的管理体系。根据联合国粮农组织的定义，GAP 是应用现有的专业知识和管理原则，生产供人类食用的健康和安全的农产品，注重过程中环境、经济和社会的可持续性。其指导方针和原则是食品安全、环境保护、员工福利和动物福利。

GAP 采用危害分析与关键控制点的方法识别、评价和控制食品安全危害[5]。在种植业生产过程中，针对不同作物生产特点，对作物管理、土壤肥力保持、田间操作、植物保护组织管理等提出了要求；在畜禽养殖过程中，针对不同畜禽的生产方式和特点，对养殖场选址、畜禽品种、饲料和饮水的供应、场内的设施设备、畜禽的健康、药物的合理使用、畜禽的养殖方式、畜禽的公路运输、废弃物的无害化处理、养殖生产过程中的记录与追溯以及对员工的培训等提出了要求；在水产养殖过程中，针对养殖水产品的生产方式和共同特点，对养殖场选址、养殖投入品（苗种、化学品、饲料、渔药）管理、设施设备要求、鱼病防治、养殖用水管理、捕获与运输、员工培训、养殖生产记录、产品追溯以及体系运转等方面提出了要求。

欧盟、美国、新西兰、巴西等国家或组织都制定了 GAP 标准，目前国际上流行的 GAP 标准是由欧盟 EurepGAP 发展而来的 GlobalGAP。中国于 2003 年 4 月由国家认证认可监督管理委员会首次提出在食品初级生产阶段建立良好农业规范体系。《良好农业规范》国家标准经过多次修订，模块不断扩充，大致可以分为作物种植、畜禽养殖、水产养殖、奶牛和蜜蜂养殖四大类（见表 6-1）。

表 6-1 我国良好农业规范国家标准

标准名称	标准内容
GB/T 20014.1 良好农业规范 第 1 部分：术语	规定了良好农业规范控制点要求与符合性判定的通用术语和定义，适用于作物种植、水产和畜禽养殖、运输
GB/T 20014.2 良好农业规范 第 2 部分：农场基础控制点与符合性规范	规定了作物、畜禽、水产生产良好农业规范的基础要求，适用于对作物、畜禽、水产生产良好农业规范基础要求的符合性判定
GB/T 20014.3～GB/T 20014.27 良好农业规范 第 3～27 部分	分别规定了作物、大田作物、水果和蔬菜、畜禽、牛羊生产、奶牛生产、养猪生产、家禽生产、畜禽公路运输、茶叶、水产养殖、水产池塘养殖、水产工厂化养殖、水产网箱养殖、水产围栏养殖、滩涂/吊养/底播养殖、罗非鱼池塘养殖、鳗鲡池塘养殖、对虾池塘养殖、鲆鲽工厂化养殖、大黄鱼网箱养殖、中华绒螯蟹围栏养殖、花卉和观赏植物生产、烟叶、蜜蜂生产良好农业规范的要求及其符合性判定

GAP 认证流程一般包括认证人提出申请、认证机构受理、检查准备与实施、合格评定、认证批准、监督与管理。GAP 认证条件主要包括申请人、产品、文件三个方面。

除 GAP 外，适用于食用农产品生产的管理体系还包括良好兽医规范（good veterinary practices，GVP）、最佳水产养殖规范（best aquaculture practices，BAP）、良好水产养殖规范（good aquaculture practices，GAqP）[6]、水产品良好管理认证（marine stewardship council，MSC）等。

GVP 是欧盟发达国家如德国、法国、荷兰、英国等普遍采用的一种兽医资格认定制度。GVP 结合兽医工作特点，列举了兽医质量体系的要求，目标是：在兽医介入的所有环节确保动物健康、动物福利和公众健康；通过提供一致的产品和服务确保顾客满意；向食物链上普通消费者、权威人士和相关人员表明兽医行业在它所服务的专业领域内是可以信赖的[7]。BAP 是全球水产养殖联盟（global aquaculture alliance，GAA）开发的水产养殖安全质量管理和认证标准体系。通过建立水产品苗种生产、养成、加工以及流通过程中的各项生产标准，从全产业链条"从池塘到餐桌"的角度全面审核育苗场、养殖场、饲料厂和加工厂所涉及的食品安全、健康、环境保护、社会责任和动物福利，以及产品的全程可追溯性，并提供最高水准的可操作规范，进而生产出健康的鱼虾及其他水产品。截至2019年6月底，全球共有2414个经BAP认证的饲料厂和农场等。

二、食品加工过程安全保障体系

良好操作规范（good manufacturing practice，GMP）是关于食品生产加工中的卫生规范管理体系，是一种特别注重在生产过程中实施对食品质量与卫生安全的自主性管理体系，要求企业从原料、人员、设施设备、生产过程、包装运输等方面形成一套可操作的作业规范。GMP的中心指导思想是食品的质量是在生产过程中形成的，而不是检验出来的，因此必须强调预防为主，在生产过程中建立质量保证体系，实行全面质量保证，确保食品的质量。

GMP所规定的内容是食品加工企业必须达到的最基本的条件，企业为了更好地执行GMP的规定，可以结合本企业的加工品种和工艺特点，在不违背法规性GMP的基础上制定企业自己的良好操作规范（即组织良好操作规范OGMP）。GMP有针对所有食品的总的规范要求，即通用要求，如GB 14881—2013《食品安全国家标准　食品生产通用卫生规范》，也有分门别类针对不同产品的规范要求。如GB 12693—2010《食品安全国家标准　乳制品良好生产规范》、GB/T 23544—2009《白酒企业良好生产规范》、GB/T 29647—2013《坚果与籽类炒货食品良好生产规范》等。

GMP的内容一般包括人员卫生（人）、加工设备和工具（机）、原料（料）、工艺（法）、环境（环）、检验检测（测）六个方面，其主要内容如下：

① 人员卫生。个人健康状况应良好，患有传染性较强的疾病不得从事食品生产工作；培养良好卫生习惯，工作时不得吸烟、饮酒等；不佩戴首饰、涂指甲油等；穿戴整洁的工作服、帽和鞋。

② 加工设备和工具。凡直接与食品接触的设备、工具或管道应无毒、无味、耐腐蚀、耐高温、不变形、不吸水，要求质材坚硬、耐磨、抗冲击、不易破碎；在结构方面，要求食品生产设备、工具和管道要表面光滑、无死角、无间隙、不易积垢、便于拆洗消毒；在布局上，生产设备应根据工艺要求合理定位，工序之间衔接要紧凑，设备传动部分应安装有防水、防尘罩设施，管线的安装尽量少拐弯、少交叉；在卫生管理制度上，要定期检查、定期清洁、定期消毒、定期疏通。

③ 原料。包括农产品原料和食品工业原料。对食品生产原料验收和化验，原料不能因为物理、化学、微生物污染而影响最终食品的安全，若原料被污染而又必须用于生产时，应严格按有关规定进行，确保终产品安全；需特殊贮存的原料一定要保证好它的贮存条件，在入库前均需检查外包装有无破损、虫害、霉变、受潮、结块等，保证先进先出的原则，散落的原料须及时清扫干净，避免给微生物生存创造条件；不合格的原料不能放到生产区，须加标识隔离放置。

④ 工艺。食品加工需要经过多个环节，这些环节都有可能会对食品造成污染，因此应对工艺流程和工艺配方进行管理，严格控制生产配方中使用的各种物质的量，并对整个生产过程进行监督，防止不当处理造成污染物质的形成或食品加工不同环节之间的交叉污染；对产品包装进行检验，防止发生二次污染，并对成品的标签进行检验。

⑤ 环境。食品工厂环境方面，防止厂区内因周围环境的污染而造成企业污染，防止企业污水和废弃物对居民区的污染，厂区应有足够、良好的水源，交通方便；生产区域环境方面，按照生产工艺流程及所要求的清洁级别进行合理布局，做到人流、物流分开，原料、半

成品、成品以及废品分开，生食品和熟食品分开，地面必须是无缝地面，地漏必须设有防虫防鼠防臭味溢出的水缝装置，保持厂区地面的清洁，保持良好的排水系统，洗手间设施良好，保持工作区域的整洁等；废弃物处理方面，工作过程中的废弃物必须随时清理。

⑥ 检验检测。建立专门的检验检测部门，原料检验、过程检验和成品检验三方面严格把关，定期对食品检验检测人员进行培训和考核，有效预防、监督和保证出厂产品的质量。

三、食品流通和服务环节安全保障体系

食品流通环节是食品由生产转入消费的通道，涉及商流、物流和信息流三个部分[8]，具有显著的复杂性和特殊性特征，很容易出现食品安全问题。目前国际上的食品和药品流通管理体系有较多版本，如 WHO 的良好的贸易和分销做法（good trade and distribution practices，GTDP）和良好的储存和分配做法（good storage and distribution practices，GSDP）、欧盟的良好的分销实践（good distribution practice，GDP）、美国和澳大利亚的良好的批发惯例（good wholesaling practice，GWP）、国际食品标准（international food standard，IFS）标准体系中的物流标准 IFS Logistics 等。其主要原则包括：①在食品分销和储存环节的所有参与者和组织者均要对食品安全负责；②食品流通中的基本原则和要求应当和当地或国家的相关法律法规一致；③所有流通过程应有风险识别程序和具备可追溯性；④监管部门、法规部门、制造商和分销商之间应积极合作和信息沟通；⑤实施足够的措施确保人员安全、环境安全（保护）、产品安全三方面的安全。主要内容包括组织结构、人员管理和培训、量器具管理、车辆管理、储存条件和运输容器要求、收发货程序管理、库存控制、投诉处理、追溯和召回、文件管理等方面。

表 6-2 列举了我国食品流通领域的部分国家标准，其中 GB/T 23346—2009 为食品流通领域现行的主要国家标准之一，标准从资源管理、过程控制、不安全食品的投诉与处置 3 方面对体系构建提出了要求。

表 6-2　我国食品流通领域的部分国家标准

标准名称	标准内容
GB/T 23346 食品良好流通规范	规定了食品良好流通规范的通用要求,适用于食品链中采购、流通加工、贮存、运输、销售等流通环节中的任何组织
GB/T 24861 水产品流通管理技术规范	规定了对水产品流通过程采购、运输、贮存、批发、销售环节和对相关从业人员的要求,适用于鲜、活和冷冻动物性水产品的流通
GB/T 37060 农产品流通信息管理技术通则	规定了农产品流通信息管理的一般要求、信息内容、采集要求、存储要求、交换要求、使用要求和归档要求,适用于农产品流通过程中收购、初加工、交易、储运等环节信息的管理
GB/T 19575 农产品批发市场管理技术规范	规定了农产品批发市场的经营环境、经营设施设备和经营管理的技术要求,适用于申请设立和运营中的农产品批发市场,也适用于包含农产品批发交易活动的其他类型的批发市场,大宗农产品电子交易市场除外
GB/T 21720 农贸市场管理技术规范	规定了农贸市场的经营环境要求、经营设施设备要求和经营管理要求,适用于申请开业和运营中的农贸市场

《GB/T 27306 食品安全管理体系　餐饮业要求》是针对我国餐饮业卫生安全生产环境和条件、控制措施的选择、关键过程控制、产品检验等，建立的符合我国餐饮业特定要求的食品安全管理体系[9]。标准特别提出了针对餐饮业特点的"关键过程控制"要求，重点提出对餐饮食品加工的原辅料采购、储存和粗加工的控制，突出针对不同原辅料在采购、储存

和粗加工过程中食品安全控制的特点；同时关注对热菜、凉菜、点心、冷加工糕点、鲜榨果汁、果盘、生食海产品的加工特殊性以及配送食品的管理；对影响食品安全的餐饮前台服务过程、餐饮具清洗消毒方法和效果评价，要求实施就餐环境控制、服务过程精细化、避免产品交叉污染、严格控制餐饮具清洗消毒，提倡通过过程检验和产品验证，确保食品安全。

标准规定了餐饮业建立和实施食品安全管理体系的特定要求，包括人力资源、前提方案、关键过程控制、检验、产品追溯与撤回。

① 人力资源。具有专业知识和经验的人员组成食品安全小组；从业人员应接受食品安全法规、卫生知识、操作技能等培训，具备餐饮食品安全基本知识。

② 前提方案。包括建筑物和相关设施的设计，工作空间和员工设施的布局，空气、水和能源的供给，废弃物和污水处理，设备用具适宜性及其清洁保养，采购材料的管理，产品贮存管理，交叉污染的预防措施，清洗和消毒，虫害控制，人员健康和卫生共 11 个方面。

③ 关键过程控制。包括餐饮食品加工的原辅料（包括采购要求、采购管理、储存），粗加工，烹饪加工（包括热菜加工、凉菜加工、面点加工、冷加工糕点制作、鲜榨果汁和果盘制作、生食海产品加工），餐饮食品的配送（包括配送管理、车辆管理、餐饮具管理、标签管理、温度和时间要求），餐饮前台服务（包括营业前准备、前台服务），餐饮具的清洗消毒（包括清洗消毒方法、消毒效果评价）共 6 个方面的管理内容。

④ 检验。包括检验制度、检验范围、检验标准和方法、安全性检验项目 4 方面内容。

⑤ 产品追溯与撤回。包括产品追溯、产品撤回、应急措施的建立 3 方面内容。

第三节 食品链上通用性的重要食品安全管理体系

一、 HACCP 食品安全管理体系

危害分析与关键控制点（hazard analysis critical control points，HACCP）是一种保证食品安全与卫生的预防性管理体系[10]。HACCP 体系运用食品工艺学、微生物学、化学和物理学、质量控制和危险性评价等方面的原理与方法，可对食品链（从食品原料的种植/饲养、收获、加工、流通至消费过程）中实际存在和潜在的危害进行危险性评价，找出对食品安全有重大影响的关键控制点（critical control points，CCP），并采取相应的预防/控制措施以及纠正措施，在危害发生之前就控制它，从而最大限度地减少那些对消费者具有危害性的不合格产品出现的风险，实现对食品安全、卫生（以及质量）的有效控制。HACCP 适用于"从农田到餐桌"这个过程中的所有环节。HACCP 的内容通常总结为七项原理：

原理一：进行危害分析并确定预防措施。危害分析是建立 HACCP 体系的基础，在制定HACCP 计划的过程中，最重要的就是确定所有涉及食品安全性的显著危害，并针对这些危害采取相应的预防措施，对其加以控制。实际操作中可利用危害分析表，分析并确定潜在危害。

原理二：确定关键控制点（CCP）。即确定能够实施控制且可以通过正确的控制措施达到预防危害、消除危害或将危害降低到可接受水平的 CCP。例如，加热、冷藏、特定的消毒程序等。应该注意的是，虽然对每个显著危害都必须加以控制，但每个引入或产生显著危害的点、步骤或工序未必都是 CCP。CCP 的确定可以借助 CCP 决策树。

原理三：确定 CCP 的关键限值（CL）。即指出与 CCP 相应的预防措施必须满足的要求，

例如温度的高低、时间的长短、pH 的范围以及盐浓度等。CL 是确保食品安全的界限，每个 CCP 都必须有一个或多个 CL 值。一旦操作中偏离了 CL 值，必须采取相应的纠正措施才能确保食品的安全性。

原理四：建立监控程序。即通过一系列有计划的观察和测定（例如温度、时间、pH 值、水分等）活动来评估 CCP 是否在控制范围内，同时准确记录监控结果，以备用于将来核实或鉴定之用。使监控人员明确其职责是控制所有 CCP 的重要环节。负责监控的人员必须报告并记录没有满足 CCP 要求的过程或产品，并且立即采取纠正措施。

原理五：建立纠正措施。如果监控结果表明加工过程失控，应立即采取适当的纠正措施，减少或消除失控所导致的潜在危害，使加工过程重新处于控制之中。纠正措施应该在制定 HACCP 计划时预先确定，其内容包括：①决定是否销毁失控状态下生产的食品；②纠正或消除导致失控的原因；③保留纠正措施的执行记录。

原理六：建立验证 HACCP 体系是否正确运行的程序。虽然经过了危害分析，实施了 CCP 的监控、纠正措施并保持有效的记录，但是并不等于 HACCP 体系的建立和运行能确保食品的安全性，关键在于：①验证各个 CCP 是否都是按照 HACCP 计划严格执行的；②验证整个 HACCP 计划的全面性和有效性；③验证 HACCP 体系是否处于正常、有效的运行状态。这三项内容构成了 HACCP 的验证程序。

原理七：建立有效的记录保存与管理体系。需要保存的记录包括：①HACCP 计划的目的和范围；②产品描述和识别；③加工流程图；④危害分析；⑤HACCP 审核表；⑥确定关键限值的依据；⑦对关键限值的验证；⑧监控记录，包括关键限值的偏离；⑨纠正措施；⑩验证活动的记录；⑪校验记录；⑫清洁记录；⑬产品的标识与可追溯性；⑭害虫控制；⑮培训记录；⑯对经认可的供应商的记录；⑰产品回收记录；⑱审核记录；⑲对 HACCP 体系的修改、复审材料和记录。在实际应用中，记录为加工过程的调整、防止 CCP 失控提供了一种有效的监控手段，因此，记录是 HACCP 计划成功实施的重要组成部分。

我国 HACCP 体系标准有《GB/T 27341 危害分析与关键控制点（HACCP）体系 食品生产企业通用要求》《GB/T 19538 危害分析与关键控制点（HACCP）体系及其应用指南》《GB/T 31115 豆制品生产 HACCP 应用规范》《GB/T 23184 饲料企业 HACCP 安全管理体系指南》等。

二、 ISO 22000 食品安全管理体系

ISO 22000《食品安全管理体系　食品链中各类组织的要求》标准是国际标准化组织 ISO 下设的 ISO/TC34 食品技术委员会开发的，目的是让食品链中的各类组织执行食品安全管理体系，确保组织将其终产品交付到食品链下一段时，已通过控制将其中确定的危害消除和降低到可接受水平。ISO 22000 适用于食品链内的各类组织，从饲料生产者、初级生产者、食品制造者、运输和仓储经营者、零售分包商和餐饮经营者，以及与其关联的组织，如设备、包装材料清洁剂、添加剂和辅料的生产者。

ISO 22000 标准要求组织策划、建立、运行、保持和更新有效的食品安全管理体系。这一体系融合了 HACCP 原则，并将 HACCP 原理和 ISO 9001 的精髓融合在了一起。ISO 22000 体系把体系管理、相互沟通、前提方案以及 HACCP 原理作为组织建立和实施食品安全管理体系的四项关键性要素，系统地规定了食品安全管理体系的要求。要求明确食品链中各环节的角色和作用，以前提方案（prerequisite programs，PRPs）为基础，以相互沟通为手段，以体系管理为思路，将危害分析所识别的食品安全危害进行评价并分类，通过 HAC-

CP 计划和操作性前提方案（OPRPs）的控制措施组合来控制危害，并通过确认证明控制措施的科学有效性，并验证食品安全管理体系是否有效运行。

其中 PRPs 是指在整个食品链中为保持环境卫生所必需的基本条件和活动，替代传统的GMP 和 SSOP 概念，是食品安全管理的重要基础，其中通过危害分析确定的、必需的前提方案称为 OPRPs。组织通过 PRPs 的建立、实施、保持能够实现以下目的：控制食品安全危害通过工作环境进入产品的风险；控制产品的生物性、化学性和物理性污染，包括产品之间的交叉污染；控制产品和产品加工环境的食品安全危害水平。

对于食品生产加工企业，ISO 22000 标准体系整合了 HACCP 和 GMP 的相关内容，使得食品安全管理体系更加完善。作为全球统一的国际食品安全管理体系和认证认可标准，该标准体系对促进世界经济贸易发挥了重要作用。我国也进行了等同转换采用（GB/T 22000）。

除 HACCP 和 ISO 22000 外，国际上较为知名的食品安全管理体系有荷兰食品安全认证基金会推出的食品安全管理体系 22000（Food Safety System Certification 22000，FSSC22000）、澳大利亚农业委员制定的食品安全与质量保证体系标准（safety quality food，SQF）等。

第四节　案例分析——豆制品生产 HACCP 体系

一、危害分析——危害分析表

豆制品生产危害分析见表 6-3。

表 6-3　豆制品生产危害分析表

加工步骤	引入/控制/增加的潜在危害 （B-生物的,C-化学的,P-物理的）	显著与否 （是√否×）	判断依据	预防显著危害的措施	是否 CCP 点 （是√否×）
原料接收	B:黄曲霉、大肠菌群	×	原料生产环境运输、贮存过程污染、检测资料	1. 采购合同规定，验证供方有效认证证书。 2. 本厂检验、外送检或验证供方检验报告	×
	C:矿物油、农残				
	P:杂质(灰尘、土粒、玻璃块、草秸木屑、纤维物、金属物等)				
除杂	B:黄曲霉、大肠菌群	×	原料生产环境运输、贮存过程污染,检测资料	保持设备良好工况：重力去石、筛网去渣、吸铁除金属、旋风除尘	×
	C:矿物油、农残				
	P:泥沙、石子、玻璃、金属物、草木屑、纤维物、毛发、昆虫、土块				
大豆清洗	B:大肠菌群、黄曲霉	×	筛选工艺处理未净	1. 保持清洗水洁净、供水正常水量充足。 2. 水浮除霉豆。 3. 每 2h 停机一次，清除旋洗机底部杂物。 4. 出料口、管路每班清洗干净，管内不存余豆	×
	C:无				
	P:小土粒				

加工步骤	引入/控制/增加的潜在危害 (B-生物的,C-化学的,P-物理的)	显著与否 (是√ 否×)	判断依据	预防显著危害的措施	是否CCP点 (是√ 否×)
浸泡	B:大肠菌群、酵母菌 C:无 P:无	×	生产用水、操作工手的污染。 检测报告	1. 每班清洗输料管路,不存余豆。 2. 每班清洗浸泡容器。 3. 保持供水充足。 4. 水浮霉豆、易流排出	×
磨浆	B:大肠菌群、酵母菌 C:无 P:无	×	设备的污染	1. 每班清洗磨制设备,保持洁净。 2. 生产用水定期检测,发现不合格,立即停用,改换水源	×
浆渣分离	B:大肠菌群、酵母菌 C:无 P:无	×	空气、容器中微生物的污染	1. 清洗地面、避免污水进入搅拌槽。 2. 每班清洗设备、避免结垢	×
配浆	B:大肠菌群、酵母菌 C:无 P:无	×	容器表面、空气中微生物污染	1. 容器清洗消毒、空气臭氧消毒。 2. 每季抽取豆浆接触面样本检测	×
煮浆	B:脲酶 C:无 P:无	√	检测标准和检测报告	1. 保持蒸汽压力0.3~0.5MPa。 2. 煮浆温度加温到95℃以上,并持续5~10min	√
滤浆	B:大肠菌群、酵母菌 C:无 P:头发丝	×	容器表面、空气中微生物污染,操作工头发	1. 容器清洗消毒、空气臭氧消毒。 2. 操作工符合上岗卫生要求,头发卷入帽网。 3. 保持滤网通畅	×
点浆	B:大肠菌群、酵母菌 C:凝固剂添加量超标、品种不符合GB 2760要求 P:头发丝	×	容器表面、空气中微生物污染。凝固剂添加量超标、品种不符合要求	1. 容器清洗消毒、空气臭氧消毒、盐卤浓度调整在6~7brix。 2. 操作工符合上岗卫生要求,头发卷入帽网。 3. 凝固剂品种、添加量符合GB 2760	×
凝固	B:大肠菌群、酵母菌 C:无 P:无	×	容器表面、空气中微生物污染	容器清洗消毒、空气臭氧消毒	×

加工步骤	引入/控制/增加的潜在危害 （B-生物的,C-化学的,P-物理的）	显著与否 （是√ 否×）	判断依据	预防显著危害的措施	是否 CCP 点 （是√ 否×）
破脑	B:大肠菌群、酵母菌 C:无 P:头发丝	×	容器表面、空气中微生物污染、员工的手部污染	1. 容器清洗消毒、空气臭氧消毒、员工手部清洗消毒。 2. 操作工符合上岗卫生要求,头发卷入帽网	×
压制脱水	B:大肠菌群、酵母菌、金黄色葡萄球菌、链球菌、痢疾杆菌 C:无 P:包布纤维、金属毛边飞刺	×	空气中、工具、操作工手的微生物污染 压制包制工具的污染	1. 箱盖每班前后均清洗消毒,不使用有毛刺、飞边的箱盖。 2. 包布每班完毕清洗消毒,使用完好的包布。 3. 操作人员上岗符合健康要求,手无受伤,穿戴符合规定并保持清洁。 4. 操作中的箱、盖、包布不落地。 5. 保持设备工况正常。正常脱水时间 45～50min 不延长	×

二、确定关键控制点——CCP 决策树

下图（图 6-1）展示了 CCP 决策树的思路图。

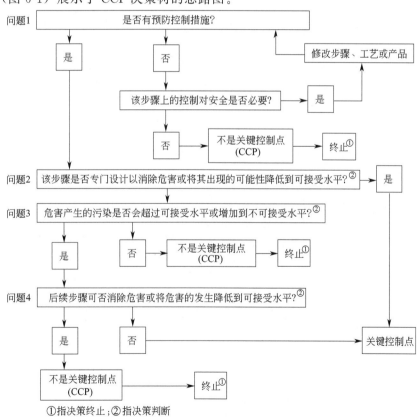

①指决策终止；②指决策判断

图 6-1　CCP 决策树思路图

三、HACCP 计划表

加工步骤	CCP代码	显著危害	关键限值	监控程序 对象	监控程序 方法	监控程序 频率	监控程序 责任人	纠偏措施	记录	验证
煮浆	1	脲酶	1. 保持蒸汽压力0.3~0.5MPa。 2. 煮浆温度加温到95℃以上，并持续5~10min	压力表温度计时间表	观察	连续	煮浆工	1. 压力表、温度计未达到额定值，立即报告生产部值班人员，恢复维修及采取措施，恢复额定值。 2. 当蒸汽压力不调整到额定压力，通知锅炉房升压，未煮熟的浆不得排放转序	1. 生产记录。 2. 设备维修记录	生产部副经理每月1次；设备部经理每月1次
巴氏杀菌	2	大肠菌群、酵母菌、金黄色葡萄球菌、痢疾杆菌	1. 加温、杀菌温度保持80~95℃。 2. 水浴机速度适宜，保持杀菌时间≥35min	温度计计时器	观察	每30min1次	班长	1. 发现温度计温度不够，通知锅炉房立即保压供气。 2. 如发现设备行程时间不够，立即停机，通知设备部检修，保持正常工况	1. 生产记录。 2. 设备维修记录	生产部副经理每月1次；设备部经理每月1次
冷却	3	大肠菌群、酵母菌	1. 冷却水温度8~15℃。 2. 冷却时间≥35min	温度计计时器	观察	每30min1次	班长	1. 发现温度计温度不够，通知锅炉房立即保压供气。 2. 如发现设备行程时间不够，立即停机，通知设备部检修，保持正常工况	1. 生产记录。 2. 设备维修记录	生产部副经理每月1次；设备部经理每月1次
检验（金属探测）	4	金属异物的残存	铁：1mm；不锈钢：2mm	金属探测仪	观察	连续监控	检验工序负责人	脱离关键限值时，停止金属探测仪，对其进行调查，进行改善，在确认能够正常作业，重新开始作业。在脱离关键限值时检测出的可能是不良品的产品，在区分批次的情况下，跟踪产格品。在区分区分保管，待金属探测仪能够正常工作后，进行再检查，含弃不合格产品	1. 产品的抽样检查记录。 2. 金属探测仪的精度检点记录	操作工每天开工前校准仪金属探测仪，加工期间每小时对金属探测仪校准1次。车间质检员每天复核金属探测仪校准记录
入库冷藏	5	酵母菌	冷库温度保持在2~10℃	冷库温度计	观察	每2h1次	库管员	1. 发现温度超过省定温度，立即调节制冷。 2. 如有损坏，立即通知设备部检修	1. 生产记录。 2. 设备维修记录	生产部副经理每月1次；设备部经理每月1次

参 考 文 献

[1] GB/T 15091—1994.食品工业基本术语.

[2] 2019 年上半年方便食品抽检分析报告,中国市场监管报.

[3] 孙磊,崔有祥,隋丽辉,等.ISO 9001:2015 质量管理体系标准理解与实施 [M].北京:中国质检出版社 & 中国标准出版社,2017.

[4] 刘少伟,鲁茂林.食品标准与法律法规 [M].北京:中国纺织出版社,2013.

[5] GB/T 20014.2—2013.良好农业规范 第 2 部分:农场基础控制点与符合性规范.

[6] The ASEAN Secretariat. Guidelines on ASEAN Good Aquaculture Practices (ASEAN GAqP) for Food Fish [M]. Jakarta:Association of Southeast Asian Nations,2015.

[7] 刘志红.良好兽医操作规范的由来及内容(上)[J].河南畜牧兽医(综合版)2007(11)26,33.

[8] 郭家耀.食品流通环节强化食品安全监督的措施 [J].食品安全导刊,2019,12(9):22.

[9] GB/T 27306—2008.食品安全管理体系 餐饮业要求.

[10] 钱和,王文捷.HACCP 原理与实施 [M].北京:中国轻工业出版社,2003.

第七章
食品安全性评价与风险分析

学习目标

重点掌握食品毒理学评价的原则和程序，食品安全性风险分析的主要内容和科学方法。

本章思维导图

食品安全性评价与风险分析

├─ 食品安全性毒理学评价
│ ├─ 食品安全性毒理学评价概述
│ │ ├─ 食品安全性毒理学评价的前期工作
│ │ ├─ 食品安全性毒理学评价的内容
│ │ ├─ 不同受试物选择毒性试验的原则
│ │ └─ 食品安全性评价时应考虑的因素
│ ├─ 食品安全性毒理学评价程序
│ └─ 食品安全性评价的规范化
│   ├─ 毒理学安全性毒理学评价案例
│   └─ 毒素毒理学评价案例
│
├─ 案例分析——保健食品安全性评价
│ ├─ 对受试物处理的要求
│ ├─ 对受试物处理的要求
│ ├─ 保健食品安全性毒理学评价试验的四个阶段和内容
│ ├─ 不同保健食品选择毒性试验的原则要求
│ └─ 保健食品毒理学安全性评价时应考虑的问题
│
└─ 食品风险分析
   ├─ 风险评估
   │ ├─ 风险评估的有关概念
   │ ├─ 食品安全风险评估的意义
   │ └─ 风险管理过程
   ├─ 风险管理
   │ └─ 食品风险管理的新进展
   └─ 风险交流
      ├─ 风险交流的对象
      └─ 食品安全突发事件期间的风险交流策略

第一节　食品安全性毒理学评价

在毒理学中，安全（safe）是指一种外源性化学物质在规定的使用方式和用量条件下，对人体健康不产生任何损害，即不引起急性、慢性中毒，亦不至于对接触者（包括老、弱、病、幼、孕妇）及后代产生潜在的危害。安全性（safety）则是一种相对的、实用意义上的安全概念，是指化学物质在特定条件下不引起机体出现损害效应的概率。安全性和危险度是从不同的角度反映同一个问题，绝对安全是不存在的。安全性评价（safety evaluation）是利用毒理学程序和方法评价化学物质对机体产生的有害效应（损伤、疾病甚至死亡），并外推和评价在特定条件下化学物质对人体和人群的健康是否安全。

一、食品安全性毒理学评价概述

食品安全性毒理学评价（food toxicological safety evaluation）是指通过动物试验和对人群的观察，阐明食品中某些物质（如食品固有成分、外来添加物或污染物质）的毒性及潜在危害，决定其能否进入市场或阐明其安全使用的条件，以达到最大限度地减小其危害作用，保护人们身体健康的目的。它是在了解物质的毒性及危害性的基础上，结合社会实际情况，全面权衡其利弊，对该物质是否能使用做出判断或确定人类安全接触条件的过程。

世界各国普遍采用毒理学安全性评价作为食品安全管理的依据[1]，并制定了系列毒理实验指南以及毒理学良好实验室规范（good laboratory practice，GLP)[2]。管理部门以化学品危险度评定结果为基础，结合其他有关因素和实际情况，制定有关管理毒理学的法规，对化学品进行卫生管理。1999 年，比利时等国发生二噁英食物污染事件[3]，2005 年英国等国发生刚果红食物污染事件，包括我国在内的许多国家做出的拒绝进口可疑污染食品的决定即是以毒理学安全性评价资料为依据进行的科学判断[4]。

我国对化学物质的毒性鉴定及毒理学实验开始于 20 世纪 50 年代。至 20 世纪 80 年代，国家有关部门以法规形式陆续发布了一些化学物质的毒性鉴定程序和方法，开始了卫生立法规范外源性化学物的管理。目前，有关法律、法规体系已逐步形成并不断完善，使得各级卫生行政部门依法执法，管理规范、有效，在保障人民身体健康和保护环境等方面发挥着重要作用。目前我国实施的有关毒理学安全性评价的法律法规有《食品安全国家标准　食品安全性毒理学评价程序》（GB 15193.1—2014)[5]、《食品安全国家标准　食品毒理学实验室操作规范》（GB 15193.2—2014)[6]、《食品安全国家标准　受试物试验前处理方法》（GB 15193.21—2014)[7]、《食品安全国家标准　急性经口毒性试验》（GB 15193.3—2014)[8]等，分别对食品毒理学实验室操作规范、毒理学评价中涉及的具体试验方法和内容、受试物试验前处理方法等内容制定了相应的要求与规范。

二、食品安全性毒理学评价程序

《食品安全国家标准　食品安全性毒理学评价程序》（GB 15193.1—2014）是开展食品安全性毒理学评价的标准程序[5]。在 GB 15193.1—2014 中，根据《食品安全法》和《新食品原料安全性审查管理办法》等标准修改了对检验对象和受试物的要求[9]；修改了食品安全性毒理学评价试验的内容，取消了四个阶段的提法，明确了遗传毒性试验组合；修改了对不同受试物选择毒性试验的原则、毒理学试验的目的、各项毒理学试验结果的判定、进行食品安全性评价时需要考虑的因素。该标准适用范围包括：食品及其原料、食品添加剂、新食品原料、辐照食品；食品相关产品，用于食品的包装材料、容器、洗涤剂、消毒剂和用于食品生产经营的工具、设备；食品污染物，如农药残留、兽药残留、生物毒素、重金属等[10]。

1. 食品安全性毒理学评价的前期工作

在对食品或食品中的化学物进行安全性毒理学评价之前，必须做好充分的准备工作。试验前应了解该物质的基本数据，即：待评价受试化学物质名称、化学结构式、分子量；理化性质如熔点或沸点、挥发性、溶解性、pH、纯度、杂质等；以及受试样品的成分、规格、用途、使用范围及使用方式，以了解人类可能接触的途径、量、过度接触及滥用或误用的可能性等，从而进行合理的实验设计，预测其毒性。

（1）收集受试样品的基本资料

试验前要了解受试样品的化学结构，初步预测其潜在危害性或致病性。还需了解受试样品的组成成分及纯度、理化性质（包括外观、相对密度、熔点、溶解性、挥发性、乳化性或混悬性、稳定性等）、定量分析方法，以及生产流程、生产过程所用的原料和中间体等基本资料。

（2）了解受试样品的使用情况

需了解受试样品的使用方式及人体接触途径、用途、使用范围、使用量，以及所产生的社会效益、经济效益和人群健康效益等，这些信息将为毒性试验的设计和最后的综合评价等提供参考。

（3）选用人类实际应用的产品形式进行试验

受试样品通常不是以单一物质形式存在的，常含有如原料、杂质、副产品、溶剂、赋形剂、稳定剂和着色剂等物质，其毒性可能超过受试物本身，从而影响对受试物毒性的正确评价。因此，受试样品必须是符合既定配方的规格化产品，其组成成分、比例及纯度应与实际应用相同。若受试物为酶制剂，应该采用在加入其他复配成分以前的产品作为受试物。

2. 食品安全性毒理学评价试验的内容

食品安全性毒理学评价试验内容[11] 主要包括急性经口毒性试验、遗传毒性试验、28天经口毒性试验、90天经口毒性试验、致畸试验、生殖毒性试验和生殖发育毒性试验、毒物动力学试验、慢性毒性试验、致癌试验、慢性毒性和致癌合并试验。

（1）急性经口毒性试验

急性经口毒性试验是检测和评价受试物毒性作用最基本的一项试验，该试验的目的包括了解受试物的急性毒性强度、性质和可能的靶器官，测定LD_{50}，为进一步进行毒性试验的剂量和毒性观察指标的选择提供依据，并根据LD_{50}进行急性毒性剂量分级[12]。如果LD_{50}小于人的推荐（可能）摄入量的100倍，则一般应放弃该受试物用于食品，不再继续进行其他毒理学试验。急性经口毒性试验的具体操作方法参见《食品安全国家标准　急性经口毒性试验》（GB 15193.3—2014）。

（2）遗传毒性试验

遗传毒性试验的内容包括细菌回复突变试验（GB 15193.4—2014）[13]、哺乳动物红细胞微核试验（GB 15193.5—2014）[14]、哺乳动物骨髓细胞染色体畸变试验（GB 15193.6—2014）[15]、小鼠精原细胞或精母细胞染色体畸变试验（GB 15193.8—2014）[16]、体外哺乳类细胞 HGPRT 基因突变试验（GB 15193.12—2014）[17]、体外哺乳类细胞 TK 基因突变试验（GB 15193.20—2014）[18]、体外哺乳类细胞染色体畸变试验（GB 15193.23—2014）[19]、啮齿类动物显性致死试验（GB 15193.9—2014）[20]、体外哺乳类细胞 DNA 损伤修复（非程序性 DNA 合成）试验（GB 15193.10—2014）[21] 和果蝇伴性隐性致死试验（GB 15193.11—2015）[22]。

遗传毒性试验是为了了解受试物的遗传毒性，以及筛选受试物的潜在致癌作用和细胞致突变性。一般应遵循原核细胞与真核细胞、体内试验与体外试验相结合的原则。

（3）28 天经口毒性试验

28 天经口试验是在急性毒性试验的基础上，进一步了解受试物毒副作用性质、剂量反应关系和可能的靶器官，得到 28 天经口无可见不良作用剂量水平（no observable adverse effect level，NOAEL），初步评价安全性，并为下一步较长期毒性和慢性毒性试验剂量、观察指标、毒性终点的选择提供依据。对于只需要进行急性毒性、遗传毒性和 28 天经口毒性试验的受试物，若试验未发现有明显毒副作用，综合其他各项试验结果可做出初步评价；若试验中发现有明显毒性作用，尤其是有剂量-反应关系时，则考虑进行进一步的毒性试验。试验的具体操作方法和技术要求参见《食品安全国家标准 28 天经口毒性试验》（GB 15193.22—2014）[23]。

（4）90 天经口毒性试验

90 天经口毒性试验是为了观察受试物以不同剂量水平经较长期喂养对实验动物的毒作用性质、剂量-反应关系和靶器官，得到 90 天经口 NOAEL，为慢性毒性试验剂量选择和初步制定人群安全接触限量标准提供科学依据。90 天经口毒性试验根据所得到的 NOAEL 进行评价，其原则是：①NOAEL 小于或等于人的推荐（可能）摄入量的 100 倍表示毒性较强，应放弃该受试物用于食品；②NOAEL 大于 100 倍而小于 300 倍者，应进行慢性毒性试验；③NOAEL 大于或等于 300 倍者，不必进行慢性毒性试验，可进行安全性评价。试验的具体操作方法和技术要求参见《食品安全国家标准 90 天经口毒性试验》（GB 15193.13—2015）[24]。

（5）致畸试验

致畸试验的目的是了解受试物是否具有致畸作用和发育毒性，可得到致畸作用和发育毒性的 NOAEL。根据试验结果评价受试物是不是实验动物的致畸物。若致畸试验结果阳性，则不再继续进行生殖毒性试验和生殖发育毒性试验。在致畸试验中观察到的其他发育毒性，应结合 28 天和（或）90 天经口毒性试验结果进行评价。试验的操作方法和技术要求参见《食品安全国家标准 致畸试验》（GB 15193.14—2015）[25]。

（6）生殖毒性试验和生殖发育毒性试验

生殖毒性试验和生殖发育毒性试验是为了了解受试物对实验动物繁殖及对子代的发育毒性，如性腺功能、发情周期、交配行为、妊娠、分娩、哺乳和断乳，以及子代的生长发育等。通过试验得到受试物的 NOAEL，为初步制定人群安全接触限量标准提供科学依据。根据试验所得的 NOAEL 进行评价，原则是：① NOAEL 小于或等于人的推荐（可能）数量的 100 倍表示毒性较强，应放弃该受试物用于食品；② NOAEL 大于 100 倍而小于 300 倍者，应进行慢性毒性试验；③ NOAEL 大于或等于 300 倍者，则不必进行慢性毒性试验，可进行安全性评价。具体操作方法和技术要求参见《食品安全国家标准 生殖毒性试验》（GB 15193.15—2015）[26] 和《食品安全国家标准 生殖发育毒性试验》（GB 15193.25—2014）[27]。

（7）毒物动力学试验

毒物动力学试验的目的是了解受试物在体内的吸收、分布、排泄速度等相关信息；为选择慢性毒性试验的合适实验动物种、系提供依据；了解代谢产物的形成情况。根据试验结果，对受试物进入机体的途径、吸收速率和程度，受试物及其代谢产物在脏器、组织和体液中的分布特征，生物转化速率和程度，主要代谢产物的生物转化通路，排泄途径、速率和能力，受试物及其代谢产物在体内蓄积的可能性、程度和持续时间做出评价。应结合相关学科的知识对各种毒物动力学参数进行毒理学意义的评价。具体操作方法及技术要求参见《食品安全国家标准　毒物动力学试验》（GB 15193.16—2014）[28]。

（8）慢性毒性试验

慢性毒性试验是为了确定实验动物长期经口重复给予受试物引起的慢性毒性效应，了解受试物剂量-反应关系和毒性作用靶器官，确定 NOAEL 和出现反应的最小剂量（LOAEL），为预测人群接触该受试物的慢性毒性作用及确定健康指导值提供依据。根据慢性毒性试验所得的 NOAEL 进行评价的原则是：①NOAEL 小于或等于人的推荐（可能）摄入量的 50 倍者，表示毒性较强，应放弃该受试物用于食品；② NOAEL 大于 50 倍而小于 100 倍者，经过安全评价后，决定该受试物可否用于食品；③ NOAEL 大于或等于 100 倍者，则可考虑允许使用于食品，试验的具体操作方法及技术要求参见《食品安全国家标准　慢性毒性试验》（GB 15193.26—2015）[29]。

（9）致癌试验

致癌试验的目的是确定在实验动物的大部分生命期间，经口重复给予受试物引起的致癌效应，了解肿瘤发生率、靶器官、肿瘤性质、肿瘤发生时间和每只动物肿瘤发生数，为预测人群接触该受试物的致癌作用，以及最终评定该受试物能否应用于食品提供依据。根据致癌试验所得的肿瘤发生率、潜伏期和多发性等进行致癌试验结果判定的原则是（凡符合下列情况之一，可认为致癌试验结果阳性；若存在剂量反应关系，则判断阳性更可靠）：①肿瘤只发生在试验组动物，对照组中无肿瘤发生；②试验组与对照组动物均发生肿瘤，但试验组发生率高；③试验组动物中多发性肿瘤明显，对照组中无多发性肿瘤，或者只是少数动物有多发肿瘤；④试验组与对照组动物肿瘤发生率虽无明显差异，但试验组中发生时间较早。试验的具体操作方法和技术要求参见《食品安全国家标准　致癌试验》（GB 15193.27—2015）[30]。

（10）慢性毒性和致癌合并试验

慢性毒性和致癌合并试验的目的是确定在实验动物的大部分生命期间，经口重复给予受试物引起的慢性毒性和致癌效应，了解受试物慢性毒性剂量-反应关系、肿瘤发生率、靶器官、肿瘤性质、肿瘤发生时间和每只动物肿瘤发生数，确定慢性毒性的 NOAEL 和 LOAEL，为预测人群接触该受试物的慢性毒性和致癌作用，以及最终评定该受试物能否应用于食品提供依据。其结果评定同（8）慢性毒性试验和（9）致癌试验试验。具体操作方法和技术要求参见《食品安全国家标准　慢性毒性和致癌合并试验》（GB 15193.17—2015）[31]。

3. 不同受试物选择毒性试验的原则

① 凡属我国首创的物质，特别是化学结构提示有潜在慢性毒性、遗传毒性或致癌性，或者该受试物产量大、使用范围广、人体摄入量大，应进行系统的毒性试验，包括急性经口毒性试验、遗传毒性试验、90 天经口毒性试验、致畸试验、生殖发育毒性试验、毒物动力学试验、慢性毒性试验和致癌试验（或慢性毒性和致癌合并试验）。

② 凡属与已知物质（指经过安全性评价并允许使用者）的化学结构基本相同的衍生物或类似物，或在部分国家和地区有安全食用历史的物质，则先进行急性经口毒性试验、遗传性试验、90 天经口毒性试验和致畸试验，根据试验结果判定是否需进行毒物动力学试验、生殖毒性试验、慢性毒性试验和致癌试验等。

③ 凡属已知的或在多个国家有食用历史的物质，同时申请单位又有资料证明申报受试物的质量规格与国外产品一致的，则可先进行急性经口毒性试验、遗传毒性试验和 28 天经口毒性试验，根据试验结果判断是否进行进一步的毒性试验。

4. 食品安全性评价时应考虑的因素

① 试验指标的统计学意义、生物学意义和毒理学意义。对试验中某些指标的异常改变，应根据试验组与对照组指标是否有统计学差异、有无剂量-反应关系、同类指标横向比较、两种性别的一致性及与本实验室的历史性对照值范围等，综合考虑指标差异有无生物学意义，并进一步判断是否具有毒理学意义。此外，如在受试物组发现某种在对照组没有发生的肿瘤，即使与对照组比较无统计学意义，仍要给予关注。

② 人的推荐（可能）摄入量较大的受试物，应考虑给予受试物量过大时，可能影响营养素摄入量及其生物利用率，从而导致某些毒理学表现，而非受试物的毒性作用所致。

③ 时间-毒性效应关系。对由受试物引起实验动物的毒性效应进行分析评价时，要考虑在同一剂量水平下毒性效应随时间的变化情况。

④ 特殊人群和易感人群如孕妇、乳母或儿童食用的食品，应特别注意其胚胎毒性或生殖发育毒性、神经毒性和免疫毒性等。

⑤ 人群资料。由于存在着动物与人之间的物种差异，在评价食品的安全性时，应尽可能收集人群接触受试物后的反应资料，如职业性接触和意外事故接触等。在确保安全的条件下，可以考虑遵照有关规定进行人体试食试验，并且志愿受试者的毒物动力学或代谢资料对于将动物试验结果推论到人具有重要的意义。

⑥ 动物毒性试验和体外试验资料。《食品安全性毒性学评价程序》（GB 15193.1—2014）[5] 所列的各项动物毒性试验和体外试验系统是目前管理（法规）毒理学评价水平下所得到的最重要的资料，也是进行安全性评价的主要依据。在试验得到阳性结果，而且结果的判定涉及受试物能否应用于食品时，需要考虑结果的重复性和剂量-反应关系。

⑦ 不确定系数[32]，即安全系数。将动物毒性试验结果外推到人时，鉴于动物与人的物种和个体之间的生物学差异，不确定系数通常为 100。但可根据受试物的原料来源、理化性质毒性大小、代谢特点、蓄积性、接触的人群范围、食品中的使用量和人的可能摄入量、使用范围及功能等因素来综合考虑其安全系数的大小。

⑧ 毒物动力学试验的资料[33]。毒物动力学试验是对化学物质进行毒理学评价的一个重要方面，因为不同化学物质、剂量大小在动物动力学或代谢方面的差别往往对毒性作用影响很大。在毒性试验中，原则上应尽量使用与人具有相同毒物动力学或代谢模式的动物种系进行试验。研究受试物在实验动物和人体内吸收、分布、排泄和生物转化方面的差别，对于动物试验结果外推到人和降低不确定性具有重要意义。

⑨ 综合评价。在进行综合评价时，应全面考虑受试物的理化性质、结构、毒性大小、代谢特点、蓄积性、接触的人群范围、食品中的使用量与使用范围、人的推荐（可能）摄入量等因素。对于已在食品中应用了相当长时间的物质，对接触人群进行流行病学调查有重大意义，但往往难以获得剂量-反应关系方面的可靠资料；对于新的受试物，则只能靠动物试验和其他试验研究资料。然而，即使有了完整和详尽的动物试验资料，以及一部分人类接触者的流行病学研究资料，由于人类的种族和个体差异，也很难做出能保证每个人都安全的评价，实际上是不存在所谓绝对的安全的。在受试物可能对人体健康造成的危害以及其可能的有益作用之间进行权衡，以食用安全为前提，安全性评价不仅依据安全性毒理学试验的结果，而且与当时的科学水平、技术条件，以及社会经济、文化因素有关。因此，随着时间的

推移、社会经济的发展、科学技术的进步，有必要对已通过评价的受试物进行重新评价。

三、毒理学安全性评价的规范化

食品毒理学安全评价工作要求毒理学试验资料准确、可靠，所获得的资料在国内外具有可比性。我国为此颁布了 GB 15193.2—2014《食品安全国家标准 食品毒理学实验室操作规范》及引入良好实验规范（GLP）管理[34]。目前，对毒理学实验实施 GLP 管理已成为毒性学研究资料在国内外互相认可的前提。GLP 主要包括以下几个部分：①对组织机构和人员要求；②对实验仪器设备和实验材料的要求；③标准操作规程（standard operation procedure，SOP）；④对研究工作实施过程的要求；⑤对档案及其管理工作的要求；⑥实验室资格认证及监督检查等。

四、毒素毒理学评价案例

毒素毒理学安全性评价，通常需要根据毒素化学物质的种类和用途，根据国家标准、部委和各级政府发布的法规、规定或行业规范中的相应程序来选择[35]。

（一）资料收集

在进行毒素化学物质的毒理学安全性评价时，应先收集以下资料，包括毒素化学物质的理化特性、使用方式与用量、环境浓度与转归，下面详细讲解环境浓度与转归。

环境浓度与转归是估测环境有关空间浓度及随后降解、蓄积和残留情况，并提出生态毒理学研究方向。通过收集以上资料，可以先利用化学结构式预测毒素化学物质的毒性特征；在毒性试验中，通过受试物用量和环境中的浓度估计来选择染毒剂量；通过受试物理化学特性和使用方式等选择染毒试验种类。这些资料的收集，不仅是毒素化学物质的毒理学安全性评价的内容，而且是进一步进行毒理学实验的基础。

（二）毒理学实验

我们在识别和估测毒素化学物质对人的毒性作用，并推导出人的安全暴露水平时，主要是通过整体动物实验和体外测试。按研究的深度，可分为以下几个阶段：

① 第一阶段：急性毒性试验、眼刺激试验和皮肤刺激试验。

② 第二阶段：亚急性毒性试验和致突变试验。

③ 第三阶段：亚慢性毒性试验、致畸试验和繁殖试验。

④ 第四阶段：慢性毒性试验和致癌试验。

除以上这些毒理学试验外，还有一些参考试验，并可视需要进行一些特殊研究，如进行靶器官毒理学研究等。

（三）人群暴露资料、健康监护和随访

毒素安全性毒理学评价的最终目的是保证人类的健康。由于实验动物和人之间，实验条件和人群暴露受试物的实际情况之间存在许多不同，因而上述毒理学试验的评价结果外推到人有很多不确定性。然而，人群暴露资料可直接反映受试物对人的效应，一旦确定，具有决定性意义。因此，应尽可能地收集人群暴露资料，包括对志愿者的试验和检测等。在毒素化学物进入市场后，要进行暴露者的健康监护和随访，观察暴露者的健康状况，以验证毒理学试验结果。还需进一步在毒素化学物质安全性毒理学评价的基础上，评估实际暴露情况下的

毒素化学物质危险度，提出危险度管理的定量限值及依据。

五、评定结果的解释

毒素化学物质安全性评价中的毒理学测试是预示毒素化学物质对人的潜在危害，确保该毒素化学物质使用安全的重要手段。但是，由于存在种属及实验设计等方面的种种差异，如何解释毒理学测试结果，并将其推导及人，仍然是安全评价中所存在的局限性，应予认真对待，恰当解决。

（1）易感性差异

无论是一般毒性或遗传毒性效应，种属间易感性差异都是显而易见的。为安全起见，在无确切资料情况下，常把人视为最易感的种属，以最易感动物实验所得 LOAEL 或 NOA-EL，缩小为原来的若干分之一［称为安全系数（safety factor）或不确定系数（uncertainty factor）］，作为人的安全暴露限值。目前尚无推断安全系数的客观和定量指标。

（2）低剂量推导

一般说来，在一定剂量范围内，毒物对哺乳类动物的毒性作用机制及表现接近于对人的作用。因此，在此剂量下将动物实验结果定性地外推及人较为一致。反之，如将高剂量实验结果定量地外推及人，用以预示对人的低剂量效应，则可能由于大剂量毒物，改变了代谢途径，使其预示性出现偏差。

（3）实验动物样本大小

动物实验结果中的假阴性，随实验动物的减少而增高。根据二项分布定律公式 $P_O = (1-x)^n$ 计算（式中，P_O 为不出现反应概率，x 为出现病损概率，n 为动物数），如果毒素化学物质作用剂量引起 1% 动物出现病损，20 只动物实验，假阴性率（即不出现反应的机会）可达 82%；100 只动物实验，假阴性率仍可达 36%。此外，还可由暴露条件、实验期限，以及剂量表达方式不同，造成其他一些不确定结果。

第二节　食品风险分析

对于食品而言，安全性是最基本的要求，在食品安全、营养、食欲三要素中，安全是消费者选择食品的首要标准。近年来，在世界范围内不断出现食品安全事件，如 20 世纪的英国 "疯牛病"[36] 和 "口蹄疫事件"。国内的事件诸如：某些医药企业使用工业明胶制售 "毒胶囊" 事件，涉及修正药业、通化金马等多家知名企业；河北石家庄三鹿集团生产受三聚氰胺污染的奶粉[37] 等。我国食品安全事故迭出，不仅影响面广、危害性大，而且涉案主体不乏知名企业或品牌产品[38]。《食品安全法》规定，"食品安全事故，指食源性疾病[39]、食品污染等源于食品，对人体健康有危害或者可能有危害的事故"。根据世界卫生组织（WHO）的定义，食品安全问题是 "食物中有毒、有害物质对人体健康影响的公共卫生问题"[40]。

国际上通用的食品风险分析[41] 方法可分为四大类，分别是 SPS[42]《实施卫生和动植物检疫措施协议》的风险评估方法，CAC（食品法典委员会）的风险分析方法，欧盟的预防性原则措施以及 GMP、HACCP 体系[43]，其术语定义基本相同但略有差异[44]。CAC 的风险分析方法得到了广泛的应用，其一系列定义如下[45]：

危害（hazard）：食品中含有的或潜在的对健康产生副作用的生物、化学和物理的致病因子。

风险（risk）：也称为危险性。由食品中的某种危害导致的有害于个人或群体健康的可能性和副作用的严重性。

风险分析（risk analysis）：也有称危险性分析。是通过对影响食品安全质量的各种生物、物理和化学危害进行评估，定性或定量地描述风险的特征，在参考有关因素的前提下，提出和实施风险管理措施，并对风险信息进行交流的过程。

风险评估（risk assessment）：也有称危险性评估。是评估食品、饮料、饲料中的添加剂、污染物、毒素或病原菌对人群或动物潜在副作用的科学程序。风险评估包括危害确定、危害特征描述、暴露评估和风险特征描述四个步骤。

危害确定（hazard identification）：也有称危害识别、危害鉴别。对可能在食品或食品系列中存在的，能够对健康产生副作用的生物、化学和物理的致病因子进行鉴定。

危害描述（hazard characterization）：也有称危害特征描述、危害定性。定性、定量地评价危害对健康产生的副作用及其性质。对于化学性致病因子要进行剂量-反应评估，对于生物或物理因子在可以获得资料的情况下也应进行剂量-反应评估。

剂量-反应评估（dose-response assessment）：确定化学的、生物的或物理的致病因子的剂量与相关的对健康副作用的严重性和频度之间的关系。

暴露评估（exposure assessment）：也有称暴露特性评估、影响评估。定量、定性地评价由食品以及其他相关方式对生物的、化学的和物理的致病因子的可能摄入量。

风险描述（risk characterization）：也称风险特征描述、风险定性。在危害确定、危害特征描述和暴露评估的基础上，对给定人群中产生已知或潜在副作用的可能性和严重性做出定量或定性估价的过程，包括伴随的不确定性的描述。

风险管理（risk management）：也有称危险性管理。根据危险性评估的结果，选择适宜的控制点，制定政策进行科学管理，为保护消费者健康、促进国际食品贸易而采取的必要的预防和控制措施[46]。

风险信息交流（risk communication）：也有称危险性信息交流。是风险评估者、管理者、消费者及某些相关团体之间，就风险问题等有关信息和观点进行相互交流。风险信息交流贯穿于风险分析的整个过程。

定量风险评估可分为点估计（确定性评估）和概率评估（可能性评估）。

点估计（point-estimate）：即 Worst Case 分析，以食品消费量和食品中毒素化学物浓度计算暴露量。一般表示"最坏的情况"。

概率评估（probabilistic assessment 或 stochastic assessment）：描述食品毒素化学物的暴露风险。是对健康影响的概率，考虑了几乎所有的可能性及其可能的发生方式。概率评估的结果尤其强调数据的"变异性"和"不确定性"[47]。

食品风险评估是以保障安全为目的，按照科学的程序和方法，对系统中固有的或潜在的危险及严重性进行预先的安全分析与评估，为制订基本的防护措施和安全管理提供科学的依据，并在预测事故发生可能性的基础上，掌握事故发生的一般规律，做出定性、定量的评价，从而提出有效的安全控制措施，减少并控制事故的发生[38]。

现阶段食品风险分析由风险评估、风险管理和风险信息交流三个重要部分组成[48]，其中风险评估是整个体系的核心和基础，其过程分为四个阶段/步骤：危害识别[49]、危害描述、暴露评估和风险描述。风险管理分为四个部分：风险评价、风险管理选择评估、执行管理决定以及监控与审查。风险信息交流包括四方面基本要素：风险的性质（包括危害的特征和重要性、风险的大小及严重程度等）、利益的性质、风险评估的不确定性以及风险管理的选择[50]。

一、风险评估

1. 风险评估的有关概念

风险评估是指，使用科学的方法评估当人体接触到与食物相关的危害时，会造成已知或潜在的不良健康影响。风险评估从业者对食品安全研究的领域主要有三大块：一是危害控制，包括建立质量体系；二是危害检测和确认，如采取快速检测手段；三是过程控制，如风险评估。风险评估可概况为三个方面：存在什么问题（危害的识别和确定），问题出现的可能性（危害描述和暴露评估），问题的严重性（风险描述）[51]。以下对风险评估进行具体解释：

（1）危害确认

危害确认即确认特定物质与已知或潜在的有害健康物质的关联。危害确认采用的是定性方法，对化学因素（包括食品添加剂、农药和兽药残留、污染物和天然毒素）而言，危害识别主要是指要确定某种物质的毒性（即产生的不良效果），在需要时对这种物质导致不良效果的固有性质进行鉴定。实际工作中，危害识别一般采用动物和体外试验的资料作为依据。在进行动物试验（包括急性和慢性毒性试验）时必须遵循广泛接受的标准化试验程序，同时必须实施良好实验室规范（GIJP）和标准化的质量保证/质量控制（QA/QC）程序[52]。

（2）危害描述

危害描述即用定性或定量的方式评估任何可能存在于食物中并会造成人体不良反应的生物、化学以及物理的物质。对于毒素化学物质，必须测试不同剂量的反应；对于生物或物理物质，若有条件，也应该测试不同剂量的反应[53]。

危害描述一般是由毒理学试验获得的数据进而推测到人，计算人体的每日允许摄入量（ADI 值）；对于营养素，制定每日推荐摄入量（RDI 值）[54]。

（3）暴露评估

暴露评估即定性或定量评估发生食用含危害物食品的可能性。暴露评估主要根据膳食调查和各种食品中毒素化学物质暴露水平调查的数据进行计算，得到人体对于该种毒素化学物质的暴露量。进行暴露评估需要有关食品的消费量和这些食品中相关毒素化学物质浓度两方面的资料，因此，进行膳食调查和国家食品污染监测计算是准确进行暴露评估的基础[52]。世界卫生组织推荐的膳食暴露评估方法主要包括以下 3 种：①总膳食调查；②单一食物的选择性研究；③双份饭研究。由于国家之间、地区之间存在的人种差异性，不能直接照搬其他标准，而是必须根据自身实际情况进行暴露评估，只有这样才能制定有效的食品安全标准[55]。

（4）风险描述

风险描述是指就暴露量对人群产生健康不良效果的可能性进行估计，暴露量小于 ADI 值时，健康不良效果的可能性理论上为零；同时，风险描述需要说明风险评估过程中每一步所涉及的不确定性。在实际工作中，这些不确定性可以通过专家判断和进行额外的试验（特别是人体试验）加以克服。这些额外试验可以在产品上市前或上市后进行。CAC 认为危害分析和关键控制点（HACCP）体系是迄今为止控制食源性危害最经济有效的手段。HACCP 体系是指确定具体的危害，并制定控制这些危害的预防措施。在制定具体的 HACCP 计划时，必须确定所有潜在的危害，而将这些危害消除或者降低到可接受的水平是生产安全食品的关键[56]。

2. 食品安全风险评估的意义

基于风险做出决策有助于监管资源的有效分配和利用[57]。当今世界，旧的食品安全问题（如环境重金属污染和农药残留）尚未完全解决[58]，新的食品安全问题却不断出现，给世界各国有限的监管资源带来很大的挑战。这些挑战包括以下四个方面：①全球贸易量和种类不断增长，使食品产业链不再局限于一个地区或一个国家，一个小的食品问题就可能波及多个国家，造成广泛影响。食品安全面前，没有一个国家能独善其身。②农业生产方式与生态环境改变带来的新问题。③更为复杂、精密的检测技术提高人类发现新问题的能力。④其他方面如公众健康保护意识的增强，也对食品安全监管提出了更高的要求。在问题众多、监管资源有限的情况下，必然要采取基于风险的管理策略，无风险不用管、低风险延后管、高风险重点管。经过风险分析，通过重点关注风险最大的因素来促进公共监管资源的有效利用。食品安全风险评估能够有效提高食品监管效能。众多的食品安全事件使我们认识到食品安全管理没有试错机制，亡羊补牢式的食品安全监管是不可取的、是对公众生命安全极度不负责任的。不能将食品安全监管只落实在事中事后的监管，更应该推进食品安全监管工作向事前监管延伸，才能避免食品安全事故的发生。现行的食品监管体制下，抽样检查是主要的事前监管方式。但即使抽样的频次再多，抽查的范围再广也无法涵盖市场上所有的食品种类。因此要完善事前安全监管就要构建和完善食品安全风险评估机制，运用风险评估方式科学合理地确定监管重点和安全检查内容，并根据食品安全风险程度配置监管资源（尤其是人力资源），通过事前风险管理与评估来发现和分析风险，从而将有限的监管资源集中到高风险且集中的生产领域或产品上，确保食品安全监管的有效性得到实质性提升[55]。

在过去的 15 年中，互联网提供了越来越多的数据库，这些数据库是毒理学几个领域内进行风险评估的重要信息来源[56]。

二、风险管理

风险管理是指按照风险评估的结果权衡政策（如果需要），选择和执行适当控制（包括执法）的过程。一方面，管理者在制定风险管理政策时应考虑风险评估的结果和其他因素[59]，包括经济、政治、社会和技术上的限制。这些决策通常反映社会关注的重点问题。风险管理的措施之一是制定管理性标准，这也是用来反映社会认可的某一危害的适宜安全水平[60]。另一方面，用于控制食源性危害的政策可能会产生新的危害。例如，美国在汽车上安装气囊最初是为了降低严重事故造成的死亡风险，但这项措施带来了新的风险，即当这些安全气囊打开时可能会对年幼的儿童和其他人造成伤害。下面列出了 FAO/WHO 在风险管理建议中提到的 8 条原则：

① 风险管理应采用系统的方法；

② 保护人类健康是风险管理决策的首要考虑因素；

③ 风险管理决策和操作过程应当透明；

④ 风险评估政策的确定应是风险管理的内容之一；

⑤ 应保持风险管理和风险评估功能上的区别，从而保证风险评估过程中完整的科学性和一致性；

⑥ 风险管理应将风险评估结果中的不确定性考虑其中；

⑦ 风险管理包括在其整个过程中与消费者和利益相关方之间明晰的互动交流；

⑧ 风险管理是一个持续的过程，需不断地把新出现的数据用于对风险管理决策的评估和审视中。

风险评估的管理框架本身并不能决定该评估过程的有效性，但风险评估过程以可利用的最适宜的科学资料为基础，并遵守以上所示的主要原则。

1. 风险管理过程

风险管理（风险管理及其运作过程）是一般管理理论的重要分支之一。一般管理可以定义为一个系统为了有效地实现其经营目标而对资源和活动进行的计划、组织、指挥和控制过程。

对于一个机构来讲，它往往同时具备多个目标。以企业为例，其目标包括利润目标、增长目标、社会责任目标等。要实现上述目标，企业首先必须实现其最为基本的目标，在各种潜在的致命风险中生存下来。除此之外，企业领导还希望尽量避免各种可能致使企业运行中断、增长率下降或利润减少的风险损失[61]。按照这种思路，风险管理就是指如何使某个系统的偶发性风险事故造成的负面效应最小的各种活动。具体来讲，风险管理可以从两个方面来理解。一方面风险管理是一个管理过程，即为使一个组织或机构在合理成本基础上力争使偶发性风险损失的负面效应达到最小的计划、组织、指挥、控制过程。另一方面风险管理还是一个决策过程。作为一个决策过程，风险管理包括五个相互联系的步骤：①对可能影响系统基本目标的风险进行识别和认定；②对处理这些风险的各种备选方法的可行性进行分析论证；③选取具有明显优势的风险管理方法；④实施选定的风险管理方法；⑤控制选定的风险管理方法的处理结果以保证风险管理活动始终处于有效状态。

风险管理主要有以下 4 个程序：

① 风险评价。风险评价主要包括食品安全危机的甄别、建立风险预测、从风险管理的角度给食品安全问题排序、授权风险评估、风险评估结果的判读等内容。

② 风险管理策略。风险管理策略主要包括针对风险评估的结果评估可采用风险管理的措施、选择最佳的风险管理措施以及形成风险管理决定等内容。

③ 风险管理措施的实施。根据风险管理策略评估中关于风险管理的决定来实施风险管理。

④ 监督和评议。邀请各利益相关方和学者经常性地对风险评价和风险管理过程及其所作出的决定进行监督和评议。

2. 食品风险管理的新进展

食品安全是民生问题，食品安全风险则是社会政治问题。因此，政府要构建高效的食品安全风险防范、化解机制，就必须全面深刻地了解食品安全的内涵和外延。食品安全的内涵代表食品的科学技术、法律法规；外延则包括食品从业人员的道德伦理和公众对食品质量安全的教育和认识水平，以及政府对整个食品供应链的完整、协调、统一的监督管理。通过这种对食品安全全方位、深层次的分析，最终建立起职责分明、法律法规健全、国际化的食品安全风险化解机制，预防食品发生风险演变为社会公共危机，有效化解食品安全风险[1]。

(1) 加强食品资质的认证管理

近年来食品安全问题频频发生，对于一些精制食品，例如婴幼儿奶粉，很多人宁愿高价购买国外的奶粉，也不愿意购买国内的产品，这一问题直接反映出国内食品安全管理中存在较大问题，需要予以改善[62]。在《食品安全法》中，明确规定在各类食品安全质量检测中均合格的产品才能上市。如果在检测中发现产品中含有非食品级物质，则需立即向上级食品部门报告，且应将该产品的相关信息、材料及健康报告等一同予以汇报。通过以上方法加强食品安全风险分析，能够为消费者提供更加安全、可靠且准确的服务[63]。

食品安全风险在食品质量管理中的应用，能够增强食品质量认证管理力度，而对各类食品进行评估，则可更快地获得相关食品安全管理信息，缩短食品上市时间。食品安全风险管理，能够精确获得食品中是否含有对人体健康有害的食品元素进而更加有效地开展食品安全管理工作。一份详细的食品安全风险分析报告可以精确检测出食品中是否含有对人体有害的物质。公示不但能够提升商家对食品安全生产的重视程度，也能够使消费者更加放心购买，有利于社会和谐。

（2）构建成熟的质量控制体系

完善的食品安全管理制度能够预防食品安全问题的发生。食品安全风险管理过程中，需要对当前的质量控制体系进行检查，明确其中存在的问题，进而加强对食品生产的管控。在食品安全质量检测期间，必须严格按照规定，对生产流程、操作程序予以管理。

食品安全风险分析，可以通过对 HACCP 体系的应用，对食品安全质量予以全方位控制[64]。特别是针对冰淇淋、饮料等各类冷冻产品的质量控制，能够增强管理效果。

（3）强化食品安全的监管力度

食品安全管理与监督工作也是食品风险管理的重要内容。在具体的工作中，需要强化食品安全监管力度，对食品中是否存在有害物质做出客观评价，且能及时进行科学、合理的风险评估。例如当前社会比较关注的食品安全问题之一是食品中的残留农药成分。食品风险管理中，需要精确判断食物中的农残量，对其进行相关质量管理及控制工作。

三、风险交流

风险交流是食品安全风险分析过程中三大组成部分之一，是联系风险分析过程中利益相关方的纽带。食品安全风险交流是风险评估者、风险管理者及社会相关团体、公众之间各个方面的信息交流，其中包括信息传递机制、信息内容、交流的及时性、所使用的资料、信息的使用和获得、交流的目的、可靠性和意义[65]。

近年来公众对食品安全的关注日益增强，各国之间食品贸易往来竞争日益激烈，这对风险交流提出了更多的要求，无论是食品研发者、企业管理者还是各利益相关方进行相互对话，对食品中各种危害相关风险的严重性和程度作出明确、全面的说明，使公众感到可靠和值得信赖。这就要求风险交流者认识和克服目前知识中的不足以及风险评估中的不确定性所带来的障碍，同时要及时掌握国际动态，与国际组织及各进出口食品贸易相关国家进行信息交流。

风险交流的基本目标是以清晰易懂的术语向具体的交流受众提供有意义的、相关的和准确的信息，这也许不能解决各方存在的全部分歧，但可能有助于更好地理解各方分歧，也可以普及大众理解和接受风险管理的决定。有效的风险交流应该以建议和维护义务以及相互信任为目标，以推进风险管理措施[66]。

风险交流是所有利益相关方（包括消费者、生产商、科学家、工业界、政府及各种专业和倡议性组织）就风险本身、风险评估和风险管理进行交流的过程。风险评估者应以通俗易懂的方式解释风险评估的数据、模型及结果。风险管理者应在风险评估的基础上解释各种风险管理备选方案的合理性。利益相关方应及时交流他们的关心事宜，并审视和理解风险评估和风险管理的内容与方案[67]。

风险管理是指依据危险性评估的结果，权衡、制定政策的过程，包括选择和实施适当的控制措施。这些控制措施包括危害预防和消除，以及危险性的降低[68]。

① 危险性管理以通过选择和实施适当的措施为基本目标，使这些危险尽可能得到有效的控制，从而保障公众健康。

② 危险性管理的四个要素（risk management elements）。危险性管理的内容包括危险性评价、危险性管理措施的评估、管理决策的执行、监测和评述等四个方面。

③ 危险性评估与管理的关系：a. 两者的功能分离确保了危险性评估的公正性；b. 复杂、系统的危险性评估需要相互协作；c. 危险性评估要考虑危险性管理中的问题，评估结论透明化。

1. 风险交流的对象

食品安全属于重大的公共安全领域，因此食品安全涉及了较多的社会群体，风险交流活动就是为了保证这些社会群体之间就风险信息能够进行充分的互动，保证各方的参与权和知情权，这也预示着风险交流活动会面对大量的不同国家、不同知识背景、不同风险认知程度[69]、不同价值观和利益诉求等复杂的社会群体。对于这些差异化的交流对象，如何保证风险信息的有效交流是食品安全风险交流所面临的问题，因此了解和区分不同的风险交流对象，是保证有效风险交流的前提。不同交流对象在风险交流中的作用和责任[70] 包括：

（1）政府

不管以何种方式管理公共卫生风险，政府都对风险交流负有根本责任。当风险管理的职责是所有相关方充分理解和共享信息时，政府决策就有义务确保参与风险分析的所有相关方能有效地共享信息。同时，风险管理者有义务了解和回答公众关注的健康风险问题。政府应努力采取一致和透明的办法交流风险信息。交流的方法因不同问题和对象而异，这在处理不同特定人群对某一风险有着不同看法时最为明显。这些认识上的差异可能取决于经济、社会和文化上的不同，但是，这些差异应该得到承认和尊重，其产生的结果（即有效控制风险）才是最重要的。不同方法产生相同结果是可以接受的。通常政府有责任进行公共健康教育，并向卫生界传达有关信息。在这些工作中，风险交流能够将重要的信息传递给特定对象，如孕妇和老人[71]。

（2）企业界

企业的责任是确保其所有生产食品的质量和安全。同时，企业和政府一样，有责任向消费者传达风险信息。企业充分参与风险分析对作出有效决策至关重要，并可为风险评估和管理提供主要的信息来源。企业和政府间经常性的信息交流通常涉及制定标准或新技术、新成分或新标签的批准过程中的各种交流。在这方面，食品标签已经经常被用来传达有关食品成分以及如何安全食用的信息。将标签作为交流手段，已经成为风险管理的一种方法。

（3）消费者和消费者组织

公众认为，广泛和公开地参与国内风险分析是有效保护公众健康的必要因素。在风险分析过程的早期，公众或消费者组织的参与有助于确保消费者关注的问题得到重视和解决，也有助于公众更好地了解风险评估过程和风险决策的制定方式。而且这也可以进一步支持由风险评估引起的风险管理决策。消费者组织有责任向风险管理者传达他们对健康风险的担忧和看法。消费者组织应经常与企业和政府合作，以确保消费者关注的风险信息能得到充分传播。

（4）学术界和研究机构

学术界和研究人员在风险分析过程中发挥重要作用。由于其在健康和食品安全方面的科学专长和识别危害的能力，媒体或其他有关各方可能会请他们评论政府的决定。通常，他们在公众和媒体心目中具有很高的可信度，同时也可作为不受其他影响的信息来源。这些科研工作者研究消费者对风险的认识或如何与消费者进行交流，并评估交流的有效性，还可以帮助风险管理者寻求对风险交流方法和策略的建议。

（5）媒体

媒体在风险交流中显然也起着非常关键的作用[72]。公众关于食品健康风险的信息大多是通过媒体获得的。媒体可以只传播信息，但也可以制造或说明信息。媒体除了从官方渠道获取信息，还可从公众和社会其他部门所关注的问题中获取信息。这使得风险管理者可以从媒体中了解到以前未认识到的公众关注的问题。所以媒体能够促进风险交流工作。

2. 食品安全突发事件期间的风险交流策略

一旦发生如食品中化学危害物、物理性掺假或发现致病性微生物等典型的食品安全突发事件，尽管前述的非突发事件状态下的一般策略仍然适用，但是突发事件下需要有特殊的策略。交流策略应该是突发事件管理计划中不可缺少的组成部分。有效的突发事件管理要求有一个综合计划，以便根据定期评估进行修正。在突发事件期间，保持良好的交流渠道特别重要。首先，要防止引起恐慌；其次，要提供有关突发事件的正确信息，以帮助决定采用什么样的行动。这应该包含如下信息：

① 突发事件的性质和程度以及控制突发事件所采取的措施；

② 被污染食品的来源以及如何处理家中的所有可疑食物；

③ 所确定的危害及其特征，以及何时、怎样寻医或其他必要的援助措施；

④ 怎样防止问题的进一步蔓延；

⑤ 在紧急情况下人们妥善处理所有可疑食物的方法。

为达到这些目标，参加风险交流的人员应该：

① 开展一系列媒体交流；

② 建立适当的机制来传递信息，比如现场访问、广播公告、免费服务热线等；

③ 如果发生某种食源性疾病，在一个特殊诊所中安排一对一有关传染性风险的咨询服务；

④ 向所有卫生保健机构和其他相关部门介绍每日最新的突发事件情况和突发事件管理行动；

⑤ 定期向政府相关工作人员和其他官方代表以及包括媒体在内的公众代表进行通报，以评估突发事件交流的有效性并对此作出适当的调整；

⑥ 负责处理食品安全突发事件的人员应该建立一套信息共享的网络系统。中央政府、研究机构、地方政府、医院和企业应以准确、简洁和可行的方式互相交流信息。

危险性信息交流的内容信息交流包括危险的性质（nature of risk）、受益的性质（nature of benefit）、危险性评估的不确定性（uncertainties in risk assessment）、危险性管理的措施（risk management options）。危险性信息交流的原则是通过信息交流认识交流的对象、科学专家的参与、建立交流的专门技能、确保信息来源可靠、分担危险性责任、分清"科学"和"价值判断"的区别、确保信息透明度、正确认识危险性。

第三节　案例分析——保健食品安全性评价

为了确保保健食品的安全和健康，需要对其进行安全性评价。保健食品安全性评价主要是阐明其是否可以安全食用、保健食品中有关危害成分或物质的毒性及其风险大小，利用足够的毒理学资料确认物质的安全剂量[73-74]，并通过风险评估进行风险控制。保健食品作为具有特定保健功能的食品，其本质上也是一种食品。本部分将以保健食品的安全性评价要点为案例进行阐述，解析食品安全性评价的程序与方法。

一、对受试物的要求

以单一已知化学成分为原料的受试物，应提供受试物（必要时包括其杂质）的物理、化学性质（化学结构、纯度、稳定性、溶解度等）。含有多种原料的配方产品，应提供受试物的配方，必要时应提供受试物各成分含量，特别是功效成分/标志性成分的物理、化学性质和检测报告等有关资料[68]。

应提供原料来源、生产工艺、人的可能摄入量、使用说明书等有关资料。受试物应是符合既定配方和生产工艺的规格化产品，其组成成分、比例和纯度应与实际产品相同[68]。

二、对受试物处理的要求

1. 介质的选择

应选择适合于受试物的溶剂乳化剂或助悬剂等介质，且这些介质本身应不产生毒性作用，与受试物各成分之间不发生化学反应，能保持其自身稳定性[33]。

2. 人的可能摄入量较大的受试物处理

此时可允许去除既无功效作用又无安全问题的辅料部分（如淀粉糊精等）后进行试验。

3. 袋泡茶类受试物的处理

可测试该受试物的水提取物，提取方法应与产品推荐饮用方法相同。如产品无特殊推荐饮用方法，可采用以下提取条件进行：常压，温度 $80 \sim 91 \text{℃}$，浸泡时间 30min，水量为受试物质量的 10 倍或以上，提取 2 次，将提取液合并浓缩至所需浓度，并标明该浓缩液与原料的比例关系，膨胀系数较高的受试物处理应考虑受试物的膨胀系数对受试物给予剂量的影响，以此来选择合适的受试物给予方法（灌胃或掺入饲料）。

4. 需浓缩的液体保健食品

浓缩保健食品应采用不破坏其中有效成分的方法。可在以下条件下进行：温度为 $60 \sim 70 \text{℃}$、减压或常压、蒸发浓缩、冷冻干燥等。

5. 含乙醇的保健食品处理

对于推荐量较大的含乙醇的保健食品，在按其推荐量设计试验剂量时，如超过动物最大灌胃容量，可以进行浓缩。乙醇浓度低于 15％（体积分数）的受试物浓缩后的乙醇应恢复至受试物定型产品原来的浓度。乙醇浓度高于 15％（体积分数）的受试物浓缩后应将乙醇浓度调整至 15％，并将各剂量组的乙醇浓度调整一致。不需要浓缩的受试物乙醇浓度大于

15％时，应将各剂量组的乙醇浓度调整到 15％。当进行污染物致突变性试验（Ames 试验）和果蝇试验时，应将乙醇去除。

6. 含有人体必需营养素等物质的保健食品的处理

在按其推荐量选择试验剂量时，如该物质量达到已知的毒性作用剂量，在原有设计剂量的基础上，则应考虑增设去除该物质或降低该物质剂量（如降至最大未观察到有害作用剂量，NOAEL）的受试物剂量组，以便对保健食品中其他成分的毒性作用及该物质与其他成分的联合毒性作用做出评价。

7. 益生菌等微生物类保健食品处理

在进行 Ames 试验或体外细胞试验时，应先将益生菌等灭活后进行。

8. 以鸡蛋等食品原料为载体的特殊保健食品的处理

在进行喂养试验时，允许在饲料中添加，并根据动物的营养需要调整饲料配方后进行试验。

三、保健食品安全性毒理学评价试验的四个阶段和内容

1. 第一阶段

急性毒性试验。经口急性毒性，LD_{50}，联合急性毒性，一次最大耐受量试验。

2. 第二阶段

遗传毒性试验，30 天喂养试验，传统致畸试验。遗传毒性试验的组合应考虑将原核细胞与真核细胞、体内试验与体外试验相结合的原则。遗传毒性试验即三项致突变试验，从 Ames 试验或 V79/HGPRT 基因突变试验、骨髓细胞微核试验或哺乳动物骨髓细胞染色体畸变试验中分别各选一项。

3. 第三阶段

亚慢性毒性试验。主要包括 90 天喂养试验、繁殖试验和代谢试验。

4. 第四阶段

慢性毒性试验（包括致癌试验）。

四、不同保健食品选择毒性试验的原则要求

我国主要为以下原则[75]：

① 国内外均无食用历史的原料或成分作为保健食品原料时，应对该原料或成分进行四个阶段的毒性试验。

② 仅在国外少数国家或国内局部地区有食用历史的原料或成分，原则上应对该原料或成分进行第一、二、三阶段的毒性试验，必要时进行第四阶段毒性试验。

a. 若根据有关文献资料及成分分析，未发现有毒性或毒性甚微，不致构成对健康损害的物质，以及较大数量人群有长期食用历史而未发现有毒害作用的动植物及微生物等。可以先对该物质进行第一、二阶段的毒性试验，初步评价后再决定是否需要进行下一阶段试验。

b. 凡以已知的毒素化学物质为原料的产品，国际组织已对其进行过系统的毒理学安全性评价，同时申请单位又有资料证明我国产品的质量规格与国外产品一致，则可对该毒素化学物质先进行第一、二阶段毒性试验后再决定是否需要进行下一阶段试验。

③ 在国外多个国家广泛使用的原料，在提供安全性评价资料的基础上，进行第一、二

阶段毒性试验，根据试验结果决定是否需要进行下一阶段试验。

④ 以普通食品和卫健委规定的药食同源物质及允许用作保健食品的物质为原料生产的保健食品，分下列几种情况。

a. 以已列入营养强化剂或营养素补充剂名单的化合物为原料生产的保健食品，如其来源生产工艺和产品质量均符合国家有关要求，一般不要求进行毒性试验。

b. 以卫健委规定允许用于保健食品的动植物或动植物提取物或微生物（普通食品和卫健委规定的药食同源物质除外）为原料生产的保健食品[76]，应进行急性毒性试验、三项致突变试验和30天喂养试验，必要时进行传统致畸试验和第三阶段毒性试验。

c. 以普通食品和卫健委规定的药食同源物质为原料生产的保健食品，按以下情况分别确定试验内容：

a）以传统工艺生产且食用方式与传统食用方式相同的保健食品，一般不要求进行毒性试验。

b）用水提物配制生产的保健食品，如服用量为原料的常规用量，且有关资料未提示其具有不安全性的，一般不要求进行毒性试验。如服用量大于常规量时，需进行急性毒性试验、三项致突变试验和30天喂养试验，必要时进行传统致畸试验。

c）用水提以外的其他常用工艺生产的保健食品，如服用量为原料的常规用量时，应进行急性毒性试验、三项致突变试验。如服用量大于常规量时，需要增加30天喂养试验，必要时进行传统致畸试验。

五、保健食品毒理学安全性评价时应考虑的问题

1. 实验指标的统计学意义和生物学意义

在分析试验组与对照组指标统计学上差异的显著性时，应根据其有无剂量反应关系、同类指标横向比较及与本实验室的历史性对照范围比较的原则等来综合考虑指标差异有无生物学意义。

2. 生理作用与毒性作用

在分析和评价试验中某些指标的异常变化时，应注意区分受试者的生理表现和毒性作用。

3. 时间-毒性效应关系

在分析和评价受试物的毒性效应时，应考虑到在同一剂量水平下毒性效应随时间的变化。

4. 特殊人群和敏感人群

对孕妇、哺乳期妇女或儿童食用的保健食品，应特别注意其胚胎毒性或生殖发育毒性、神经毒性和免疫毒性。

5. 可能摄入量较大量保健食品的人群

应考虑给予受试物过量剂量可能会影响营养素的摄入量及其生物利用度，从而导致的某些毒理学表现，而非受试物的毒性作用所致。

6. 含乙醇的保健食品

在分析和评价某些指标的异常变化时，应注意区分乙醇本身或其他成分的作用。

7. 动物年龄对试验结果的影响

对试验中出现的某些指标的异常改变，要考虑是否因为动物年龄选择不当所致而非受试物的毒性作用，因为幼年动物和老年动物可能对受试物更为敏感。

8. 安全系数

将动物毒性试验结果外推到人时，鉴于动物、人的种属和个体之间的生物学差异，安全系数通

常为100，但可根据受试物的原料来源、理化性质、毒性大小、代谢特点、蓄积性、接触的人群范围、食品中的使用量和人的可能摄入量、使用范围及功能等因素来综合考虑其安全系数的大小。

9. 人体资料

尽可能收集被测物质食用后人群反应的数据；必要时，在保证安全的前提下，可按有关规定进行人体试食检测。

10. 综合评价

最后评价时，必须综合考虑各种因素，确保其对人体健康的安全性。对于已在相当长一段时间内用于食品中的物质，对接触人群进行流行病学调查具有重大意义，但关于剂量-反应关系的可靠数据往往难以获得。对于新的受试物质，则只能依靠动物试验和其他试验研究资料。绝对的安全（即保证每个人都安全）实际上是不存在的。在做最后的评价时，要综合权衡才能得出结论。

11. 保健食品安全性的重新评价

随着形势的变化、科学技术的进步和研究的不断发展，有必要对已通过评价的受试物进行重新评价，做出新的科学结论。

思考题

1. 风险分析由哪几个部分组成？
2. 风险评估由哪几个组成部分？
3. 食品毒理学评价的主要内容是什么？
4. 安全毒理学评价中对受试物处理的要求有哪些？
5. 保健食品安全毒理学评价的内容是什么？进行安全毒理学评价应考虑哪些问题？

参 考 文 献

[1] Carrington C. Chapter 34 - Food and nutrient toxicology. In：Wexler P，editor. Information Resources in Toxicology (Fifth Edition)：Academic Press，2020. 375-385.

[2] 张玉成. 建立中国食品毒理 GLP 体系的探索 [D]. 武汉：武汉大学，2017.

[3] 李莎莎，李翠枝. 二噁英污染事件初步文献调查 [J]. 畜牧与饲料科学，2011，32（4）：23-28.

[4] 杨希群，张丽，高允. 浅析食品毒理学视域内的食品安全问题 [J]. 食品安全导刊，2019，9（18）：123.

[5] GB 15193.1—2014 食品安全国家标准　食品安全性毒理学评价程序.

[6] GB 15193.2—2014 食品安全国家标准　食品毒理学实验室操作规范.

[7] GB 15193.21—2014 食品安全国家标准　受试物试验前处理方法.

[8] GB 15193.3—2014 食品安全国家标准　急性经口毒性试验.

[9] GB 15193.11—2015 食品安全国家标准　果蝇伴性隐性致死试验.

[10] 徐海滨，食品毒理学评价程序和方法 [C] //中国毒理学会饲料毒理学专业委员会第四届全国代表大会暨学术会议论文集. 2009.

[11] 食品毒理学评价程序及方法标准的清理建议 [J]. 中国卫生标准管理，2013，4（z2）：163-164.

[12] Schlede E，Genschow E，Spielmann H，et al. Oral acute toxic class method：a successful alternative to the oral LD_{50} test [J]. Regulatory Toxicology and Pharmacology，2005，42（1）：15-23.

[13] GB 15193.4—2014 食品安全国家标准　细菌回复突变试验.

[14] GB 15193.5—2014 食品安全国家标准　哺乳动物红细胞微核试验.

[15] GB 15193.6—2014 食品安全国家标准　哺乳动物骨髓细胞染色体畸变试验.

[16] GB 15193.8—2014 食品安全国家标准　小鼠精原细胞或精母细胞染色体畸变试验.

[17] GB 15193.12—2014 食品安全国家标准　体外哺乳类细胞 HGPRT 基因突变试验.

[18] GB 15193.20—2014 食品安全国家标准　体外哺乳类细胞 TK 基因突变试验.

[19] GB 15193.23—2014 食品安全国家标准　体外哺乳类细胞染色体畸变试验.

[20] GB 15193.9—2014 食品安全国家标准　啮齿类动物显性致死试验.

[21] GB 15193.10—2014 食品安全国家标准　体外哺乳类细胞 DNA 损伤修复（非程序性 DNA 合成）试验.

[22] GB 15193.11—2015 食品安全国家标准　果蝇伴性隐性致死试验.

[23] GB 15193.22—2014 食品安全国家标准　28 天经口毒性试验.

[24] GB 15193.13—2015 食品安全国家标准　90 天经口毒性试验.

[25] GB 15193.14—2015 食品安全国家标准　致畸试验.

[26] GB 15193.15—2015 食品安全国家标准　生殖毒性试验.

[27] GB 15193.25—2014 食品安全国家标准　生殖发育毒性试验.

[28] GB 15193.16—2014 食品安全国家标准　毒物动力学试验.

[29] GB 15193.26—2015 食品安全国家标准　慢性毒性试验.

[30] GB 15193.27—2015 食品安全国家标准　致癌试验.

[31] GB 15193.17—2015 食品安全国家标准　慢性毒性和致癌合并试验.

[32] 刘兆平, 刘飒娜, 马宁. 食品安全风险评估中的不确定性 [J]. 中国食品卫生杂志, 2011, 23 (1): 26-30.

[33] Kabadi S V, Zang Y, Fisher J W, et al. Food ingredient safety evaluation: utility and relevance of toxicokinetic methods [J]. Toxicology and Applied Pharmacology, 2019, 382: 114759.

[34] GB 15193.2—2014 食品安全国家标准　食品毒理学实验室操作规范.

[35] Zhu S, Li Y, Ma C Y, et al. Lipase catalyzed acetylation of EGCG, a lipid soluble antioxidant, and preparative purification by high-speed counter-current chromatography (HSCCC) [J]. Separation and Purification Technology, 2017, 185: 33-40.

[36] Berg L. Trust in food in the age of mad cow disease: a comparative study of consumers' evaluation of food safety in Belgium, Britain and Norway [J]. Appetite, 2004, 42 (1): 21-32.

[37] Li Q, Song P, Wen J. Melamine and food safety: a 10-year review [J]. Current Opinion in Food Science, 2019, 30 (2): 79-84.

[38] 陈平. 浅议我国食品风险评估的建立 [J]. 就业与保障, 2016 (4): 32-33.

[39] Gallo M, Ferrara L, Calogero A, et al. Relationships between food and diseases: what to know to ensure food safety [J]. Food Research International, 2020, 137: 109414.

[40] 李水红, 李彦毅. 我国食品安全风险评估制度实施及应用研究 [J]. 现代食品, 2018 (14): 48-49, 52.

[41] Bertolatti D, Theobald C. Food Safety and Risk Analysis. Encyclopedia of Environmental Health, 2011.

[42] Jongwanich J. The impact of food safety standards on processed food exports from developing countries [J]. Food Policy, 2009, 34 (5): 447-457.

[43] Girardon P, Gabard F, Peyer H. Food safety management system—HACCP—risk assessment. In: Cachon R, Girardon P, Voilley A, editors. Gases in Agro-Food Processes: Academic Press; 2019, 11 (9): 105-107.

[44] 食品安全风险评估与风险监测 [J]. 食品安全质量检测学报, 2019, 10 (4): 891.

[45] 顾振华. 食品安全监管中的危险性分析 [J]. 上海食品药品监管情报研究, 2008 (5): 37-41.

[46] Dijk H V, Houghton J, Kleef E V, et al. Consumer responses to communication about food risk management [J]. Appetite, 2008, 50 (2): 340-352.

[47] Zwietering M H. Risk assessment and risk management for safe foods: assessment needs inclusion of variability and uncertainty, management needs discrete decisions [J]. International Journal of Food Microbiology, 2015, 213: 118-123.

[48] Attrey D P. Role of risk analysis and risk communication in food safety management. Food Safety in the 21st Century, 2017: 53-68.

[49] Chartres N, Bero L A, Norris S L. A review of methods used for hazard identification and risk assessment of environmental hazards [J]. Environment International, 2019, 123: 231-239.

[50] 韦宁凯. 食品安全风险监测和风险评估 [J]. 铜陵职业技术学院学报, 2009, 8 (2): 32-36.

[51] 王李伟, 刘弘. 食品中化学污染物的风险评估及应用 [J]. 上海预防医学杂志, 2008, 7 (1): 26-28.

[52] Zhang H, Lou Z, Chen X, et al. Effect of simultaneous ultrasonic and microwave assisted hydrodistillation on the

yield，composition，antibacterial and antibiofilm activity of essential oils from *Citrus medica* L. var. *sarcodactylis* ［J］. Journal of Food Engineering，2019，244：126-135.

［53］ 郭敏. 我国食品安全及其风险分析 ［J］. 粮食与油脂，2019，32（6）：1-3.

［54］ 刘志英. 风险分析——我国食品安全管理新趋向 ［J］. 内蒙古科技与经济，2005（14）：141-143.

［55］ 张洪瑞. 论我国食品安全风险评估机制的完善 ［D］. 济南：山东大学，2016.

［56］ Maddah F，Soeria-Atmadja D，Malm P，et al. Interrogating health-related public databases from a food toxicology perspective：computational analysis of scoring data ［J］. Food and Chemical Toxicology，2011，49（11）：2830-2840.

［57］ 张磊，刘兆平. 风险评估在食品安全应急管理中的作用与实践 ［J］. 中国应急管理科学，2019，（z6）：77-80.

［58］ Pandiselvam R，Kaavya R，Jayanath Y，et al. Ozone as a novel emerging technology for the dissipation of pesticide residues in foods-a review ［J］. Trends in Food Science & Technology，2020，97：38-54.

［59］ Yong M，Li C Y，Shao H D，et al. Food safety policy，standards，and administration in P. R. China ［M］//Reference Module in Food Science：Elsevier. 2016.

［60］ Zhang D，Jiang Q，Ma X，et al. Drivers for food risk management and corporate social responsibility：a case of Chinese food companies ［J］. Journal of Cleaner Production，2014，66：520-527.

［61］ Zhang D，Gao Y，Morse S. Corporate social responsibility and food risk management in China：a management perspective ［J］. Food Control，2015，49（3）：2-10.

［62］ 曹世源，周莉莉，张鑫，等. 食品安全风险及其在食品质量管理中的运用 ［J］. 食品安全导刊，2020，8（9）：32.

［63］ de Oliveira C A F，da Cruz A G，Tavolaro P，et al. Food safety：good manufacturing practices（GMP），sanitation standard operating procedures（SSOP），hazard analysis and critical control point（HACCP）. Antimicrobial Food Packaging，2016：129-139.

［64］ Turley A E，Isaacs K K，Wetmore B A，et al. Incorporating new approach methodologies in toxicity testing and exposure assessment for tiered risk assessment using the RISK21 approach：case studies on food contact chemicals ［J］. Food and Chemical Toxicology，2019，134（8）：110819.

［65］ 谢强. 危机营销：转危为安实现新跨越的营销策略 ［M］. 成都：西南财经大学出版社，2007.

［66］ 刘骏. 食品安全风险监测及其规范化建设的初探 ［J］. 中小企业管理与科技（上旬刊），2014，（9）：151-153.

［67］ Hurtt M E，Cappon G D，Browning A. Proposal for a tiered approach to developmental toxicity testing for veterinary pharmaceutical products for food-producing animals ［J］. Food and Chemical Toxicology，2003，41（5）：611-619.

［68］ Miao P，Chen S，Li J，et al. Decreasing consumers' risk perception of food additives by knowledge enhancement in China ［J］. Food Quality and Preference，2020，79：103781.

［69］ 张建新，沈明浩. 食品安全概论 ［M］. 郑州：郑州大学出版社，2011.

［70］ Blumenthal C Z. Production of toxic metabolites in *Aspergillus niger*，*Aspergillus oryzae*，and *Trichoderma reesei*：justification of mycotoxin testing in food grade enzyme preparations derived from the three fungi ［J］. Regulatory Toxicology and Pharmacology，2004，39（2）：214-228.

［71］ Rutsaert P，Pieniak Z，Regan Á，et al. Social media as a useful tool in food risk and benefit communication? A strategic orientation approach ［J］. Food Policy，2014，46：84-93.

［72］ 张娟，李水仙，王春芳，等. 藏悠游胶囊安全性毒理学评价及提高缺氧耐受力功能研究 ［J］. 食品与药品，2020，22（2）：94-102.

［73］ 王晓林，戴鹏莹，邸松，等. 刺芪参胶囊活性成分含量测定及安全性评价 ［J］. 食品与机械，2020，36（4）：102-109，206.

［74］ Young I，Waddell L A，Wilhelm B J，et al. A systematic review and meta-regression of single group，pre-post studies evaluating food safety education and training interventions for food handlers ［J］. Food Research International，2020，128（9）：108711.

［75］ Knudsen I，Søborg I，Eriksen F，et al. Risk management and risk assessment of novel plant foods：concepts and principles ［J］. Food and Chemical Toxicology，2008，46（5）：1681-1705.

［76］ Ricci A，Martelli F，Razzano R，et al. Service temperature preservation approach for food safety：microbiological evaluation of ready meals ［J］. Food Control，2020，115：107297.

第八章
食品安全法律法规与标准

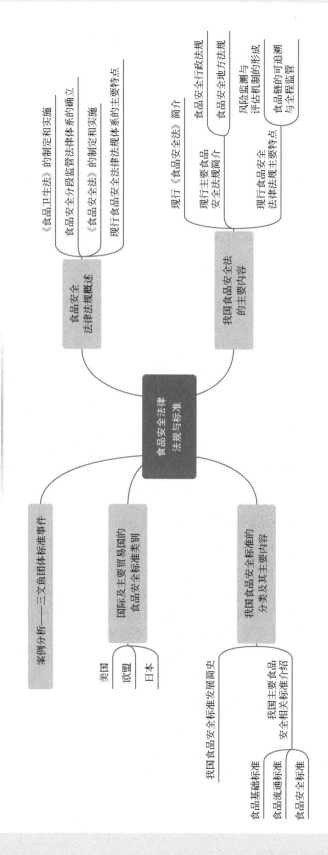

本章思维导图

食品安全法律与标准

食品安全
法律法规概述
- 《食品卫生法》的制定和实施
- 食品安全分段监管法律体系的确立
- 《食品安全法》的制定和实施
- 现行食品安全法律法规体系的主要特点

我国食品安全法
的主要内容
现行《食品安全法》简介
- 现行主要食品安全法规简介
  - 食品安全行政法规
  - 食品安全地方法规
- 现行食品安全法律法规主要特点
  - 风险监测与评估机制的形成
  - 食品链的可追溯与全程监管

案例分析——三文鱼团体标准事件

国际及主要贸易国的食品安全标准类别
- 美国
- 欧盟
- 日本

我国食品安全标准的分类及其主要内容
我国食品安全标准发展简史
我国主要食品安全相关标准介绍
- 食品基础标准
- 食品流通标准
- 食品安全标准

第一节　食品安全法律法规概述

我国基于特殊国情和经济状况，先后制定、颁布和实施了相应的食品卫生标准、检验方法等规章制度与管理办法，并逐步建立了与当时环境、经济状况基本相适应的食品卫生监督管理的专门机构和专业队伍。近年来，随着农业、食品加工业和食品国际贸易的快速变化，尤其是人民健康意识和健康理念的巨大进步，我国的食品安全法律体系已逐渐建立并不断完善。2015年10月1日起实施的《食品安全法》标志着我国已初步建立了针对我国国情且能高效发挥作用的食品安全法律法规体系。

一、《食品卫生法》的制定和实施

十一届三中全会之后，在1978~1992年间，国家的经济体制开始实施重大改革，大量个体经济和私营经济进入餐饮行业和食品加工行业，食品生产经营渠道和面貌日益多元化和复杂化，污染食品的因素和食品污染的机会随之增多，出现了食物中毒事故数量不断上升的态势，严重威胁人民的健康和生命安全。在市场化的大潮中，一些新的食品安全问题开始暴露出来：农药、工业三废、霉变食品中毒素等有害物质对食品的污染情况在有的地区比较严重，食品生产中有些食品达不到标准，有的食品卫生严重违法事件得不到应有的法律制裁等。

基于上述原因，1981年4月国务院开始着手起草《食品卫生法》，最终全国人大常委会于1982年11月19日通过了《中华人民共和国食品卫生法（试行）》，并于1983年7月1日开始试行。这部试行法的基本内容包括提出食品卫生要求、食品添加剂生产经营实施国家管制、实行卫生标准制度等七个方面，而其中在监管体制方面，该法初步确立了以食品卫生监督机构为核心的分段监管体制，成为当下食品安全监管格局的基础。

二、食品安全分段监管法律体系的确立

在2003年的国务院机构改革中，为了在众多监管部门之间进行协调，国务院将原有的国家药品监督管理局调整为国家食品药品监督管理局，并将食品安全的综合监督、组织协调和依法组织查处重大事故的职能赋予该机构。随着食品产业的发展，《食品卫生法》中一些滞后和不足的地方也逐渐显现出来，2006年的《农产品质量安全法》等法律作为补充性法律先后应运而生。《农产品质量安全法》被认为是我国第一部关系广大人民群众身体健康和生命安全的食品安全法律，这部法律的实施，标志着我国食品安全分段监管模式的完整法律体系已经建立[1]。

三、《食品安全法》的制定和实施

随着社会经济发展和人民饮食结构的不断调整，农产品加工业、食品工业、食品经营业以及餐饮行业等整个产业链体系，食用农产品种植、饲养、加工、流通以及现代餐饮业也出现了一系列新的变化。旧有的食品卫生概念局限于餐饮消费环节，远远不能满足社会公众对于食品安全的质量要求。此外，在食品安全领域出现的问题总是不断地刺激和促进着相关法律体系的完善。《食品安全法》的总体思路与《食品卫生法》相比，有不少创新，如建立以

食品安全风险评估为基础的科学管理制度，坚持强化预防为主，建立以责任制为基础，分工明晰、责任明确、权威高效，决策与执行适度分开、相互协调的食品安全监督体制，建立畅通、便利的消费者权益维护渠道等等。制定《食品安全法》取代《食品卫生法》的目的就是要对"从农田到餐桌"的全过程食品安全相关问题进行全面规定，在一个更为科学的体系之下，避免食品卫生标准、食品质量标准、食品营养标准之间的交叉与重复，修订的《食品安全法》于 2015 年 10 月 1 日起作为食品安全领域的基本法正式施行。

四、现行食品安全法律法规体系的主要特点

我国目前已初步形成以《食品安全法》为核心，其他专门法律为支撑，并且与产品质量、检验检疫、环境保护等法律相衔接的综合性食品安全法律体系。这一体系有如下几个鲜明特点：

第一，预防为主、风险防范。完善了基础性制度，增设了生产经营者自查制度，增设了责任约谈制度和风险分级管理要求。

第二，设立了严格的全过程监管法律制度。在食品生产环节、流通环节、餐饮服务等环节均增设了相关制度要求。完善食品追溯制度，补充规定保健食品的产品注册和备案制度以及广告审批制度，进一步明确进出口食品管理制度。完善食品安全监管体制，由食品药品监督管理部门统一负责食品生产、流通和餐饮服务监管的相对集中体制。

第三，设立了严格的法律责任制度。突出民事赔偿责任，加大行政处罚力度，细化并加重对失职的地方政府负责人和食品安全监管人员的处分，做好与刑事责任的衔接。

第四，实施社会共治。增设食品安全责任保险制度，支持食品生产经营企业参加食品安全责任保险，同时授权食品药品监督管理总局会同保监会制定具体办法[2-3]。

第二节　我国食品安全法的主要内容

一、现行《食品安全法》简介

1. 立法背景和意义

食品安全法的制定和实施，在我国食品安全法律法规建设历程中具有相当重要的意义。首先，制定食品安全法的宗旨是保障食品安全，保证公众身体健康和生命安全的需要。其次，制定的食品安全法是促进我国食品工业和食品贸易健康快速发展的需要。最后，制定的食品安全法是加强社会领域立法，完善我国食品安全法律体系的需要。在食品卫生法的基础上，制定内容覆盖更为全面的食品安全法，与其他相关法律如《农产品质量安全法》《进出境动植物检疫法》《动物防疫法》《进出口商品检验法》《农药管理条例》《兽药管理条例》等加强衔接，有利于完善我国食品安全法律制度，为我国社会主义市场经济的健康发展提供法律保障。

2. 基本内容

《食品安全法》共十章一百五十四条，包括总则、食品安全风险监测和评估、食品安全标准、食品生产经营、食品检验、食品进出口、食品安全事故处置、监督管理、法律责任、附则几个部分。

① 立法宗旨。"为了保证食品安全，保障公众身体健康和生命安全，制定本法。"在制定《食品安全法》的过程中，如何从食品链的各环节、各方面保证食品安全、保障公众身体健康和生命安全成为立法宗旨所在。

② 适用范围。a. 食品生产和加工（以下称食品生产），食品销售和餐饮服务（以下称食品经营）；b. 食品添加剂的生产经营；c. 用于食品的包装材料、容器、洗涤剂、消毒剂和用于食品生产经营的工具、设备（以下称食品相关产品）的生产经营；d. 食品生产经营者使用食品添加剂、食品相关产品；e. 食品的贮存和运输；f. 对食品、食品添加剂和食品相关产品的安全管理。

③ 食品安全监管体制。《食品安全法》对于国务院有关食品安全监管部门的职责进行了明确的界定。

a. 国务院质量监督、工商行政管理和国家食品药品监督管理部门依照《食品安全法》和国务院规定的职责，分别对食品生产、食品流通、餐饮服务活动实施监督管理。《食品安全法》第四条国务院设立食品安全委员会，其工作职责由国务院规定。国务院卫生行政部门承担食品安全综合协调职责，负责食品安全风险评估、食品安全标准制定、食品安全信息公布、食品检验机构的资质认定条件和检验规范的制定，组织查处食品安全重大事故。国务院质量监督、工商行政管理和国家食品药品监督管理部门依照本法和国务院规定的职责，分别对食品生产、食品流通、餐饮服务活动实施监督管理。

b. 在地方政府层面（县级以上）进一步明确食品安全监管工作职责，理顺工作关系。《食品安全法》第六条规定，县级以上地方人民政府对本行政区域的食品安全监督管理工作负责，统一领导、组织、协调本行政区域的食品安全监督管理工作以及食品安全突发事件应对工作，建立健全食品安全全程监督管理的工作机制和信息共享机制。

县级以上地方人民政府依照本法和国务院的规定，确定本级食品药品监督管理、卫生行政部门和其他有关部门的职责。有关部门在各自职责范围内负责本行政区域的食品安全监督管理工作。

县级人民政府食品药品监督管理部门可以在乡镇或者特定区域设立派出机构。

c. 为了使得食品安全监管各部门的工作能够协调和衔接，《食品安全法》第八条规定，县级以上人民政府食品药品监督管理部门和其他有关部门应当加强沟通、密切配合，按照各自职责分工，依法行使职权，承担责任。

d. 为了改善分段监管中各部门各自为政，工作存在交叉和遗漏的情况，使得食品安全监管体制运行更为顺畅，《食品安全法》第五条还规定，国务院设立食品安全委员会，其职责由国务院规定。

e.《食品安全法》授权国务院根据实际需要，可以对食品安全监督管理体制作出调整。

④ 食品安全风险监测和评估制度。食品安全风险监测制度规定由国务院卫生行政部门会同国务院食品药品监督管理、质量监督等部门，制定、实施国家食品安全风险监测计划。食品安全风险监测和评估是国际上流行的预防和控制食品风险的有效措施。食品安全法对此加以规定，是与国际通行做法相一致的。食品安全风险监测是指通过系统和持续收集食源性疾病、食品污染、食品中有害因素等相关数据信息，并应用医学、卫生学原理和方法进行监测。

⑤ 统一食品安全国家标准。为解决食品标准在结构上的重复，品种上的缺失和内容上的矛盾，以及标准过高或过低引起争议等问题，《食品安全法》第二十七条规定，食品安全国家标准由国务院卫生行政部门会同国务院食品药品监督管理部门制定、公布，国务院标准

化行政部门提供国家标准编号。

⑥ 对于食品安全地方标准和企业标准，《食品安全法》明确了其地位。对地方特色食品、没有食品安全国家标准的，省、自治区、直辖市人民政府卫生行政部门可以制定并公布食品安全地方标准，报国务院卫生行政部门备案。食品安全国家标准制定后，该地方标准即行废止。

⑦ 食品生产经营者的社会责任。政府和食品生产经营者在食品安全问题上都有各自无可替代的责任，而一直以来生产经营者的责任在一定程度上被忽视了，因此《食品安全法》强化了生产经营者是保证食品安全第一责任人这一概念。

⑧ 食品检验工作。食品检验由食品检验机构指定的检验人独立进行。食品检验实行食品检验机构与检验人负责制。食品检验报告应当加盖食品检验机构公章，并有检验人的签字或者盖章。食品检验机构和检验人对出具的食品检验报告负责。县级以上人民政府食品药品监督管理部门应当对食品进行定期或不定期的抽样检验，并依据有关规定公布检验结果，不得免检。进行抽样检验，应当购买抽取的样品，委托符合（本法）规定的食品检验机构进行检验，并支付相关费用，不得向食品生产经营者收取检验费和其他费用。

⑨ 食品进出口管理。进口的食品、食品添加剂、食品相关产品应当符合我国食品安全国家标准。《食品安全法》第九十三条规定：进口尚无食品安全国家标准的食品，由境外出口商、境外生产企业或者其委托的进口商向国务院卫生行政部门提交所执行的相关国家（地区）标准或者国际标准。国务院卫生行政部门对相关标准进行审查，认为符合食品安全要求的，决定暂予适用，并及时制定相应的食品安全国家标准。进口利用新的食品原料生产的食品或者进口食品添加剂新品种、食品相关产品新品种，依照本法第三十七条的规定办理。出入境检验检疫机构按照国务院卫生行政部门的要求，对前款规定的食品、食品添加剂、食品相关产品进行检验。检验结果应当公开。

⑩ 食品安全事故处置。食品安全事故对人民群众的生命健康造成危害，如果不能及时有效地处置，会造成恶劣的影响。因此，《食品安全法》规定了食品安全事故处置机制，包含三方面的内容。一、报告制度。事故单位和接收病人进行治疗的单位应当及时向事故发生地县级人民政府食品药品监督管理、卫生行政部门报告。县级以上人民政府质量监督、农业行政等部门在日常监督管理中发现食品安全事故或者接到事故举报，应当立即向同级食品药品监督管理部门通报。二、事故处置措施，如开展应急救援工作，组织救治因食品安全事故导致人身伤害的人员；封存被污染的食品相关产品，并责令进行清洗消毒；做好信息发布工作，依法对食品安全事故及其处理情况进行发布，并对可能产生的危害加以解释、说明。三、责任追究。发生重大食品安全事故，设区的市级以上人民政府食品药品监督管理部门应当立即会同有关部门进行事故责任调查，督促有关部门履行职责，向本级人民政府和上一级人民政府食品药品监督管理部门提出事故责任调查处理报告。

⑪ 法律责任。《食品安全法》第九章对食品安全相关的刑事、行政和民事责任进行了规定，以切实保障人民群众的生命安全和身体健康。

二、现行主要食品安全法规简介

（一）食品安全行政法规

我国已经颁布的与食品安全相关的主要行政法规，既包括《食品安全法实施条例》《农产品质量安全监测管理办法》这样针对某一法律进行的执行性立法，也包括《生猪屠宰管理条例》《食品生产加工企业质量安全监督管理实施细则（试行）》等针对某一特定领域的立法，还包括像《关于进一步加强食品质量安全监督管理工作的通知》和《关于加大监管力度防范食品安全风险的通知》的部门规章。这些食品安全相关的法规和规章已达210余种，这里仅就几个重要的食品安全法规进行简要介绍。

1.《食品安全法实施条例》

为配合《食品安全法》的实施，《食品安全法实施条例》（以下简称条例）根据2016年2月6日《国务院关于修改部分行政法规的决定》修订，2019年3月26日国务院第42次常务会议修订通过。该条例包括总则，食品安全风险监测和评估，食品安全标准，食品生产经营，食品检验，食品进出口，食品安全事故处置，监督管理，法律责任和附则共十章八十六条。该条例从落实企业责任、强化各部门监管、增强制度可操作性三个方面，保证食品安全法严格实施。

在食品安全法已详细规定食品生产经营者的进货索证索票义务的基础上，条例补充规定，食品批发企业应当如实记录批发食品的名称、规格、数量、生产批号、保质期、购货者名称及联系方式、销售日期等内容，或保留载有相关信息的销售票据；记录、票据的保存期限不得少于贮存、运输结束后2年。

为了促使地方各级政府和政府有关部门切实承担起食品安全监管责任，条例规定县级以上地方人民政府应当建立健全食品安全监管部门的协调配合机制，整合、完善食品安全信息网络，实现食品安全信息共享和食品检验等技术资源的共享。条例还特别明确了县级、市级人民政府统一组织、协调食品安全监管工作的职责，规定县级人民政府应当统一组织、协调本级卫生行政、农业行政、质量监督、工商行政管理、食品药品监管部门，依法对本行政区域内的食品生产经营者进行监督管理，对发生食品安全事故风险较高的食品生产经营者，应当重点加强监督管理。

2.《食品生产加工企业质量安全监督管理实施细则（试行）》

该实施细则实际上是规范食品生产企业市场准入（即食品质量安全市场准入制度，也称QS制度）的行政规章。2003年，国家质量监督检验检疫总局针对国内食品生产加工企业普遍存在的问题，依照食品安全应当从源头抓起的战略，制定并颁布了我国第一部规范食品生产企业市场准入的部门行政规章《食品生产加工企业质量安全监督管理办法》，随后又颁布实施了与之相配套的行政规章和技术性文件，这标志着我国食品质量安全市场准入的法律制度初步建立。2005年8月31日国家质量监督检验检疫总局局务会议审议通过《食品生产加工企业质量安全监督管理实施细则（试行）》，自2005年9月1日起施行。所谓市场准入，一般是指货物、劳务与资本进入市场的程度的许可。食品质量安全市场准入制度就是，为保证食品的质量安全，具备规定条件的生产者才允许进行生产经营活动、具备规定条件的食品才允许生产销售的监管制度。因此，食品质量安全市场准入制度是一项行政许可制度。这一制度的核心内容又包含三个具体制度：

（1）对食品生产企业实施生产许可证制度

国家对生产乳制品、肉制品、饮料、米、面、食用油、酒类等直接关系人体健康的加工食品的企业实行生产许可证制度，即对于具备基本生产条件、能够保证食品质量安全的企业，发放《食品生产许可证》，准予生产获证范围内的产品；未取得《食品生产许可证》的企业不准生产食品。从生产条件上保证企业能生产出符合质量安全要求的产品。

（2）对企业生产的食品实施强制检验制度

强制检验是指为了保证食品质量安全和符合规定的要求，法律法规要求企业或者监督管理部门必须开展的食品检验。在食品质量安全市场准入制度中，强制检验包括发证检验、出厂检验和监督检验。据《食品质量安全市场准入审查通则》的规定，未经检验或检验不合格的食品不准出厂销售。具备出厂检验能力的企业，可以按要求自行进行出厂检验。不具备产品出厂检验能力的企业，必须委托有资质的检验机构进行出厂检验。

（3）对实施食品生产许可制度的产品实行市场准入标志制度

在食品市场准入标志管理方面，国外已有比较成熟的做法。结合我国实际，按照适应市场经济体制和 WTO 规则的原则，要求食品企业在产品出厂检验合格的基础上，在最小销售单元的包装上加印（贴）市场准入标志，以表明产品符合质量安全的基本要求。对检验合格的食品要加印（贴）市场准入标志食品安全（QS）标志，没有加印（贴）QS 标志的食品不准进入市场销售。

（二）食品安全地方法规

地方政府或者地方食品安全监管部门为了更好地执行食品安全法律、法规和规章，对本行政区域内实施有效的监督管理，以完成国家法律赋予的任务。在地方层面，食品安全相关法律的执行立法和其他的法规、规章是食品安全法律法规体系的重要组成部分，它们更能适应本地实际情况，有更强的实用性和可操作性，如针对地方的北京食品安全法规、上海食品安全法规、广东食品安全法规等。

三、现行食品安全法律法规主要特点

（一）风险监测与评估机制的形成

《食品安全法》第十四条明确规定国家建立食品安全风险监测制度。国际食品法典委员会（CAC）将风险定义为"食品中的危害因子产生对健康不良作用和严重后果的概率函数"。食品安全风险监测，是通过系统和持续地收集食源性疾病、食品污染以及食品中有害因素的监测数据及相关信息，并进行综合分析和及时通报的活动[4-6]。食品安全风险评估，指运用科学方法，根据食品安全风险监测信息、科学数据以及相关信息，对食品、食品添加剂、食品相关产品中生物性、化学性和物理性危害因素进行风险评估。包括危害识别、危害特征描述、暴露评估、风险特征描述等[4]。国家食品安全风险评估中心也于 2011 年 10 月 13 日正式挂牌成立。该中心专门承担国家食品安全风险评估、监测、预警、交流和食品安全标准等技术支持工作，这一系列举措意味着我国食品安全监管由事后处理转变为动态的监控预防，监管思路发生了质的变化。

（二）食品链的可追溯与全程监管

随着食品生产贸易日益规模化、国际化和多元化，食品供应链各节点间的联系也日益复杂，食品安全追溯体系具体到每一个产品上则表现为一个追溯码标签。追溯可定义为在食品流通的连续区间（或供应链）内向下跟踪或向上回溯食品（动植物产地、产品及其成分）的能力。食品安全可追溯系统是运用规模化生产技术和计算机、网络、自动识别、物联网等现代信息技术实现食品从生产源头到销售终端质量安全信息的记录与安全控制的系统。目前我国已经有部分省市开始以地方法规的形式确立了食品安全追溯制度，如甘肃省的《甘肃省食品安全追溯管理办法（试行）》和北京的《北京市食品安全条例》等。

第三节　我国食品安全标准的分类及其主要内容

一、我国食品安全标准发展简史

1988 年 12 月 29 日第七届全国人民代表大会常务委员会第五次会议通过了《中华人民共和国标准化法》（以下简称《标准化法》），明确了标准的法律地位，并先后颁布了计量、产品质监等一系列相关法律、法规，更进一步确立了标准的严肃性、权威性。《标准化法》中规定了"保障人体健康，人身、财产安全的标准和法律、行政法规等强制执行的标准是强制性标准"。随着食品工业的发展，食品安全问题不断涌现，我国的食品标准也由原来重视感官和理化指标转向重视安全性指标。

1994 年《食品安全性毒理学评价程序》正式作为国家标准颁布，结束了我国食品安全评价工作长久以来没有标准的局面，使我国的食品安全管理工作又向前迈进了一大步。在同一年内国家还颁布了 179 个食品营养强化剂使用卫生标准、食品企业通用卫生规范、食品中铅限量卫生标准等国家卫生标准。截至 2008 年，我国颁布了一系列农产品安全标准，形成了 68 项包括《婴儿配方食品》《特殊医学用途婴儿配方食品》等乳品食品安全国家标准。

二、我国主要食品安全相关标准介绍

食品标准是食品工业领域各类标准的总和，在《食品安全法》颁布实施之前的食品标准体系中，包括食品产品标准、食品卫生标准、食品分析方法标准、食品管理标准、食品添加剂标准、食品术语标准等[6]。在《食品安全法》实施后，上述标准中一些食品安全相关的标准被整合为食品安全国家标准，下面以食品安全国家标准为核心介绍食品产业链相关的标准。

（一）食品基础标准

食品基础标准在食品领域具有广泛的使用范围，涵盖整个食品领域内的通用条款。食品基础标准主要包括通用的食品技术术语标准，相关量和单位标准，通用的符号、代号标准等。

1. 食品术语标准

术语（terminology）是在特定学科领域用来表示概念的称谓的集合，在我国又称为名词或科技名词（不同于语法学中的名词）。术语是通过语音或文字来表达或限定科学概念的约定性语言符号，是思想和认识交流的工具。以各种专用术语为对象所制定的标准，称为术语标准。术语标准中一般规定术语、定义（或解释性说明）和对应的外文名称。

术语标准化的主要内容是概念、概念的描述、概念体系、概念的术语和其他类型的订名、概念和订名之间的对应关系。术语标准化的目的在于分清专业界限和概念层次，从而正确指导各项标准的制定和修订工作。因此，术语标准化的重要任务之一是建立与概念体系相对应的术语体系。我国先后颁布了 30 多部食品术语集的国家标准和行业标准，如 GB/T 15091—1994《食品工业基本术语》、GB/T 12728—2006《食用菌术语》、GB/T 12140—2007《糕点术语》、GB/T 15109—2008《白酒工业术语》、GB/T 9289—2010《制糖工业术语》、GB/T 31120—2014《糖果术语》、SC/T 3012—2002《水产品加工术语》等。

2. 食品图形符号、代号类标准

图形符号跨越语言和文化的障碍，从视觉上引导人们，达到世界通用效果。图形符号是自然语言外的一种人工语言符号，具有直观、简明、易懂、易记的特点，便于信息的传递，使不同年龄、具有不同文化水平和使用不同语言的人都容易接受和使用。和术语一样，图形符号是人类用来刻画、描写知识的最基本的信息承载单元，它们不仅渗透科研、生产各环节，而且与我们的日常生活密切相关。术语标准体系和图形符号标准体系属于标准体系中的两大分支，是各行业、各领域开展标准化工作的基础。

食品的图形符号、代号标准主要包括《包装储运图示标志》（GB/T 191—2008）、《包装图样要求》（GB/T 13385—2008）、《图形符号表示规则 总则》（GB/T 16900—2008）、《粮油工业用图形符号、代号第 1 部分：通用部》（GB/T 12529.1—2008）、《粮油工业用图形符号、代号第 2 部分：碾米工业》（GB/T 12529.2—2008）、《粮油工业用图形符号、代号第 3 部分：制粉工业》（GB/T 12529.3—2008）、《粮油工业用图形符号、代号第 4 部分：油脂工业》（GB/T 12529.4—2008）、《粮油工业用图形符号、代号第 5 部分：仓储工业》（GB/T 12529.5—2010）等。

3. 食品分类标准

食品分类的标准是食品行业发展和技术进步的基础，其功能体现在以下几方面：

① 食品分类标准是规范市场的工具，是食品生产监督管理部门对食品生产企业进行分类管理、行业统计、经济预测和决策分析的重要依据，也是进行消费调查的重要工具。

② 食品分类标准是国家和地区食品成分表的重要组成部分，是进行国家和地区膳食评估比较的依据。

③ 建立食品分类标准并使之与国际接轨，是国际贸易发展和信息化的需要，缺乏统一认可的食品分类识别标准，会给国际间食品贸易和安全信息交流带来困难。我国现有已制定的加工食品分类标准主要有：《饮料酒分类》（GB/T 17204—2008）、《淀粉分类》（GB/T 8887—2009）、《调味品分类》（GB/T 20903—2007）、《腐乳分类》（SB/T 10171—1993）、《酱油分类》（SB/T 10173—1993）、《酱腌菜分类》（SB/T 10297—1999）、《水产及水产品分类与名称》（SC 3001—1989）等。

（二）食品流通标准

所谓食品流通是指以食品的质量安全为核心，以消费者的需求为目标，围绕食品采购、储存、运输、供应、销售等过程环节而进行的管理和控制活动[6]。食品流通一般包括商流和物流两个方面，它的基本活动主要有运输、贮藏、装卸搬运、包装、流通加工、配送、信息处理以及销售等食品流通过程，涉及原料、加工工艺过程、包装、贮运及生产加工的相关因素（环境、物品、人员等）等一系列可能影响食品质量安全的因素。

1. 食品贮藏标准

贮藏和运输是流通过程中的两个关键控制环节，被称为"流通的支柱"。贮藏的概念包括商品的分类、计量、入库、保管、出库、库存控制以及配送等多种功能。

2. 食品包装工艺标准

食品包装工艺、规程的标准化是指必须按"提高品质、严格控制有害物质含量"的有关标准，设计每道工序、确定每项工艺，并制定科学、严格和可行的操作规程。包装工艺标准化应包括产品和包装材料，按规定的方式将其结合成可供销售的包装产品，然后在流通过程中保护内包装产品，并在销售和消费时得到消费者的认可几个方面，其主要内容为：①容量标准化；②产品的状态条件标准化；③包装材料标准化；④包装速度规范化；⑤包装步骤说明；⑥规定质量控制要求。

3. 运输方式及作用规范标准

《全国主要产品分类与代码第一部分：可运输产品》（GB/T 7635.1—2002）规定了全国主要产品（可运输产品）的分类原则与方法、代码结构、编码方法、分类与代码，适用于信息处理和信息交换。

4. 食品配送标准

配送是物流中一种特殊的、综合的活动形式，将商流与物流紧密结合，包含了商流活动和物流活动，是由集货、配货、送货三部分有机结合而成的流通活动，配送中的送货是短距离的运输。目前我国颁布的配送方面的标准有《配送备货与货物移动报文》（GB/T 18715—2002）。该标准适用于国内和国际贸易，以通用的商业管理为基础，不局限于特定的业务类型和行业，规定了在配送中心管辖范围内的仓库之间发生的配送备货服务和所需的货物移动所用到的报文的基本框架结构。

5. 食品销售标准

食品销售就是将产品的所有权转给用户的流通过程，也是以实现企业销售利润为目的的经营活动。销售是包装、运输、贮藏、配送等环节的统一，是流通的最后一个环节，实现食品销售的重要因素就是市场。商务部等部委联合组织制定了《农副产品绿色批发市场》（GB/T 19220—2003）和《农副产品绿色零售市场》（GB/T 19221—2003）两个国家标准，二者均从场地环境、设施设备、商品管理、市场管理等方面对销售市场进行了规定。这两个绿色市场标准对市场流通标准体系建设和规范市场流通环节具有重要意义。

（三）食品安全标准

1. 食品中有毒有害物质限量标准

食品中有毒有害物质是指食品中天然存在或由外界引入的有毒有害因素，其残留直接影响人体健康。食品中有毒有害物质限量标准主要包括食品中真菌毒素限量标准、农药最大残留限量标准、兽药最大残留限量标准、污染物限量标准、致病菌限量标准、重金属限量标准等。这类标准规定了人体可接受的食品中存在的有毒有害物质的最高水平，其目的是将有毒有害物质限定在安全阈值内，保证食用安全性，保障人体健康。截至目前，我国已发布的食品中有毒有害物质的限量标准见表8-1。

表8-1　食品中有毒有害物质限量标准

标准代号	标准名称
GB 29921—2013	食品中致病菌限量
GB 2763—2016	食品中农药最大残留限量
GB 2761—2017	食品中真菌毒素限量
GB 2762—2017	食品中污染物限量

2. 食品中致病菌限量标准

目前，我国乃至全球最突出的食品安全问题仍是由食源性致病菌导致的食源性疾病。要想有效控制微生物性食源性疾病，就必须采取有效措施来预防病原菌对食品的污染和减少人群的暴露概率，其中，一个重要方面是制定科学合理的食品中致病菌限量标准。

2013年12月26日，国家卫生计生委发布了《食品安全国家标准　食品中致病菌限量》（GB 29921—2013）。《食品中致病菌限量》规定了食品中致病菌指标、限量要求和检验方法。其中涉及的食品种类有：肉制品、水产制品、即食蛋制品、粮食制品、即食豆类制品、巧克力类及可可制品、即食果蔬制品、饮料（包装饮用水、碳酸饮料除外）、冷冻饮品、即食调味品。其对每一类食品分别制定了不同的致病菌限量指标值，包括沙门氏菌、单核细胞增生李斯特菌、金黄色葡萄球菌、大肠埃希氏菌O157:H7和副溶血性弧菌。

3. 食品中真菌毒素限量标准

真菌毒素是指真菌在生长繁殖过程中产生的次生有毒代谢产物。真菌毒素限量是指真菌毒素在食品原料和（或）食品成品可食用部分中允许的最大含量水平。《食品安全国家标准　食品中真菌毒素限量》（GB 2761—2017）规定了食品中黄曲霉毒素 B_1、黄曲霉毒素 M_1、脱氧雪腐镰刀菌烯醇、展青霉素、赭曲霉毒素A及玉米赤霉烯酮的限量指标，见表8-2～表8-7。

表8-2　食品中黄曲霉毒素 B_1 限量指标

食品类别（名称）	限量/(μg/kg)
谷物及其制品	
玉米、玉米面(渣、片)及玉米制品	20.0
稻谷[①]、糙米、大米	10.0
小麦、大麦、其他谷物	5.0
小麦粉、麦片、其他去壳谷物	5.0
豆类及其制品	
发酵豆制品	5.0
坚果及籽类	
花生及其制品	20.0
其他熟制坚果及籽类	5.0
油脂及其制品	
植物油脂(花生油、玉米油除外)	10.0
花生油、玉米油	20.0
调味品	
酱油、醋、酿造酱	5.0
特殊膳食用食品	
婴幼儿配方食品	
婴儿配方食品[②]	0.5(以粉状产品计)
较大婴儿和幼儿配方食品[②]	0.5(以粉状产品计)
特殊医学用途婴儿配方食品	0.5(以粉状产品计)
婴幼儿辅助食品	
婴幼儿谷类辅助食品	0.5
特殊医学用途配方食品[②](特殊医学用途婴儿配方食品涉及的品种除外)	0.5(以固态产品计)
辅食营养补充品[③]	0.5
运动营养食品[②]	0.5
孕妇及乳母营养补充食品[③]	0.5

①稻谷以糙米计。

②以大豆及大豆蛋白制品为主要原料的产品。

③只限于含谷类、坚果和豆类的产品。

表 8-3 食品中黄曲霉毒素 M_1 限量指标

食品类别（名称）	限量/（μg/kg）
乳及乳制品①	0.5
特殊膳食用食品	
婴幼儿配方食品	
婴儿配方食品②	0.5（以粉状产品计）
较大婴儿和幼儿配方食品②	0.5（以粉状产品计）
特殊医学用途婴儿配方食品	0.5（以粉状产品计）
特殊医学用途配方食品②（特殊医学用途婴儿配方食品涉及的品种除外）	0.5（以固态产品计）
辅食营养补充品③	0.5
运动营养食品②	0.5
孕妇及乳母营养补充品③	0.5

①乳粉按生乳折算。

②以乳类及乳蛋白制品为主要原料的产品。

③只限于含乳类的产品。

表 8-4 食品中脱氧雪腐镰刀菌烯醇限量指标

食品类别（名称）	限量/（μg/kg）
谷物及其制品	
玉米、玉米面（渣、片）	1000
大麦、小麦、麦片、小麦粉	1000

表 8-5 食品中展青霉素限量指标

食品类别（名称）①	限量/（μg/kg）
水果及其制品	
水果制品（果丹皮除外）	50
饮料类	
果蔬汁类及其饮料	50
酒类	50

①仅限于以苹果、山楂为原料制成的产品。

表 8-6 食品中赭曲霉毒素 A 限量指标

食品类别（名称）	限量/（μg/kg）
谷物及其制品	
谷物①	5.0
谷物碾磨加工品	5.0
豆类及其制品	
豆类	5.0
酒类	
葡萄酒	2.0
坚果及籽类	
烘焙咖啡豆	5.0
饮料类	
研磨咖啡（烘焙咖啡）	5.0
速溶咖啡	10.0

①稻谷以糙米计。

表 8-7　食品中玉米赤霉烯酮限量指标

食品类别（名称）	限量/(μg/kg)
谷物及其制品	
小麦、小麦粉	60
玉米、玉米面(渣、片)	60

4. 食品中农药最大残留限量标准

农药残留物是指由于使用农药而在食品、农产品和动物饲料中出现的特定物质，包括被认为具有毒理学意义的农药衍生物，如农药转化物、代谢物、反应产物以及杂质等[7-8]。农药残留物浓度超过了一定量就会对人、畜、环境产生不良影响或通过食物链对生态系统造成危害。目前国际上通常用最大残留限量（MRL）值来表示。最大残留限量是指在食品或农产品内部或表面法定允许的农药最大浓度，以每千克食品或农产品中农药残留的质量表示（mg/kg）。

《食品安全法》实施后，我国有针对性地开展农药残留监测工作。根据农药登记和使用情况、主要食用农产品消费情况和农药残留监测结果，整合修订了相关标准，现已全部被食品安全国家标准《食品安全国家标准　食品中农药最大残留限量》（GB 2763—2016）所代替。

5. 食品中污染物限量标准

食品污染物是指食品从生产（包括农作物种植、动物饲养和兽医用药）、加工、包装、储存、运输、销售，直至食用等过程中产生的或由环境污染物带入的、非有意加入的化学性危害物质。这些物质包括除农药、兽药和生物毒素和放射性物质以外的化学污染物。食品污染物限量标准作为判定食品是否安全的重要科学依据，它对保障人体健康具有极其重要的作用。《食品安全国家标准　食品中污染物限量》理顺了我国现行有效的食用农产品质量安全标准、食品卫生标准、食品质量标准以及有关食品的行业标准中强制执行的标准中污染物的限量指标。新的《食品安全国家标准　食品中污染物限量》逐项理清了以往食品标准中的所有污染物限量规定，整合修订为铅、镉、汞、砷、苯并［a］芘、N-二甲基亚硝胺等 13 种污染物在谷物及其制品、蔬菜及其制品、水果及其制品、肉及肉制品、水产动物及其制品、调味品、饮料类、酒类等 20 余大类食品的限量规定，删除了硒、铝、氟等 3 项指标，共设定 160 余个限量指标，基本满足我国食品污染物控制需求，适应我国食品安全监管需要。

第四节　国际及主要贸易国的食品安全标准类别

一、美国

（一）美国食品安全法律法规简介

美国的标准化发展得较早，早在 19 世纪早期，就形成了一些在世界上颇具影响的标准化机构和专业标准化团体。截至 2005 年 5 月，美国的食品安全标准有 660 余项，主要是检验检测方法标准和被技术法规引用后的肉类、水果、乳制品等产品的质量分等分级标准 2 大类，约占标准总数的 90%[8-10]。此部分就美国现行食品安全标准体系和主要食品安全法规进行介绍。

1. 美国食品安全标准的制定与修订

美国食品安全技术法规的制定以风险分析为基础，贯彻以预防为主的原则，对"从农田到餐桌"全过程的食品安全进行监控和管理。所有现行的联邦技术法规（全国范围适用）全部收录在《美国联邦法规法典》当中。这些技术法规主要涉及微生物限量、农药残留限量、污染物限量及食品添加剂使用等与人体健康有关的食品安全要求和规定，涉及食品安全的各个环节、各种危害因素等。除联邦技术法规外，美国每个州都有自己的技术法规，联邦政府、各州以及地方政府在用法律管理食品和食品加工时，承担着互为补充、内部独立的职责。

2. 美国现行食品安全标准体系

美国的食品安全技术协调体系由技术法规和标准两部分组成，从内容上看，技术法规是强制遵守的、规定与食品安全相关的产品特性或者加工和生产方法的文件。而食品安全标准是由公认机构批准的、非强制性遵守的、规定产品或者相关的食品加工和生产方法的规则、指南或者特征的文件。通常政府相关机构在制定技术法规时引用已经制定的标准，作为对技术法规要求的具体规定，这些被参照的标准就被联邦政府、州或地方法律赋予强制性执行的属性[9]。这些标准在技术法规的框架要求的指导下制定，必须符合相应的技术法规的规定和要求。

（二）美国现行主要食品安全相关法规

1. 美国食品与药品管理局（FDA）颁布的法规

(1)《联邦食品、药品和化妆品法》（FDCA）

1938 年 FDCA 法案拓宽了 1906 年法案所涉及的监管范围，它致力于确保食品的安全性、卫生性以及生产卫生、包装和标签的可信性，涉及食品分析的重要部分是食品定义和鉴定标准。此项法案对假冒伪劣产品做出了定义，并制定了相应法规。

(2) FDCA 法案的修改与补充

1938 年 FDCA 法案经过多次修改，其权威性也逐渐加强。1954 年增加了杀虫剂修订案，专门对上市的新鲜水果、蔬菜及其他农产品中农药的残留量做出了限定。1958 年又通过了食品添加剂修订案，这部法案为确保食用添加剂的安全性而制定，它绝对禁止 FDA 允许致癌物质作为食品添加剂。

(3)《FDA 食品安全现代化法案》

2011 年 1 月 4 日，美国总统奥巴马签署了《FDA 食品安全现代化法案》，该法案授权 FDA 就食品供应领域制定综合性的、以科学为基础的预防性控制措施，以及扩大 FDA 在食品产销及使用记录方面的权力等。根据该法案，食品企业必须落实 FDA 制定的强制性预防措施，并且要执行强制性的农产品安全标准。

(4)《营养标签与教育法案》（NLEA）

NLEA 规定 FDA 管辖的多数食品必须有营养标签，并对标签上有关健康和营养说明提出了明确而详细的规定。2004 年，应美国公共利益科学中心（CSPI）的请求，FDA 修正了该法案，新法案规定了新的反式脂肪酸营养成分声明，并明确了反式脂肪酸成分及不合格标准。

(5)《饮食健康与教育法案》（DSHEA）

该法修改了 FDCA 中有关饮食补充定义及规定。DSHEA 将饮食补充成分定义为"饮食成分"，确定了标注与要求的标准，并设立政府机构进行管理。用饮食成分代替食品添加剂，FDCA 法的 Delaney 条款对此项就无权限定了。饮食补充物（dietary supplements）的有关控制与规定从传统食品中分离了出来。

（6）《食品过敏原标识和消费者保护法》（FALCPA）

美国 2% 的成年人和大约 5% 的婴儿和幼童因食品过敏而受苦。因此，美国 2004 年颁布了《食品过敏原标识和消费者保护法》，该法案尤其对孩子有帮助，明确了孩子们必须学会识别必须避免的物质。

（7）其他 FDA 法规

除上述法规外，FDA 还规定了许多管理制度、指导方针、执行标准，以补充 1938 年 FDCA 法。这些法规涵盖 GMP 法规、食品标签法规、产品回收指导方针及营养质量指导方针。

2. 美国农业部（USDA）颁布的法规

（1）肉类与禽类监督程序（MPIP）

MPIP 由 USDA 贯彻实施，主要对某些家禽和畜类的屠宰以及肉禽制品的加工进行监督。MPIP 负责审查向美国出口肉禽制品的外国检查机构和包装厂家，但是进口产品需在海关重新接受检查。

（2）肉类和禽类及其制品 HACCP 最终法规

1996 年 7 月 25 日 USDA 的 FSIS 对国内外肉禽加工企业颁布了《减少致病菌、危害分析和关键控制点体系最终法规》，即"肉和禽类及其制品 HACCP 最终法规"。内容涉及肉类检验中的微生物检测、肉类检验报告和记录保存的要求、进口产品、禽类和禽类制品的微生物检测、卫生、危害分析和关键控制点体系等。

（3）美国谷物标准法

USDA 下属谷物检查、包装、贮存管理局（GIPSA）的职能之一是执行联邦谷物检查程序，其目的是强制执行 1976 年修订的美国谷物标准法。其中包括大麦、燕麦、小麦、黑麦、亚麻籽、高粱、大豆、黑小麦等谷物的指令性国家分级标准。

3. 美国环境保护署（EPA）颁布的法规

（1）《联邦杀虫剂、杀菌剂、除草剂修正法案》（FIFRA）

FIFRA 规定特定的作物杀虫剂在食品中最高残留量（容许量），以保证人们在工作中使用或接触杀虫剂的安全性；避免环境中的其他化学物质以及空气和水中的细菌污染物可能威胁食品供给安全性的物质。

（2）食品质量保护法（FQP）

该法对应用于所有食品的全部杀虫剂制定了一个单一的、以健康为基础的标准，为婴儿和儿童提供了特殊的保护。考虑到儿童具有特殊敏感性，1996 年食品质量保护法要求彻底检测允许残留量对儿童是否安全。这意味着为了消除有关数据对儿童的不确定性，需要将安全因子增加 10 倍。此外，1996 年食品质量保护法（FQP）还规定应每 10 年必须对现有允许量进行重新核查，以保证健康安全。

（3）《安全饮用水法案》（SDWA）

1974 年 EPA 负责实施《安全饮用水法案》以保证美国饮用水的安全性，并贯彻国家饮用水标准。EPA 主要负责制定标准，各州负责具体实施。最高污染物水平（MCL）的标准规定了主要饮用水中无机、有机化学物质，浊度，放射性及微生物等指标的含量。

二、欧盟

（一）欧盟食品安全法律法规简介

欧盟食品法规的主要框架包括"一个路线图，七部法规"。"一个路线图"指食品安全白皮书；"七部法规"是指在食品安全白皮书公布后制定的有关欧盟食品基本法、食品卫生法以及食品卫生的官方控制等一系列相关法规。欧盟于2002年1月制定了欧洲议会和理事会第178/2002号法规，该法规就是著名的《食品基本法》。《食品基本法》包括三大部分，第一部分规定了食品立法的基本原则和要求，第二部分确定了欧洲食品安全局的建立，最后一部分给出了在食品安全问题上的程序。

1. 食品安全白皮书

欧盟食品安全白皮书包括执行摘要和9章的内容，用116项条款对食品安全问题进行了详细阐述，提高了欧盟食品安全科学咨询体系的能力。虽然这本白皮书并不是规范性法律文件，但它确立了欧盟食品安全法规体系的基本原则，是欧盟食品和动物饲料生产和食品安全控制的一个全新的法律基础，确立了以下三方面的战略思想：第一，倡导建立欧洲食品安全局，负责食品安全风险分析和提供该领域的科学咨询；第二，在食品立法当中始终贯彻从农场到餐桌的方法；第三，确立了食品和饲料从业者对食品安全负有主要责任的原则。

2. 食品安全基本法（EC）178/2002号条例

178/2002号法规是2002年1月28日颁布的，主要拟订了食品法规的一般原则和要求、建立EFSA和拟订食品安全事务的程序，包含5章65项条款。范围和定义部分主要阐述法令的目标和范围，界定食品、食品法律、食品商业、饲料、风险、风险分析等20多个概念。法律部分主要规定食品法律的一般原则、一般要求、透明原则、食品贸易的一般原则等。

3. 食品卫生条例（EC）852/2004号条例

该法规规定了食品企业经营者确保食品卫生的通用规则，主要包括：①企业经营者承担食品安全的主要责任；②从食品的初级生产开始确保食品生产、加工和分销的整体安全；③全面推行危害分析和关键控制点；④建立微生物准则和温度控制要求；⑤确保进口食品符合欧洲标准或与之等效的标准。

4. 动物源性食品特殊卫生规则（EC）853/2004号条例

该法规主要内容包括：①只能用饮用水对动物源性食品进行清洗；②食品生产加工设施必须在欧盟获得批准和注册；③动物源性食品必须加贴识别标识；④只允许从欧盟许可清单所列国家进口动物源性食品等。

5. 人类消费用动物源性食品官方控制组织的特殊规则（EC）854/2004号条例

该法规主要内容包括：①欧盟成员国官方机构实施食品控制的一般原则；②食品企业注册的批准；对违法行为的惩罚，如限制或禁止投放市场、限制或禁止进口等；③在附录中分别规定对肉、双壳软体动物、水产品、原乳和乳制品的专用控制措施；④进口程序，如允许进口的第三国或企业清单。

（二）欧盟食品安全标准制度保障

欧盟的食品安全法律法规，尤其是第178/2002（EC）号法规即《基本食品法》，规定了若干重要的食品安全制度。相关的食品安全保障制度有：

1. "从农田到餐桌"全程监控制度

"从农田到餐桌"全程监控制度已成为世界各国的食品安全法体系的最基本制度,强调对食品生产的全面控制和连续管理。欧盟食品安全监管机构根据有关法律法规,要求食品行业在食品链的各个环节应执行良好生产规范、危害分析和关键控制体系等管理程序,以保证对食品各环节尤其是食品生产源头的安全质量控制。

2. 危害分析与关键控制点制度

危害分析与关键控制点制度是一套通过对整个食品链,包括原材料的生产,食品加工、流通乃至消费的每一环节的危害分析、控制以及控制效果验证的完整体系,实际上是一种包含风险评估和风险管理的控制程序。欧盟的食品安全法规对食品行业实施及执行 HACCP 做出了明确的规定,要求食品行业从业者(原物料初级产品生产者除外)均须采用 HACCP 制度及相关要求规定及 HACCP 实施与执行的官方监控规范。

3. 可追溯制度

2002 年欧盟《基本食品法》第 18 条明确要求强制实行可追溯制度,可追溯制度利用现代化信息管理技术对每件商品进行清晰标记,可以保证从生产到销售的各个环节追溯检查问题食品,有利于监测任何不利于人类健康和环境的影响,确保食品安全事件的快速处理并减少相应损失;同时对食品行业从业者形成有效约束,起到保证食品安全的作用。

三、日本

(一)日本食品安全法律法规简介

目前日本颁布的食品安全相关的法律法规共有 300 多种,其中《食品安全基本法》和《食品卫生法》是两大基本法律。《食品卫生法》是日本控制食品质量安全最重要的综合法典,适用于国内产品和进口产品,并于 2006 年 5 月起正式实施。而《食品安全基本法》则明确了在食品安全监管方面,中央政府及地方自治体、从业者和消费者的职责,综合制定并实施确保食品安全的政策和措施。该法还明确了为确保食品安全、食品质量安全相关政策措施的制定和监督管理应采取的"风险分析"手段。

日本在国内农产品与食品安全的管理上,还有一项比较重要的法律,即《农林产品品质规格和正确标识法》。日本还建立起了包括食品卫生、农产品质量、投入品、动物防疫、植物保护等方面较完备的食品安全质量法律法规体系,见图 8-1。其中与 JAS 法配套的就有351 项标准,其中包括 200 多种农药的 8300 多项残留限量指标。

以下主要介绍日本目前最主要的四部法律:

1.《食品卫生法》

《食品卫生法》主要分为两部分,一是针对食品从种植、生产、加工、储存、容器包装规格、流通到销售的全过程食品卫生要求;二是有关食品卫生监管方面的规定[11]。日本的《食品卫生法》经过多次修改,确定了以人为本、维护公众健康的理念,于 2003 年 5 月 30日实施,具有四项鲜明要点:

① 涉及对象众多:该法规定其宗旨是防止消费者因消费食物而受到有关健康方面的危害。此外,还涉及与食品有关企业的一些活动,如食品制造和食品进口人员的规定。

② 授权于厚生及劳动省:这使得厚生及劳动省能够快速地对相关事项采取法律行动,这样减少了走法律途径所造成的时间延误。

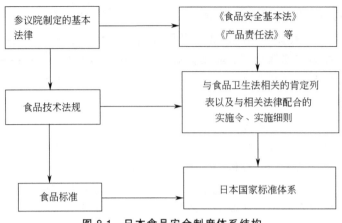

图 8-1　日本食品安全制度体系结构

③ 赋予地方政府管理食品的权力：该法授予地方政府可在其管辖的范围内对一些企业采取必要的措施的权力，使得不合法的企业尽可能被取缔。

④ 基于 HACCP 体系建立全面的卫生控制系统。

2. 《食品安全基本法》

《食品安全基本法》是于 2003 年 10 月 1 日开始实施的，其设立的目的是确保国民健康，确保食品安全，主要有以下几个特点：

① 确保国民健康是最重要的基本理念。在科学知识的指导下对国民健康造成不良影响的食品做到防患于未然。同时明确国家、地方和食品相关事业主体的责任及消费者的作用。

② 将实施食品健康影响评价作为确保食品安全的实施政策的基本方针。根据评价的结果制订政策，促进相互间信息和意见的交流，完善应对重大食品事故等紧急事态的体制。同时规定，对确定的具体措施的实施基本事项必须向全社会公布。

③ 明确地方政府与消费者共同参与的责任。法律明确食品相关企业承担食品安全保障的最主要责任，同时消费者能够受到相关的教育，并能够参与政策的制定。

④ 在内阁府设置有学识经验者组成的合议制机构——食品安全委员会。主要工作为实施食品健康影响评价并根据评价结果发出劝告。

3. 《农林产品品质规格和正确标识法》

《农林产品品质规格和正确标识法》（简称 JAS 法），也称《日本农业标准法》。JAS 法主要包括 JAS 规格和食品标识两大部分。该法规定食品的包装上必须对食品所用的原材料、名称、原产地、生产商、保存方法、赏味期限及是否使用转基因产品等方面做出明确的标识，这些标识就是食品的"身份证"，便于在检查过程中溯源。JAS 法的实施不仅保证了食品的安全性，还为消费者提供了食品的基本信息，便于消费者根据自己的需求购买。

4. 《农药取缔法》

《农药取缔法》是于 1948 年公布的，主要由农林水产省负责。《农药取缔法》规定了农药的活性成分，并且对农药的使用及可以使用的农作物进行了明确的规定。随着国内对有机农产品需求的扩大，日本于 2000 年制定并于 2001 年 4 月 1 日正式实施了《日本有机食品生产标准》。为确保这些法律法规的实施，日本政府还制定了一系列配套的技术规范，建立了完善的标准体系。例如 JAS 法共有 351 项标准，包括农产品品质标准、生产方法标准（有机农产品）、品质标识标准，这些法律共同构建起了日本食品安全法律体系。

（二）日本食品安全标准体系简介

1. 标准制定机构

日本食品标准的制定机构主要为厚生劳动省和农林水产省。厚生劳动省主要负责制定一般的要求和食品标准，包括食品添加剂的使用、农药的最大残留等，其使用范围是包括进口食品在内的所有食品。日本农林水产省主要负责食品标签的制定，包括加工食品、易腐食品和转基因食品的标签要求：①质量标识标准要求加工食品中要明确标注食品的名称、配料、含量、最佳食用期、保存方式、制造商等；②易腐产品标准分为农产品、动物产品和水产品标准，食品标签中应标明食品的名称、原产地、含量、制造商等；③转基因大豆（包括青豆和豆苗）、马铃薯、油菜籽、玉米和棉籽及以其为原料的加工食品必须遵循转基因食品的标签要求标注质量标签。此外农林水产省也参与农业标准化管理，涉及生产和动植物健康保护。

从食品标准权威层面看，日本现行的食品安全标准主要由国家标准、行业标准和企业标准构成。

1. 日本食品安全标准的构成

国家标准，即 JAS 标准，主要以农、林、畜、水产品及其加工制品和优质品为对象。国家标准的制定机构是厚生劳动省，其从日本实际出发，结合了 90% 以上国际标准的内容而制定的。

行业标准是指在国家食品安全相关机构许可下，由行业团体、行业协会或社会组织制定的，仅在本行业范围内有效的食品安全技术标准，对国家标准或地方标准具有补充和技术储备的作用。

企业标准是企业生产的食品在没有国家、地方和行业标准参照的情况下，由各株式会社制定的操作规程或技术标准，其特点是种类齐全、标准科学、先进实用、目的明确、与法律法规紧密相连、与国际标准接轨。

第五节　案例分析——三文鱼团体标准事件

三文鱼（*Oncorhynchus*），又名大马哈鱼、鲑鱼、撒蒙鱼，主要分布在大西洋与太平洋、北冰洋交界的水域，属于冷水性的高度洄游鱼类，被国际美食界誉为"冰海之皇"。三文鱼的中文名称，来自于粤语对"salmon"一词的音译，"salmon"的拉丁词源是"salire"，即奋力跃起的意思，原指大西洋鲑（atlantic salmon，学名 *Salmo salar*），大西洋鲑是鲑科鲑属。大西洋鲑的原始栖息地为大西洋北部，每年会洄游到欧洲沿岸的河流里产卵，洄游时会奋力跃上瀑布，因此用"salmon"称呼这类鱼。三文鱼具有商业价值的品种有 30 多个，目前最常见的是 2 种鳟鱼（三文鳟、金鳟）和 4 种鲑鱼（太平洋鲑、大西洋鲑、北极白点鲑、银鲑）。

原产于北美洲北部和太平洋西岸，主要生活在低温淡水中的虹鳟鱼（学名 *Oncorhynchus mykiss*）是鲑科、太平洋鲑属的一种鲑鱼。因与三文鱼肉质纹理相似，因此常有企业用虹鳟鱼冒充三文鱼进行销售。中国水产流通与加工协会于 2018 年 8 月 10 日牵头推出《生食三文鱼》团体标准，并通过网络公示 3 天即宣布出台。该团体标准直接将虹鳟鱼归为三文鱼，引发海内外巨大争议。

据《中华人民共和国标准化法》（以下简称《标准化法》），我国将标准分为五种类别，其中只有强制性国家标准为必须执行的标准。而推荐性国家标准、行业标准、地方标准都为国家鼓励采用的推荐性标准，并不要求必须执行。而团体标准仅是"供社会自愿采用"。《生食三文鱼》标准是由中国水产流通与加工协会发布的。

2018年1月1日起正式实施的《标准化法》第二十二条第一款规定，制定标准应当有利于科学合理利用资源，推广科学技术成果，增强产品的安全性、通用性、可替换性，提高经济效益、社会效益、生态效益，做到技术上先进、经济上合理。然而，《生食三文鱼》团体标准指出虹鳟鱼为三文鱼并推荐生吃，国产淡水虹鳟鱼体内的寄生虫易感染人体，加大了三文鱼产品的系统性安全风险，严重影响人们身体健康。此外，《标准化法》第十八条第二款规定，制定团体标准，应当遵循开放、透明、公平的原则，保证各参与主体获取相关信息，反映各参与主体的共同需求，并应当组织对标准相关事项进行调查分析、实验、论证。而《生食三文鱼》团体标准仅给予3天公示时间即进行报批程序，显然不合程序。

针对此事件，人民日报以团体标准要用好管好为题进行事件点评。同时指出，此次出台的《生食三文鱼》团体标准，在未给出合理解释的情形下，简单地将虹鳟鱼定义为三文鱼，扩展了三文鱼的范畴，打破了消费者关于三文鱼为深海鱼的认识。但团体标准的属性决定了其天然携带着团体利益。如何在团体利益与公众利益之间实现平衡？对团体标准制定者而言，以标准为其利益代言是竞争的新手段。但标准的生命力在于实施，如果一份标准仅仅代表团体利益而缺乏科学性，甚至忽视公众诉求、牺牲公众利益，那么，其执行力必将打折扣，最终也将遭到市场淘汰。

团体标准和企业标准往往是团体和企业内部的生产标准，只在团体和企业内部得到认可，对外没有指导力和约束力，仅是"供社会自愿采用"。因此，在当下各种标准快速出台的今天，如果有关主管部门能加强引导和监督力度，对该标准进行重新讨论与论证，无疑更为妥当，也更有利于食品安全市场的健康发展。

思考题

1. 食品安全法律的基本内容？
2. 我国食品安全法的主要内容分为哪几个方面？
3. 食品安全标准的定义是什么？
4. 我国食品安全标准分为几大类其主要内容是什么？
5. 国际及主要贸易国的食品安全管理机构及法规有哪些？

参 考 文 献

[1] 周才琼. 食品标准与法规 [M]. 北京：中国农业大学出版社，2009.
[2] 吴澎，赵丽芹. 食品法律法规与标准 [M]. 北京：化学工业出版社，2010.
[3] 王晓英，邵威平. 食品法律法规与标准 [M]. 郑州：郑州大学出版社，2012.
[4] 刘录民. 我国食品安全监管体系研究 [M]. 北京：中国质检出版社，2013.
[5] 门玉峰. 我国食品安全标准体系构建研究 [J]. 黑龙江对外经贸，2011，11 (9)：61.
[6] 武艳如，路勇. 科学构建我国食品安全标准体系 [J]. 中国标准化，2013，7 (5)：59.
[7] 谢瑞红，杨春亮，王明月，等. 我国农产品质量安全标准体系存在问题及应对措施 [J]. 热带农业科学，2013，32 (12)：91.
[8] 杨丽. 美国食品安全体系. 中国食物与营养 [J]. 2004，1 (6)：16.
[9] 潘煜辰，周瑶，伊雄海. 美国食品安全风险管理体系的研究美国食品安全风险管理体系的研究 [J]. 食品工业科技，2012，4 (18)：3.
[10] 范硕. 基于中美对比的食品安全管制研究 [D]. 北京：中共中央党校，2013.
[11] 熊立文，李江华. 日本食品安全标准体系及其监管体制初探 [J]. 中国标准导报，2010 (3)：11.

第九章
食品安全溯源预警与区块链

学习目标

重点掌握食品安全溯源预警与区块链的定义、特点和关键技术，国内外食品安全溯源预警与区块链系统中的存在问题及发展趋势。

本章思维导图

食品安全溯源预警与区块链

食品溯源系统

食品溯源系统定义和建立的背景意义
- 食品溯源系统的定义
- 食品溯源系统建立的背景和意义

食品溯源系统的建立与应用
- 我国食品溯源系统的建立与应用
- 世界主要国家和地区食品溯源系统

食品溯源系统的应用
- 政府
- 企业
- 消费者

食品溯源系统推广应用存在的难题
- 食品溯源系统成本问题
- 食品溯源系统信息安全

食品风险预警系统

食品风险预警
- 国内外食品安全风险预警系统介绍
  - 国际主要食品安全风险预警系统
  - 国内主要食品安全风险预警系统

食品安全风险预警系统主要组成
- 风险分析
- 预警指标
- 预警分析
- 预警响应

食品安全区块链

- 食品安全区块链的定义
- 食品安全区块链基本架构
- 食品安全区块链的技术特征
- 食品安全区块链关键技术
  - 网络层中的关键技术
  - 数据层中的关键技术
  - 应用层中的关键技术
- 食品安全区块链体系案例
- 中国食品安全区块链存在的问题
- 中国食品安全区块链的发展方向

第一节 食品溯源系统

一、食品溯源系统定义和建立的背景意义

（一）食品溯源系统的定义

食品溯源系统（food traceability system）是指在食物链的各个阶段或环节中由鉴别产品身份（identification）、资料准备（data preparation）、资料收集与保存（data collection and storage）以及资料验证（data verification）等一系列溯源机制（a series of mechanism for traceability）组成的整体。食品溯源系统涉及多个食品企业或公司、多个学科，具有多种功能，但其基本功能是信息交流，具有随时提供整个食品链中食品信息的能力。在食物链中，只有各个食品企业或公司都引入和建立起本企业或公司内部的溯源系统（internal traceability system），才能形成整个食物链的溯源系统（chain traceability system），实现食物链溯源（chain traceability）[1]。

（二）食品溯源系统建立的背景及意义

1. 食品溯源系统建立的背景

随着工业化的发展和市场范围的扩大，现在有越来越多的食品是通过漫长而复杂的供应链到达消费者手中的。由于加工过程经常会使农产品原料改变性状，在许多情况下很难从成品中得到原料；加之现今标准化商品都是大批量地制造，难免出现瑕疵；多层次的加工和流通往往涉及位于不同地点和拥有不同技术的许多公司，消费者通常很难了解食品生产加工经营的全过程。在食品对于健康所造成风险逐渐增加的趋势下，经过几次大规模的食品安全事件后，消费者已经逐渐觉醒，希望能够了解食品生产与流通的全过程，希望加强问题食品的回收和原因查询等风险管理措施。如何满足消费者最关切的品质、安全卫生以及营养健康等需求，建立和提升消费者对食品的信任，对于政府、食品生产经营企业和社会来说，都显示出日益重要的意义。建立食品溯源系统现在已经成为研究制定食品安全政策的关键因素之一[2]。

食品溯源系统是在以欧洲疯牛病危机为代表的食源性恶性事件在全球范围内频繁暴发的背景下，由法国等部分欧盟国家在国际食品法典委员会生物技术食品政府间特别工作组会议上提出的一种旨在加强食品安全信息传递、控制食源性疾病危害和保障消费者利益的信息记录体系。从食品溯源系统的实际功效而言，溯源体系是一种基于风险管理的安全保障体系。危害健康的问题发生后，可按照从原料上市至成品最终消费整个过程中各个环节所必须记载的信息，追踪食品流向，召回存在危害的尚未被消费的食品，撤销其上市许可，切断源头，消除危害，减少损失。

引入食品溯源系统的最初动机有两点：一是维护动物健康，二是确保人类安全。将溯源系统与日常的动物检测程序相配合，可以快速识别危害人类与动物健康的风险，使疾病危害的影响范围最小化，如对动物实行身份证、登记制度，记录健康与患疾病历史，区分疫区与非疫区的产地来源等，此方法已经在全球范围内有效地控制了许多动物疾病发生并减少了该疾病对人类的危害。动物身份证系统是实现食品溯源系统建设的基础和雏形。

2. 建立食品溯源系统的意义

（1）适应国际食品贸易与出口

面对经济全球化、贸易自由化的世界潮流，国与国之间食品和农产品的贸易往来都必须遵循"符合性评鉴程序"，其基础除了国际公认的计量基准、品质的标准化、产品的认证之外，还有一条即生产与流通过程的可追溯性。食品安全溯源已经成为食品国际贸易的要点之一，也成为一项新的壁垒。

（2）维护消费者对所消费食品生产情况的知情权

食品的工业化生产，导致了消费者和食品生产过程在时间与空间上分离，而目前的食品标签不能为消费者提供足够的信息，使人们无法了解它在何处生产、怎样生产、含有何种类型的添加剂以及所消费的食品是否来源于转基因原料。随着食品安全问题日益严重，越来越多的消费者要求了解食品在整个生产链条中的细节信息。食品溯源系统的建立，能够把食品产业链中与安全相关的有价值信息保存下来，以备消费者查询，满足消费者的知情权。

（3）提高食品安全性监控水平，减少食源性疾病的发生

食品溯源系统的建立，一方面通过生产者对与产品安全性有关的生产加工信息进行记录、归类和整理，能够促进生产者改进生产工艺，不断提高产品的安全水平；另一方面通过食品追溯链，政府可以更有效地监督和管理食品安全。此外，溯源性管理能够明确责任方，会使食品生产者产生一种自我激励机制，使其采用更安全的生产方式对目前存在或潜在的食品风险采取防患于未然的积极态度。这种源于责任的激励可以减少企业发生食品安全风险事故的概率。同时，对整个产业和政府责任的确定也会产生正面效应，减少食源性疾病的发生。

（4）提高食品安全突发事件的应急处理能力

在食源性疾病暴发时，利用食品溯源系统工具，能快速反应、追本溯源，有效地控制病源食品的扩散和实现追踪，有效召回有健康风险的产品，减少损失。因此，食品加工生产与管理部门在以往危害分析与关键控制点、良好操作规范控制体系的基础上，将溯源管理引入到食品全程安全控制领域中[3]。

二、食品溯源系统的建立与应用

（一）我国食品溯源系统的建立与应用

我国关于食品溯源系统的研究始于 2002 年，在研究实施过程中，逐步制定了一些相关的标准和指南。如为了应对欧盟在 2005 年开始实施水产品贸易溯源制度，加强水产品溯源制度的推广力度，使我国水产品出口贸易尽快适应国际规则。国家质检总局出台了《出境水产品溯源规程（试行）》，要求出口水产品及其原料需按照《出境水产品溯源规程（试行）》的规定标识。中国物品编码中心会同有关专家在借鉴欧盟国家经验的基础上，编制了《牛肉制品溯源指南》。陕西标准化研究院编制了《牛肉质量跟踪与溯源系统实用方案》，这两项指南为牛肉制品生产企业提供了质量溯源的解决方案。

我国在食品安全溯源系统的建设上，也经历了一个逐步发展的过程。2000 年后我国开始建立可追溯管理系统，把保障食品安全作为溯源系统实施监管的重点。2002 年，国家有关部门启动了条码工程，积极推进食品跟踪与溯源工作。2009 年 8 月，以商务部为主导，在全国范围开展肉类蔬菜流通溯源系统建设的试点工作。各地政府在建设肉类蔬菜溯源系统时，采用了不同的推进模式，大致可分为四种：①采用行政手段推进；②政策引导推进；③通过解决企业实际问题获取企业支持；④采用市场化手段。

我国《食品安全法》第四十二条中规定国家建立食品安全全程追溯制度："食品生产经营者应当依照本法的规定，建立食品安全追溯体系，保证食品可追溯。国家鼓励食品生产经营者采用信息化手段采集、留存生产经营信息，建立食品安全追溯体系[4]。" 2016 年国务院办公厅《关于加快推进重要产品追溯体系建设的意见》要求围绕婴幼儿配方食品、肉制品、乳制品、食用植物油、白酒等食品，督促和指导生产企业依法建立质量安全追溯体系，切实落实质量安全主体责任[5]。2019 年，农业农村部《关于农产品质量安全追溯与农业农村重大创建认定、农产品优质品牌推选、农产品认证、农业展会等工作挂钩的意见》强制要求，具有国家认定标识的食品企业必须实施追溯[6]。尽管政府纷纷出台相关政策要求食品追溯，但应用追溯系统与理论研究的热潮相比还有很大差距。

我国食品安全追溯主要以政府和企业为主导建设。管理部门涉及工业和信息化部、农业农村部、食品安全委员会办公室等政府部门或相关事业单位，追溯的种类逐渐覆盖了果蔬、畜禽及深加工产品，追溯的链条长短不一，尚未形成统一的标准，追溯的技术涉及开发互联网技术（Web 技术）、移动互联网技术和二维码技术等；政府仅有两个追溯系统平台涉及信息安全模块，企业有三个追溯系统平台涉及信息安全模块，很少关注数据安全和商业信息保密的问题。尽管追溯系统已有政府支持和学者们的深入研究，实际应用系统时尚未考虑开发与企业实际情况相匹配的功能，极少保障企业上传相关生产资料、数据信息的安全和隐私的问题。巫琦玲等[7] 对政府和企业主导的追溯系统进行调查发现，追溯系统多且不兼容，实际应用追溯平台的企业不多，政府为主导建设的追溯系统入驻企业仅有 20 家左右，企业入驻情况少于政府期望。企业主导的追溯系统存在追溯环节不全面的问题，上海市企业建成的"追溯云"按照供应链的部分环节实施追溯，并未达到全程追溯的要求。归纳起来，我国已建成的食品安全追溯系统存在的问题有：系统应用价值低、追溯系统成本高、管理部门不统一、技术参差不齐、信息不能很好地共享、信息安全保障少等[8]。

在食品溯源系统上，大致分为省级、地市级、追溯节点级三级系统平台[9]。

省级是数据交换中心，全省（区、市）流通溯源信息的集中管理中心。通过数据交换接收各区县上报的肉菜流通溯源信息，与试点城市溯源管理平台向中央溯源管理平台上报全市汇总的肉菜流通溯源信息，与各试点城市溯源管理平台相对接，中央溯源管理平台向肉菜流通溯源系统下发公示公告、政策法规等信息，肉菜流通溯源系统通过数据交换向各区县下发公示公告、政策法规等信息。

城市级负责承担全市数据统计汇总、信息综合开发利用、跨省市追溯及对区县进行监督考核等功能，将城市相关数据负责传输至省级商务部数据中心，并下发对流通节点的指挥调度，合理地管控流通过程中出现的问题。

追溯节点级负责采集流通过程中的业务数据信息，屠宰企业采集生猪养殖及生产过程信息，批发市场负责采集批发环节的流通信息，零售超市环节负责记录将肉菜卖给消费者的信息。追溯节点主要与硬件设备互联互通，对流通环节涉及的设备采集信息进行记录。

（二）世界主要国家和地区食品溯源系统

1. 欧盟

欧盟在 2002 年正式发布了《食品安全黄皮书》。该黄皮书作为欧盟及其成员国建立食品安全管理机构及措施的核心文件，首次引入了"从农场到餐桌"的概念，明确食物链各环节的溯源任务和责任[10]。同年欧盟实施了食品和饲料快速预警体系（rapid alert system for food and feed，RASFF），RASFF 的建立为系统内的各个成员国食品安全主管机构及欧盟机构彼此之间提供了有效的交流途径，促进了彼此之间的信息交换，为食品安全溯源打下基础[11]。

2. 美国

美国食品监管机制较为成熟，是因为它有一个完善的食品安全监管体系。该体系公信力很高，包括高效的风险管理、完整的食品安全法律和食品召回制度以及严格的市场准入制度等[12]。该体系将食品按照不同的类别进行分类处理，保证"从农田到餐桌"的全过程监管[13]。此外，美国的食品安全预警系统作为一种新式的风险预测监管体系为监管者提供了科学有效的评估审核方案，它的突出特点是充分重视化学污染物的溯源及预警[14]。

3. 日本

日本 2000 年发生"雪印牛奶"中毒事件，是日本二战以后最大规模的食品中毒事件，共有 1.4 万人因饮用低脂牛奶中毒发病。该中毒事件给消费者带来严重伤害，同时也引起社会各界的不满和谴责。当年雪印乳制食品公司首次出现亏损，并遭到民众抵制，次年该公司牛奶业务经营仍无改善，相关子公司不得不停止经营并致歉。吸取雪印公司教训，日本政府先后制定并实施《食品安全基本法》和《食品卫生法》，成立"食品安全委员会"，以健全食品安全监管体系，为食品安全事故发生后提供严重情况分析及产品回收等产品溯源控制手段[15]。

三、食品溯源系统的应用

食品安全溯源相关利益主体主要包括政府、企业以及消费者，溯源系统的基础用途是追溯功能。

1. 政府

政府作为食品溯源系统的引导者，主动颁布政策方针，明确建设应用溯源系统的目标是制止造假、售假的行为，保障食品市场秩序，增强政府公信力。政府应用食品安全溯源系统详细、准确地记载食品供应链各关键环节的全部信息；出现食品安全事故时能明确责任人，准确召回问题产品[16]；可预测危害的原因与风险程度，规避可能带来的不良后果；及时发布食品安全预警信息、抽检信息等，正确引导企业生产并且收集消费者建议，保障食品的质量安全[17]。通过对食品供应链全程监管，降低监管成本，避免多段式监管带来的弊端[18]。利用溯源数据制定打造地域品牌方案，保持地域内特色产品在市场的持久竞争力，让地域品牌在消费者心中扎根。政府实际应用仅有食品安全监管和部分保障系统信息安全，需结合监管部门实际情况提取溯源数据，降低单个数据采集成本。

2. 企业

溯源系统记录农产品出厂后的所有物流信息，下游企业可根据上游信息分析调整生产量和批次，合理分配资源，指导生产并且降低库存，提高企业经济效益[19]。企业采集关键环节的流动信息，掌握产品的流向，监控制约流动窜货的行为。通过上传数据至溯源系统，增强企业自我管理意识，有利于生产规范化和企业构建品牌信誉。企业溯源应用反馈机制，对生产链及市场、对消费者以及对供应链上游的反馈，精确地完善和改进企业生产要求。通过共享食品安全溯源的数据，为食品生产经营者交流种植经验、病虫害治理信息等提供便利。此外，企业应用溯源系统采集的数据实施预警分析，当发生食品安全事故时，及时获取食品安全信息，减少舆论对企业的影响，明确制定预防和解决问题的方案，减少对企业的不良影响。企业实际应用仅有防窜货和部分保障信息安全，溯源系统的应用要关注企业需求，重视将企业需求转化为应用动力，多方面利用溯源数据。

3. 消费者

消费者是食品安全溯源系统的获益者，建设应用追溯系统旨在保障消费者生命安全和维护社会安定。食品安全溯源系统向消费者传递"真、优、美"的理念。"真"指的是产品的防伪保真，主要分为线下交易和线上交易两种场景保障产品的真实性[20]。消费者扫码查询所需的食品追溯全程信息，可提升购买体验。"优"指的是营养安全。国民重视营养与健康，消费者在解决食品安全问题方面愿意花钱来保障自己餐桌上的食物是安全的[21]。"美"表达的内容有很多，包括环境美、文化美、民俗美等。建设食品安全追溯需要注入美的内涵，例如，环境美方面，全国各地依赖于各自得天独厚的地理环境生产出不同的特色食品，贵州省仁怀市独特的气候特征适合微生物繁殖，使用稳定的特殊野生微生物菌群发酵的酱香型茅台酒享誉中外。消费者实际应用追溯系统未查询到相关内容，需要增加与理论用途相匹配的应用实践。

四、食品溯源系统推广应用存在的难题

（一）食品溯源系统成本问题

我国农产品生产以农户个体为主，食品生产加工企业大多是中小企业。食品企业应用溯源系统需要考虑溯源系统的附加成本问题。对企业生产经营状况与实施追溯意愿调查发现，生产经营规模与实施追溯体系意愿成正相关关系。大型企业有足够的经济实力自建溯源系统，这些企业购买数量庞大的溯源系统软硬件可以均摊到企业的目标价格，而私营企业甚至是小微企业难以实现。食品加工方面的私营企业，尤其是小微企业，承担溯源系统相关费用的压力较大。企业生产不同价值的食品可承受溯源软硬件成本的能力不一样。不同企业规模、产品类别所产生的追溯系统边际成本不同，食品企业实施溯源需要根据不同类型食品考虑所需投入的成本。如何结合企业的规模、产品的价值、风险的大小等特点，降低溯源系统的成本，是溯源系统广泛使用的关键[8]。

（二）食品溯源系统信息安全

1. 数据篡改

近几年，通过篡改条码信息伪造食品检测报告的情况屡屡出现，使公众判别不出食品检测报告的真伪[22]。另外，电商销售和线下售卖食品都存在着信息不对称的情况。食品生产加工信息的泄露导致严重的信息漏洞，出现条码仿造的问题[23]，攻击者通过伪造快速反应（quick response，QR）码替换合法 QR 码的方法，使用户通过手机扫码访问已经被篡改的登录网页，获取虚假信息造成错误判断。为了解决条码篡改问题，应用射频识别（RFID）技术实施追溯，但可能出现篡改标签数据的风险，攻击者仿造或销毁条码导致防伪作用失效。

2. 数据丢失

由于某些潜在问题造成追溯数据丢失和数据损毁，以磁盘级损毁和存储节点级损毁为

主。自然原因也会造成政府和企业丢失许多重要数据[24]。2008年，中国的冰冻灾害和汶川地震造成了通信、金融、电子政务等数据的丢失，丢失重要数据对市场发展和社会发展都是重大的损失。

3. 商业机密的泄露

部分中小企业由于技术落后、资金薄弱等问题会委托第三方机构对数据进行存储和分析。数据资源整合与第三方机构管理应用原始数据的权限有关，一旦第三方机构不经允许将客户的机密数据信息应用于其他客户的数据分析请求中，将泄露这些客户的商业机密[25]。此外，一些不法分子未经授权使用读写器识别标签，窃取敏感信息，泄露个人隐私和商业机密[26]。商业机密的泄露将使企业面临制约自身生存发展的风险，企业将食品生产配方、商业信息等数据公布于第三方机构中，机构能否对企业共享于追溯平台的数据予以保护，直接影响企业使用追溯系统的信心。

第二节　食品风险预警系统

一、食品风险预警

食品风险预警是食品安全保障重要的一部分，它通过对食品安全隐患监测、追踪、量化分析、信息通报预报等，研究风险的产生和变化，对潜在的食品安全问题及时发出警报，根据风险程度进行决策控制，从而达到早期预防和控制食品安全事件，改事后处理为事先预警的目的[27]。食品安全风险预警系统通过对食品种植养殖、生产、经营、进出口等多个环节进行全方位的监控，迅速对信息进行采集、传递、处理，对监测结果进行整合分析、风险监测、风险评估、风险交流，对监测中发现的可能或能够对人体健康产生危害的安全因子进行预警，并对已经发生的危害因子进行行之有效的管理和控制。食品安全预警系统包括风险分析、预警指标、预警分析、预警响应四部分[28]（图9-1）。食品安全中危害因素主要来自生物、化学、物理性的危害物，风险分析通常由风险评估、风险管理和风险情况交流这三部分组成，同时通过建立准确的分析方法并正确解释测定数据对食品安全性进行科学有效的评价。预警指标是预警系统发挥作用的基础，是建立科学有效预警体系的核心，必须同时具备科学性和适用性。预警指标选取需遵循系统性、灵敏性、最优化、可操作性四个原则。预警分析主要是对输入信息源进行分析，得出准确的警情通报结果，为预警响应做出正确的决策提供依据。预警分析方法有模型分析法、数据推算法或采用控制图原理对食品中限量危害物进行分析等。预警响应需在食品安全出现警情时，对警情可能引发的后果进行分级识别，并对不同级别警情采取相应的信息发布机制和应急预案[29-30]。

建立食品安全预警系统，及时发布食品安全预警信息，可减少食品安全事故对消费者造成的危害及损失，加强政府对重大食品安全危机事件的预防和应急处置。这是提升人民幸福指数的现实需要。食品安全突发事件具有突然性、广泛性、偶发性等特点，其后果影响范围广、波及人员多，往往对经济与社会发展带来重大的负面影响。建立食品安全高效的预警系统可以在很大程度上保障劳动者或消费者的安全、健康、卫生，防止公共危机的发生，提高国民的幸福指数[31]。

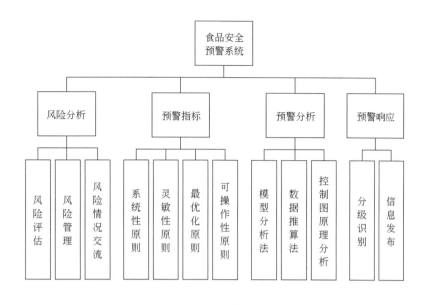

图 9-1　食品安全预警系统

二、国内外食品安全风险预警系统介绍

（一）国际主要食品安全风险预警系统

1. 国际食品安全网络

为了促进食品安全信息交流，增进国家一级和国际一级食品安全当局之间的合作，世界卫生组织（WHO）和联合国粮食及农业组织（FAO）合作建立了国际食品安全当局网络（INFOSAN）如图 9-2 所示，由 WHO 的食品安全、人畜共患病和食源性疾病司运行和管理[32-34]。目前，INFOSAN 拥有 190 个国家和地区的 600 多个成员，要求各成员国的食品安全当局在出现食品安全问题时能迅速共享信息，使其得到更加切实有效的处理[30,35]。食品安全当局是指与从农场到餐桌这整个食物链的食品立法、风险评估、食品控制和管理、食品检查、食品监督和监测的实验室服务以及食品安全信息、教育和宣传相关的国家当局。因此，INFOSAN 能够与多个部委同时产生联系，以保证信息的时效性。INFOSAN 在第二次全球会议上指出，希望建立一个包含所有微生物全基因组序列的全球数据库，逐步改变流行病学调查和食源性疾病监测方式，不断应用新技术和方法来进行食品安全方面的溯源和管理[36]。INFOSAN 每个季度针对全球食品安全事件进行总结，通过快速共享信息，使成员能够及时采取风险管理措施，以防止受污染食品在各成员间扩散而引起疾病。当发生重大公共卫生事件时，WHO 全球警报和响应系统（GOARN）可通过与现有机构和网络协作，发出警报并随时准备响应，并派遣相关技术专家在最短时间内到达疫病现场进行援助，快速确定和应对国际重要性疫情，以抵制疫情蔓延[37]。2018 年，WHO、GOARN 和 INFOSAN 的卫生合作伙伴帮助南非当局及时确定了李斯特菌病疫情暴发的原因和来源，指导南非制定事故管理系统并实施国家李斯特菌病应对计划，保障了南非的国民财产和生命安全[30]。

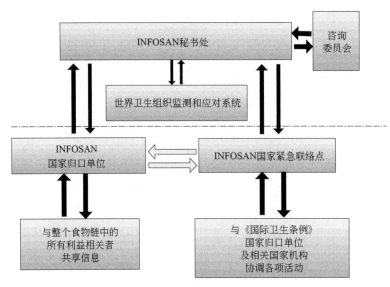

图 9-2　INFOSAN 网络结构[32]

2. 全球环境监测系统的食品污染监测与评估规划

自 1976 年以来，全球环境监测系统-食品污染物监测和评价部分（GEMS/Food）采集了世界各地多个国家机构的食品污染数据，建立了食品污染监测与评估数据库和食品消费者数据库，为国际食品安全监测和预警提供了帮助[33-34]。

3. 欧盟食品和饲料预警系统

欧盟是世界上食品安全标准最高的组织之一[30]。早在 1978 年欧盟就开始在其成员国间建立快速警报系统，成员国有责任在消费者健康遭受严重风险时提供紧急信息[31]。在此背景下，欧盟在 2002 年实施了食品和饲料快速预警体系，涵盖了从食品和饲料生产、加工到消费的各个环节，目的为针对成员国内部由食品不符合安全要求或标识不准确等引起的风险和可能带来的问题及时通报各成员国，保护消费者免受不安全食品和饲料的危害[30,38-39,42]。欧盟成员国都有指定的联系点，一旦发现来自成员国或者第三方国家的食品与饲料可能会对人体健康产生危害，而该国没有能力完全控制风险时，欧盟委员会将启动快速预警系统，并采取终止或限定问题食品的销售、使用等紧急控制措施[30,40]。成员国获取预警信息后，会采取相应的措施，并将危害情况通知公众[41]。RASFF 实现了"从农田到餐桌"过程中的可追溯性，当不安全的食品进入流通领域时可以进行追溯[43]。此系统有如下三个特点：法律依据明确，被纳入食品安全法框架之中；涉及范围广泛，有效保证食品和饲料的消费健康；反应快速，实现了信息的有效互动[38]。

4. 美国

对食品中化学污染物监测而言，美国的食品与药品管理局和美国农业部为主要负责机构[31,44,46]。农业部负责肉、禽和蛋类产品的监管，FDA 负责农业部管辖范围以外的其他食品的监管，约占美国消费食品的 80%[40,45]。针对食源性疾病监测方面，美国建立了食源性疾病主动监测网络、国家食源性疾病监测分子分析型网络等，这些监测系统致力于确保美国从农场到餐桌整个"食物链"各个环节食品的安全性。此外，美国还建立了症状监测系统，实现了预警关口的前移[31]。

（二）国内主要食品安全风险预警系统

我国是 GEMS/Food 的成员国，在 1992 年开始进行食品污染物的监测，积累了相关数据，为我国制定食品污染物限量标准提供了依据[33-34]。在 2003 年，卫生部公布了《食品安全行动计划》，并在 2004 年开始根据食品污染物监测情况发布预警信息。目前，国家卫生健康委员会建立了食品污染监测网和食源性疾病监测网，主要工作分别为以食品为导向的风险监测和以人群为导向的食源性疾病监测工作，定期向社会公布食品污染水平和由此带来的警示[30-31]。此外，舆情监测也可作为这两部分的有效补充。利用信息技术和网络技术收集海量食品信息，对食源性疾病、食品污染、有害因子等进行风险评估，建立相关数据库，并监测污染水平和动态变化，为食品安全行政部门实时提供技术支持，为消费者提供消费指南，对食品安全起到了防控作用[33]。

国家质检总局建立的全国食品安全风险快速预警与快速反应体系（RARSFS）于 2007 年正式推广应用，同年 8 月实现了对 17 个国家食品质检中心日常检验检测数据和 22 个省（自治区、直辖市）监督抽查数据的动态采集，初步实现了国家和省级监督数据信息的资源共享，构建了质监部门的动态监测和趋势预测网络[30,33-34]。

2010 年是我国第一次在全国范围内开展多部门、全过程、经科学设计的风险监测工作，自 2010 年起全面实施国家食品安全风险监测计划，初步建立了覆盖全国的食品安全风险监测体系[29]。2011 年 11 月 15 日，卫生部等六部门联合印发的《2012 年国家食品安全风险监测计划》，监测内容包括食品中化学污染物和有害因素的监测项目近 140 项，另外还有食源性致病菌检测、食源性疾病监测、食品中放射性物质检测。例如对乳制品中三聚氰胺的检测、饮料产品中塑化剂的检测、明胶中铬的检测，以及针对每年新出现的食品安全问题所采取的应对检测，都属于国家食品安全风险监测体系的任务[27-29]。

三、食品安全风险预警系统主要组成

食品安全风险预警系统是为保障食品安全而进行风险评估预警的系统，并将预警信息进行快速传递和及时发布，其主要由风险分析、预警指标、预警分析和预警响应四部分构成[28,34]。

1. 风险分析

风险分析包含风险评估、风险管理和风险交流三个部分（图 9-3），主要用于分析人体健康和安全风险，确定并实施合适的方案来控制风险，并与利益相关者就风险及采取的措施进行交流[47-54]。

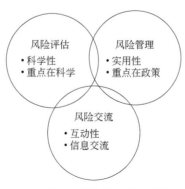

图 9-3　风险分析各部分关系[47-48, 53]

风险评估是风险分析的科学基础和关键，是对食品生产过程中各种危害（化学、物理、生物危害）对人体产生的已知或者潜在的不良健康作用可能性的科学评估[47]。风险评估由四部分组成[47-48,51-52]。①危害识别。需要确定人体摄入某种物质的潜在不良反应，以及产生这种反应的可能性，从而确定致病因子，由于不同致病因子造成的风险程度和处理措施各异，从而将这些危害物分为生物性、化学性和物理性危害物三个方面，如表9-1所示[28]。②危害描述。需要通过毒理学实验对致病因子对人体健康的危害进行定性和定量研究，如针对化学性危害物进行剂量-反应评估，计算人体的每日允许摄入量。③暴露评估。主要根据膳食调查和各种食品中危害物暴露水平调查数据求得危害物对人体的暴露剂量、暴露频率、时间长短、路径及范围，进行膳食调查和国家污染监测计划是准确进行暴露评价的基础。④风险描述。在危害识别、危害描述和暴露评估的基础上，对给定人群健康产生已知副作用的可能性，或者潜在副作用的严重性进行定量和定性的评估，同时需要说明风险评估中各步骤存在的不确定性。

表 9-1　食品安全危害物分类

危害物类型	危害物
物理性危害物	碎骨头、碎石头、铁屑、木屑、头发、蟑螂等昆虫的残体、碎玻璃以及其他可见的异物
化学性危害物	农药残留、兽药残留、天然毒素和其他化学危害物
生物性危害物	微生物危害物

2. 预警指标

食品安全预警指标是实现预警分析功能的基础，在预警体系中起到承上启下的重要作用，是建立科学有效的预警体系的核心部分[28]。不同的研究领域和方向，预警指标的确定是不同的。预警指标一方面要涵盖食品安全涉及的领域和范围，又要具有预防、警示和控制的预警功能，考虑到食品本身的复杂性、特殊性和食品安全预警体系的要求，预警指标的选择需遵循下述原则[55-56]。

科学性原则是系统的一般性原则，是所有预警体系都应遵循的原则[55-56]。科学性要求所选指标必须按照科学依据，运用规范方式测算，能够反映食品安全的基本内涵，具有明确的预警意义。

系统性原则要求在制定指标时必须全面考虑"从农田到餐桌"整个食品生产链的情况，较为全面地涵盖所有的食品安全预警问题[28,55-56]。同时应该注意的是，系统往往会出现"木桶"效应，也就是说，系统的优劣由最弱部分决定，因而选择指标时应同时兼顾代表性和典型性。食品安全问题以及与其相关的信息都处于动态发展的过程中，因此指标体系的完整性也是相对的，需要不断完善和提高对食品安全问题的认识，并及时地对指标体系中的指标进行调整，才能确保食品安全预警指标体系的完整性。

灵敏性原则要求选择的指标能够科学、及时准确地反映食品安全风险的变化情况，对食品安全风险具有较强的敏感性，使其成为反映食品安全风险变化情况的风向标[28,57]。

最优化原则要求指标建立有的放矢，从众多相关因子中选择能超前反映食品安全态势的领先指标[28]。应着重考虑对预警效果指导性强且意义较大的指标，而对一些预警效果不大的指标予以精简。这样既可以大大地减少工作量，也排除了一部分无效因素的干扰，从而达到指标分析最快的速度和最优的效果。

可操作性原则要求所选指标应尽可能有统计资料、可测量、切合实际、有利于操作[28,55-57]。指标的选取并非越多越好，应具有针对性，要考虑到指标数值的统计计算及其量化的难易度和准确度；要选择主要的、基本的、有代表性的综合指标作为食品安全指标，统一规范，方便评价，便于横纵向的比较。

除上述原则外，还有同时兼顾社会热点指标，例如食品中病原性微生物指标、兽药残留、农药残留等。指标体系的各参数指标应具有动态性和实时性，在分析过去的基础上，把握未来发展趋势，始终保持系统先进性，增强系统生命力[57]。表 9-2 从食品数量安全、食品质量安全、食品可持续安全三个方面给出了部分指标和指数[56]。

表 9-2　食品安全预警指标体系[56]

总体层	系统层	指标层	指数层
食品安全总体警度	食品数量安全	粮食总产量增长率	总耕地面积,农产品价格水平,三农政策扶持力度
		粮食储备率	年粮食总产量,粮食周转储备率,年粮食消费总量
		粮食自给率	粮食、油脂、肉蛋奶生产总供给能力,粮食进口数量
		人均食品占有率	总人口增长率,食品总供给增长率
		食品需求量被动率	粮食总需求量与食品需求中长期趋势的允许偏差
	食品质量安全	食品卫生监测总体合格率	总菌数,大肠杆菌数,海藻毒素,食品添加剂
		化学农药残留抽检合格率	禁用农药,允许农药残留量
		兽药残留抽检合格率	禁用兽药,激素残留量,抗生素残留量
		优质蛋白质占总蛋白质比例	优质蛋白质总量
		动物性食品提供热能比	蛋白质提供热能比,脂肪提供热能比
	食品可持续安全	人均水资源量	人口数量,灌溉面积占耕地面积比例,工业用水量等
		人均耕地	总人口增长率,总耕地面积
		水土流失率	地表保护质量,气候变化变异状况
		废气排放量	废气排放总量,大气污染物排放浓度
		劳动生产率	农业劳动力人均负担耕地面积,产业结构
		GDP 增长率	GDP 总量
		人均收入水平	GDP 总量,总人口增长率

3. 预警分析

食品安全预警分析主要是指对输入的预警信息进行建模分析，得出合理、准确的安全风险等级和优先控制的顺序，为响应系统做出正确决策提供依据[28]。因此，预警分析模型的建立直接影响预警体系的有效性。目前，常用的预警模型有三种类型[58]：定性模型、定量模型和定性与定量结合的模型。食品安全预警定性模型中较为普遍的有德尔菲法[58-60]、决策树[61-62]、支持向量机[63-64]，定量模型有线性回归模型[65-69]，综合模型有人工神经网络[70-72]、层次分析法[73-77]、隐式马尔克夫模型[58] 等。

4. 预警响应

食品安全预警响应需要根据预警分析结果进行快速反应并作出决策[28]。当预警分析的结果为正常时，响应系统的应对应为常规监测，需要各机构、相关单位继续提供实时、有效、准确的食品安全相关数据。当预警分析结果为异常时，响应系统应根据警情可能引发后果的严重程度实行分级识别，通常按从高到低的安全程度分为Ⅰ级预警、Ⅱ级预警、Ⅲ级预警、Ⅳ级预警四级警情级别。预警等级分级阈值应把握好尺度，过松容易导致漏报情况发生，过紧可能导致虚假警情[23]。针对不同级别的警情，应采取不同的预警措施，使得在危害暴发前得到有效控制。这其中包括信息通报制度、信息发布制度和应急预案制度[34]。

第三节　食品安全区块链

一、食品安全区块链的定义

食品安全区块链技术是一种基于区块链技术对食品的原材料信息、生产加工过程信息、物流过程信息、销售信息与食品本身进行绑定以实现食品生产加工流通销售各个环节信息真实准确安全可靠的技术[78]。区块链技术又可称为分布式账本技术（DLT）[79]，其本质上是一种可以帮助参与者以安全、高效的方式创建、传播和存储信息数据库的技术，即它是一种全网公开的分布式账本技术。分布式账本不同于传统的账本模式，分布式账本系统由该系统的所有参与者而不是由一个中心方（例如政府部门或政府外包部门）进行维护。所有参与者都是分布式账本系统的"节点"。节点本质上就是每个参与者的计算机，每个节点都包含一整套完整的信息记录，所有节点都参与分布式账本的建立和维护。它是建立在一系列让参与者能够以高效、安全方式创建、传播和存储信息的数据库网络上，通过这些数据库网络，任何参与方无需依靠各方皆知并信任的中心方或中心管理人即可顺畅、安全地进行上述操作，且可不断对整个信息历史（可追踪至创建时）的审计线索进行检测。此外，在未授权的情况下改变信息及其历史，虽然不是完全不可能，但也是非常困难的。换句话说，区块链技术操作在设计上要求通过网络存储和传送的信息具有高度的可信赖性，并且网络中的每个参与者可以同时访问共用信息。区块链中的哈希算法能够有效避免信息被篡改；公钥、私钥可以用来保护数据隐私与密钥等级，标识身份。所以说，区块链技术为我们提供了一种全新的信任机制。

二、食品安全区块链基本架构

如图 9-4 为基于区块链的食品安全追溯体系层次架构，体系由上到下依次为用户层、业务及应用层、共识及网络层、数据层、数据采集层、作业层，共 6 个层级，分别对应不同的技术和实体组成[80]。

由下往上，作业层指的是在食物种植、养殖、运输、加工、屠宰、包装、贮存、冷藏、销售这几大环节中，操作人员的实际运作过程，它是食品数据的来源。

数据采集层包括 RFID、ZigBee 等无线识别技术，以及在物流中转运输、细粒度的追溯个体下常常用到的条形码技术，其次是支持数据信息传输的无线宽带网络。该层次是物联网组网基础，其作用在于采集作业层的关键数据，并提升流转和管理的效率。数据采集层是指首先将从作业现场采集到的数据传至数据层。其次，在数据层面上，区块链就是一个只可追加、不可更改的分布式数据库系统，是一个分布式账本。如果是公开的区块链，也就是公有链，那么这个账本可以被任何人在任何地方进行查询，完全公开透明。在区块链网络中，节点通过使用共识算法来维持网络中账本数据库的一致性。同时采用密码学的签名和哈希算法来确保这个数据库不可篡改，不能作伪，并且可追溯。在某些系统中，只有在控制了 51％的网络算力时才有可能对区块链进行重组以修改账本信息。数据层是区块链技术底层技术的集合。数据层主要包括哈希算法、Merkle 树数据结构、链式数据结构、非对称加密算法、时间戳等。数据被打包记录入区块当中，实现数据的不可篡改化。

数据层往上是共识及网络层，是区块链技术的精髓所在，区块链是建立在 IP 通信协议

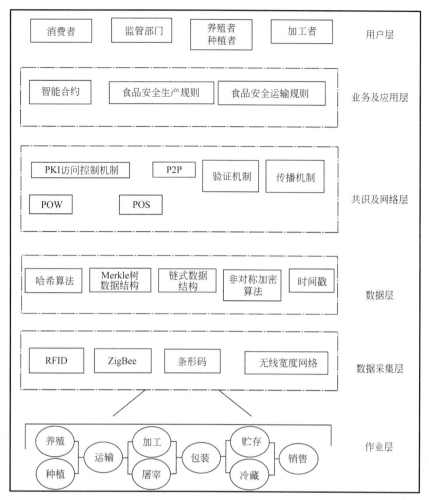

图 9-4 食品安全区块链追溯体系架构[80]

和对等网络的基础上的一个分布式系统，和传统带中心的分布式系统不一样，它不依靠中心化的服务器节点来转发消息，而是每一个节点都参与消息的转发。因此 P2P（peer-to-peer）网络比传统网络具有更高的安全性，任何一个节点被攻击都不会影响整个网络，所有的节点都保存着整个系统的状态信息。其中包括 POW、POS 共识机制、PKI 访问控制技术、P2P 对等网通信技术及数据验证机制和传播机制。区块链遵循共识机制进行区块的生成和确认，通过 P2P 对等网技术实现节点之间的通信，通过外部添加的 PKI 技术实现访问权限管理。

共识及网络层之上是业务及应用层，该层涉及智能合约及食品安全生产规则、食品安全运输规则等，其直接与实际业务挂钩，是业务逻辑与区块链系统运行的结合。

最顶端为用户层，是现实生活中的实体个人和组织，用户包括消费者、监管部门、养殖者、种植者、加工者。满足用户的需求是整个追溯系统的构建中心。

三、食品安全区块链的技术特征

食品安全区块链技术的特征非常明显，其去中心化、不可篡改性、开放透明性、机器自治可以解决食品安全信息溯源与披露中的信任危机和信息真实问题[78]。

第一，去中心化。区块链技术是基于 P2P 模式，正如上文所述区块链技术采用分布式计算和存储，没有中央部署的软硬件系统，不依赖于中心化、层级化的人为管理机构，所有计算和存储节点的权利与义务都是一样的，系统的运行依靠分散的客户端节点共同参与和维护[81]。

第二，不可篡改性。目前在传统的食品安全信息系统中，数据的保管都是由特定维护人员进行的，数据篡改风险来自于以下两个方面：行政管理人员滥用职权和黑客的恶意攻击。内部管理人员一般会比较容易地改动对自己或部门不利的信息。外部黑客攻击时，常常会通过一些技术攻击手段，改变系统的程序逻辑，导致系统不再按照既定的规则进行分析从而规避监管。然而，在区块链信息系统中，一旦信息被核实验证并存储到区块链系统中，它将会通过分布式节点计算法永久地保存起来，仅对单个节点信息的数据修改丝毫不会影响数据内容，除非对超过 51% 的客户端节点（哈希值）数据同时进行修改，而通过用哈希值加密的数据信息更是不可能被篡改，因此区块链技术可以确保食品安全信息不被篡改，保障消费者的知情权与食品安全信息的真实准确性。

第三，开放透明性。区块链技术的公开性与透明性主要有以下两个表现：一是所有区块链系统的代码是开放透明的，所有人都可以获取了解其工作逻辑原理；二是所有区块链系统的数据信息和端口对任何人开放，只要你想得知都可以通过开放的端口获知区块链数据信息，并且基于此进行再次开发，因此整个区块链系统是全部公开透明的[81]。

第四，机器自治和匿名性。区块链各个节点间的数据信息交换均遵循国际通用的哈希值算法。所有客户端的众多节点之间有关联关系，在可信任的安全环境下同步数据信息，区块链程序经过特定的逻辑进行分析，从而确定非法的数据信息，找出非法数据对应的不正常数据交易活动。程序将会自动舍弃非法数据，完全由系统自动保证交易数据的有效性和完整性，不需要人工介入，而是全部基于用户对机器自治和对互联网技术的信赖，人为进行干预不会起任何作用。交易双方不需要透露各自的身份，完全可以在双方匿名的环境中进行，这样不仅确保了食品信息交易的安全性和可靠性，同时确保了消费者的监督权与知情权。

四、食品安全区块链关键技术

当前食品追溯系统虽然经过长时间的研究和发展，但是仍然存在追溯系统结构中心化、数据安全性低，易受篡改、数据完整性无法验证等问题，这些问题需要进一步解决，区块链技术对于有效地解决这些问题具有较好的促进作用。

（一）网络层中的关键技术

区块链的网络层中封装了 P2P 的组网方式和验证机制等，它能保证区块链网络中的节点各司其职，按照传播协议保证区块数据的校验和记账[82]。

组网方式。P2P 的网络组网方式是区块链网络层的重要技术之一，它是建立在 Internet 上的一种节点对节点的连接网络方式，图 9-5 显示了传统式和分布式两种不同的网络模式，传统式网络有一个中心节点，其他节点通过与中心节点的连接进行数据的共享与传播，所以中心节点的负荷大，权责过于集中；分布式网络模式中每个节点处于同等地位[83]，每个参与节点都具有完整的数据存储，同时每个节点是独立并且对等的。它依赖于共识机制来确保存储的最终一致性，共识机制确保分布式存储数据的可信度与安全性，只有当分布式网络中大多数节点同时被影响时，才能篡改现有数据。数据的可靠性和安全性随着参与系统节点数量的增加而增加。

共识机制。共识机制是能使区块链中分布的各节点达到一致的算法。由于对等网络较为庞大，延迟时间高于中心型网络。而延迟会使每个节点在同一时间内接收到不完全相同的信息，导致信息顺序错位。因此，区块链系统需要一种机制来商定在相似时间段内发生的交易顺序。用于在时间窗口内同意事务顺序的该算法被称为共识机制。共识机制可以保证分布式网络的数据一致性，因为在这种算法下，在有限时间内，网络中的所有操作数据都是一致的、可识别的、不可篡改的。在区块链中的去中心化多方信任问题可以通过算法解决[84]。

传播机制。在区块链中，交易数据传播协议包括以下流程：网络节点收到各环节上传的数据后，生成该数据的节点通过 P2P 网络向全网广播；全网每一个节点刷新本地数据，然后接受交易，加入"缓冲区"；接下来每个节点为了找到符合条件的答案，开始不断地计算；当某个节点找到满足条件的哈希值（随机数）时，向全网广播区块记录的所有盖时间戳的交易数据（时间戳用来确定此区块是在某特定时间存在的）；只有当包含在区块中的所有交易数据被其他节点验证有效时，该区块才被认可[85]。

验证机制。区块链网络层中不仅具有接收和传播数据的节点，还有专门监听交易数据，并对数据进行有效性验证的节点，比如节点对照预定义的标准清单，从数据类型、数据合理性、输入输出、数字签名、时间戳等各方面验证交易数据的有效性，如验证有效，则按照接收数据的先后顺序暂存"缓冲区"，之后将加入到当前区块中，如数据有误验证不通过，节点则立即丢弃该数据，进而防止无效或有误的数据在区块链网络中再次被共享和传播[86]。

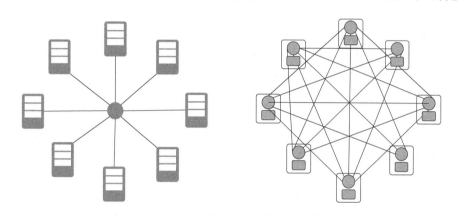

图 9-5　传统式网络（左）与分布式网络（右）

（二）数据层中的关键技术

基础数据传输到数据层，在区块主体中组成数据列表，用区块主体中的 Merkle 树记录，区块主体与存储 Merkle 根、散列值、时间戳等数据的区块头共同形成区块，多个区块通过区块头的数据形成链式效果；网络中的节点收到上传数据后，通过 P2P 网络向全网广播，各节点自动对其验证；为了使全网达成共识，区块链提供了多达十余种的共识机制，使得整个网络在基于算法的基础上稳定运行，同时在区块链中还会通过分配机制和发行机制，奖罚分明，使各节点更加积极地参与其中。

数据层中使用的关键技术包括链式结构、时间戳、加密算法、Merkle 树等。网络中的交易节点将特定时间内接收且验证过的交易数据加密后添加到盖有时间戳的数据区块中，数据区块通过 Hash 值运算加入具有链式结构的主区块链中，作为最新的区块存储在分布式数据库中[87]。

链式结构。在区块链技术中，数据永久存储在区块中。这些区块按时间顺序生成并链接到链中，每个链记录了创建期间发生的所有交易信息。区块的数据结构通常分为区块头（header）和区块体（body）[88]，如图9-6所示。区块头起连接作用，用来连接前一个区块，并通过区块头中的时间戳、父哈希等保证历史数据的完整和连续性；区块体起保存数据的作用，用来存储从区块创建到区块形成过程中的所有交易数据。区块链中的链式结构指区块按创建时间串联起来、按区块头中的哈希值使相邻的两两区块链式相连到当前最长主链，以此来保证上一个链数据的完整性，便于追溯时的定位和查询。

时间戳。时间戳不是区块链独有的技术，它源于数字签名，通常用字符序列或具体时间来标识。在区块链中引入时间戳技术[89]，一方面为了明确区块数据写入的具体时间，另一方面使得区块数据按时间戳中的时间依次连接。时间戳还能作为存在性证明保证区块数据的真实性，防止数据记账节点的抵赖和伪造，为区块链网络中的节点提供了彼此信任的基础和依据。同时，时间戳作为区块链中的关键技术，为基于大数据的区块链，增大了时间广度，使得通过区块数据和时间戳，精准定位和全程追溯成为可能。

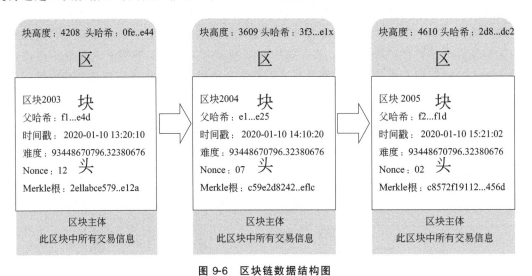

图9-6　区块链数据结构图

加密算法。在区块链中涉及了大量的密码学技术，其中最主要的两项是哈希函数和非对称加密技术。这两项技术共同保证了区块链系统中的数据完整和传输安全。非对称加密算法是通过一对唯一对应的密钥，即公钥和私钥进行加密。区块链中的用户都可以通过公钥对信息进行加密，但是只有当被授权后拥有对应私钥的用户才可以解密查看相关信息，保证了数据隐私。哈希算法也称之为散列算法，就是将一段信息通过运算转化成一串长度相同的字符串。这串字符没有规律可言。可能在信息中只有某一个数字不同，通过运算后产生的字符串也会完全不一样。这样信息的内容就不可能通过字符进行推理，保证安全性。同时哈希函数的运行速度快，对不同长度的输入数据具有大致相同的加密时间[90]。在区块链中，哈希函数是作为数据对比和追溯的重要技术。

Merkle树。Merkle树是一种重要的树型数据结构，它专门用来存储加密后的哈希值，比如，Merkle树中的叶子节点存储数据交易的文件或文件集合的数据块哈希值，Merkle树中的非叶子节点存储对应的子节点运算后串联的字符串哈希值等[91]。如图9-7所示，在区块链中，区块体的交易数据通过运算进行分层，分别存储在Merkle树的节点中，节点中的数据通过不断地递归和运算，将值往上一层层存储，最终的哈希值被存储在Merkle树的根节点（root hash）中，根节点保存在区块数据的区块头中，便于数据的快速读取和计算[92]。

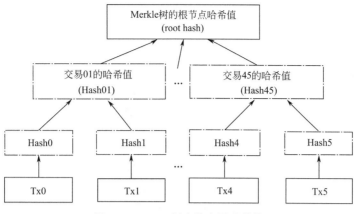

图 9-7　Merkle 树中的交易哈希值

（三）应用层中的关键技术

智能合约是一种通过编程达到的能够将合同以数字化的形式进行传递、验证和执行的计算机协议，允许可信、可追踪和不可逆转的合同交易，而不依赖第三方。智能合约是一套以数字形式定义的双方都认可并履行的承诺。区块链技术的发展为智能合约的运作提供了可靠的执行环境。区块链智能合约是在区块链上编写的一段代码，一旦事件触发合同中的条款，它就会自动执行。目前，更成熟的智能合约支持图灵的完整语言。在此基础上，可以实现差价合约、储蓄钱包合同、多签名合同、保险衍生合同等，而不依赖第三方或集中机构，大大减少了手动参与的情况，具有高效率和准确性。

五、食品安全区块链体系及案例

如图 9-8 所示为牛肉追溯方案结构[80]，数据由数据库和区块链两种方式存储。数据库由追溯系统中的消费者权益保护局维护，区块链由养殖场、屠宰场、物流公司、销售单位、消费者权益保护局、食品药品监督局六方共同维护。除养殖场、屠宰场、物流公司、销售单位以外的系统用户还包括终端消费者群体、监管部门。

养殖场将养殖过程中采集到的关键信息打包并同时录入消费者权益保护局维护的数据库和养殖场所维护的区块链节点。养殖场节点将养殖信息通过算法取得消息摘要，通过独自维护的区块链节点将摘要发送到区块链上，经过平等的共识过程把信息摘要写入区块，写入成功的信息会得到一条返回值即区块链中一条交易的哈希值，它是检索区块链中数据的索引，并将这条返回值存储到数据库中。同样的，屠宰场和物流公司以及销售单位分别将屠宰过程、物流过程、销售分装过程采集到的信息录入数据库，用算法数据取得摘要后通过独自维护的区块链节点发送到区块链上，记入区块链，并将返回值存入数据库。在这个过程中，消费者权益保护局、食品药品监督局对养殖场、屠宰场、物流公司、销售单位的行为进行监督。监督方式是参与区块链系统的维护，与这四方节点一同进行共识的过程，并将区块链数据同步到本地节点。在系统中不承认区块链发生的分叉行为，一旦数据写入区块链就不可通过分叉的形式进行更改。

对于消费者而言，通过食品包装的序列号从消费者权益保护局维护的数据库中查询出对应的详细流程信息。若要对信息的完整性进行检验，再通过区块链中保存的消息摘要与数据库查询出的信息通过同样的算法取得的摘要进行对比，若两者相同说明数据在录入系统后就

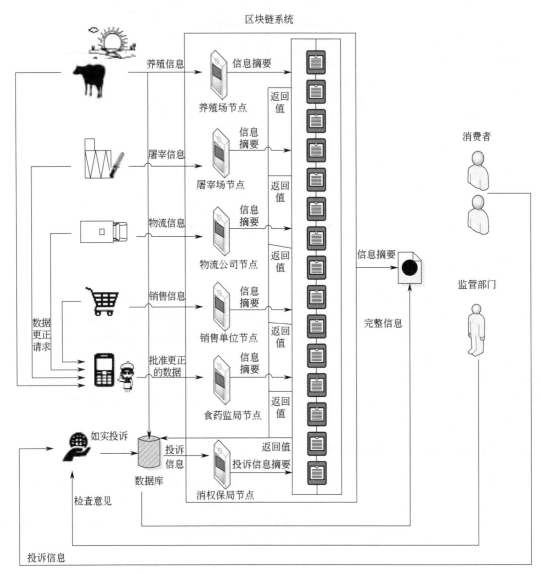

图 9-8 牛肉追溯方案结构[80]

未再更改，数据完整。消费者若发现所购食品的追溯数据发生了修改可以向监管部门消费者权益保护局提出投诉申请，消费者权益保护局确认投诉无误后将投诉信息存入数据库，其消息摘要存入区块链以作为问责凭据。

　　对于数据录入阶段出现的意外错误，养殖场、屠宰场、物流公司、销售单位可以发送数据更正请求给食品药品监督局，食品药品监督局对数据更正请求进行审核，若数据更正请求合情合理则批准，并以一条备注信息的形式存入到数据库，再将信息取得摘要，通过食品药品监督局维护的区块链节点将摘要发送到区块链。

　　通过上述的数据存储机制，能够保证数据一旦存入系统就不能被篡改，实现了数据的不可篡改性。同时，由于引入质检总局和食品药品监督局两个监管部门，利用区块链平等共识、数据多点备份、分布式的特性，消除了原来的追溯系统中核心企业的中心化问题。在这样的机制下，数据实现了不可篡改，系统实现了去中心化，解决了提出的两个关键问题。

　　为了实现牛肉全过程的信息跟踪，按照我国商务部发行的肉类蔬菜流通追溯体系编码规则，制定了图9-9的追溯流程信息和标签传递图[80]。在牛只处于活体的状态以及未被切割成块的情况下，由牛只的耳标作为标识，记录对于牛只的基础、养殖、运输、屠宰等过程的信息。当牛胴体发生分割后将采用条形码标签的方式进行细粒度的精准标识，并将具体的状态信息和加工信息记录到系统中。最终消费者通过追溯数据查询端口，能够查看所购买的牛肉的生产全流程信息。

在图9-9中可以看到，利用射频识别技术配合条形码技术实现牛肉产品从牛的原始档案存档标记、养殖、运输、屠宰、排酸、分割包装、售前冷藏储存最后到上架销售的全流程进行个体标记识别和数据记录。在牛只排酸完成但未进行分割包装之前，信息都是以整只牛个体或者牛胴体这样的粗粒度规格进行记录和标记的，这个过程中采用牛只编号作为牛的唯一身份标识。当牛胴体分割包装成面向终端消费者的牛肉块后，即进行细粒度的信息记录和标记，这个过程中新增了肉块编号作为细粒度规格下肉块的标识。最终通过牛只编号配合肉块编号的形式，将具体到每一块牛肉的所有信息无缝衔接，形成追溯数据链条，从而实现牛肉的全程追溯。在整个数据采集和纪录的过程中，数据存储到由传统关系型数据协同区块链的混合存储系统中，将这一存储系统称为区块链存储系统。区块链由牛肉生产加工各个环节的节点群共同维护，从而实现区块链技术的数据不可篡改和分布式、去中心化的特征。消费者和一般用户只需要通过访问交互界面即可获取牛肉的追溯信息，简单而易用。

六、中国食品安全区块链存在的问题

1. 相应指标体系的管理与梳理较为薄弱

目前中国区块链技术中的食品供应链指标体系的管理与梳理较为薄弱，缺少对于供应链的集中整治。区块链技术中需要使用到的食品供应链较多，因此需要出台一些恰当的供应链管理的指标来管理相应的供应链。此外，由于在供应链中涉及的信息种类较多，例如：原料产地、原料的质量评级、生产单位、生产责任人以及销售单位等。在整理与疏导的过程中信息的储存问题如何解决也是关键。

2. 各级单位信息代码不规范统一

区块链技术中目前存在的第二个问题是食品在生产、加工、运输、销售的不同环节过程中，信息的传递需要使用代码，但是各级单位所使用的信息代码鱼龙混杂，面临类型和标准不统一、信息流程和硬件标准不统一等诸多问题，从而导致代码的读取出现极大的困难。当代码读取出现困难时，信息传递就会出现阻隔，导致大量的信息滞留在少数人手中，从而导致消费者以及质量检查人员无法获取正确和及时的信息。

3. 信息化程度低

我国食品区块链环节中，大部分中小型企业信息化处理水平很低，企业间很难实现信息共享，这就导致无法实现食品的全环节区块链跟踪。

4. 货架食品的信息反馈及透明性低

货架食品的信息反馈和信息的透明性严重干扰着区块链技术在食品领域的应用。目前，食品监管部门缺少对此类指标的建立，存在信息的"灰色地带"。当食品进入物流、到达消费者手中时，如何使获得的反馈信息透明化以及相关指标的建设是我们需要深入思考的问题。

七、中国食品安全区块链的发展方向

针对如何梳理食品供应链中的指标体系以及食品行业的大量信息的存储问题，需要食品

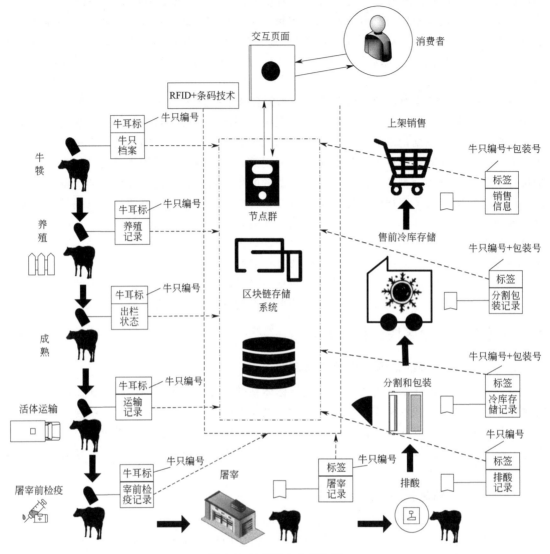

图 9-9 追溯信息传递流程

监管部门首先对食品生产类别与生产加工程度进行细致的划分与归类。对生产方式相同或相似的供应链可采用统一的指标，并对各个安全控制点制定精确的数据指标。可以开发一种区块链的使用平台，对目前所生产的食品资料进行录入，并在信息传递时相关食品可采用同一种信息流的传递路线。可以确保任一有质量安全隐患的被指定目标退出市场，便于对有害食品实行"召回制度"。目的是为了保护消费者的权益，同时也对企业的行为进行防范，防止企业有故意隐瞒的行为，督促企业及早采取措施，尽可能地将缺陷产品对民众安全造成的损害降到最低。

此外，由于目前不同的食品生产单位所使用的代码不同，需要对代码进行归一化管理。根据研究，可以采用中国物品编码中心（article numbering center of china，ANCC）系统来作为统一的代码体系。ANCC 系统是全球统一的标准化编码体系，国际上称为 EAN. UCC 系统，是对流通领域中所有的产品与服务，包括贸易项目、物流单元、供应链中的各个节点企业等提供全球唯一的标识，所以非常适合用来实施信息跟踪和追溯。

针对货架信息的反馈与信息的透明化的问题,货架信息可以通过开发手机应用,建立一套食品生产销售信息库。消费者与食品监管单位可扫描食品上印有的条形码,获得该食品的食品生产、物流与销售的信息。以商品打假为例,区块链技术已经开始发挥作用。京东区块链防伪追溯开放平台已经接入多家品牌企业。以牛肉为例,通过追溯编码可以看到所购买的牛肉来自哪个养殖场,这头牛的品种、口龄、喂养的饲料、产地检验检疫证号、加工厂的企业信息、屠宰日期、出厂检测报告信息、仓储的到库时间和温度及抽检报告等。可以预见,流通领域的批发企业为了实现自身产品的品质保障,将不断倒逼生产企业实现信息的可追溯性。这种依托于区块链技术的信用平台不再单纯地依靠政府背书,将在更大范围内接受监督和检验。

思考题

1. 食品安全溯源、预警和区块链的定义是什么?
2. 分别论述我国食品安全溯源、预警、区块链体系存在的问题和发展方向。
3. 简述食品安全溯源系统的要求和特点。
4. 试述国内外的食品安全预警和区块链体系及典型案例。
5. 简述食品安全溯源、预警和区块链系统解决的主要问题及方法。
6. 试述食品安全区块链的基本架构和关键技术。

参 考 文 献

[1] 谢明勇,陈绍军. 食品安全导论 [M]. 北京:中国农业大学出版社,2009.
[2] 方炎,高观,范新鲁,等. 我国食品安全追溯制度研究 [J]. 农业质量标准,2005 (2):37-39.
[3] 魏益民,李勇,郭波莉. 植源性食品污染源溯源技术研究 [M]. 北京:科学出版社,2010.
[4] 中华人民共和国政府. 中华人民共和国食品安全法(全文)[EB/PL]. http://www.npc.gov.cn/npc/xinwen/2015-04/25/content:2852919.htm.
[5] 国务院办公厅. 国务院办公厅关于加快推进重要产品追溯体系建设的意见(国办发 [2015] 95 号)[EB/PL]. http://www.gov.cn/zhengce/content/2016-01/12/content_10584.htm,2016.
[6] 农业农村部. 农业农村部关于农产品质量安全追溯与农业农村重大创建认定、农产品优质品牌推选、农产品认证、农业展会等工作挂钩的意见 [EB/OL]. (2018-11-23). http://www.moa.gov.cn/govpublic/ncpzlaq/201812/t20181203_6164235.Html.
[7] 巫琦玲,张葵,杜为公. 我国食品质量安全追溯体系应用现状调查研究 [J]. 粮食科技与经济,2018,43 (3):42-48.
[8] 秦雨露,孙晓红,陶光灿. 我国食品安全追溯系统推广应用难点及对策研究 [J]. 中国农业科技导报,2020,22 (1):1-11.
[9] 孙明. 基于物联网的食品溯源系统设计及实现 [D]. 北京:中国科学院大学,2015.
[10] 郑火国. 食品安全可追溯系统研究 [D]. 北京:中国农业科学院,2012.
[11] Yu X. Enlightenment and countermeasures:Canada HACCP system and chinese food safety supervision [J]. Canadian Social Science,2013,9 (1),9-22.
[12] 李宗亮. 基于大数据挖掘的食品安全风险预警系统研究 [D]. 长沙:湖南大学,2016.
[13] 杨宇,吴智敏. 浅析国内外食品安全监管机制比较 [J]. 中国卫生法制,2016,24 (2):30-33.
[14] Gianfranco B,Cecilia T. Food safety/food security aspects related to the environmental release of pharmaceuticals [J]. Chemosphere,2014:115.
[15] 戴华,彭涛. 国内外重大食品安全事件应急处置与案例分析 [M]. 北京:中国标准出版社,2015.
[16] 余珊惠子. 中国食品安全追溯系统的开发与应用 [J]. 现代食品,2019 (2):99-102.
[17] 代晓凝,刘丽莉,孟圆圆,等. 河南省肉类产品质量安全可追溯体系建设的现状与问题分析 [J]. 肉类工业,

2018（10）：38-45.

[18] 陈芳．食品可追溯体系与食品企业战略选择［D］．上海：上海海洋大学，2009.

[19] 陈杰，杨俊，吴军辉．农产品安全追溯系统发展现状与趋势［J］．农学学报，2018，8（9）：89-94.

[20] 饶玲丽，王旎，陶光灿，等．借助大数据打造贵州茶产品品牌研究［J］．福建茶叶，2018，12（11）：24-25，28.

[21] 叶嘉鑫，高凛．我国食品安全追溯体系的发展现状及对策研究［J］．中国食品药品监管，2018，178（11）：48-54.

[22] 林涌．二维条码在检验报告防伪中的应用［J］．信息与电脑（理论版），2013，16（10）：136-137.

[23] 薛素君．自媒体信息传播中的管理问题及其对策研究［D］．苏州：苏州科技大学，2015.

[24] 付文丽，孙赫阳，杨大进，等．完善中国食品安全风险预警体系［J］．中国公共卫生管理，2015，11（3）：310-312.

[25] 魏凯琳，高启耀．大数据供应链时代企业信息安全的公共治理［J］．云南社会科学，2018，8（1）：50-56.

[26] 郭焰辉．基于椭圆曲线密码的 RFID 系统认证协议研究［D］．赣州：江西理工大学，2018.

[27] 郑莉莹．我国食品安全预警体系的建立研究［J］．食品安全导刊，2016（3）：21-22.

[28] 杨琳．浅谈食品安全预警体系的构建研究与实践应用［J］．质量技术监督研究，2013，9（4）：51-57.

[29] 龙红，梅灿辉．我国食品安全预警体系和溯源体系发展现状及建议［J］．现代食品科技，2012，28（9）：1256-1261.

[30] 王琳，赵建梅，赵格，等．国内外食源性致病微生物风险预警开展现状与启示［J］．中国动物检疫，2020，37（4）：65-71.

[31] 康俊莲，赵继伦．构建食品安全预警系统势在必行［J］．人民论坛，2018（31）：68-69.

[32] WHO. 国际食品安全当局网络［EB/OL］．https：//www.who.int/foodsafety/areas_work/infosan/A3_IN-FOSAN_CHINESE_web.pdf.

[33] 边红彪．中国食品安全预警机制分析［J］．标准科学，2015（12）：75-78.

[34] 王世琨，李光宇．食品安全风险预警及影响其有效性的因素［J］．中国标准化，2013（11）：77-80.

[35] WHO. Responding to food safety emergencies (INFOSAN) ［EB/OL］．［2019-12-06］．https：//www.who.int/activities/responding-to-food-safety-emergencies-infosan.

[36] WHO. A unique global community：INFOSAN boosts collaboration among food safety authorities ［EB/OL］．［2019-12-06］．https：//www.who.int/news-room/detail/23-12-2019-a-uniqu e-global-community-infosan-boosts-collaboration-among-food-safety-authorities.

[37] WHO. Global outbreak alert and response network (GOARN) ［EB/OL］．［2019-12-06］．https：//www.who.int/ihr/alert_and_response/outbreak-network/en/.

[38] 毛丽君．欧盟食品和饲料快速预警系统的应用及启示［J］．世界农业，2018，5（10）：173-224.

[39] 曹川，代欢欢，解鹏．中外食品安全监管体制比较研究［J］．安徽农业科学，2017，45（14）：243-248.

[40] 高秀芬，杨大进．国内外食品安全风险预警比较研究［J］．中国卫生工程学，2014，13（3）：254-256.

[41] 杨中花．食品安全风险监测和预警工作要点探讨［J］．食品安全导刊，2018，7（15）：37，48.

[42] 甘盛，施晓光，吴超权．欧洲食品和饲料快速预警系统简介及对我国的启示［J］．食品工业科技，2011，32（11）：55-57.

[43] 徐跃成，陈燕，文永勤．欧盟食品安全监管控制程序解析［J］．食品研究与开发，2011，32（11）：179-182.

[44] 史娜，陈艳，黄华，等．国外食品安全监管体系的特点及对我国的启示［J］．食品工业科技，2017，38（16）：239-252.

[45] 王中亮．食品安全监管体制的国际比较及其启示［J］．上海经济研究，2007，9（12）：19-25.

[46] 李怀．发达国家食品安全监管体制及其对我国的启示［J］．东北财经大学学报，2005（1）：3-8.

[47] 许月明，张爽，许凌凌．食品安全风险分析［J］．现代食品，2018，11（10）：102-112.

[48] 吴培，许喜林，蔡纯．食品安全风险分析的原理与应用［J］．中国调味品，2006，12（9）：4-8.

[49] 周应恒，彭晓佳．风险分析体系在各国食品安全管理中的应用［J］．世界农业，2005，7（3）：4-6.

[50] 孙娟娟．风险分析原则的理论发展及其在美国的应用［J］．中国食品药品监管，2015，10（1）：50-53.

[51] 吴慧英．发达国家运用风险分析强化食品安全管理的启示［J］．中国标准导报，2008，12（9）：10-16.

[52] 唐晓纯．多视角下的食品安全预警体系［J］．中国软科学，2008，13（6）：150-160.

[53] 蒋士强，王静．对食品安全风险评估和标准体系的反思［J］．食品安全导刊，2010，7（z1）：82-84.

[54] 欧阳静，高燕．食品安全风险分析在食品质量管理中的应用探讨［J］．食品安全导刊，2019，12（9）：27.

[55] 刘凯，马睿智，赵国杰．食品生产质量安全风险预警指标体系的构建［J］．标准科学，2016，21（9）：76-79.

[56]　唐晓纯. 食品安全预警体系评价指标设计 [J]. 食品工业科技, 2005 (11): 147-150.

[57]　黄晓娟, 刘北林. 食品安全风险预警指标体系设计研究 [J]. 哈尔滨商业大学学报 (自然科学版), 2008, 21 (5): 621-629.

[58]　刘宇姗. 食品安全风险评估与预警方法研究 [D]. 天津: 天津科技大学, 2016.

[59]　Ilic S, Lejeune J T, Ivey M L L, et al. Use of the Delphi expert elicitation technique to rank food safety risks in greenhouse tomato production [J]. Acta horticulturae, 2015, 1069: 341-346.

[60]　Kim K, Obryan C A, Crandall P G, et al. Identifying baseline food safety training practices for retail delis using the Delphi expert consensus method [J]. Food Control, 2013, 32 (1): 55-62.

[61]　王婧, 彭斌, 江生, 等. 食品安全风险预警研究现状与展望 [J]. 食品安全导刊, 2019 (21): 167-169.

[62]　蔡皎洁, 张玉峰. 基于语义挖掘的食源性疾病安全预警系统构建 [J]. 情报杂志, 2014, 33 (2): 18-22.

[63]　王禾军, 邓飞其. 基于模糊最小二乘支持向量机的区域粮食安全性预警分析 [J]. 农业工程学报, 2011, 27 (5): 190-194.

[64]　杨玮, 王晓雅, 张琚燕. 乳制品冷链物流预警研究 [J]. 中国乳品工业, 2018, 46 (7): 50-55.

[65]　Froment A, Gautier P, Nussbaumer A, et al. Forecast of mycotoxins levels in soft wheat, durum wheat and maize before harvesting with Qualimètre® [J]. Journal für Verbraucherschutz und Lebensmittelsicherheit, 2011, 6 (2): 277-281.

[66]　Fels-Klerx V D, H. J. Evaluation of performance of predictive models for deoxynivalenol in Wheat [J]. Risk Analysis, 2014, 34 (2): 380-390.

[67]　Hooker D C, Schaafsma A W, Tamburic-Ilincic L. Using weather variables pre- and post-heading to predict deoxynivalenol content in winter wheat [J]. Plant Disease, 2002, 86 (6): 611-619.

[68]　Landschoot S, Waegeman W, Audenaert K, et al. Ordinal regression models for predicting deoxynivalenol in winter wheat [J]. Plant Pathology, 2013, 62 (6): 1319-1329.

[69]　Anne-Grete, Roer, Hjelkrem, et al. DON content in oat grains in Norway related to weather conditions at different growth stages [J]. European Journal of Plant Pathology, 2016, 148: 577-594.

[70]　李宗亮. 基于大数据挖掘的食品安全风险预警系统研究 [D]. 长沙: 湖南大学, 2016.

[71]　章德宾, 徐家鹏, 许建军, 等. 基于监测数据和 BP 神经网络的食品安全预警模型 [J]. 农业工程学报, 2010, 26 (1): 221-226.

[72]　Klem K, Sehnalova M, Hajslova J, et al. A neural network model for prediction of deoxynivalenol content in wheat grain based on weather data and preceding crop [J]. Plant, Soil and Environment, 2007, 53 (10): 421-429.

[73]　魏建华, 张林田, 陆奕娜. 应用层次分析法对出口水产品中呋喃残留进行风险评价 [J]. 检验检疫学刊, 2014, 24 (1): 68-72.

[74]　Ma B, Han Y, Cui S, et al. Risk early warning and control of food safety based on an improved analytic hierarchy process integrating quality control analysis method [J]. Food Control, 2020, 17 (4): 110-112.

[75]　Geng Z, Zhao S, Tao G, et al. Early warning modeling and analysis based on analytic hierarchy process integrated extreme learning machine (AHP-ELM): application to food safety [J]. Food Control, 2017, 78 (78): 33-42.

[76]　周钰, 黄进. 基于模糊层次分析法的部队生鲜食品冷链物流供应商评价 [J]. 食品安全质量检测学报, 2019, 10 (11): 3632-3637.

[77]　韩建欣, 魏建华, 刘碧琳, 等. 应用层次分析法对水产品中兽药残留进行风险评价 [J]. 标准科学, 2014, 8 (10): 39-41.

[78]　程文璐. 区块链引入食品信息溯源的行政法规制 [D]. 上海: 上海师范大学, 2018.

[79]　香港金融管理局. 分布式账本技术白皮书 [M]. 2016: 112-121.

[80]　林延昌. 基于区块链的食品安全追溯技术研究与实现——以牛肉追溯为例 [D]. 南宁: 广西大学, 2017.

[81]　孙志国, 李秀峰, 王文生, 等. 区块链技术在食品安全领域的应用展望 [J]. 农业网络信息, 2016, 9 (12): 98-101.

[82]　孙俊. 基于区块链的农产品追溯系统研究 [D]. 长沙: 中南林业科技大学, 2019.

[83]　Benet J. IPFS-content addressed, versioned, P2P file system [J]. Eprint Arxiv, 2014, 9 (10): 1407-3561.

[84]　崔葳. 区块链在政务服务中的应用研究 [D]. 南宁: 广西民族大学, 2019.

[85]　Zhang J, Wang F Y. Blockchain based digital asset management system architecture for power grid big data [J]. Cornell University, 2018, 9 (9): 1808-6531.

［86］ Zyskind G，Nathan O，Pentland A. Decentralizing privacy：using blockchain to protect personal data ［C］. Security and Privacy Workshops，San Jose，CA，USA，2015：180-184.

［87］ 斯雪明，徐蜜雪，苑超. 区块链安全研究综述 ［J］. 密码学报，2018，8 （9）：458-569.

［88］ 姚忠将，葛敬国. 关于区块链原理及应用的综述 ［J］. 科研信息化技术与应用，2017，8 （2）：3-17.

［89］ Dubey A，Hill G D，Escriva R，et al. Weaver：a high-performance，transactional graph database based on refinable timestamps ［N］. Proceedings of the VLDB Endowment. 2016，18 （9）：852-863.

［90］ Feng Q，He D，Zeadally S，et al. A survey on privacy protection in blockchain system ［J］. Journal of Network and Computer Applications，2019，126 （9）：45-58.

［91］ Merkle R C. Protocols for public key cryptosystems ［C］，Oakland，CA，USA，1980，8 （3）：122-134.

［92］ Szydlo M. Merkle tree traversal in log space and time ［C］ //International Conference on the Theory and Applications of Cryptographic Techniques. Springer，Berlin，Heidelberg，2004，12 （9）：541-554.